21世纪高等学校电子信息工程规划教材

Altium Designer 电子设计应用教程

高歌 主编
刘远贵 马聪 编著

清华大学出版社
北京

内容简介

本教材集电子电气设计理论、设计思想、设计方法及设计制造为一体，兼顾理论与实用、基础与提高、教学与培训。主要内容包括 Altium Designer 简述、初识 Altium Designer 设计环境、电路原理图设计、印刷电路板设计、FPGA 设计基础、器件库管理、全局设置与编辑、复杂原理图设计、深入 PCB 设计、高级 FPGA 设计、资源调用与定制等。本书适合企业电气工程设计人员和高校电类专业大专以上的学生阅读和使用。

图书在版编目(CIP)数据

Altium Designer 电子设计应用教程/高歌主编．—北京：清华大学出版社，2011.6（2021.8重印）
（21 世纪高等学校电子信息工程规划教材）
ISBN 978-7-302-24228-4

Ⅰ. ①A… Ⅱ. ①高… Ⅲ. ①印刷电路－计算机辅助设计－应用软件，Altium Designer Summer 09－教材 Ⅳ. ①TN410.2

中国版本图书馆 CIP 数据核字（2010）第 245872 号

责任编辑：梁 颖 李玮琪
责任校对：焦丽丽
责任印制：杨 艳

出版发行：清华大学出版社
网 址：http://www.tup.com.cn, http://www.wqbook.com
地 址：北京清华大学学研大厦 A 座　　邮 编：100084
社 总 机：010-62770175　　邮 购：010-83470235
投稿与读者服务：010-62776969, c-service@tup.tsinghua.edu.cn
质量反馈：010-62772015, zhiliang@tup.tsinghua.edu.cn
印 装 者：北京富博印刷有限公司
经 销：全国新华书店
开 本：185mm×260mm　　**印 张**：21.5　　**字 数**：524 千字
版 次：2011 年 6 月第 1 版　　**印 次**：2021 年 8 月第 9 次印刷
印 数：10501～11000
定 价：59.80元

产品编号：039930-02

序　　言

当今世界国际国内的科技发展日新月异，技术创造推陈出新，但绝大多数行业都离不开电子设计基础，可以说电子电气设计制造技术是一个国家工业发展、经济振兴的强大技术基础和根本研发动力。如今电子电气元器件的集成度越来越密集，电子电气产品的复杂化、智能化程度要求越来越高，加工精度越来越精准，这要求设计工具和设计理念要跟上时代的发展，与时共进。Altium Designer 电子设计工具正是目前行业中最新的领先技术，体现了电子电气设计行业的技术发展方向。Altium 设计工具与早期的电子设计版本相比，增加了对于 FPGA 和嵌入式设计的支持，将原理图设计、PCB 设计、基于 FPGA 设计的嵌入式系统设计以及现场调试、电路板的制造加工集于一体，为提升电子设计水平和工业制造能力提供了可能性和必要保证。

据了解，目前中国所有理工科高校基本都开设了电子电气相关专业，甚至机械、化工等学科也开设了电工电子课程。但国内的大多数电子电气专业的教学体系目前仍使用相对陈旧的 Protel 系列 EDA 设计工具教学，这样的课程安排和教材已经远远滞后于当今的技术发展速度，对学生走向社会、进入企业、加盟行业带来许多困惑。

可喜的是上海工程技术大学的高歌教授编写的这本《Altium Designer 电子设计应用教程》，以缜密的构思、清晰的脉络，结合多年的教学经验，对最新的 EDA 设计工具 Altium Designer 进行了深入挖掘和梳理整编，翔实地介绍了设计工具的应用，呈现了软件的诸多实用功能。为学习 Altium Designer 应用技术作了由浅入深的介绍，为初学者和工程技术人员了解并掌握 Altium Designer 起到积极的推动作用。

深圳亿道电子技术有限公司是一家专注于嵌入式开发方案、嵌入式开发工具、嵌入式技术服务的高科技企业。公司总部设在深圳，并在北京、上海、成都、苏州及香港都设有办事处。深圳亿道电子技术有限公司经过几年的发展，已经成为 Altium 公司在亚太区最大代理商以及中国区大学计划唯一合作伙伴。公司在积极不断地推广 Altium Designer 最新设计理念和方法的过程中一直希望整理一部覆盖面广、通用性强、易学易用的指导性教材。如今高歌教授所做的辛勤工作使我看到了新世纪电子设计教材的未来，看到了有志于中国电子工程行业的学生及同仁们的希望，看到了先进技术应用推广的光明前途。作为电子行业的领军团队，亿道集团希望与高歌教授合作，在高校教学或企业培训中以本书作为学习教材，共同致力于开拓中国电子电气工程教育教学硬件研发新的辉煌时代。

与同仁共勉，是为序。

深圳亿道电子技术有限公司总经理

2011.1

编 者 的 话

在飞速发展的现代科学技术的绝大多数领域中，都离不开计算机辅助设计和仿真分析。作为大多数学科技术发展前提的电子电气工程技术，更应充分利用计算机手段对电路进行设计和仿真分析。

Altium Designer 具有众多优势和强大的综合设计能力，替代 Protel 99 系列已是大势所趋。现今国内许多高校非常重视应用技术培养以切合市场对人才的需求，对于未来的电气设计工程人员，掌握 Altium Designer 工具也是必不可少的专业素质要求，而目前关于 Altium Designer 应用技术的书籍较少，市场急需。

作者参考了大量的技术资料，集纳了该软件工具的丰富功能，在精通该软件的高级工程师们的悉心指导下，通过亲自实践操作和分析验证，加之多年教学工作的体会和教材编写的经验，围绕学习重点的主脉络，力求准确把握学习软件的递增渐进层次，经过反复推敲，精心编写了《Altium Designer 电子设计应用教程》，用简明的文字语言和精练的图示对软件的使用和理解进行了详细叙述。希望本书成为学习 Altium Designer 首选教材和工程设计人员的得力助手，既是初学者的入门之路，也是提高者的攀登之梯。

本教材集电子电气设计理论、设计思想、设计方法及设计制造为一体，兼顾理论与实用、基础与提高、教学与培训。作为应用技术教程，主要学习对象是企业电气工程设计人员和高校电类专业大专以上的学生。

本教材具有如下特点：

- 软件操作命令中英文对照，便于读者使用和对软件中英文的理解。
- 对于软件的中文自动翻译的一些不确切用词，在照顾软件使用的同时，将根据专业含义有所修正。
- 书末附有中英文技术词汇对照表，便于查询。
- 书中有丰富的图例，便于理解体会文字叙述。
- 在学习软件的使用方法的同时，介绍电气性能的要求，使设计工作更具有实用价值。
- 体现模块化设计思路，使设计人员的工作能够共享、复用及深化。
- 通过对软件的深入介绍，使读者对不同的设计要求会有更多的选择。
- 书中的操作和示例都经过作者亲自验证，可靠性高。
- 文字叙述简明易读，详细易懂。
- 每一幅图都经过精心设计和仔细挑选，追求主题突出、信息丰富、画面简洁。
- 全书层次分明，主脉清晰，循序渐进，由浅入深。

本书共 11 章，分为基础篇（第 1 章～第 6 章）和提高篇（第 7 章～第 11 章），近 500 幅图。基础篇只能是“会”用软件，可以胜任制图员的工作。而提高篇则要求设计工程人员必须具备一定的电气专业知识，才能设计出真正实用的电气产品。

由于篇幅限制和作者本人的水平有限，还有很多 Altium Designer 的细节和更强大的功能没有讨论，同时也需要具备更多的相关知识。希望应用者在各自的使用中多多体会揣摩，使此软件的功能得到充分的发挥，为电子电气工程的设计工作带来更高的境界。

教材编写得到 Altium 公司在亚太地区最大代理商以及中国区大学计划唯一合作伙伴深圳市亿道电子技术有限公司的大力支持，书中突出了软件资格证的考试要求和重点。可以说，通过本教材的学习和使用，基本可以成为一名合格的电气工程设计人员。

亿道电子技术有限公司总经理钟景维先生特为本书撰序，对此项工作给予了充分的肯定和高度的赞扬；亿道电子技术有限公司技术总监刘远贵、技术支持工程师撒伟捷、马聪参与了部分章节的编选工作，西安理工大学教授林魁明先生对教材的规划工作予以指导。大家为此书的出版付出了辛勤的劳动，在此对他们的支持和帮助表示深深的感谢！

感谢家人的支持和鼓励，感谢朋友的帮助与合作！

本教程的编写工作受到教育部“使用信息技术工具改造课程”项目的资助。

编者于上海

2011.1

目　录

基 础 篇

提 高 篇

基　础　篇

第 1 章至第 6 章介绍了 Altium Designer 软件的发展状况、特点优势以及电路设计软件及硬件实现的基本入门知识。希望学习后能了解 Altium Designer 工具的应用，完成一个电路从原理图设计到 PCB 板制作，直至实现一些简单电路功能的板级设计。同时对器件库的管理运用进行了初步介绍。

第 1 章　Altium Designer 简述

本章摘要

本章概要介绍 Altium Designer 的发展过程及特性和优势。Altium Designer 的强大功能必将成为电子设计的发展趋势，也是电子工程设计人员必须掌握的基本工具。

1.1　Altium 公司简介

1.1.1　Altium 公司状况

Altium 前身为 Protel 国际有限公司，由 Nick Martin 于 1985 年始创于澳大利亚塔斯马尼亚州霍巴特，致力于开发基于 PC 的软件，为印刷电路板提供辅助设计。公司总部位于澳大利亚悉尼，最初的 DOS 环境下的 PCB 设计工具在澳大利亚电子业界被广泛地接受。1986 年设计软件包出口到美国和欧洲，并在澳大利亚、美国、中国、日本及欧洲设有产品销售与技术支持办事处，在中国、英国、印度拥有代理销售网络。

由于 PCB 设计软件包的成功，Altium 将产品范围扩大，除了原理图输入、PCB 自动布线和 PCB 器件布局外，较之前期 Protel 系列产品增强了 FPGA 开发功能，将电子产品的板级设计、可编程逻辑设计和嵌入式设计开发融于一体，可在统一的设计环境中完成电子设计。Altium Designer 软件与开发板结合使得开发测试更加快捷有效。

1.1.2　Protel 系列软件发展历程

- 1985 年 DOS 版 Protel TANGO；
- 1991 年 Protel for Windows；
- 1998 年 Protel 98 32 位产品，第一个包含 5 个核心模块的 EDA 工具，这 5 种核心 EDA 工具包括原理图输入、可编程逻辑器件设计（PLD）、仿真、板卡设计和自动布线；
- 1999 年 Protel 99 构成从电路设计到板级分析的完整体系；
- 2000 年 Protel 99 SE 性能进一步提高，可对设计过程有更大的控制力；
- 2002 年 Protel DXP 集成更多工具，引进“设计浏览器（DXP）”平台，允许对电子设计的各方面（如设计工具、文档管理、器件库等）进行无缝集成，它是 Altium 建立涵盖所有电子设计技术的完全集成化设计系统理念的起点；
- 2004 年 Protel 2004 对 Protel DXP 进一步完善；
- 2006 年 Altium Designer 06 推出，集成更多工具，功能更强大；

- 2009 年 Altium Designer 09 推出，集成高速复杂板级设计、FPGA 设计、嵌入式软件设计，构建一体化平台。

本书将以 Altium Designer 09 为平台，介绍 Altium Designer 的综合设计方法。

1.2 Altium Designer 09 软件最新特性介绍

1.2.1 管理库

Altium Designer 提供完整的器件库管理方法，可快速、便捷、灵活地搜索器件，并自动生成设计库文件报告。其具体内容有：

- 包含原理图元件符号与 PCB 封装器件的集成库；
- 可智能创建原理图符号库和 PCB 封装库；
- 查找供应商器件库；
- IPC 标准封装向导；
- 完全数据库驱动的器件信息系统数据库（DBLib）；
- 版本可控的元件库。

1.2.2 原理图设计

- 可导入其他版本的设计项目；
- 多样化工程管理模式；
- 原理图环境中的 PCB 规则定义；
- 高亮显示联通网络；
- 强大的全局编辑功能；
- 在工程中链接相关文档；
- 可传输数据的智能粘贴；
- 多种文件格式输出；
- 材料清单 BOM 输出；
- 开放总线 OpenBus 系统；
- 版本控制；
- 原理图层次化设计。

1.2.3 PCB 设计

- 差分对布线；
- 蛇形走线功能；
- 交互式长度调整；

- 总线布线；
- 智能走线；
- 支持 BGA 逃逸式布线；
- 推挤功能及绕线引擎；
- PCB 走线切割和智能拖曳；
- 自定义交互式布线；
- 阻抗布线功能；
- 图形硬件加速器（DirectX）；
- 增强敷铜管理系统；
- 敷铜多边形放置和编辑；
- 器件重新装配；
- 图元文件粘贴；
- 显示动态网络；
- 支持 TrueType 字体；
- 反转文本；
- 槽形和方形焊孔；
- PCB 翻转布局布线；
- 提供 Board Insight ™ 洞察功能；
- PCB 放大镜功能；
- 增强的 PCB 设计规则检查；
- 自动布线支持；
- PCB 中拼板功能。

1.2.4 信号仿真与分析

- 新增 SIMetrix/SIMPLIS 仿真引擎；
- 仿真分析；
- 支持 PSPICE 仿真模型；
- 确保高速信号的完整性分析。

1.2.5 FPGA 设计

- 跨平台的 FPGA 设计；
- 虚拟仪器实时交互式调试；
- 边界扫描 Live 交互式调试；
- 图形化的系统控制功能；
- 混合 HDL 和原理图输入；
- 原理图、PCB 和 FPGA 协同设计；
- 嵌入式软件设计；

- 嵌入式软硬件系统协同设计；
- 在物理层调试 JTAG 器件；
- 新增 FPGA 外设核；
- NanoBoard-NB2。

1.2.6 CAM 输出制造

- 支持 274X 格式的 Gerber 文件输出及查看；
- 支持 Gerber 文件的编辑修改；
- 支持 DFM 设计；
- 支持 CAM 文件转换 PCB 文件。

1.2.7 机电一体化设计

- 融合 ECAD-MCAD 的设计集成；
- 机电一体化设计流程；
- 支持 3D 数据中的新一代 STEP 格式；
- 3D 显示面板。

1.3 Altium Designer 的优越性

1.3.1 系统特征

- 在统一的用户界面中可以使用全部软件；
- 集成了电子产品开发的全部技术和能力，在开发的各个阶段不需其他应用软件；
- 高度定制化的设计环境，包括全部工作界面和自动生成通用任务的智能脚本系统；
- 提供可视化文件管理、备份、版本控制和不同版本之间比较；
- 集成了版本控制系统，可进行版本控制和文档变更管理；
- 提供全局查找和编辑功能；
- 强大的在线文档搜索功能，可提供动态帮助；
- 提供多显示器支持功能；
- 在原理图和 PCB 间提供强大的综合功能，可控制变动且可视化。

1.3.2 元件库

- 集成化的元件库包含全部模块信息，如符号、封装、电路仿真和信号分析模型；
- 数据库中保存全部元件，可直接从数据库中查找和放置元件；

- 多种格式文件输出。

1.3.3　信号完整性分析

- 布线前后的信号完整性分析；
- 信号集成可作为规则检测的一部分，更容易发现错误。

1.3.4　电路仿真

支持 Spice 3f5、XSpice、PSpice 仿真，支持仿真阵列。

1.3.5　设计图输入

- Altium Designer 允许与其他任何应用软件互相拷贝有效资源；
- 智能粘贴可在拷贝和粘贴过程中传输数据；
- 布线过程具有优化功能；
- 强大的询问引擎提供了多对象的筛选、隐藏和编辑功能。

其他 CAD 工具对上述有些对应项常常是不支持的，或需要通过第三方软件才能实现。

第 2 章　初识 Altium Designer 设计环境

本章摘要

Altium Designer 是一个完整的电子产品开发环境，涵盖了电子设计从原理图到实物板制作、FPGA 器件的嵌入式设计以及仿真测试的全过程。各部分的设计环境风格统一，便于用户快速学习掌握。本章从软件安装到打开软件界面，对 Altium Designer 常用设计工具的作用和使用方法先做一个简单的介绍，使用户有一个初步的认识。在后续章节中，通过不断地使用和体会，再逐步了解 Altium Designer 的强大功能。

2.1　安装与注册 Altium Designer

2.1.1　安装软件

首先在硬盘根目录下建立一个独立的文件夹，名为 Altium Designer。按照通常软件安装方式逐步进行，安装后的基本文件夹主要有 Library、System、Examples、Help 及 Templates 等。安装完成后为便于管理，最好建立一个存放自己设计资料的文件夹，本例命名为 myworks，如图 2.1 所示。

图 2.1　软件自带文件

2.1.2　注册软件

双击桌面图标，开始运行 Altium Designer，如图 2.2 所示。当第一次运行 Altium

Designer 时，软件提示“没有激活的许可证，使用下面的选项添加或选择一个许可证”(There are no active licenses.Use the options below to add or choose a licenses.)，首先要获得许可证方可进行注册，如图 2.3 所示。这里有两种“许可证模式”(Licensing mode) 可供选择，一是“单机版”(Standalone)，只能用于个人计算机；二是“网络版”(Floating)，用于安装在服务器之中。

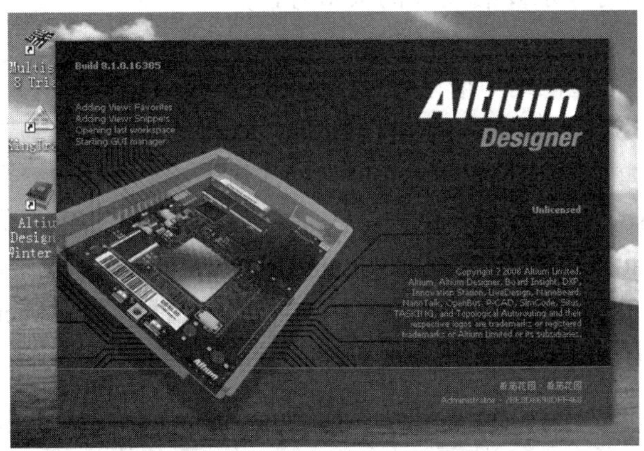

图 2.2　运行 Altium Designer

图 2.3　选择许可证方式

许可证注册方式有三种，分别如下。

(1) 通过网络申请许可证 (Activate license using the web)。

(2) 通过电子邮件申请许可证 (Activate license via email)。

(3) 添加许可证文件 (Add license file)，如果已经获得许可证文件，只需将已有的许可证文件 (*.alf) 拷贝到软件安装文件夹下即可。

2.1.3　申请注册文件

向供应商申请“激活码”(Activation Code) 和“用户号”(Customer Number) 之前需

告知当前安装软件的版本号。查看的方法是选择“帮助”(Help)→“关于”(About)命令，在显示图形的左上角就可以看到版本号，或选择下方的“系统信息”(System Information)选项，打开“EDA服务器”(EDA Servers)面板，选择“菜单”(Menu)→“关于”命令，亦可显示安装软件的版本号，如图 2.4 所示。

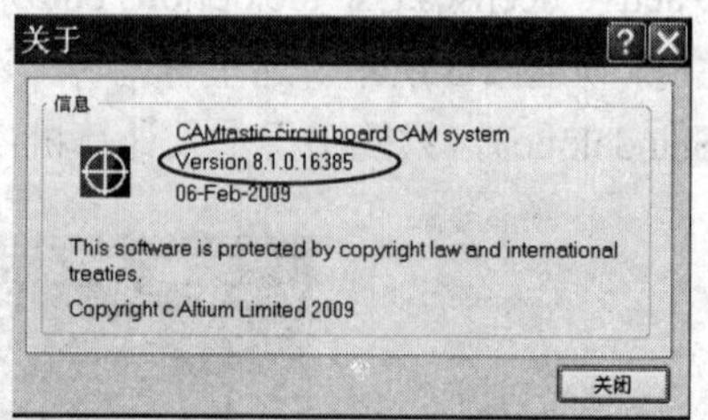

图 2.4　显示安装版本信息

选择图 2.3 中的“通过网络申请许可证”(Activate license using the web)选项，将得到的 Activation Code 和 Customer Number 填入相应位置，单击“取回注册码”(Retrieve License)按钮，得到相关信息，并确认，如图 2.5 所示。或者通过电子邮件获得许可证文件(*.alf)，并将其复制到 Altium Designer 安装文件夹中，则软件运行时会自动搜索许可证文件。也可在图 2.3 中选择“添加许可证文件”(Add license file)选项，将安装目录下的“*.alf”文件打开。如果注册成功，图 2.3 中的红色提示文字将消失。

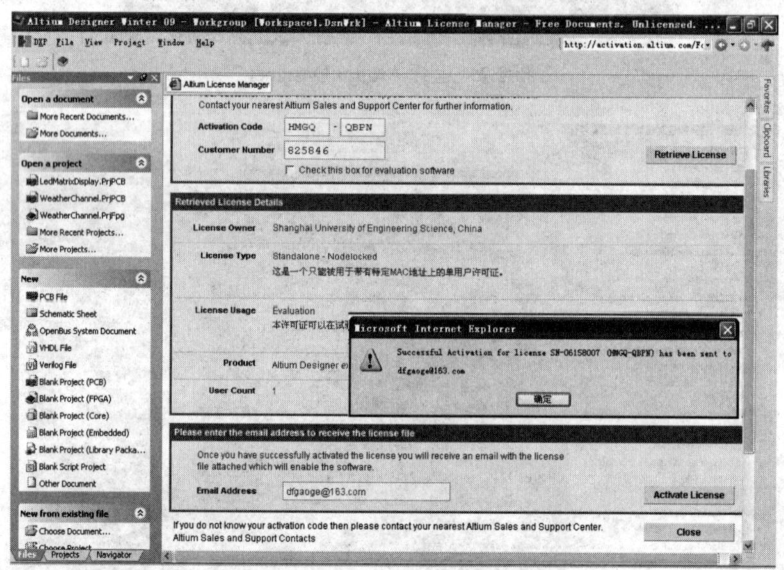

图 2.5　获得注册信息

2.2　DXP 系统平台介绍

2.2.1　DXP 系统

1. 集成平台结构

当执行 Altium Designer 时，实际上在启动 Altium Designer 集成平台“dxp.exe”文件，

如图 2.6 所示。应用界面基于 DXP 平台通过自动配置，支持创建设计时使用的各种编辑器以适应正在处理的文件。当打开不同类型的设计文件时，将激活相应的菜单、工具栏和快捷键，并始终保持可用。所有的菜单、工具栏和快捷键也可以被用户自定义为习惯的排列方式。

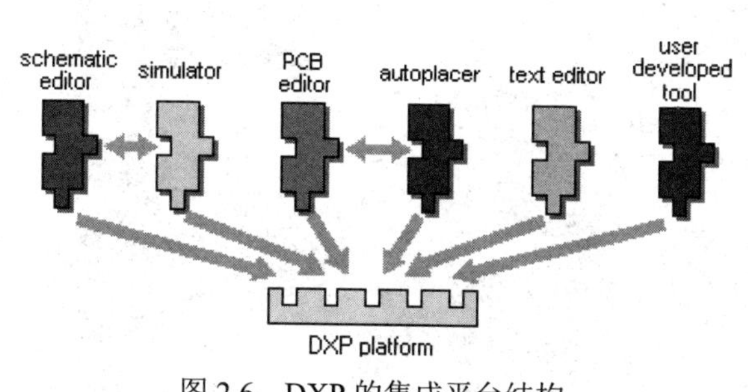

图 2.6　DXP 的集成平台结构

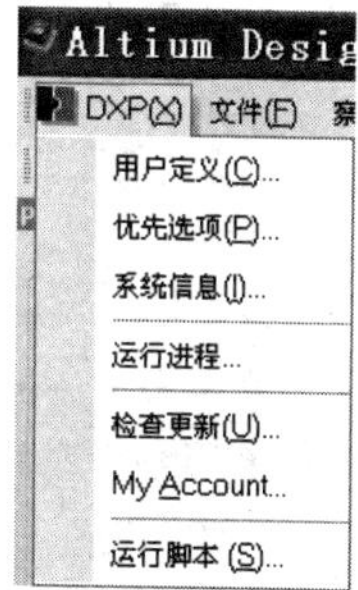

图 2.7　DXP 平台

2. DXP 环境

DXP 的系统菜单提供了配置软件环境的命令，DXP 图标在任何工作界面都位于主窗口上方，如图 2.7 所示。在其菜单项中各项子菜单的含义如下。

（1）“用户定义”（Customizing）：用户自定制配置操作，详见 11.4 节。

（2）“优先选项”（Preferences）：定义全局系统参数，详见 7.1 节。

（3）“系统信息”（System Information）：进入“EDA 服务器”（EDA Servers）面板，可查询版本号等。

（4）“运行进程”（Run Process）：此项允许运行任何进程。

（5）“运行脚本”（Run Script）：选择此项会弹出“选择条目运行”（Select Item to Run）对话框，选中脚本的名字打开脚本运行调试器（Run Script Debugger），对当前文档的脚本可设置断点、脚本单步执行等。

在 Altium Designer 中包含了一个强大的脚本系统，支持类似 Windows 平台下的 VB 脚本语言和 Java 脚本语言的内嵌 DelphiScript 语言。内嵌的 DelphiScript 脚本语言像 Pascal 语言一样，是一个完整的设计接口组织，允许快速创建对话框。

在“知识中心”（Knowledge Center）面板中的 Configuring the System 文件下还有更多关于脚本设置的介绍。这里不再展开详述了。

2.2.2　操作界面

打开 Altium Designer 或单击窗口上方图标进入系统主页操作界面，如图 2.8 所示。“主页”（Home Page）视图提供常用任务的链接，如“打开最近浏览过的工程或文件”（Recently Opened Project and Documents）、“设备管理和链接”（Device Management and Connections）、“登录 Altium 公司技术中心”（The Altium Wiki）、“DXP 配置”（Configure）、“文档库”（Documentation Library）、“参考设计和例子”（Reference Designs and Examples）以及“创建 PCB 项目”（Printed Circuit Board Design）等，单击任务名称可直接进入链接对

象。单击窗口右上角的“◀”和“▶”图标可在各层窗口之间快速切换。

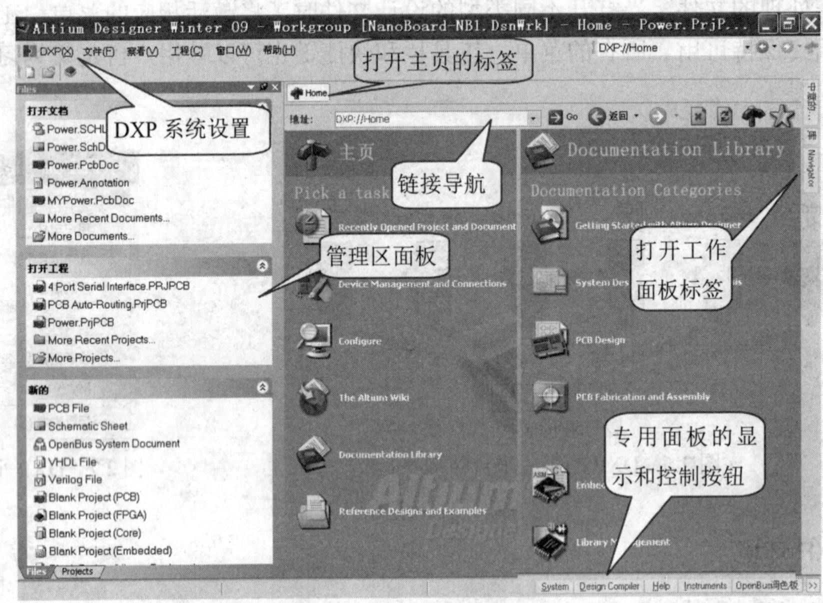

图 2.8　主页显示

2.2.3　本地化语言设置

选择 DXP→“优先选项”(Preference)命令，打开“喜好/优先选项”(Preferences)面板，在 System→General 中的“定位”(Localization)选项区域中，勾选复选框“使用局部资源”(Use Localized Resources)后，可将软件设置为本地计算机中安装的语言文字，如图 2.9 所示。设置文字后须重启计算机方可实现文字转换。这里将文字转换为简体中文后，菜单显示等将为中文。

图 2.9　本地化语言设置

在“定位”区域中，如果选择“显示局部对话框”（Display localized dialogs）单选按钮，表示将以本地计算机安装的文字显示打开的面板；若选择“仅显示局部线索”（Display localized hint only）单选按钮，则除主设计窗口为本地计算机安装文字外，其他面板则是英文显示。

注意：在中英文转换过程中，由于翻译工具的原因，使得一些词汇的专业意思或操作动作表达不够准确。在本书中既要照顾软件中的显示文字，又要考虑专业含义，因此在第一次出现时用“/”区分两者，之后在考虑无专业异议外，尽量采用软件中显示的文字，便于读者理解。

2.2.4　工程项目及工作区

1. 工程项目

“工程/项目”（Project）是每项电子产品设计的基础，本教材中多称之为“工程”，有时也使用“项目”一词。工程将各个设计元素链接起来，包括原理图、PCB、网表和预保留在工程中的所有库或模型。工程还能保存各个项目文档及选项设置，如错误检查设置、多层链接模式和多通道标注方案等。如将文档添加到“工程”中时，“工程”会生成每个文档的链接，可通过 Projects 面板访问与工程相关的所有文档。这些文档可以存储在网络的任何位置，无需与“工程”文件放置于同一路径。若这些文档的确与当前工程文件不在同一子目录中，则这些文档图标在 Projects 面板上会带一小箭头标记。Altium Designer 支持用户创建和运行的工程有六种类型：

- PCB 工程（文件类型为：*.PrjPcb）；
- FPGA 工程（文件类型为：*.PrjFpg）；
- 内核代码工程（文件类型为：*.PrjCor）；
- 集成器件库（文件类型为：*.LibPkg）；
- 嵌入式工程（文件类型为：*.PrjEmb）；
- 脚本工程（文件类型为：*.PrjScr）。

2. 工程结构

一个工程文件至少包含一个或多个设计文档，如原理图设计（*.SchDoc）文档、PCB 设计（*.PcbDoc）文档、嵌入式设计（*.Emb）文档等，同时还包含有输出文档（*.OutJob）、网络链接表（*.NET）文档以及设计中所用到的库文件（*.IntLib）等。一个典型的工程结构如图 2.10 所示。

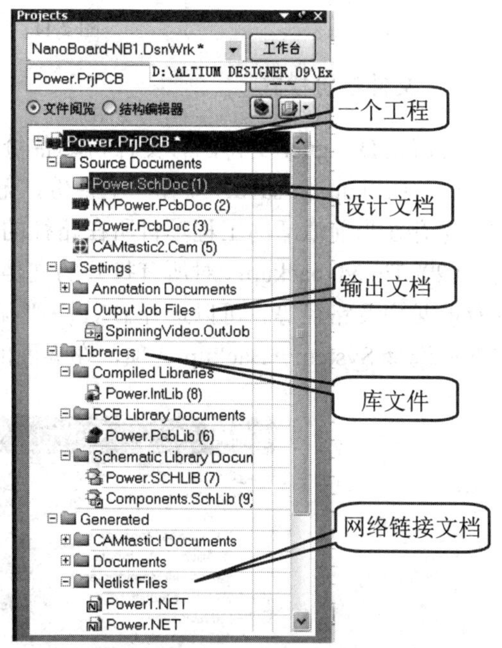

图 2.10　工程结构图

3. 设计工作区

设计工作区/工作台/工作空间（Design Workspace）是由一组相关的工程项目组所组成

的，可用于链接当前正在开发的某种产品所有相关的工程文件。例如一块复杂PCB板设计中可能包含FPGA器件、处理器内核以及运行于内核中的专用嵌入程序等多个相关工程，将它们保存在一个“设计工作区”（*.DsnWrk）文件中，在打开和操作该“工作区”时就可同时打开相应的所有项目组。

4. 文档的层次

文档管理工具可以明晰各种文档的关联结构，方便地利用软件工具管理大型的工程设计。了解文档、工程、面板等工具的管理，可以养成有条理的工作习惯，有效提高工作效率。文档管理工具将文档分为单独打开的文档和属于工程的文档两种。单独打开的文档自动显示在“自由文件”（Free Documents）目录下，多个工程又可归属于“设计工作区”（Design Workspace），如图2.11所示。

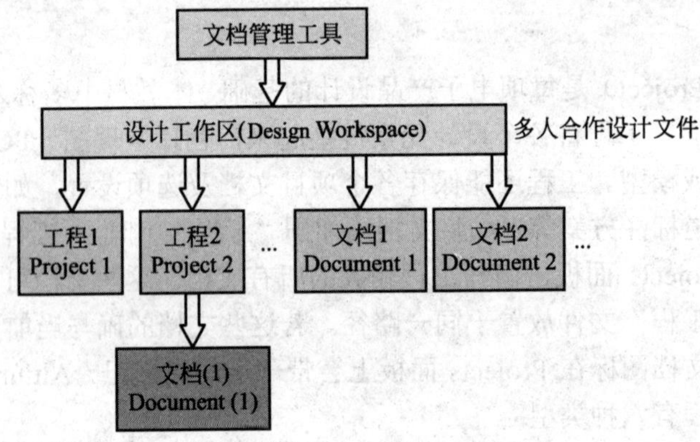

图2.11 文档管理结构

5. 文件备份模式

Altium Designer支持两种文件自动备份模式，其中：

（1）Backup-on-save：保存一个备份，无论初始用户是否执行保存的动作，这些文件将默认保存在当前激活的工程项目所在路径的History文件夹中。

（2）Timed backup：对所有打开的文档，自动按设定方式保存文件，如文件的数量、保存的频率及路径等。可以选择DXP→“优先选项”→“喜好”命令，在打开的“喜好”界面中选择System→Backup选项，在界面的右侧栏进行配置，如图2.12所示。

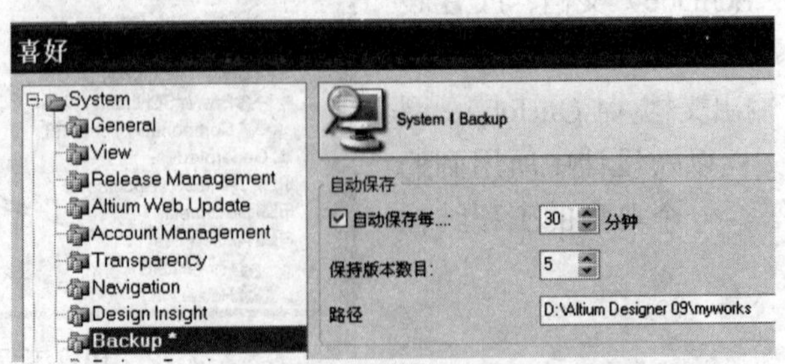

图2.12 设置文档备份时间和路径

两种备份模式都支持多重拷贝，备份文件的命名惯例为：“原始文件名.（X）.文档扩展名.Zip”，其中“X”是保存次数。备份的文件会被自动压缩以减少文件的占用空间。

2.2.5　鼠标与键盘操作

1. 鼠标操作

鼠标的如下操作被广泛地使用在原理图、PCB 编辑器以及菜单命令等操作中。

1）查看

（1）利用鼠标滚轮可以上下查看图纸。

（2）鼠标滚轮+Shift 键可左右移动图纸。

（3）鼠标滚轮+Ctrl 键可放大或缩小图纸。

（4）在图纸上按住鼠标右键，出现“手形”标志，可按住图纸拖曳移动。

2）操作

（1）“单击”（Click）：按左键，多用于“确定”或“选中”对象。

（2）“右击”（Right-click）：按右键，用于打开菜单项、浮动面板、隐藏对话框、级联菜单或下一级菜单等，或用于退出放置状态。

（3）“双击”（Double-click）：连续快按两下左键，用于激活选中对象。

（4）“拖曳”（Drag）：按下左键同时移动鼠标，将选中对象移动到指定位置。

（5）“框选”（Frame）：在区域某空白处按住左键，向右下方拖曳拉出一个矩形框，将若干对象包围在矩形框中再放开左键。

（6）“悬停”：鼠标并不单击对象，而只是虚置对象之上。

（7）“菜单连写”：选择“文件”→“新建”→“工程”命令，表示连续操作顺序。

2. 键盘操作

按住 Shift 键，可选择多个对象；按住 Ctrl 键，可跳选多个对象；按 Delete 键，删除所选对象。

使用=、–、Up、Down 键，或小键盘的+、–键，将以光标位置为中心对图纸进行放大或缩小。

键盘上的操作为按键，软件中的操作为“按钮”。

3. 使用符号说明

在操作命令的英文中，大写字母下横线表示快捷键使能。如 Place 中，P 键的作用与 Place 操作相同。

各种窗口、面板或对话框的“设置”要生效，需要按“确定”（OK）按钮方能有效。

在一些面板或参数修改栏中，修改而未保存时，标题右方出现“*”符号，修改保存后自动消失。

2.3 Altium Designer 设计环境

2.3.1 编辑器窗口

1. 编辑窗口

编辑器窗口是用户进行设计的工作区域，Altium Designer 常用的编辑窗口有：

- 原理图编辑器（文档类型为：*.SchDoc 或*.SchDot）；
- PCB 编辑器（文档类型为：*.PcbDoc）；
- VHDL 编辑器（文档类型为：*.Vhd 或*.C 等）；
- 原理图库文件编辑器（文档类型为：*.SchLib）；
- PCB 库文件编辑器（文档类型为：*.PcbLib）；
- 数据库编辑器（文档类型为：*.DBLib）；
- 嵌入式文档（文档类型为：*.Emb）；
- CAM 编辑器（文档类型为：*.Cam）。

窗口上方根据设计文档不同显示的菜单和应用工具也有所不同。对窗口文档的操作主要有“打开”、“编辑”、“保存”、“关闭”等。

2. 文档标签

在文档编辑窗口顶部为每个打开的文档都分配一个名称标签，单击该标签可高亮显示当前文档名并使其处于激活状态用于编辑。

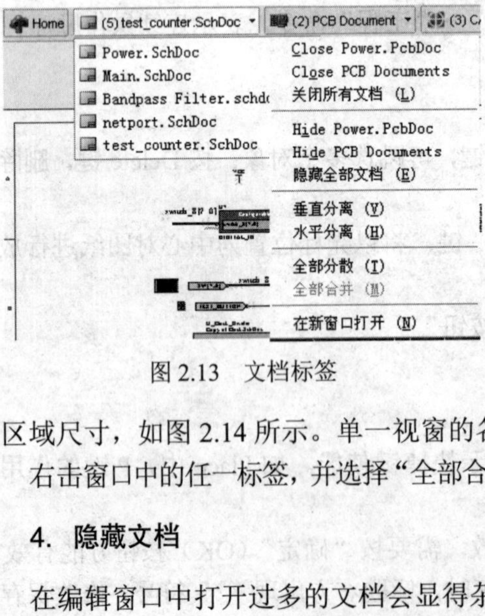

右击文档标签，从快捷菜单可对文档或文档组进行“关闭”（Close）、“隐藏”（Hide）及窗口分布操作，如图 2.13 所示。

图 2.13 文档标签

3. 多窗口显示

在主菜单中选择“窗口”（Window）→“排列”（Tile All）命令，所有打开的文档将平铺在窗口区域中。将鼠标指针置于两个分割窗口的交汇处，将显示双箭头图标，拖动可调整区域尺寸，如图 2.14 所示。单一视窗的各项操作也可以在多窗口显示状态下进行。

右击窗口中的任一标签，并选择“全部合并”（Merge All）命令将分割窗口还原为单一视窗。

4. 隐藏文档

在编辑窗口中打开过多的文档会显得杂乱，右击文档名标签选择 Hide Power.PcbDoc、Hide PCB Documents 及“隐藏全部文档”命令等，可以将暂时不用的文档隐去，但并非关闭文档。单击窗口右上方折叠箭头可查看到隐藏文档，单击文档名称即可将其重新显现，如图 2.14 所示。

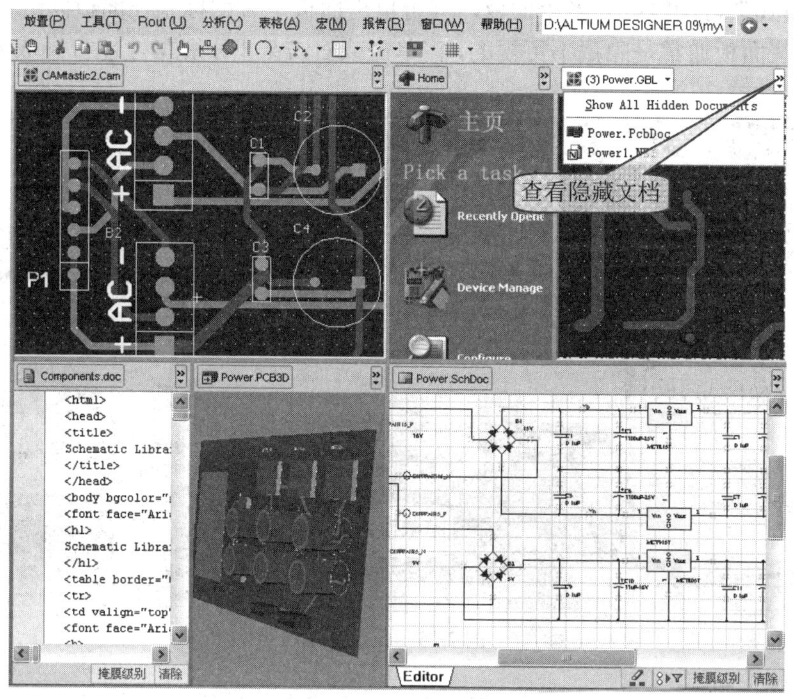

图 2.14　多窗口显示及查看隐藏文档

文档标签的设置可在“喜好”面板中选择 System→View 选项进行控制。

2.3.2　面板窗口

Altium Designer 主窗口被分割成不同功能的区域，通常左边是管理区面板，以“停驻模式”显示文件（Files）、工程（Project）和导航（Navigator）等面板，可单击相应标签分别打开。如果没有出现这些面板，可单击主窗口右下方的“工作区面板显示控制标签”中的系统 System 或设计编译器 Designer Compiler 标签，在出现的隐藏菜单中选择相应项。所有工作区面板显示也可通过主菜单中“查看”（View）→“工作区面板”（Workspace Panels）进行访问。

1. 访问面板

面板是软件自身提供的辅助设计的工具，包括了相应状态下所需的信息和控制命令，可进行“打开”、“选择”、“编辑”、“保存”、“查看”等操作。

Altium Designer 有很多操作面板，默认设置使一些面板放置在打开窗口的左边，一些面板以弹出的方式打开，一些面板呈浮动状态，另外一些面板则为隐藏状态，如图 2.15 所示。

面板也常以标签形式放置在主窗口的边框上，如图 2.15 所示中右边的“库”（Library）、“剪贴板”（Clipboard）、“中意的”（Favourite）面板等，将鼠标箭头放置在标签上或单击标签，面板就会从边框中滑出，以“弹出模式”显示；将鼠标箭头移开面板，则面板自动归位标签形式。

“浮动模式”可同时打开多个面板，并可单击面板下方的标签在面板间进行切换。

还有一些面板通常是隐藏不可视的，需单击或右击某“对象”，才能打开成为可视面板。

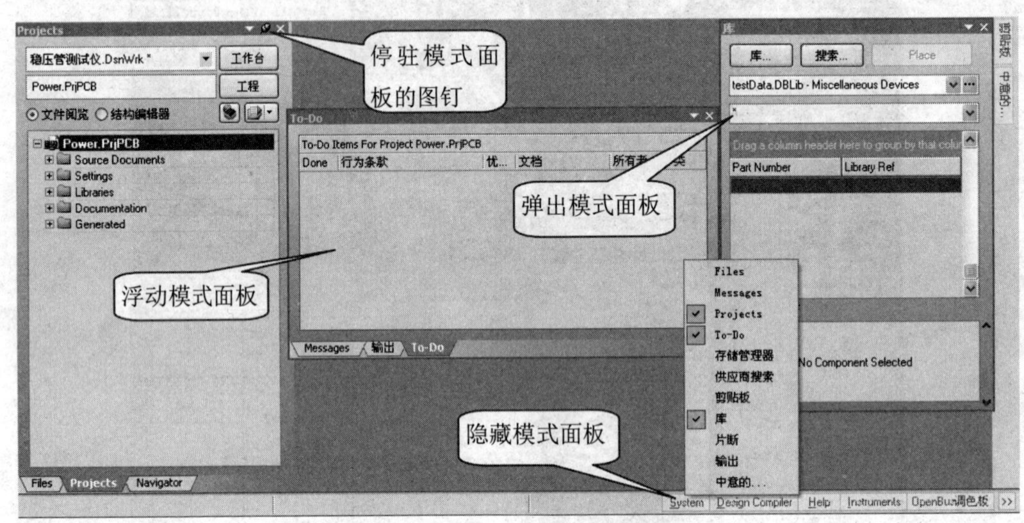

图 2.15 面板显示

2. 管理面板

在当前激活的编辑器中，可访问大量的工作面板，但为了使工作区简洁，对这些面板的显示、放置需进行安排。Altium Designer 提供多种面板管理功能。

1）面板显示方式

在面板的“停驻模式”、“弹出模式”和“浮动模式”等各种显示模式中，右击面板顶部的标题栏，在弹出的快捷菜单中选择“允许停放”（Allow Dock）命令，可将面板“水平”（Horizontally）或“垂直”（Vertically）置放在主窗口中。

对于浮动模式的面板，右击面板标题栏或标签，选择“扩大”（Maximize）使面板最大化；最大化后，同样右击面板标题，在弹出的快捷菜单中选择“返回”（Restore）命令，可将最大化还原。如双击标题栏，可在最大化和还原之间切换。

另外在主设计窗口进行编辑时，选择 DXP→“优先选项”→“喜好”命令，在打开的“喜好”面板中选择 System→Transparency 选项进行相应的设置，可将浮动面板设置为透明，以免妨碍用户的操作。

2）面板分组

要移动单个面板，用鼠标拖动某显示面板的标题栏，此时出现“位置图块”（根据面板不同，拖动时显示 2 个或 4 个位置图块），如图 2.16 所示。将鼠标光标指向左、右、上、下某个位置图块，就可将选中的面板放到相应的组中。左边位置图块默认是停驻模式；右边位置图块默认是弹出模式；上、下位置图块表示面板水平上下放置；位置图块中间默认是浮动模式。

要将面板停驻模式更改为弹出模式，单击面板右上方的图钉，使之成为不停驻图标；

要恢复“停驻模式”，须再次单击图钉图标，使之成为停驻图标。

停驻模式和浮动模式都是标准面板显示形式，当鼠标拖动面板并将光标指向左或右的位置图块时，左或右组的所有面板名称呈现透明蓝色，窗口边上的面板标签最末位置出现黄色箭头，指示当前面板将放置的位置，如图 2.16 所示。也可将激活的面板在本组内移动排序位置。单击各面板标签或面板标题中的小三角，可激活相应面板。

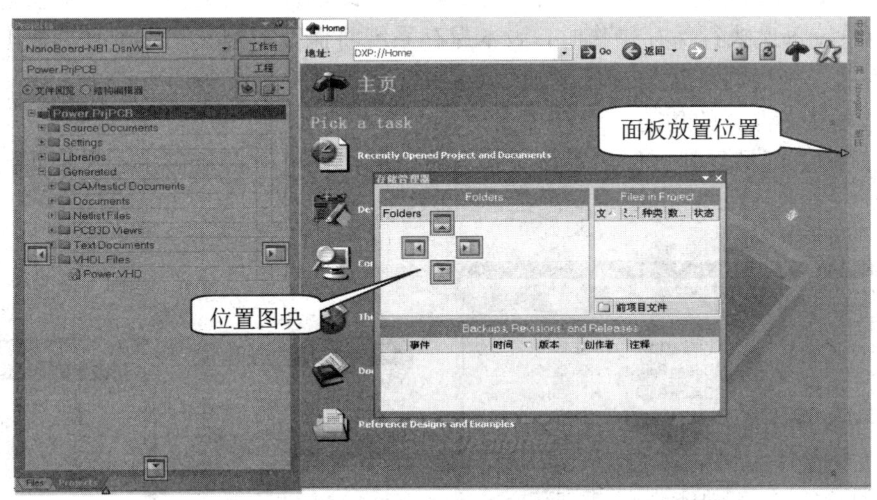

图 2.16　拖曳放置面板

要将面板从组中分离，需单击并按住面板标题标签，将其拖离面板组。要使多个面板以标签组方式重叠，只需将面板拖曳与另外面板重合即可，如图 2.17 所示。

当光标停留在某个面板上时按 F1 键，可获得更多该面板的信息。

3. 关闭面板

右击面板标题，在弹出的快捷菜单中选择 Close …命令，关闭当前面板。若单击面板标题上的关闭按钮，将关闭组内所有面板。

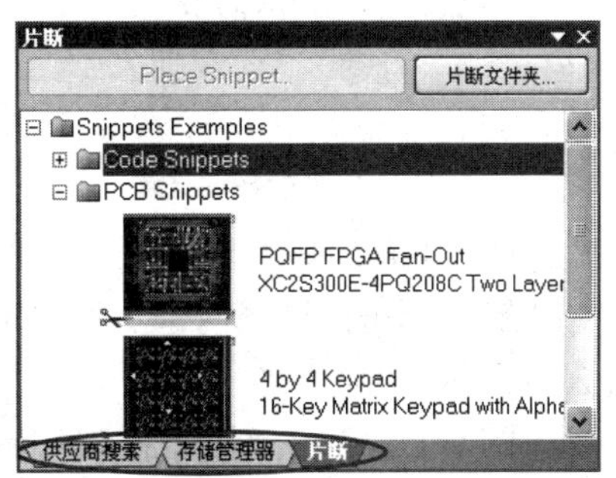

图 2.17　以标签管理的重叠面板

2.3.3　环境设置

设计环境包括系统的设计、物理 PCB 设计、FPGA 硬件设计、嵌入式软件开发、混合信号电路仿真、信号完整性分析、PCB 制作、FPGA 系统设计和调试等。但有些功能的使用需取决于购买的许可证。

选择 DXP→“优先选项”→“喜好”命令，打开“喜好”面板，以树状导航结构使用户迅速有效地设置系统的环境参数，并具有加载和保存参数的功能。环境设置可以保存工作窗口每次打开时的样子，详见 7.1 节。

2.3.4 版本历史管理

1. 保存和恢复版本

版本历史（或本地历史）管理可跟踪文档的修改以及比较文档的差异或恢复到以前版本。当系统每次执行保存操作时，版本保存系统将保存前的文件副本复制在工程所在文件夹内的一个自动创建的文件夹 History 中。软件还提供了将所有历史工程文件存储在同一个存储文件夹的功能，选择“工程”→“本地历史”→“存储管理器”（Storage Manager）命令可见复制文件，双击记录列表中的文件可以打开它并回到前期版本，如图 2.18 所示。

图 2.18 查看版本历史记录

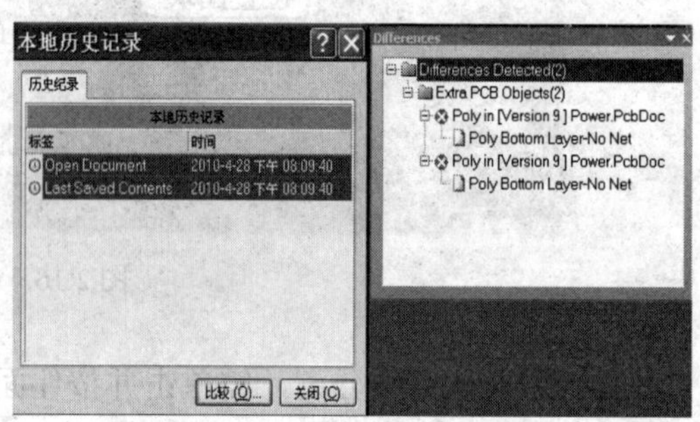

图 2.19 版本比较

2. 查看版本差异

选择“工程”→“显示本地历史”命令，打开“本地历史记录”（Local History）面板，按 Ctrl 键并单击，选择两个文件并单击“比较”按钮，可以比较不同设计版本的差异，如图 2.19 所示。

选择“工程”→“版本控制”命令为“本地历史”页面配置一个可选的文件夹放入不同版本的文件，并由设置密码的方式控制文件是否可读、可改，便于管理者对版本进行管理。存储管理器可以提供对项目中每一个文档的历史版本管理功能，可以通过该工具看到项目中文档的版本列表，并可以对不同版本进行差异化比较。

注意：如果“版本控制”呈灰色无效状态，需从“喜好”面板中的版本选择 Version Control→General 命令，再选择 SVN-Subversion 或 CVS-Concurrent Versions System 选项，之后执行 SVN.exe 文件，即可生效。

3. 设置保存时间

选择 DXP→“优先选项”→“喜好”命令，打开“喜好”面板，选择 Version Control →Local History 命令，在面板右侧中可设置文件保存的历史天数，如图 2.20 所示。

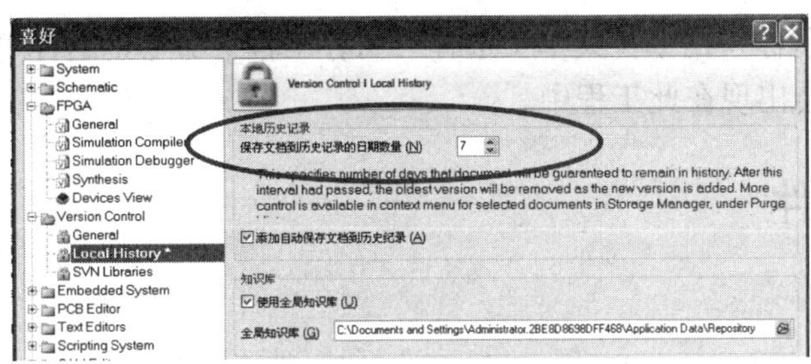

图 2.20　存储设置面板

2.3.5　导航

Altium Designer 提供了“导航”工具，便于用户链接到计算机上的任何文件，甚至链接到互联网络上的网页。设计者可从任何文件编辑界面中访问导航工具。在导航地址中输入目的地址并按 Enter 键，可在主窗口打开目的地址文件。所有文件被打开时都是“DXP：//文件名”形式，所有预定义的导航支持页面都可以从主页进入，如图 2.21 所示。

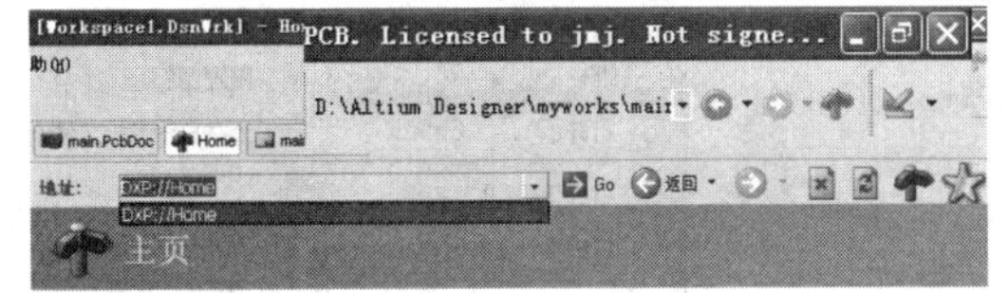

图 2.21　目的文件导航

2.4　创建工程与文档

2.4.1　文件形式

Altium Designer 工程设计提供两种文件形式。

1. 工程文件

一个“工程文件（*.Prj*）”类似一个文件夹，其作用是为了便于管理工程项目。其中可包含设计中需要的一切文档，如原理图文档、PCB 文档及设计中生成的报表文档、元器件集成库文档等。一个工程文件包含了设计文件的链接及工程层次的定义，但工程中的各个文档仍是以单个文件形式进行保存的。

2. 自由文件

“自由文件”（Free Document）是指项目工程之外的文件集合。当在工程文件中将某文档“从工程中移除”或直接打开非工程文档时它们会出现在自由文件中，并且也根据文件类型分类，但这些文件之间没有内在的“工程”的联系。当文档从自由文件夹中删除时，只是退出 Project 的显示面板。

对文档进行保存只需单击窗体中图标即可，但要保存一个“工程”以及其中的所有文档，需单击工程名称，在下拉菜单中选择“保存工程”命令，这样每次打开该工程时，其中有关的文档都会出现在此工程中。

2.4.2　工程文件

1. 建立新工程

所有的设计都需建立一个工程，就如同建立了一个文件夹，工程文件夹目录树中还有“源文件”（Source Documents）、“库文件”（Libraries）等多种类型的子文件夹，所有的相关文件就保存在这些子文件夹中。

选择“文件”→“新建”→“工程”命令可建立新的工程项目，如图 2.22 所示。新创建的工程需使用“文件”→“保存”或“保存为”命令将其以合适的名称保存在指定的路径中。

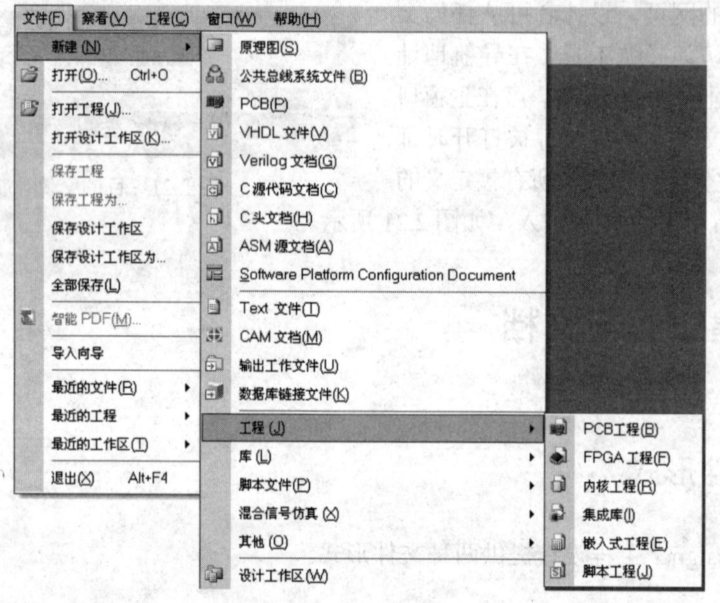

图 2.22　建立工程项目

注意：工程文件名中不能包含中文和空格。

当用户打开或创建一个工程时，它的目录树将会显示在 Projects 面板中。任何现有文件或添加进工程中的新文件将显示在目录树中的相应文件类型的目录下如图 2.10 所示。

Project 面板只是为了管理方便，将当前相关的文件归集在一起罢了，将光标悬停在文档名称上时，可以看到目录树中的文档不一定在工程所在的“文件夹”中。这样的目录显示可以在多人合作的工程中分别对同一个文档进行修改调用，而文档仍在原来的路径地址中不变。如有必要，可以通过“保存为”命令将设计文件另外保存在指定路径中。

2. 打开工程

选择“文件”→“打开工程”命令，在指定路径文件夹选择工程项目，并选择“打开”命令即可。

3. 为工程添加文档

Altium Designer 允许在工程中建立如下文档：

- 原理图设计文档（*.SchDoc）；
- 印刷电路板设计文档（*.PcbDoc）；
- HDL 文档（*.Vhd）和 Verilog 文档（*.V）；
- C 文档（*.C ）或头文档（*.H）；
- 开放总线系统文档（*.OpenBus）；
- CAM 文档（*.Cam）；
- 文本文件（*.Doc，*.Txt，*.Pdf）；
- 输出文档（*.OutJob）；
- ASM 源文档（*.Asm）；
- 数据库链接文档（*.DBLink）。

右击 Project 面板中的工程名，在弹出的快捷菜单中选择“给工程添加新的”（Add New Project）或“添加现有的文件到工程”（Add Existing Project …）命令就可添加新的或将现有的设计文档到工程的相应目录下。如果添加的文件是已经存在于其他工程中的文件，则文件名前的图标上附加一个小箭头，如：。

工程中调用的文档需双击其名称才会被软件载入到编辑窗中，文档名以标签方式出现在编辑窗口上方，单击标签打开当前文档。

右击工程名，在弹出的快捷菜单中可进行添加、保存、打开、关闭以及设置参数等操作，如图 2.23 所示。

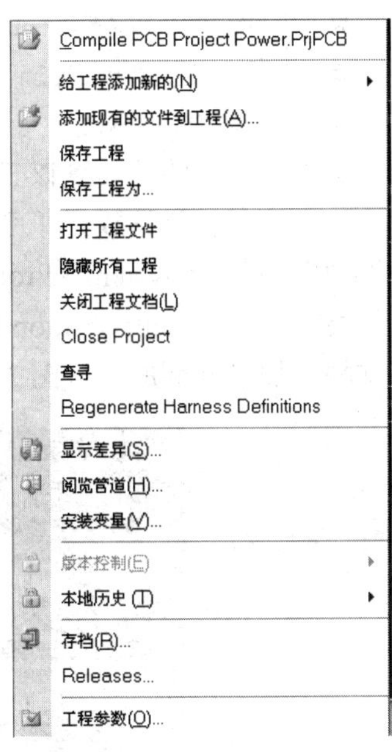

图 2.23　对工程的操作选项

4. 保存工程

当保存工程时，所调用的文档与工程的内在关系一并保存，再次打开工程时会自动调出这些文档。保存工程可选择多种存储方式，将工程中各种设计文件（如原理图、PCB 文件或其他工程文件）以不同格式保存，包括 Altium Designer 前期版本、PCB 配置用三维 STEP 模型文件，以及用于 CAD 工具的文件。

注意： 只有新添加到工程中的文件在保存时才会自动存放在该工程的文件夹中，而其他工程或文件夹中的文件被添加到当前工程时并非表示此文件已经保存在当前工程中。除非选择“保存为”（Save As）命令将当前工程另存为新的名称，或覆盖原来名称。

2.4.3　文档

1. 文档类型

Altium Designer 除上述可建立的文档外，还可生成或导入如下文档：

- 库文档（*.PcbLib，*.SchLib，*.IntLib，*.PCB3DLib）；

- 数据库（*.DBLib）；
- 模型文档（*.sdf，*.PCB3D，*.step）；
- CircuitMaker 2000 Designer（*.ckt）；
- SPECCTRA Design 文件（*.dsn）；
- OrCAD 版图文件（*.max）；
- OrCAD Capture Design（*.dsn）；
- OrCAD Capture Library（*.Olb）；
- OrCAD CIS Configuration 文件（*.dbc）；
- PADS PCB 文件（*.asc）；
- 网表文档（*.net）；
- 电子表格（*.xls）。

文档默认按照添加到该工程的时间顺序显示。如要改变顺序只需单击文件名，按住右键拖动文件到新位置放开即可。通过选择 DXP→“优先选项”→“喜好”命令，打开“喜好”面板并选择 System→Project Panel 命令，在面板右侧选择复选框“显示工程中文档位置”（Show document position in project），则工程面板中的源文件名后会出现一个数字，表示文档添加时间顺序，如图 2.24 所示。

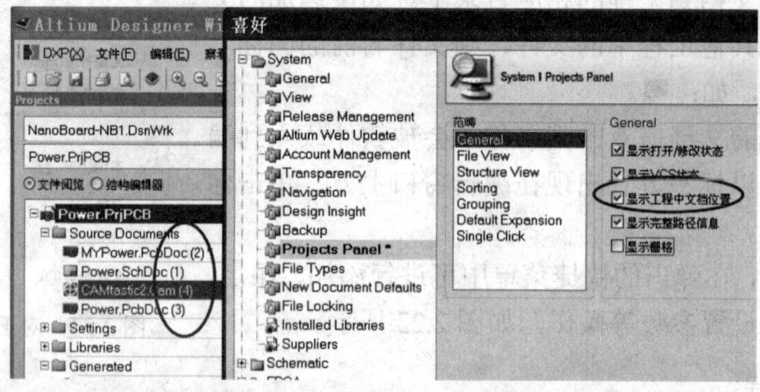

图 2.24 源文档顺序显示设置

在 Altium Designer 中，每种类型的文档打开和编辑都有相应的编辑器。如：原理图编辑器、PCB 编辑器以及库编辑器等。用户创建一个新的文档或打开一个原有文档，与文档类型相应的编辑器就会自动成为当前编辑器。

2. 建立文档

选择“文件”→“新建”命令建立一个新文档，如图 2.25 所示。除了选择“C 头文档”命令会重新建立新文件夹外，其他文档都按建立时间顺序自动放在源文件下。这些文档以目录树的形式放在“自由文件”中。若在“工程”中新建文档，则会自动存放在工程目录下。

3. 文档状态

当文档、工程或设计工作区被修改而未保存时，在 Projects 面板中相应条目后会有“*”或红色“🗎”标志，执行“保存”命令后“*”号消失或标志变为灰色“🗎”，如

图 2.26 所示。

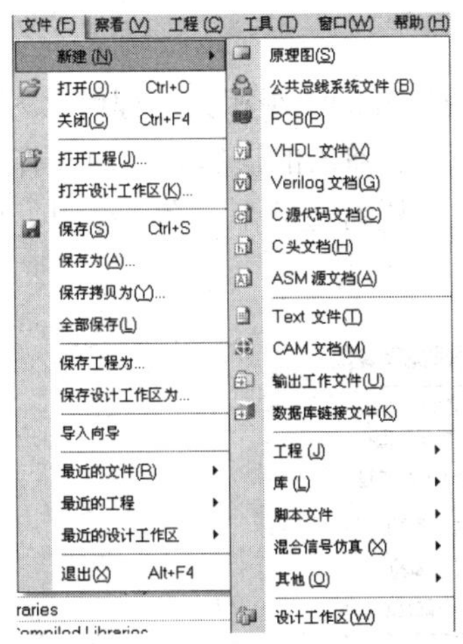

图 2.25　建立新文档

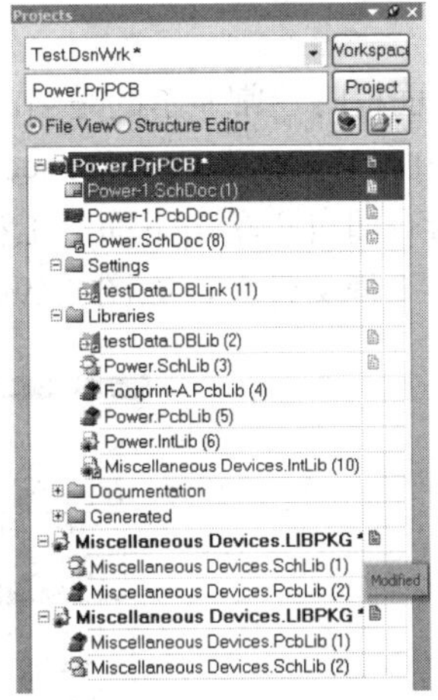

图 2.26　文档的状态

4. 文档操作

右击文档名，在弹出的快捷菜单中可以进行“编译文档”(Compile Document)、“隐藏”(Hide)、“关闭”(Close)、“保存”(Save)、“打印”(Print)、“显示差异”(Show Differences)等操作，如图 2.27 所示。

5. 文档洞察器

文档洞察器用以预览和打开用户文档。无论在 Projects 面板或在编辑窗口上方的“文档标签”(Documents Bar)中，只要将鼠标悬停在源文档图标上，则可看到源文档内容及所在路径。文档洞察器适用原理图、PCB 及所有文本文件，如图 2.28 所示。

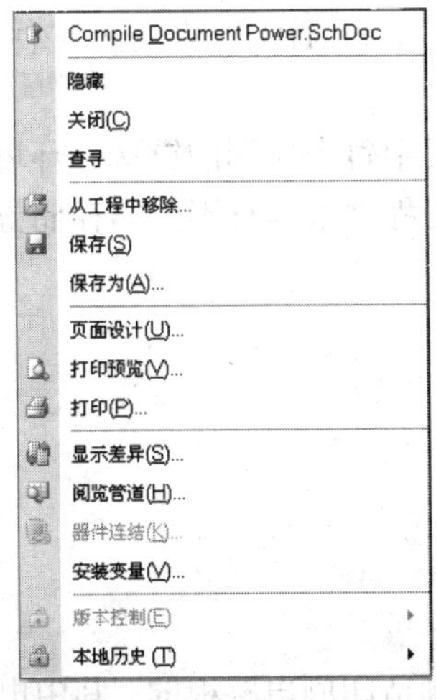

图 2.27　对文档的操作选项

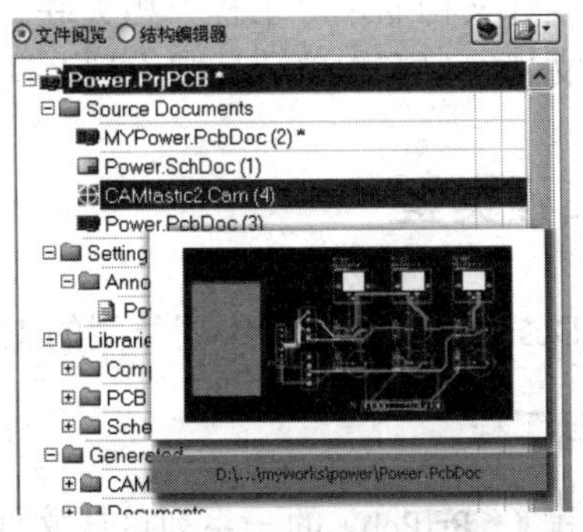

图 2.28　文档洞察器显示略图

2.4.4　工作区

打开工程面板时通常显示的是当前工作区，将打开的一组相关工程保存为一个工作区，只需在“工作区/工作台”（Workspace）栏中右击，在弹出的快捷菜单中选择“保存设计工作区为...”命令即可。单击下面“工程”（Project）栏右边的下三角▾按钮，可见该工作区中包含的各个工程文件名，如图 2.29 所示。

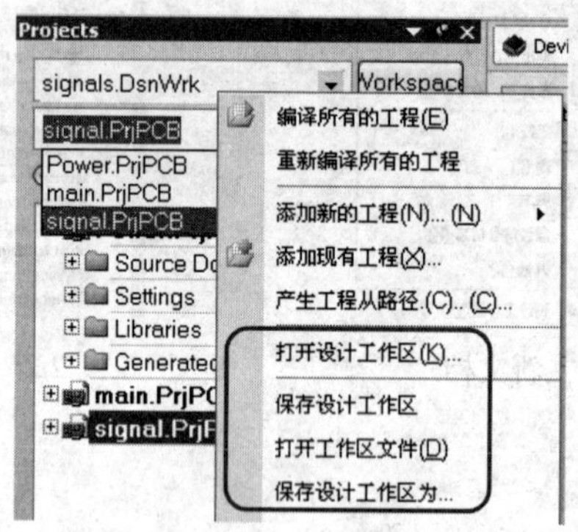

图 2.29　工作台与工程

选择“文件”→“打开设计工作区”（Open Design Workspace）命令可直接打开设计工作区中所有的工程项目。

2.5　工程管理

Altium Designer 中的每个设计都基于一个“工程”（Project）。工程是个设计文件，它的输出对应着单一的执行方式。如 PCB 工程中，电路的原理图和 PCB 的输出文件被用于制造印刷电路板；而 FPGA 工程的电路原理图和 HDL 的输出文件则被用于对 FPGA 进行编程。

工程文件包含了所有与工程相关的设置，包括其中每个文档的链接、环境参数等，工程中的每个设计文档通过“工程”相关联。不同的工程类型具有不同的存储方式。工程管理包括导入文档、保存文档、处理文档及编译等。

2.5.1　工程类型

Altium Designer 支持多种不同类型的工程。

1. PCB 工程

PCB 工程（*.PrjPcb）的一系列设计文件是用于制造印刷电路板的。其中电路原理图文档（*.SchDoc）由元件库内的元件符号经“放置”、“连线”、“参数设置”后形成，每个器件对应着特定的封装，编译后互相之间的关系由网表文件关联连接。原理图设计转换为 PCB 文档，在 PCB 编辑器中用手动或自动方式调整元件位置和设置布线规则，生成标准格式输出文件，用于制造电路板，进行元件装配。

2. FPGA 工程

FPGA 工程（*.PrjFpg）用于 FPGA 编程设计。其源程序或 HDL 代码编译后通过指定目标器件、分配引脚、网络连接，最后经综合器将“源文件”数据转换为底层电路结构编程文件，通过连接线下载到目标器件中，即可完成电路功能。

3. 嵌入式工程

嵌入式工程（*.PrjEmb）的一系列设计源文件由 C 语言或汇编语言实现，产生的软件应用程序，经编程写到相应芯片中，用于电子产品的嵌入式处理器中。

4. 内核代码工程

内核代码工程（*.PrjCor）文件可被 FPGA 编辑器直接调用，简化设计电路的过程。

5. 集成库

集成库（*.IntLib）在各种库编辑器中可用于绘制器件符号并进行模型定义。其参考模型包括 PCB 封装、电路仿真模型、信号完整性模型以及三维实物模型。可将这些原理图符号库和模型编译成集成库文件添加到集成包中（*.LibPkg)。

6. 脚本工程

脚本工程（*.PrjScr）设计用于管理 Altium Designer 脚本。脚本文件在执行时会被解析为一系列的操作，脚本文件包括语言脚本和窗体脚本。

2.5.2　工程文件保存与输出

1. 保存文件

选择“文件”命令，在子菜单中选择“保存为”(Save As)、“保存拷贝为（Y)”、“保存工程为”(Save Project As)、“保存设计工作区为”等命令，可重新选择文件保存路径。

如果某文档在多个工程中被打开，若将其以新名称保存，则调用它的所有工程中该文档将同时更名，保证该文档的一致性和工程的完整性，但必须重新保存这些打开的工程，改动才能生效。

2. 输出工程

在 PCB 编辑窗选择“文件”→“制造输出”或“装配输出”命令，可由工程文件直接输出制造图或装配图文件并打印，如图 2.30 所示。

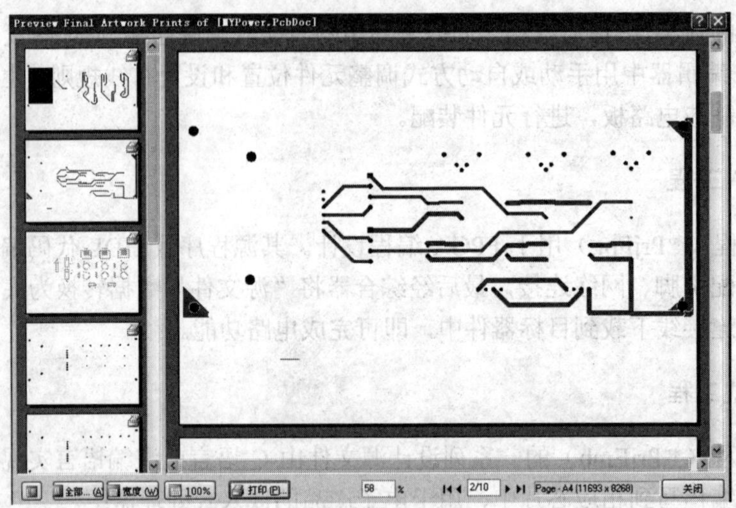

图 2.30　输出装配图

2.5.3　编译工程

右击工程名或文档名，在弹出的快捷菜单中选择 Compile PCB Project *.PrjPcb 或 Compile Document *.PcbDoc 命令可检查工程或设计文件中电气规则的错误，并将错误显示在“信息”（Messages）面板中。如电路设计无误，编译通过，“信息”面板不显示任何内容。另外编译通过后，“导航”（Navigator）面板列出所有对象的连接关系。对不同的文件或工程进行编译可生成内在的关联文件和报告。原理图编译生成 PCB 版图的网表文件，可用于实现自动布线、检测等功能。若一个工程已被编译，源文件将会按照设计的层次结构显示，一个工程中文件的层次关系由多图纸设计的页面符号来决定，关于多图纸设计详见 8.2 节。

2.5.4　工程参数设置

右击 Project 面板中的工程名，或选择“工程”→“工程参数”命令。打开“Options for … Project …”面板设置工程参数。工程参数包括：“错误报告”（Error Reporting）、“关联矩阵”（Connection Matrix）、“级别生成”（Class Generation）、“差异比较”（Comparator）、“ECO 生成”（Engineering Change Order Generation）等。

工程管理设置还可通过选择 DXP→“优先选项”→“喜好”命令，在“喜好”面板进行设置。默认的显示是将工程文件按照独立的文件夹来组织，其中包括源文件、库、配置等文件夹，另外还可以设置栅格显示或根据工程打开显示等。详见后续章节。

第 3 章　电路原理图设计

本章摘要

电路原理图设计是任何电路实现的前提，本章以软件使用为导向，说明实现一个完整电路设计的基本方法和设计技能。其中包括设计工具的使用介绍、设计图纸的产生及设计文件的完整性。本章与第 8 章中介绍的操作主要是在原理图编辑界面中进行的。

3.1　设计准备

当打开一个已有的原理图或是创建一个新的原理图的时候，原理图编辑器就会自动打开。该编辑器可以使用工作栏所有的功能，包括工具栏、资源编辑、右键菜单、快捷键和工具提示等。在进行一个电路设计之前，应该对一些基本工具有所了解，如参数的设置、文档的管理等。

3.1.1　栅格设置

在主窗口中选择 DXP→“优先选项”→“喜好”命令，打开“喜好”面板，选择 Schematic→Grids 选项。在“栅格选项”选项区可将“可视化栅格”（Visible Grid）设置为 Line Grid 或 Dot Grid，并可设置“栅格颜色”（Color），如图 3.1 所示。

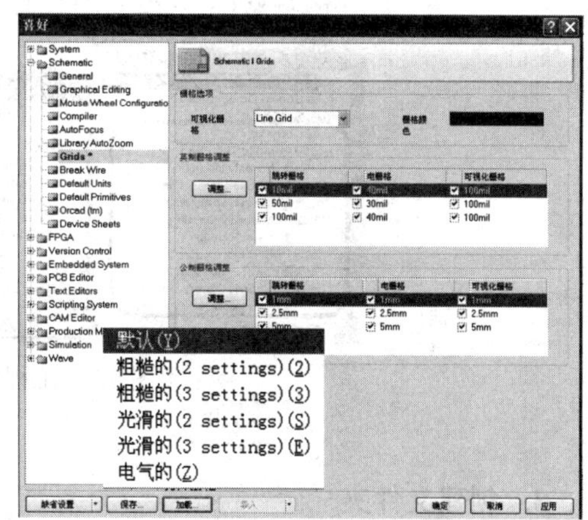

图 3.1　栅格设置

栅格分为“捕获栅格/跳转栅格”（Snap Grid）、“电栅格”（Electrical Grid）和“可视化栅格”（Visible Grid）。

1. 捕获栅格

用于布局，在放置和移动对象时自动使之定位，强制鼠标单击到最靠近的网格位置。

2. 电栅格

需设置得比捕获栅格小，便于器件的准确摆放。在执行放置器件等支持电栅格的命令时，鼠标会跳到对象的关键点而忽略捕获栅格。如：放置“导线”（Wire）命令，当鼠标移动到一个引脚的电栅格内时，会马上跳转到那个引脚上。

3. 可视化栅格

可视化栅格是可以看见的最小栅格，应在三种栅格中设置的尺寸最大。可视化栅格与捕获栅格无关系。

每个栅格都可设置 3 个值，“最小”、“最合适”及“最大”。单击“调整”按钮，可对栅格设置进行一系列预定尺寸选择。

栅格设置确定后返回编辑主窗口，按 G 键，窗口左下方“状态”显示可在捕获栅格的三种预设值中轮流切换。按 Page Up 键放大编辑窗，使网格清晰可见。

3.1.2 工程项目中的文件类型

在工程项目（*.PrjPCB）中有各种不同的子文件夹，分别放置不同类型的文件。

1. 源文件夹

在工程项目中无论是建立新的或打开已有的原理图文件（*.SchDoc）和 PCB 文件（*.PcbDoc），此类文件均放在由工程自动产生的“源文件夹”（Source Documents）中。

2. 库文件夹

“库文件夹”（Libraries）可以保存在设计编译中调用的“编译库”（Compiled Libraries）或设计中使用的专用库，如“PCB 封装库”（PCB Library Documents）、“元件符号库”（Schematic Library Documents）、“数据库”（Database Library Files）及“3D 模型库”（PCB3D Library Files）等，如图 3.2 所示。

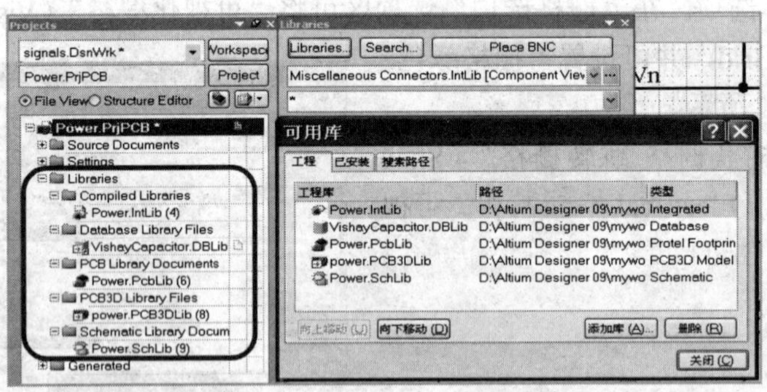

图 3.2 工程中的库文件存放

3. 创建文件夹

“创建文件夹”（Generated）中保存编译后“创建”的各种相关信息的文件，如“网络链接文档”（*.net）、“报表文档”（*.xls，*.Doc，*.Txt，*.Pdf）及“输出文档”（*.OutJob）等。

这些文档在工程中的显示方式还可以选择 DXP→“优先选项”→“喜好”命令，在打开的“喜好”面板中选择 System→View 选项，在面板右侧进行设置。

3.1.3　使用器件库

1. 库面板介绍

在编辑窗口右下方选择 System→ “库”（Libraries）命令，打开 “库” 面板，如图 3.3 所示。其中显示了“库文件名”（*.SchLib）、“元件名”（Component Name）、“模式名”（Model Name）及 “模式类型”（Model Type）图例。

2. 管理库文件

单击面板上方 “库” 按钮，显示 “可用库”（Available Libraries）对话框，如图 3.2 所示。单击 “工程” 标签，则显示当前设计工程（*.PrjPcb）中所包含的库；单击 “已安装”（Installed）标签显示所有已安装的库名，还可以再 “安装”（Installed）其他库文件；单击 “搜索路径”（Search Path）标签可搜索其他库文件的路径，并通过 “添加库” （Add Library）或 “删除” （Remove）等操作进行用户自定制库的安装管理。同时在当前工程的目录树中出现 “Libraries” 文件夹，专门放置工程的库文件。

3. 在库中查找器件

单击 “库” 面板上方的 “搜索”（Search）按钮，打开 “搜索库” （Libraries Search）对话框，可以用匹配符搜索相应器件。例如，若要寻找 Bridge2 这个器件，可在“过滤”（Filters）区域的 “运算符”（Operator）中选择 starts with 选项，在搜索 “值”（Value）的空白栏中打出 “Br*”，单击左下角的 “搜索” 按钮，就开始在设定的区域文件夹内搜寻器件，如图 3.4 所示。找到后会同时显示元件名称、模式名及封装。

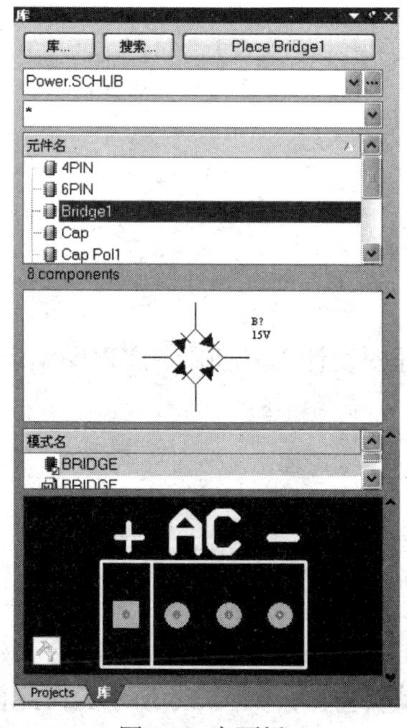

图 3.3　库面板

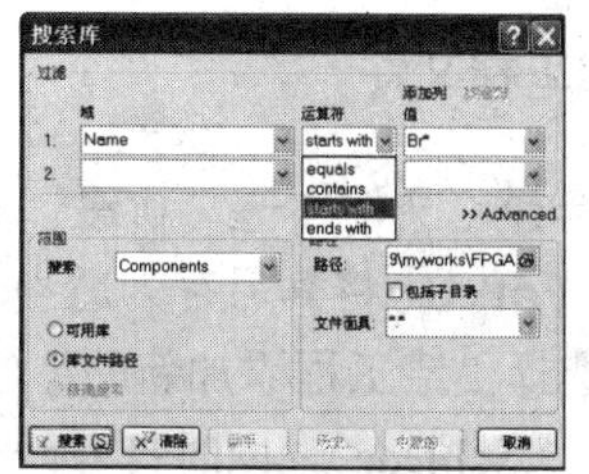

图 3.4　搜索库中器件

注意：在搜索过滤器中，“*”是万用符号，可以代替字符串；“？”则是代表一个字符。

4. 设置库器件参数显示

若要显示器件的更多信息，右击器件的“元件名”，在弹出的快捷菜单中选择“选择栏”（Select Columns）命令，打开“选择纵列参数”（Select Parameter Columns）面板，在左边“知晓的参数”（Known Parameters）栏中，选择“模式类型”（Model Type）和“源”（Source）选项等要显示的纵列，并单击“添加”（Add）按钮，将其添加到右边“选择参数”（Selected Parameters）栏中，最后单击“确定”按钮后在元件库中将出现更为详细的信息纵列，如图 3.5 所示。

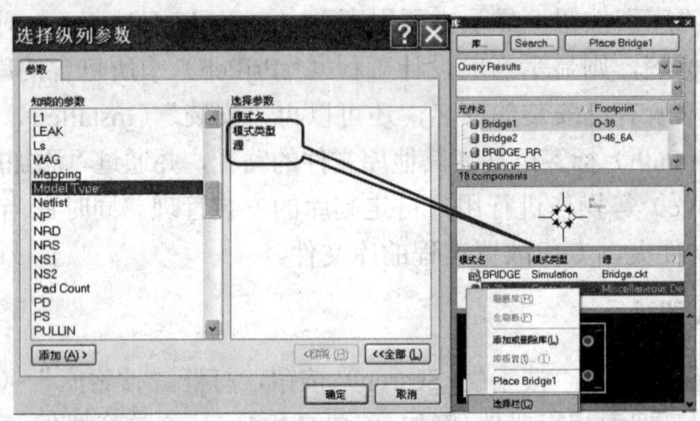

图 3.5 器件显示项目选择

5. 选取库中的器件

单击上方 Place… 按钮或双击器件名称，可将选定的器件放置在编辑工作区中。

3.2 原理图设计

3.2.1 建立新工程

本章以一个电源板设计为例，其中包括原理图设计工具使用、原理图编译和 PCB 板的生成。

1. 创建工程文件

在窗口选择“文件”→“新建”→“工程”→“PCB 工程”（PCB Project）命令，建立一个新工程*.PrjPcb。将其另存为适当名字。新工程中没有任何文档。右击工程名，在弹出的快捷菜单中选择“给工程添加新的”（Add New to Project）→Schematic 命令，建立一个新的原理图文档（*.SchDoc），同时打开一个原理图编辑窗口，如图 3.6 所示。在此窗口就可以绘制电路原理图了。编辑窗口上部是相应的编辑工具，本章介绍的内容都基于此编辑器中实现。

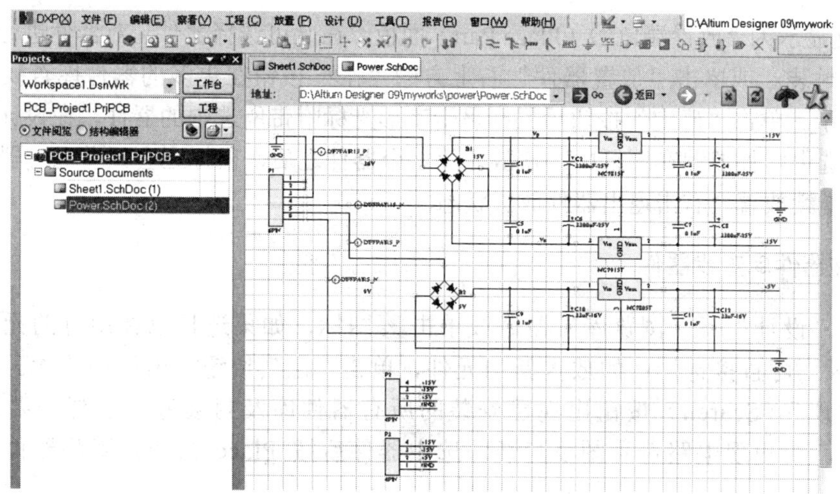

图 3.6　原理图编辑器窗口

若右击工程名，在弹出的快捷菜单中选择“添加现有的文件到工程”命令可打开已有的原理图文档进行编辑。

如果需要编辑已有的工程，选择“文件”→“打开工程”命令。

2. 设计原理图文档

原理图设计中的电气对象包括元器件、连接导线、总线、连接端口等，所有设计对象选取功能都可以从菜单“放置”（Place）命令进行访问，同时可直观地看到选中对象的电路符号和封装形式，如图 3.7 所示。

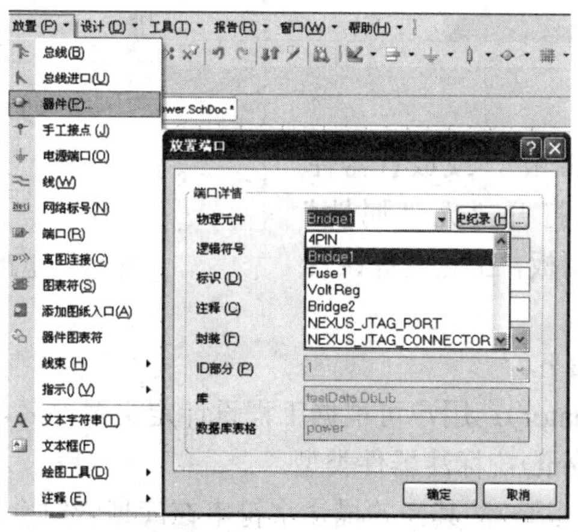

图 3.7　选择器件

3.2.2　元器件

1. 放置器件

选择“放置”→“器件”（Part）命令，或单击器件工具按钮，此时出现“放置器件”

（软件译文显示为“放置端口”）（Place Part）面板，在此可选择器件，对器件进行标识、注释及选择封装。或单击“放置器件”右上方的“…”按钮在更多的器件库查找元件，如图 3.7 所示。单击“确定”按钮后鼠标呈十字形光标附带所选中的器件，在设计图纸上单击，将所选中器件放置在图纸中。摆放完第一个器件之后，鼠标还会抓着同一器件，以同样的方法继续放置。右击退出器件放置状态。

2. 在器件库查找器件

选择“设计”→“浏览库”命令或单击图标，如果选择以往用过的元件，打开“历史记录”可直接选用；如放置新的元件，单击“…”按钮，出现浏览库。单击浏览库的“发现”（Search）按钮出现已安装的所有器件库及封装库。选择需要的库和需要的器件，会出现电路符号图及封装。选中器件后按 Place 按钮，就将器件放置在图纸中了。

3. 器件摆放示例

以一个直流稳压电路设计为例。在“混合器件库”（Miscellaneous Devices .IntLib）中依次选择“整流桥”（Bridge1）、“电容”（Cap）、“电解电容”（Cap Pol1）、“电压调节器”（Volt Reg）、“开关”（SW-DPST）及“熔丝”（Fuse1）等。在“混合连接器库”（Miscellaneous Connectors.IntLib）中选择“6 端接头”（Header6）和“4 端接头”（Header4）。将各器件按电路连接关系摆放在适当位置，分别放置开关、熔丝、变压器、桥堆、调压器及若干电容，如图 3.8 所示。通常电路设计中摆放元器件时，按信号传递方向为从左到右或从上到下的顺序。

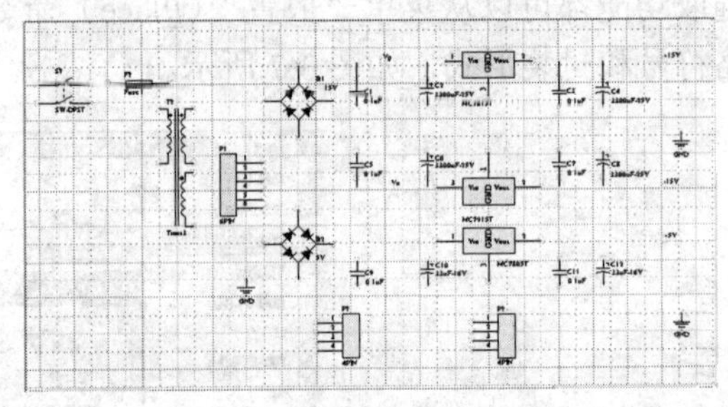

图 3.8　电路设计元器件摆放

4. 设置元件属性

在摆放对象时按 Tab 键，或放置器件后双击元器件符号，可打开“元件属性”（Component Properties）面板，在此设置该器件的属性，如图 3.9 所示。

元件属性面板介绍如下。

（1）“标识”（Designator）：用户可根据工程设计定义器件名。

（2）“注释”（Comment）：标注器件类型。

（3）“描述”（Description）：其中的描述字符串在库搜索时会显示在“库”（Libraries）面板上。

（4）“唯一 ID”（Identifier）：设置与器件特性相符的、唯一的、不重复的标识符。

（5）“参数设置”（Parameters for …）：可“添加”（Add）、“删除”（Remove）、“编辑”（Edit）参数以及“添加规则”（Add as Rule）。该栏有多项批注，对器件进行标识、命名、编号及参数标注，更便于读图。双击器件名所在栏可打开“参数工具”（Parameter Properties）对话框进行设置，如图 3.10 所示。为了使图纸简洁，有些信息不必显示在图纸中，在参数设置栏不勾选“可见的”（Visible）复选框，单击“确定”按钮后即可将信息从图纸上隐去。

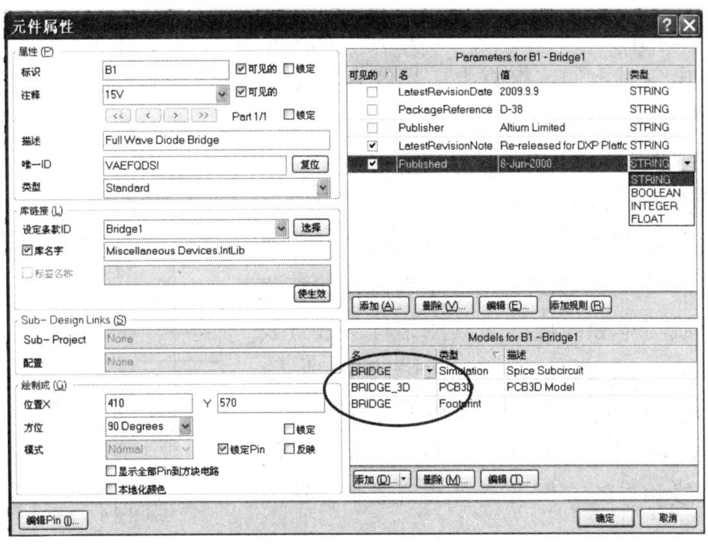

图 3.9　元件属性设置

（6）“封装”（Footprint）：器件的封装是 PCB 板上实物的尺寸和位图的反映。双击 Models for …中的“类型”（Type），可以看到器件在 PCB 板中的封装尺寸及形状图形。在器件的 Models for …中可“添加”、“删除”、“编辑”其他封装形式，添加的模型分别有“封装模型”（Footprint）、“仿真模型”（Simulation）、“信号完整性分析”（Signal Integrity）和“3D 模型”（PCB3D）等，如图 3.11 所示。在放置器件时选好封装，为后面生成 PCB 板带来方便。

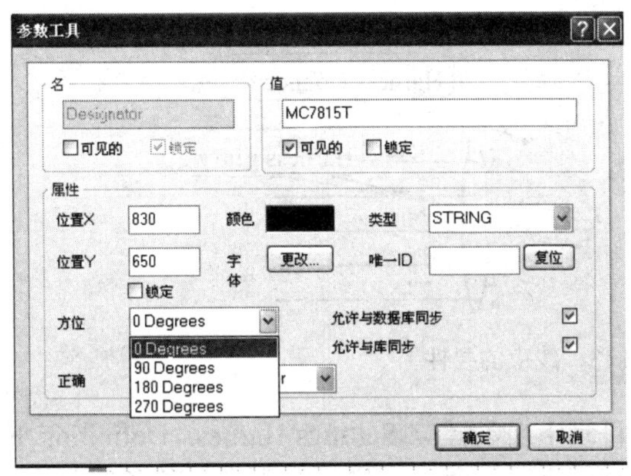

图 3.10　参数工具窗

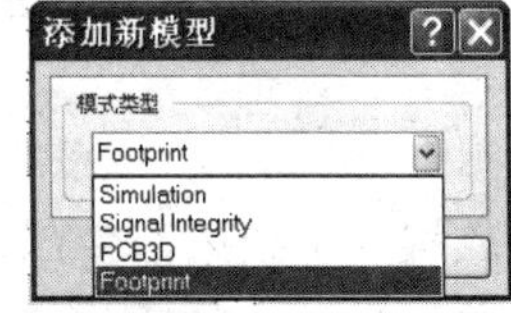

图 3.11　添加各种模型

3.2.3　连接线

1. 连线类型

Altium Designer 原理图中的连线类型有：“导线”（Wire）、“总线”（Bus）、“总线入口”（Bus Entry）、“信号线束”（Signal Harnesses）等，并分别有对应的快捷键。从菜单“放置”

进入连线选项。

（1）“导线”（Wire）：单击图标，选择导线将器件引脚与电路结点进行电气连接。导线结束点必须在电气对象的连接点上，导线有自动产生结点的功能。

注意：“导线”命令有电气意义，不同于没有电气连接意义的 Line 命令。

（2）“总线”（Bus）：单击图标放置总线，总线的线形更粗，可以图形化地表现一组连接在原理图页面上的相关信号的关系，例如数据线。总线间表示连接关系用相同前缀的网络标号，并用总线数目的数字做后缀，如 DIP[7..0]表示有八根线汇集为一条总线。总线与单独线连接时其网络标号展开表示为：DIP7、DIP6、…、DIP1、DIP0，如图 3.12 所示。总线可以被重新排序、重命名、分离和组合。

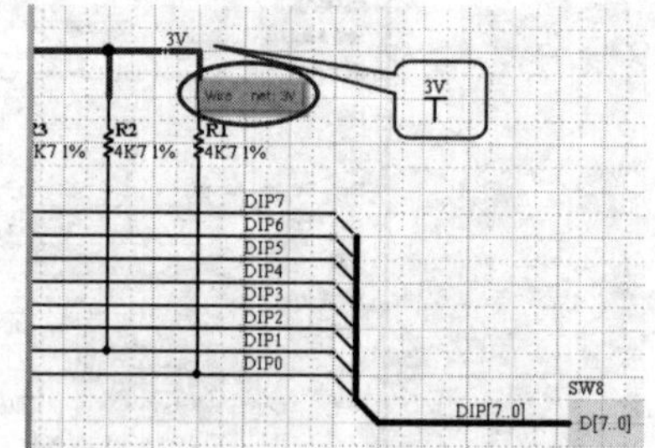

图 3.12 总线和网络标签

（3）“总线入口”（Bus Entry）：单击图标。总线入口用来连接总线和导线，保证连接线可以画在适当的工作栅格点上。

（4）“信号线束”（Signal Harnesses）：单击图标放置信号线束。允许逻辑群组有多种信号，包含导线、总线及其他的信号线束。信号线束包括4个关键元素：“信号线”（Signal Harness）、“连接器”（Harness Connector）、“线束接点”（Harness Entry）以及“线束定义文档”（Harness Definition File）。移动鼠标到 Harness 上方可以实时显示相关网络、总线和“次级线束”（Sub-Harnesses）。

连接器可以将不同的信号线集合在一起，包含捆绑到 Signal Harness 中的每个网络、总线和次级线束的线束接点，如图 3.13 所示。

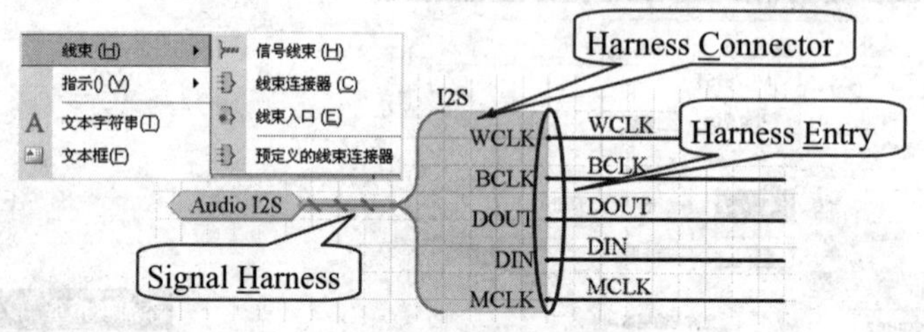

图 3.13 线束的要件

每放置一个线束都会在当前工程的目录下自动建立 Settings\Harness Definition Files 文件夹，并出现一个线束定义文档（*.Harness），包含所有信号线束定义的关联信息。对应图 3.13 中的线束文件内容为：

I2S = WCLK，BCLK，DOUT，DIN，MCLK

注意：该群组可以作为单一实体用到整个工程中。

2. 走线操作

（1）连接线：在要连接的引脚上按一下左键，拖动鼠标就可以拉出一条线，并开始走线，当鼠标指定另一引脚时，走线会自动停止。走线只能以可视化栅格为最小单位，在转弯处单击可改变方向。右击释放走线。

（2）不断线移动：若只想移动零件而不想断开连线，可以利用不断线移动。方法是：用鼠标点选元件同时按住 Ctrl 键不放，再移动元件；或者选择“编辑”（Edit）→“移动”（Move）→“拖动”（Drag）命令，再点选想要移动的元件拖动即可。

（3）改变连线：当要改变连线的路径时，单击线段，使选中的线段转折处出现位置块“┼”，光标停在位置块上并出现双箭头“↘”时拖动位置块，可以改变连线转折的角度。将光标停留在选中线段上，变为“✥”时推动光标可使连线平移。

如果同时延长几条并行、且结束在相同坐标位置的线，可按住 Ctrl 键将其全部框选后，只需牵引其中任一条线，则其他并行线将同时被牵引。

（4）编辑连线：双击连线可以打开“线”（Wire）面板，如图 3.14 所示。在此可以编辑线段的宽度、颜色等。

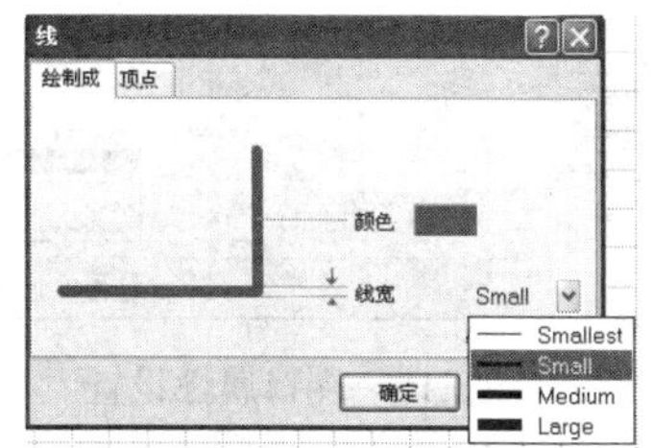

图 3.14　编辑线型

3. 导线结点

走线时软件会自动在有效的连接点生成“结点”（Junctions），如：T 型连接情况及导线跨过引脚端点。但十字交叉走线不会自动添加连接点，可通过手动添加交叉点强制连接。

选择“手工接点”（Manual Junction），当十字基准线上出现一个红色连接标记时，单击摆放结点。

选择“工具”→“设置原理图参数”（Schematic Preferences）→“喜好”命令，打开“喜好”面板，选择 Schematic→Compiler 选项，在面板右侧的“自动连接”（Auto-Junctions）和“手动连接”（Manual Junctions Connection Status）区域可设置结点大小及颜色等属性。

3.2.4　端口

1. 连接端口

选择“放置”→“端口”（Port）命令或单击放置端口工具按钮。端口提供从一张图纸指向另一张图纸的信号的连接方法，可以在文档内连接匹配的接口，但更主要用于多图纸之间端口到端口的横向连接。横向连接可忽略多图纸结构，将工程中所有相同名称的端口连接成一个网络；纵向连接则只能连接父子图纸之间的信号。在放置状态按 Tab 键，或双击“端口”打开“端口属性”（Port Properties）面板，可设置“端口”的“名称”（Name）、“端口类型”（IO Type）、端口外观形状等，如图 3.15 所示。

注意：在器件放置状态按 Tab 键，或在放置后双击对象，都可打开器件的“属性面板”。下同。

2. 电源端口

选择“电源端口”（Power Port）命令或按按钮放置电源连接端口。“电源”（VCC）与“地”（GND）的符号有多种选择，如图 3.16 所示。双击端口符号可打开“电源端口”（Power

Port）面板编辑，如图 3.17 所示。

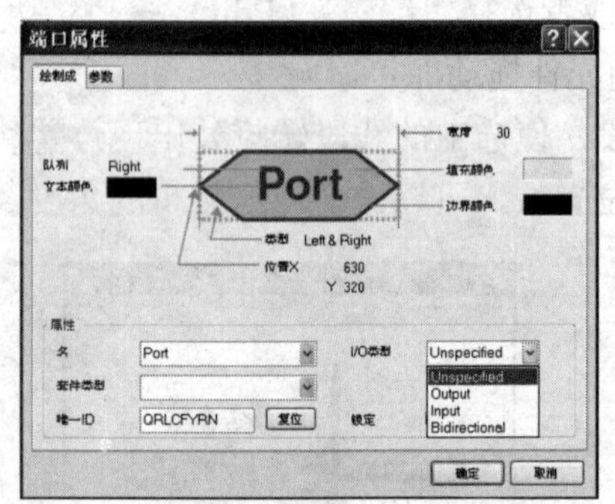

图 3.15 端口属性设置

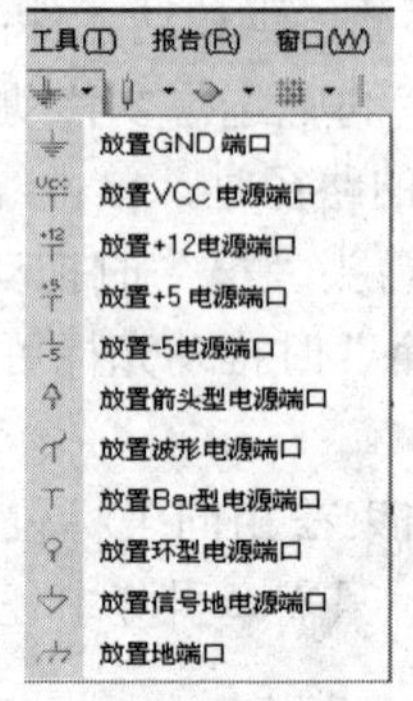

图 3.16 电源端口放置

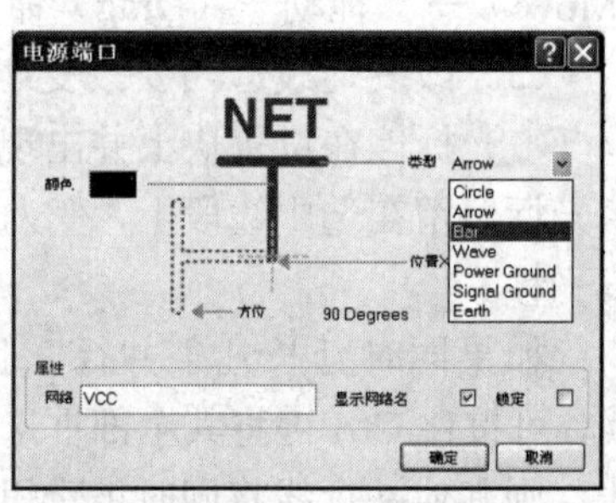

图 3.17 电源端口的编辑

电源端口（VCC）完全忽视工程结构，连接到相同网络名称的隐藏引脚，与所有参与连接的图纸上电源端口连接。

注意：电源端口和隐藏引脚这两个特殊的网络符号总被认为是全局定义的。

3.2.5 网络标签

当电路图中连线较多时，为减少图纸中的连接线数量，使图面简洁易读，不必将每条连接线完整画出，只需将导线标注相同的“网络标签”（Net Labels）即表示电气上有连接关系。网络标签通常只用于独立的图纸内部进行局部连接，除非被提升为全局定义的，方可在多图纸设计中进行全局连接。

选择“放置”→“网络标签”命令。放置时将左下角基准点放在导线上即可使网络标签与被标注的导线相关。如图 3.12 中，输出端线标注为 3V 表示与网线 3V 电气上是连接的。在标注后，可将鼠标光标移到连线上看看出现的小卷标显示是否与网络标签一致。如果网络标签是数字，在摆放下一个网络标签时它将会自动增加。按 Tab 键可打开“网络标签”对话框，设定网络标签的名称、字体、颜色等，如图 3.18 所示。

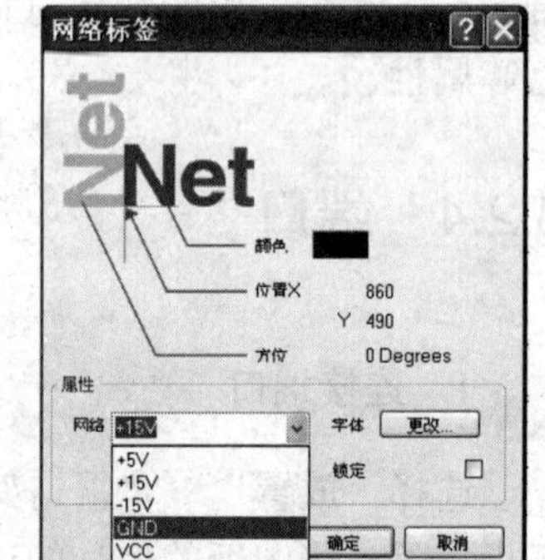

图 3.18 网络标签设置

注意：网络标签不会连接到相同名字的“端口”上。

还有一些其他器件和图符的使用这里暂不介绍，待 8.1 节中结合使用方法再做详述。

3.2.6 设计模板

1. 模板文件

Altium Designer 在安装路径“...\Altium Designer\Templates\”中提供了多种标准模板用于直接进行设计。打开“喜好”面板，选择 System→New Document Defaults 选项，在面板右侧可设置系统默认模板及文档图标，如图 3.19 所示。模板给出了统一的设计风格，使多人设计工程更容易管理。选择菜单“设计”（Design）→“模板”（Template）命令，会提示“更新”（Update）、“设置模板文件名称”或“移除当前模板”（Remove Current Template）。

（1）Set Template File Name：将删除现有的模板而使用所选择的模板。

（2）Update：当模板被修改并需要更新时使用这个命令。

（3）Remove Current Template：将移除模板但是保留原有的文档尺寸。

将打开的*.SchDoc 文档保存为*.SchDot 文件，即可生成新的模板文件。

2. 文档选项

在主菜单中选择“设计”→“文档选项”命令可打开“文档选项”（Document Options）面板。或在设计图纸的空白处右击，在弹出的快捷菜单中选择“选项”→“图纸”命令；或者双击设计图纸边框，都可以打开“文档选项”面板，如图 3.20 所示。其中的信息和设置内容如下。

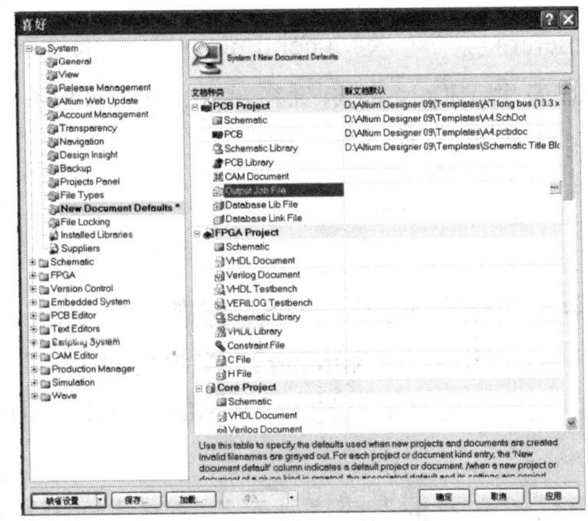

图 3.19　系统默认设计模板

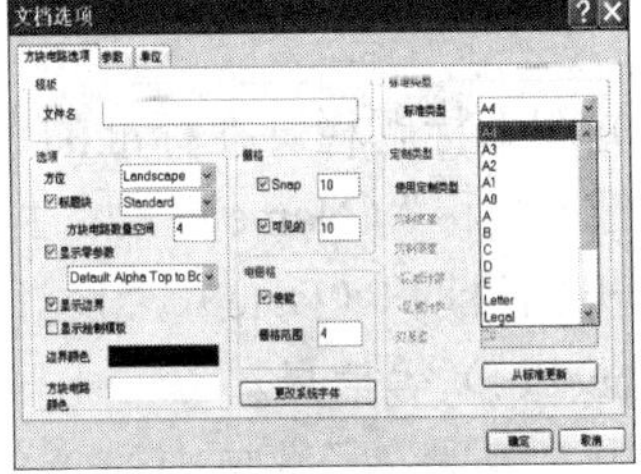

图 3.20　设置文档选项

1）图纸电路选项（Sheet Options）

（1）“文件名”（File Name）：若设计图纸采用系统提供的模板文档，在此将显示关联的模板路径与名称。

（2）“方位”（Orientation）：将工作图纸的方向设置为“横向”（Landscape）或“纵向”（Portrait）。

（3）“标题栏”（Title Block）：勾选后标准标题栏附加到图纸。标题栏的格式在下拉列表中有“标准”（Standard）和 ANSI 样式。

注意：此项通常只在没有使用模板的时候使用。

（4）“显示零参数”（Show Reference Zones）：勾选后，工作图纸四周出现上下是字母，左右是数字的参考栅格。

（5）“显示边界”（Show Border）：选中后可以看到图纸的边框。

（6）“显示绘制模板”（Show Template Graphics）：通常用以显示一个非标准标题栏，勾选后，显示已定义模板中的任意对象。

（7）“标准类型”（Standard Styles）：选择标准类型的图纸尺寸，如：A4，B3 等。

（8）“定制类型”（Custom Style）：如果标准类型没有所需的图纸尺寸，此选项允许自定义图纸尺寸和边框。

其他如边界颜色、图纸颜色等都是针对设计图纸定义的。

注意：“图纸”（Sheet）在软件翻译中有时显示为“方块”。下同。

2）参数

参数选项卡用于方便编辑图纸层面的文本。每个参数自动链接到在图纸上与参数同名的字符串上，可以将任意数值的参数添加到一个原理图模板或一个原理图页面。

3）单位

栅格可用“英制单位”（Imperial）或“公制单位”（Metric）。DXP 默认为英制单位，且基本单位为 10mils。栅格通常设置为 10mils 的整数倍，如：当打印实际尺寸是 1:1 时，若捕获网格值为 5 个单位，相当于 50mils，10 个单位相当于 100mils 等。

英制单位可用“mils”、“英寸”（inches），“自动英制单位”（Auto-Imperial units）是当值大于 500mils 时系统将从 mils 切换到 inches。

公制单位可以指定使用“毫米”（millimeters）、“厘米”（centimeters）、“米”（meters），“自动公制单位”（Auto-Metric units）是当值大于 100cm 时系统将从 cm 切换到 m。

栅格可以在“文档选项”面板中设置、打开或关闭。

3. 书写标题栏

（1）图纸标题栏。在标准的图纸绘制中，图纸右下角有一个“标题栏”（Title），用于标注图纸“名称”（Name）、“尺寸大小”（Size）、“编号”（Number）、“制图员姓名”（Drawn By）、“出图日期”（Date）、“修订版本”（Revision）、“文件路径”（File）及总图中的“张数”（Sheet of）等信息。

使用“放置”子菜单中的“文本字符串”、“文本框”或“注释”等方式均可在标题栏中填写需要的文字。

（2）实用绘图工具。用菜单中“实用”（Utilities）工具可放置文本框或字符串。双击“字符串”或“文本框”，可以对字符、字体、颜色、大小等进行修改。“实用”绘图工具中的线、弧、字符串、图形等的绘制无电气意义，与其他绘图工具的使用方法相似。这里不做详细叙述了。图 3.21 中给出了图纸标题栏与绘图工具。

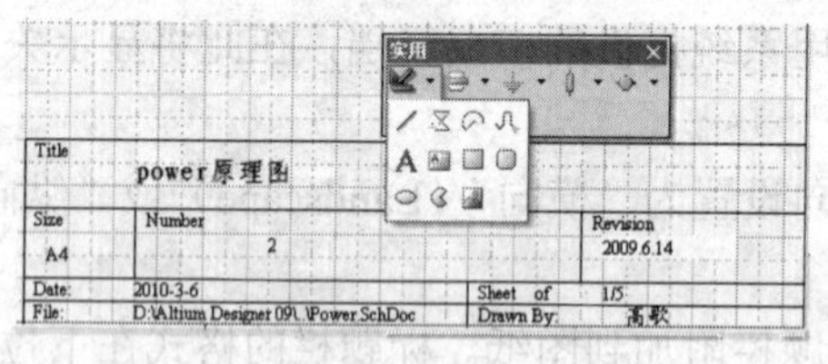

图 3.21 图纸标题栏与绘图工具

4. 反相标识符

网络标识符、图纸端口及图表符入口的反相标识是在文字上方加上划线。方法是：

（1）在所需定义的字符后面加反斜杠“\”表示有效低信号，如：R\ESET 会显示 $\overline{\text{RESET}}$。

（2）要在整个字符串上显示“反相”，必须在“喜好”面板中选择 Schematic→Graphical Editing 选项，在面板右侧中，勾选 Single ‘\’ Negation 复选框，之后在网络名前加一个反斜杠即可，如：\ENABLE 会显示为 $\overline{\text{ENABLE}}$。

3.2.7 设计完成

1. 保存文件

至此一张完整的电路原理图设计完成。在 Projects 管理面板中右击设计文件名 *.SchDoc，选择“保存”命令或单击图标。之后可以对其进行打印、转换、编译等处理。

2. 原理图输出

选择“文件”→“智能 PDF”（Smant PDF）命令可通过向导将原理图文档生成精美的 PDF 文件；选择“文件”→“打印”命令可将图纸文档打印出来。

3.3 原理图编译

编译工程或原理图是根据电气完整性规则对设计中的错误进行查找并生成网表文件和报告文件。当编译没有错误后，设计文件将被装载入目标文件，或通过生成 ECO 产生 PCB 文件。编译前需对规则进行选择设定。

3.3.1 设置编译指示

选择“工程”→“工程参数”命令，打开工程设置面板 Options for ... Project ...。其上方的选项标签分别有：“错误报告”（Error Reporting）、“连接阵图”（Connection Matrix）、“创建层级”（Class Generation）、“对照描述”（Comparator）、“创建类型”（ECO Generation）等。对于初学者而言，有些设置太过复杂，这里暂不做介绍，只对几个常用的设置加以介绍。

1. 错误报告

“错误报告”用于对设计图进行检查并显示。“报告模式”（Report Mode）分别用不同颜色的标志表示错误级别。

（1）绿色：“不报告或关闭”。

（2）浅黄：“警告”（Warning）。

（3）橘黄：“错误”。

（4）红色：“致命错误”。

编译中出现“警告”可忽略不管，但出现后两种错误时，必须纠正才能通过编译。对每种检查的通行级别可根据情况设置，单击图例即可选择。右击面板可通过表单命令设置所有选项，如图 3.22 所示。

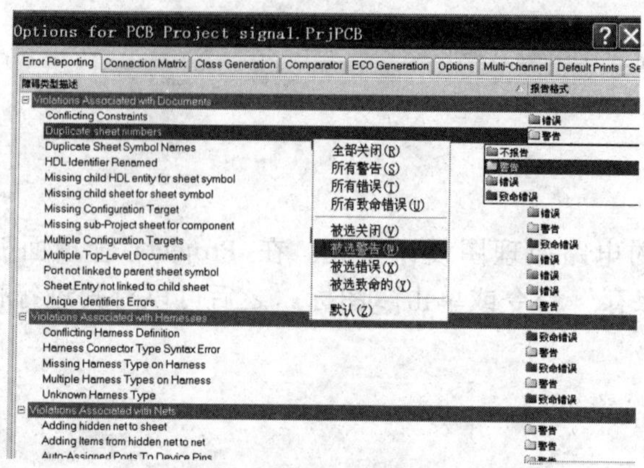

图 3.22 设置检查标志

2. 连接阵图

“连接阵图”（Connection Matrix）主要是检查每个元件引脚的电气特性，以及引脚的连接是否正确。用连接阵图表明“出错报告”中是否允许相应的电气连接，连续单击色块可循环设置上述“绿”、“黄”、“橙”、“红”四种错误类型。例如在连接阵图中右列先找出“输出引脚”（Output Pin），在其所在行中找到上方为“集极开路引脚”（Open Collector Pin）列，行列相交的小方块呈绿色，表示在编译工程时，这两种类型引脚相连接时“不报告”（No Report）；若将其设置为橘黄色，当两种类型引脚相连接时则会出现“错误”（Error）指示，表示编译时这两种类型引脚的连接是不允许的，如图 3.23 所示。

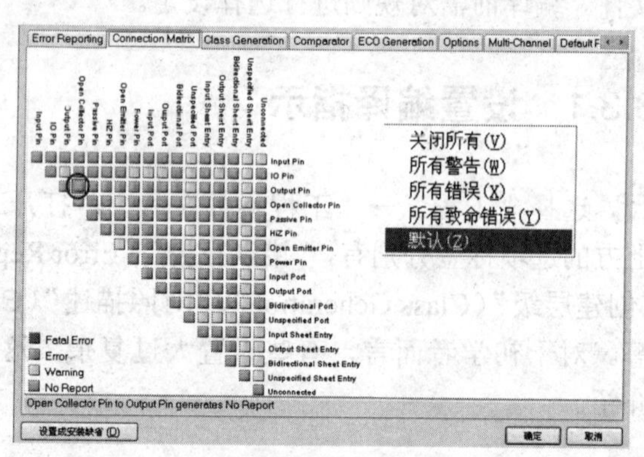

图 3.23 设置是否允许连接关系

面板上右击在弹出的快捷菜单中可设置“关闭所有”、“所有警告”、“所有错误”、“所有致命错误”。若不知道如何设定，则可选择“默认”命令或按左下方的“设置成安装默认”（Set To Installation Defaults）按钮选择 Yes 就能恢复默认值。

3. 对照描述

当编译工程时“对照描述”（Comparator）表示文件中的差异是否被指出。若设置为“找到差异”（Find Differences）则表示若文件有差异，编译时将被指出；若设置为“忽略不同”（Ignore Differences），则表示编译时不指出文件的差异。这里将“与器件相关的差别”（Differences Associated with Components）中的“改变定义”（Changed Room Definitions）、“额外定义”（Extra Room Definitions）及“额外的器件类别”（Extra Component Classes）设置为“忽略不同”（Ignore Differences）。设置后单击“确定”按钮，如图 3.24 所示。

关于其他设置在后面使用时再逐步介绍。

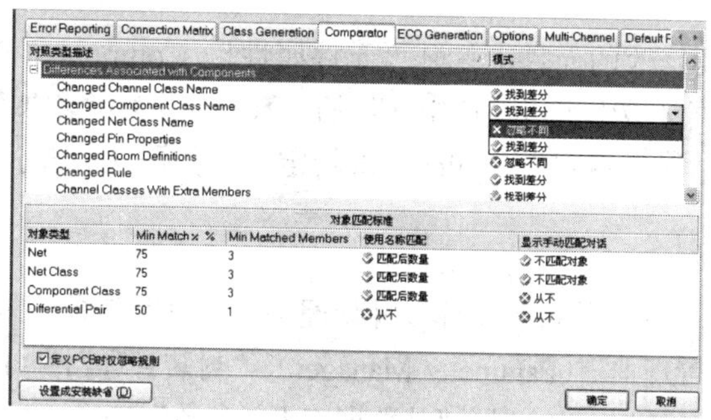

图 3.24　设置差异显示

3.3.2　编译

编译可以检查设计文件中的电气规则错误并指出错误所在，帮助设计者排除错误。编译过程还可生成网络表文件，网络表在不同的设计工具中能够传递电路的连接信息，用于 PCB 板自动形成电气连接。编译可对某个文档进行，也可对整个工程进行。下面分别说明。

1. 对原理图文档进行编译

在主菜单选择“工程”→Compile Document *.SchDoc 命令，开始编译当前文档，或在 Project 面板中右击需要编译的原理图文档，并在弹出的快捷菜单中选择 Compile Document *.SchDoc 进行编译。

编译后如果有错误或警告，会在弹出的“信息”（Message）面板中显示，如果仅仅是“警告”（Warning），可不必理睬。若有致命错误，在 Class 栏单击相应的“错误”(Error)，则在 Compile Error 面板中指出电路原理图上的错误所在，并高亮显示出错处，电路其他部分被遮蔽淡化。将错误处修改后再编译，编译通过后，Messages 面板中将无任何显示内容，如图 3.25 所示。

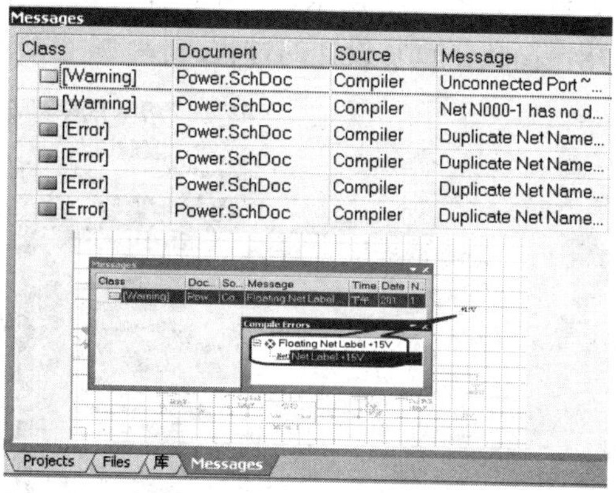

图 3.25　编译错误显示

2. 对工程进行编译

若对工程*.PrjPcb 进行编译，选择“工程”→Compile PCB Project *.PrjPCB 命令，开始编译。查看修改方法同原理图编译相似。

编译通过后，可以开始创建 PCB 文档了。

3.3.3　修改元件属性

在电路设计中常常会对元器件的属性修改，这里介绍几种修改方法。

1. 对个别元件修改

在原理图中双击要修改的元件，打开“元件属性”（Component Properties）面板，在右边 Parameters for …选项区域中可以对选中元件的参数直接进行“添加”、“删除”和“编辑”的修改。还可对器件进行“规则”（Rules）重新定义，如图 3.9 所示。

2. 对同类元件修改

由主菜单中“工具”的菜单项可选择多种管理工具，对当前原理图设计中的多个同类元器件进行编辑，如“参数管理器”（Parameter Manager）、“封装管理器”（Footprint Manager）、“从器件库更新”（Update From Libraries）以及“从数据库更新参数”（Update Parameter From Database）。另外，还可以利用公共数据表格文件复制粘贴的方法对大量的元件属性参数进行修改，详细内容见 11.1 节。器件属性编辑修改后，选择“设计”→Update 命令，打开“工程/设计更改顺序”（Engineering Change Order，ECO）面板“执行更改”（Execute Changes）后，修改结果才能生效。

3.4 原理图应用

3.4.1 原理图生成器件符号

在电路原理图设计完成后，可将设计好的“一张图纸”生成“一个器件”（集成一个图表符）。方法是在主菜单中选择“设计”→“图纸生成器件”（Create Component From Sheet）命令，在“符号选项”（Symbol Options）面板中选择相应类型，确定后生成一个*.SchLib 库元件，如图 3.26 所示。一个电路图纸生成为器件后，就可在其他电路设计中以元件形式调用，简化了重复设计的过程。

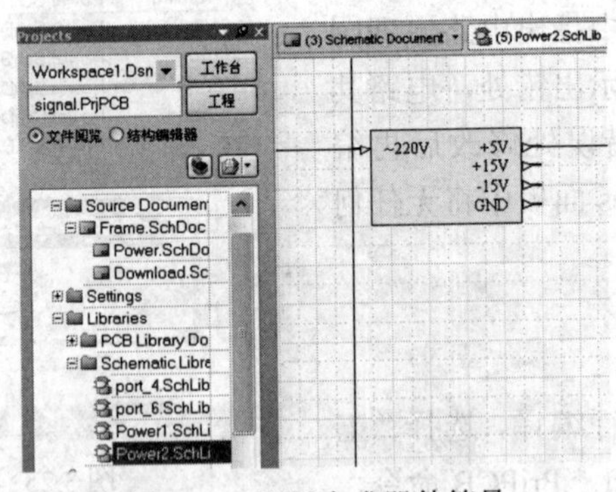

图 3.26 图纸生成器件符号

3.4.2 图表符表示原理图

1. 图表符

选择“放置”→“图表符”（Sheet Symbol）命令，或单击按钮，“图表符”以浮动形式随鼠标十字光标移动，拖曳到编辑窗中单击一下，再按住鼠标拖曳到适当位置放开，得到尺寸合适的图表符，如图 3.27 所示。重复单击可画出多个图表符，右击退出图表符放置状态。单击图表符，其四周出现高亮小方块“把手”，用鼠标拖曳可改变图表符的大小尺寸。

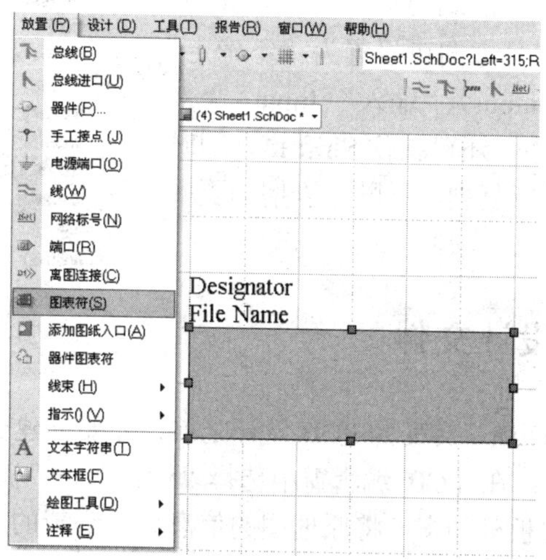

图 3.27　放置图表符

双击图表符矩形框打开“图纸符号”（Sheet Symbol）面板，可定制图表符的尺寸、填充色彩、边框色彩、边框宽窄及文件名、标识等信息，如图 3.28 所示。

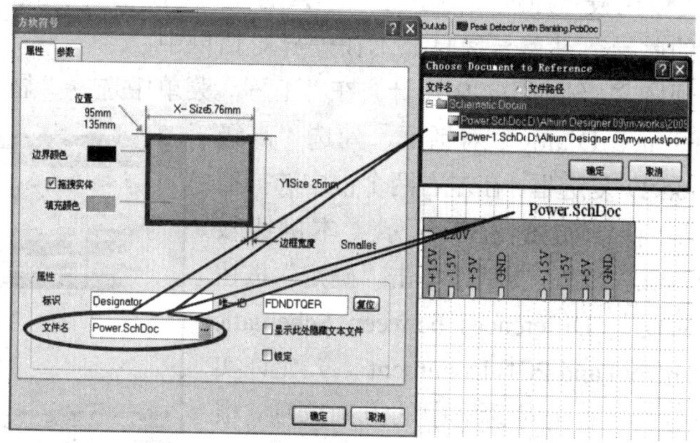

图 3.28　用图表符代替原理图

在“文件名”（File Name）栏导入原理图文件*.SchDoc，此时图表符名称也改为原理图文件的名称。以后当电路调用该符号时即是调用了整个*.SchDoc 电路图。

双击图表符的“标识”（Designator）或“文件名”（File Name），在“图纸符号”（Sheet Symbol ...）面板中可以更改图表符名称、字体、颜色、定位或隐藏等。

2. 图纸入口

“图纸入口”（Sheet Entries）只在图表符内有定义。选择“放置”→“添加图纸入口”（Add Sheet Entry）命令，或单击按钮，光标上出现图纸入口浮动形式，将光标指在图表符内边沿单击放置图纸入口。

双击“图纸入口”图标，打开“图纸入口”面板，可对图纸入口进行编辑，如图 3.29 所示。如形状可设置为“块”(Block)、“三角”(Triangle)、“箭形”(Arrow)、“箭尾”（Arrow Tail)；信号方向可设置为“不确定”(Unspecified)、“输出”(Output)、“输入”(Input)、“双向”(Bidirectional）等状态。还可按住 Shift 键，同时选择几个“图纸入口”进行复制、粘贴，以增加更多图纸入口。

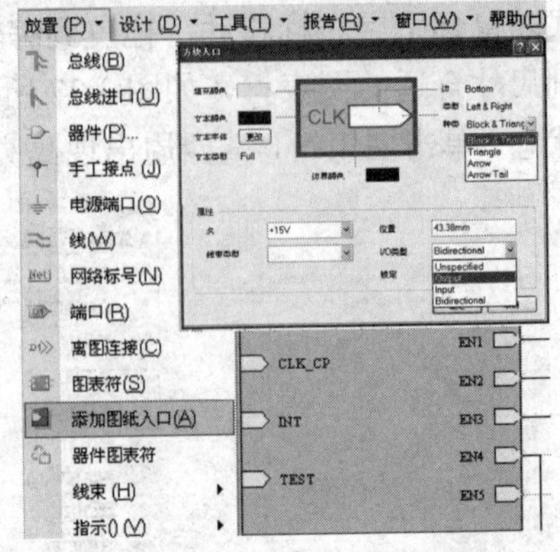

图 3.29　添加入口及编辑

3.4.3　创建 PCB 设计文件

在将原理图 Power.SchDoc 转变为 PCB 设计之前，先要创建一个新的 PCB 文件，并保存在同一“工程”目录中。在 PCB 编辑窗中选择“设计”→“板子形状”→“重新定义板子外形”命令的方法画出板外边框。将原理图的信息导入到新的 PCB 之前，需确保所有与原理图和 PCB 相关的库是可用的。

1. 显示差异

“差异比较引擎”(Difference Engine）可以比较出绝大多数类型文件之间的器件与连接关系的信息。其中可以比较“原理图与 PCB”、“PCB 与 PCB”、“网络表与 PCB”、“网络表与网络表”等之间的差异，其差异信息显示在差异对话框中。

如果将当前原理图文档生成 PCB 设计，在“工程”菜单中选择“显示差异”，打开“选择文档比较”（Difference Dialog）对话框，勾选“高级模式”(Advanced Model）复选框，在左右两个框中选择需要同步更新的匹配文件，如图 3.30 所示。本例比较 Power.SchDoc 和 Power.PcbDoc 文档，单击“确定”按钮后出现“差异对照面板”（Differences between Schematic Document [Power .SchDoc] and PCB Document …)，允许实现双向的同步更新过程，右击对话框中的方向选项，根据情况进行更新，之后单击“创建工程变更列表”(Create Engineering Change Order）按钮显示变更情况，如图 3.31 所示。

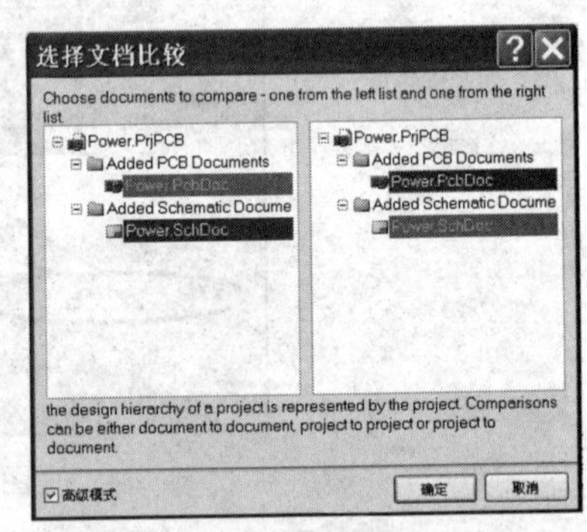

图 3.30　原理图与 PCB 比较

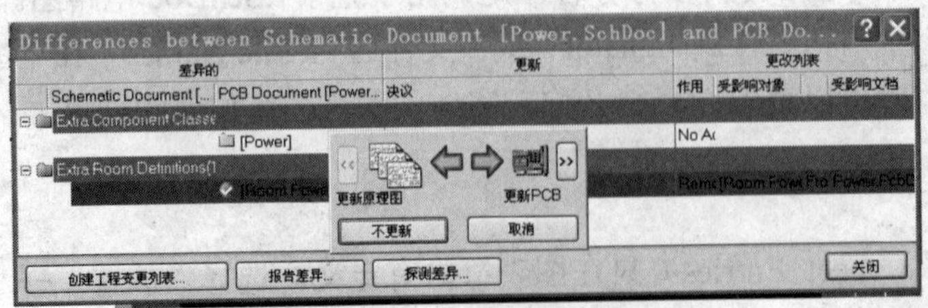

图 3.31　更新原理图与 PCB 图的差异

2. 执行更改

（1）选择“设计”（Design）→“更改文档”（Update …），打开“工程更改顺序/工程设计更改”（Engineering Change Orders，ECO）面板。将原理图所有的变化更新到 PCB 中（或从 PCB 更新到原理图），只需要指定同步的方向，然后直接进入 ECO 对话框，单击“生效更改”（Validate Changes），如果所有的更改被验证，在“状态”（Status）栏的“检测”（Check）列表中会显示绿色标记。若更改未通过验证，以红色标记表示，此时需关闭面板并查看“信息”（Message）面板。

若验证通过，单击“执行更改”（Execute Changes）按钮，将更改结果发送给 PCB。完成后，“状态”（Status）栏中 Done 列即标记为“”，同时生成对应的报告，如图 3.32 所示。

（2）选择“工程”→“显示差异”（Show Differences）可以控制同步的方向，并比较其他任何文件类型，如比较网络表和 PCB（或称为加载网络表到 PCB）。

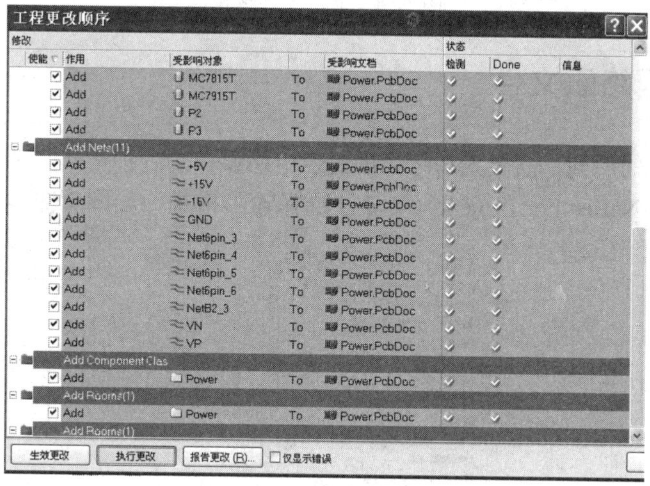

图 3.32　执行更改后的显示

3. 查看 PCB

“关闭”（Close）工程更改顺序面板后，目标文件*.PcbDoc 自行打开，出现 PCB 板图，如图 3.33 所示。若无法看到元器件，请选择“查看”（View）→“适合文件”（Fit Document）命令。

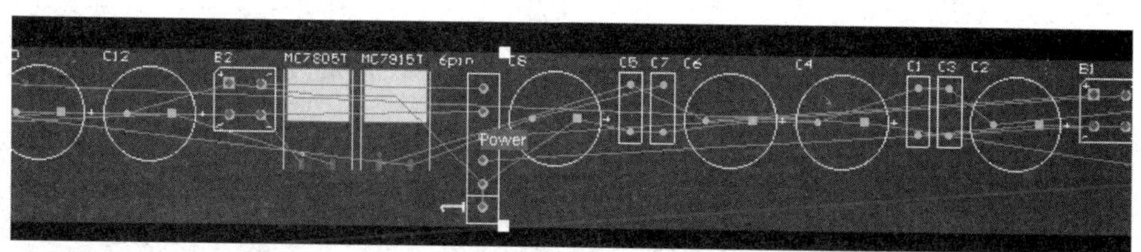

图 3.33　PCB 板图

4. 差异报告

单击图 3.31 中“报告差异”(Report Differences)按钮，在“报告预览”(Explore Difference)面板中单击“输出”(Export)按钮可以将报告输出为电子表格文件（*.xls）或进行“打印”(Print)及查看“所有”(All)等操作，如图 3.34 所示。

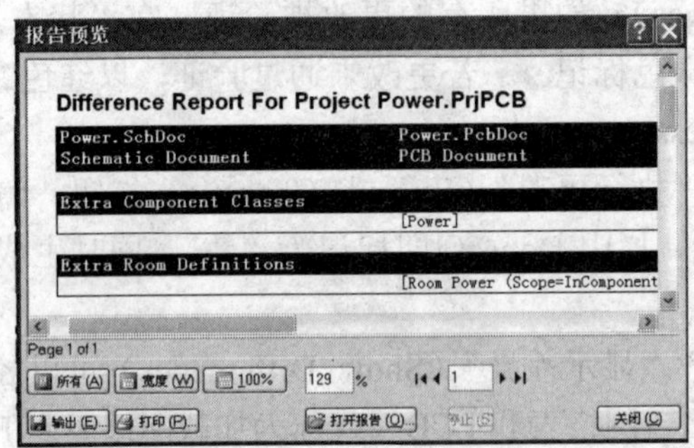

图 3.34 显示差异报告

3.4.4 输出网络表文件

为了配合不同的厂商，需要为后续工序提供电路设计的各种格式文件。选择“设计”→“工程的网络表”(Netlist For Project）命令，选择输出格式，如图 3.35 所示。

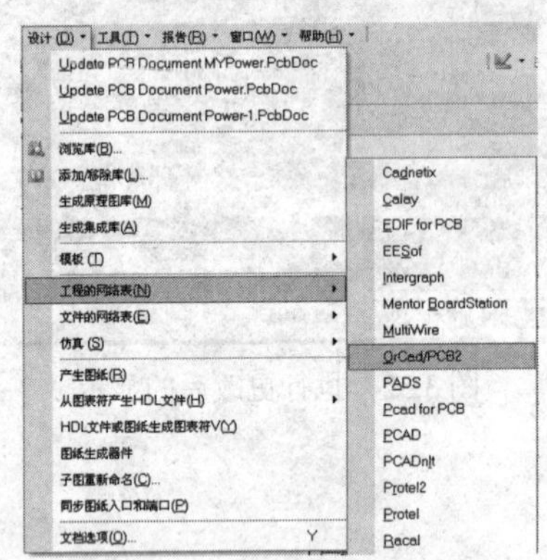

图 3.35 选择不同网络表文件

第 4 章　印刷电路板设计

本章摘要

本章介绍印刷电路板设计及实现的基础知识和设计方法。其中涉及创建 PCB 板、与原理图的文档同步更新、板参数设置、器件布局布线以及设计规则的建立与使用。最后给出 3D 模型显示以增加电路设计的立体效果。本章介绍的各种操作主要在 PCB 编辑窗的菜单下进行。

4.1　PCB 基本操作

4.1.1　印刷电路板基本概念

1. PCB 说明

印刷电路板通常称为 PCB（Printer Circuit Board）。第 3 章中介绍的电路原理图设计是电路设计的基础，只有正确的原理图设计，才能设计出完美的电路板，而电路板（PCB）则是电子设计的最终目标。两者的内在联系通过网络表反映，在原理图编译过程中生成的网络表不仅为自动布局布线提供依据，而且还可对电路板图进行检查和校验。在 PCB 板上合理放置元器件称为布局，元器件之间的连接称为布线或走线。

所有电子产品实物都是以 PCB 板为基础在上面安装电子器件构成的。PCB 板根据层数分为单层板、双层板及多层板。元器件焊接在顶层或底层，中间层用于连线需要。每两层之间由绝缘性、耐热性较高的材料隔开，顶层和底层布置有焊接电子元器件的焊盘和用于电气连接的铜膜导线，其他部分涂上阻焊层。阻焊层的阻焊剂不沾焊锡，甚至可以排开焊锡，使焊锡不至四溢。焊盘上涂以助焊层，一般是锡铅或合金焊料，使元器件更容易焊接。顶层和底层还可以印刷文字，如生产厂商名、元器件标称值等，印字层又称为丝印层或绢印层。

焊盘的作用是将电子元器件附着在 PCB 板上。对于针式引脚器件，焊盘中间有孔，器件引脚可插入孔内径。焊盘外径是上焊锡处，形状有圆、方、椭圆、多边形等，通常是圆形。对于表面贴着式器件，焊盘没有孔。

在 PCB 板上仅表示元器件连接属性的线称为“飞线”。“飞线”只是“点”到“点”的最短直线距离，是没有宽窄尺寸、没有机械特性的线段，交叉处无电路连通性质。PCB 设计就是如何摆放元器件、将连线路径、粗细等进行逐一画出的过程。由图 3.6 的直流电源原理图设计文档转换产生的 PCB 设计见图 4.1。在对此文档进行 PCB 布线之前，先要设置板子尺寸、定位参数等。

2. 创建 PCB 的方法

有以下三种方法可创建新的 PCB：

（1）选择“文件”→“新建”→PCB 命令，可创建一个新的 PCB 文档图纸。

（2）系统还为用户提供了一些标准电路板的配置文件。从 System 菜单中选择 Files 命令，打开 Files 面板，选择“从模板新建文件”（New from Template）的 PCB Templates 选项，会出现选择现有文件 Choose Existing Document 界面，给出很多文档模板供选择，模板的名字中反映了图纸的尺寸，如图 4.2 所示。每一个模板文件都有一个默认的版型，选择一个 PCB 模板打开，如图 4.3 所示。

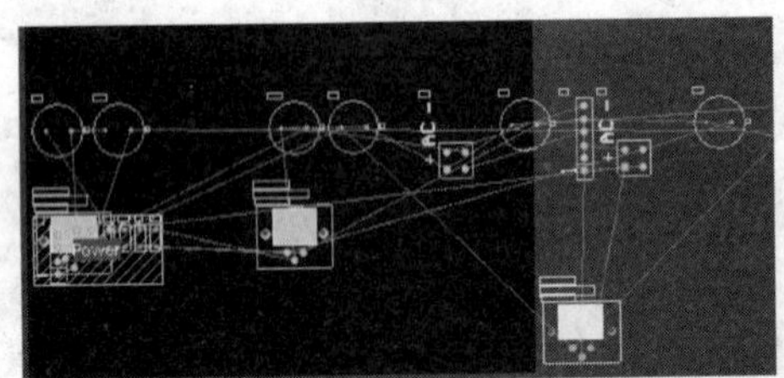

图 4.1　PCB 飞线图

图 4.2　创建新的 PCB 文档

（3）在 Files 面板中选择“从模板新建文件”的 PCB Board Wizard 选项，打开 PCB 板向导界面，如图 4.4 所示。依照指示依次单击“下一步”（Next）按钮并给以适当设置，可以产生定制的 PCB 板图纸。

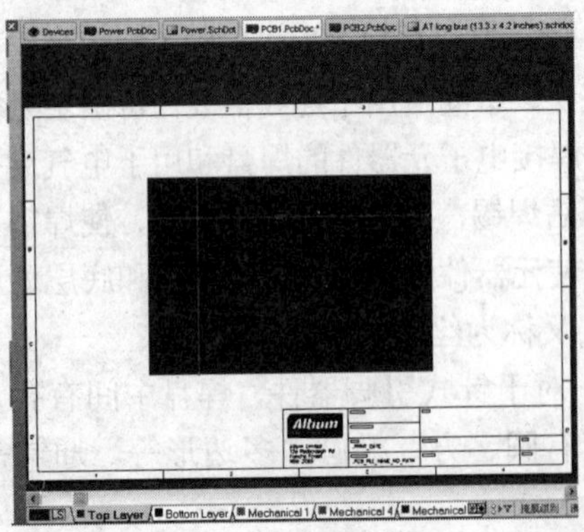

图 4.3　一个 PCB 默认版型

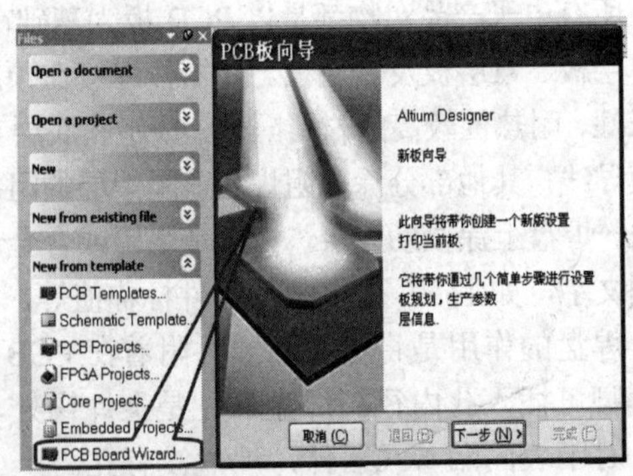

图 4.4　创建 PCB 板向导

4.1.2　PCB 向导

第 3.4 节曾介绍从原理图转换 PCB 文档的方法，本节介绍利用“PCB 向导”（PCB

Board Wizard）创建 PCB 文档的方法。

1. 进入 PCB 向导

在 Files 面板中选择“从模板新建文件”（New from Template）中的 PCB Board Wizard 选项。如果看不到“从模板新建文件”，请单击 Files 面板右边双箭头符号，将其他面板隐藏起来就可看到位于面板最下方的 PCB Board Wizard 选项，如图 4.4 所示。

2. 创建步骤

打开“PCB 向导”面板依次设置，并单击“下一步”（Next）继续。

（1）选择板尺寸单位。根据设计需要选择“英制”（Imperial）单位或“公制”（Metric）单位，如图 4.5 所示。两种单位的换算为：

100mil = 2.54mm

1inch = 1000mil

1mm = 39.37mil ≈ 40mil

（2）选择板剖面。按照标准为新板选择模式，通常选择 Custom 选项，如图 4.6 所示。

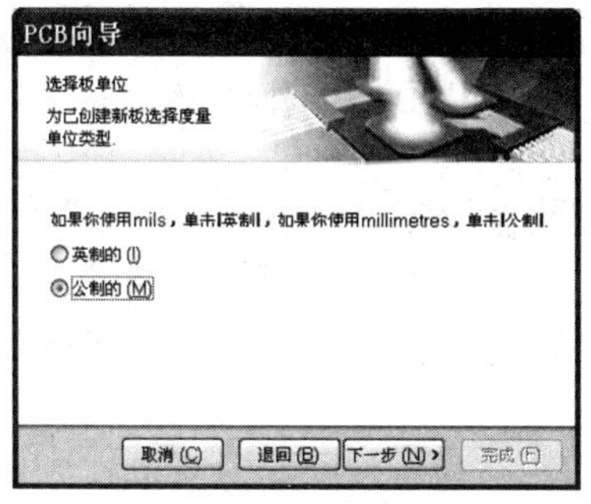

图 4.5　设置尺寸单位

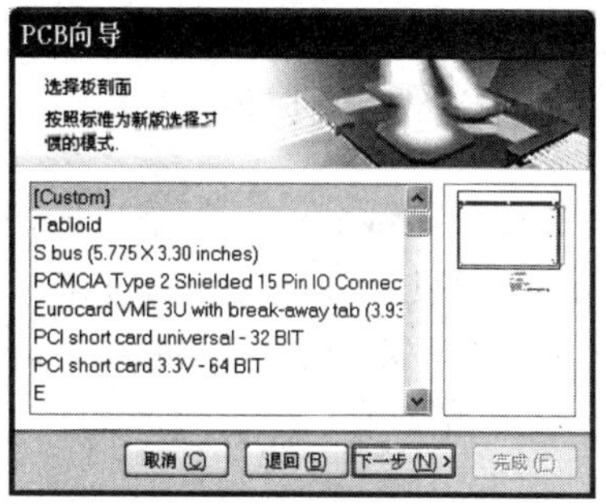

图 4.6　选择板剖面

（3）选择板详细信息。如板子“外形形状”（Outline Shape），包括“矩形”（Rectangular）、“圆形”（Circular）、“习惯的”（Custom）；“板尺寸”（Board Size）包括“宽度”（Width）和“高度”（Height）设置；“尺寸层”（Dimension Layer）设置多个层次等，如图 4.7 所示。

（4）选择板层。这里将“信号层”（Signal Layers）设为 2，“电源层”（Power Planes）也设为 2，如图 4.8 所示。

（5）选择过孔类型。可分两类：“通孔”（Thruhole Vias only）及“盲孔和埋孔”（Blind and Buried Vias only），如图 4.9 所示。

（6）选择组件和布线工艺。设定“板主要部分”（The board has mostly）为“表面装配元件”（Surface-mount component）或“通孔元件”（Through-hole components）及“两焊盘间走线数目”（Number of Tracks Between Adjacent Pads），如图 4.10 所示。

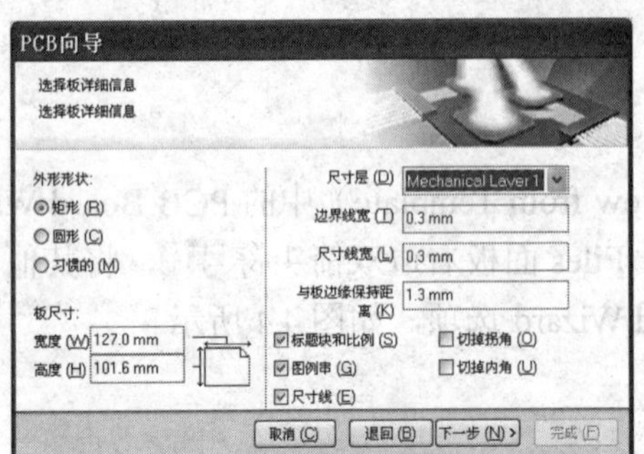

图 4.7　设置外形尺寸

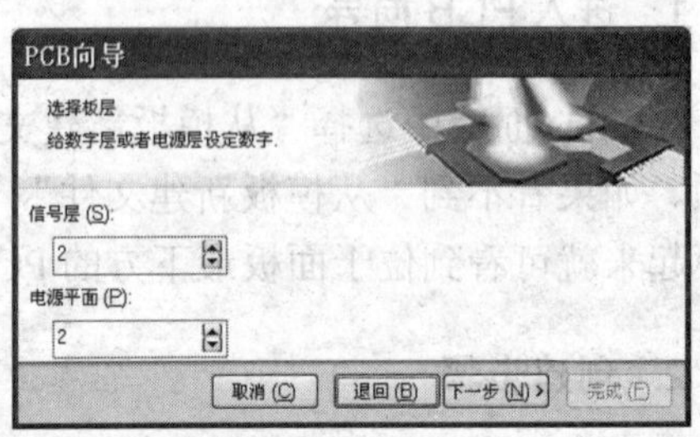

图 4.8　选择板层

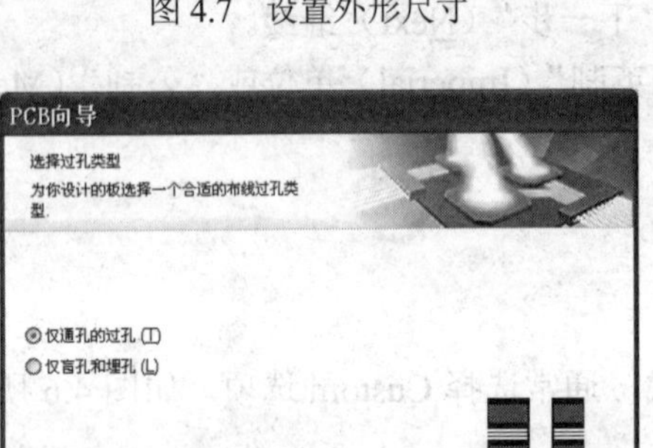

图 4.9　过孔类型

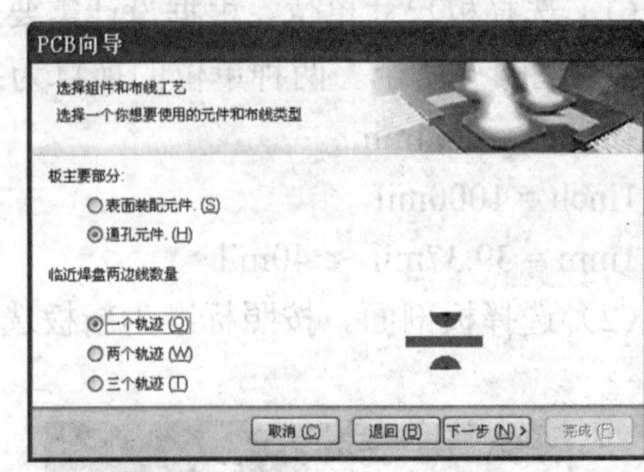

图 4.10　组件与布线工艺

（7）选择默认线和过孔尺寸，如图 4.11 所示。面板设定“最小线宽尺寸”（Minimum Track Size）、“过孔最小外径”（Minimum Via Width）、“过孔最小孔径”（Minimum Via Hole Size）及“最小间距”（Minimum Clearance），这些设定都将套用至“设计规则”（Design Rule）中。单击“下一步”（Next）按钮继续。

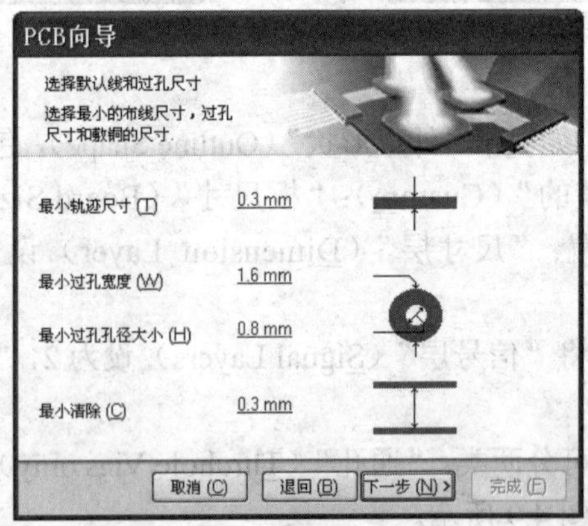

图 4.11　过孔尺寸设置

单击“完成”（Finish）按钮后关闭向导并自动进入刚刚所设定的 PCB 环境，文档名称为 PCB1.PcbDoc，位置在“自由文件夹”（Free Documents）中。

4.1.3　进入 PCB 环境

1. 关闭背景图纸

在打开的 PCB 编辑窗中会看到白色图纸上的一个黑色区域（主要工作区），若要将白色图纸关闭可选择“设计”→“板参数选项”（Board Options）命令，打开“板选项”面板，在“板选项”（Board Options）面板中将“显示图纸”（Display Sheet）取消勾选，单击 OK 按钮关闭面板回到 PCB 环境。关闭白色图纸区后只留下黑色的工作区域以及灰色的底色。若要将工作区域放大至整个窗口，可在主菜单中选择“查看”（View）→“适合板子”（Fit Board）命令。

2. 存储文档

选择“文件”→“保存为”（Save As）命令，将新建立的 PCB 文档保存在与工程相同的路径中，并给予合适的命名。

3. 加入工程

新建或由向导产生的*.PcbDoc 文档在“自由文件”（Free Document）里与其他文件是没有任何关系的，需用单击文档名称，拖曳到设计工程名上释放鼠标，并再次对“工程”进行保存，才能使其成为当前工程中的有效文档。

4.1.4　文档同步更新

将原理图中设计信息更新到 PCB 中的最好方法是使用设计同步器。

1. 同步更新准备

在将*.SchDoc 原理图设计信息转换至*.PcbDoc 文档之前首先需确定以下几点。

（1）设计中使用的元器件都是器件库中认可的。

（2）原理图中的元件确定添加了封装模型。

（3）对整个工程编译已经通过。

在编辑窗口上方选择“设计”→Update...命令，出现“工程更改顺序”（Engineering Change Order，ECO）面板。文档更新详情见 3.4.3 节。

2. 同步更新纠错

同步设计更新过程中出现的错误一般分为以下两类。

（1）缺少器件封装。由以下情况导致：

- 忘记添加需要的 PCB 库到当前加载的库列表中；
- 原理图中的器件没有添加封装信息；
- 原理图中元件的封装没有匹配的 PCB 库元件。

（2）封装引脚编号和原理图引脚编号不匹配。Altium Designer 默认引脚到焊盘的映射需是相同的编号或字母，但也支持用户自定义引脚到焊盘的映射。在原理图编辑器双击元件，打开“元件属性”面板，“编辑”（Edit）封装模型，使封装引脚编号和原理图引脚编号匹配。

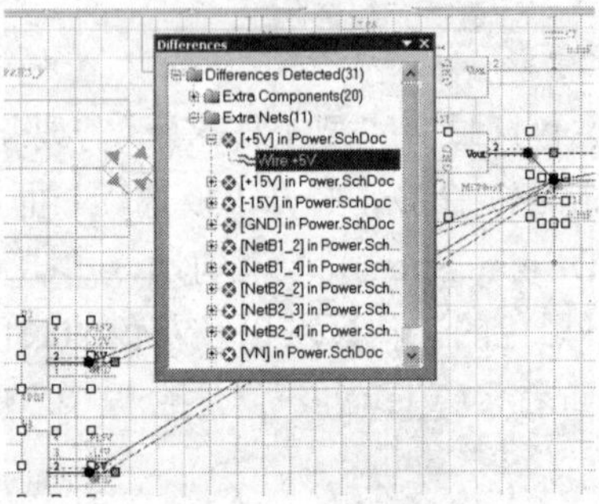

或选择“工程”→“显示差异”（Show Differences），命令在差异对话框中单击“探测差异”（Explore Differences）按钮，这时将弹出“差异”（Differences）面板，并显示出原理图与 PCB 中有差异的对象信息，单击其中的对象进行查看，如图 4.12 所示。

图 4.12 差异显示

注意：如果有大量的网络连接关系需要更新，则可以清除 PCB 编辑器中的网络，再同步重新加载所有的数据。

3. 网络表更新 PCB 设计

通常同步器已经取代了网络表的加载，但有时原理图是在其他 EDA 软件环境下绘制的，这时可通过网络表加载方式用于 PCB 的设计中。使用“差异比较引擎”（Difference Engine），网络表中的元件与连接关系信息可以被比较器更新到 PCB 中。

使用网络表的同步功能没有直接用同步器的功能强大，因为直接同步时元器件在原理图与 PCB 中是由唯一的识别码（Identifier，ID）联系的，其同步连接关系不再需要通过标识来实现，并可以双向修改标识信息。

加载网络表的方法与直接同步相似，选择“工程”→“显示差异”（Show Differences）命令，打开“选择文档比较”（Choose Documents to Compare）面板，勾选左下方“高级模式”（Advanced Model），在窗口的一边选中需要的网络表（*.net 文件），另一边选中 PCB 文档（*.Pobdoc）。若单击“确认”按钮后显示“无法使用独特识别码实现匹配”，需单击 Yes 按钮继续使用器件编号来匹配。

注意：网络表文件必须在 Altium Designer 中打开或者被包含在当前工程中。

4.2 PCB 工作环境的设置

在开始摆放元器件之前，需对 PCB 的工作环境的参数进行设置，如栅格、板尺寸、层数、敷铜厚度等需要预先给定约束规则。保存 PCB 文件时，最后使用的视图配置也会随之保存，并被用于其他 PCB 文件。若打开未设置“视图配置”的 PCB 文件，系统将调用默认配置。

4.2.1 板参数设置

在窗口中选择“设计”→“板参数选项”（Board Options）命令打开“板选项”（Board Options）对话框，进行设置，如图 4.13 所示。

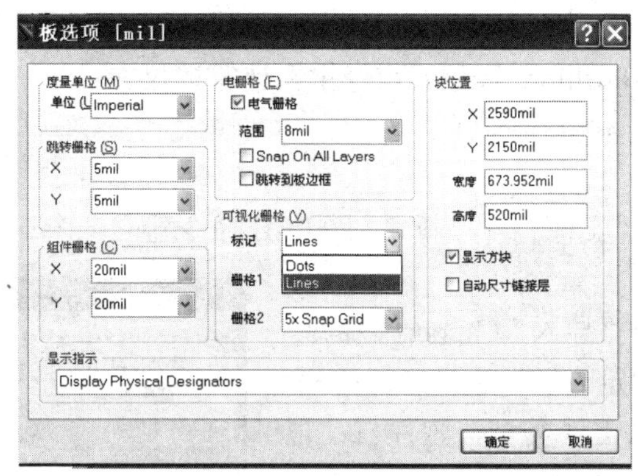

图 4.13　参数设置

1. 栅格

栅格设置正确便于摆放器件。栅格尺寸常用“公制单位”（Metric）或“英制单位”（Imperial）设置。

（1）“捕获栅格”（Snap Grid）：捕获栅格的 X 和 Y 值为鼠标所能识别的最小移动间距。捕获栅格保证元件精确的移动和放置，按 G 键或 Ctrl+G 键可改变捕获栅格的 X 和 Y 值。

（2）“组件栅格”（Component Grid）：组件栅格只在放置或移动器件时才能激活。

（3）“电栅格”（Electrical Grid）：电栅格可看做吸引鼠标跳转的范围，在放置一个电气对象时将忽略捕获栅格并同时捕获电气对象。在交互式编辑中，当光标处在电栅格设置的范围内时会跳转到任何电气对象上。若电栅格大于捕获栅格，光标下的电气中心点将显示一个八边形定位标志表明光标精确定位到所跳转的器件上，如图 4.14 所示。

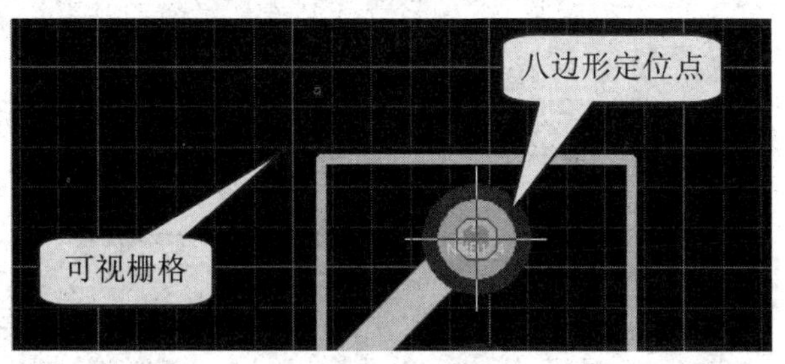

图 4.14　栅格定位

电栅格设定为捕获栅格的整数倍，使得器件引脚都能放在捕获栅格的一个点上。

（4）“可视化栅格”（Visible Grid）：可视化栅格是独立的跳转栅格。在 PCB 编辑界面中有两种可视化栅格，在电路板选项对话框中设置并单独显示。

PCB Board Wizard 向导默认板上的线宽和安全间距分别为 12mil 和 13mil，最小平行线中心间距为 25mil。通常捕获栅格设置为 25mil 较合适。

2. 图纸位置

“图纸位置”（Sheet Position）在此可定义图纸的大小，也可同机械层的内容相关联。如果与机械层关联，当机械层的内容改变时，可使用“设计”→“板子形状”（Board Shape）→“自动定位图纸”（Auto-Position Sheet）命令重新计算板尺寸。

3. 导入板子文档

（1）在菜单中选择“文件”→“新建”→PCB 命令建立一个*.PcbDoc 文档，其黑色区域代表电路板。

（2）执行“文件”→“导入”（Import）命令，在 Import File 对话框浏览路径。选择 AutoCAD（*.DXF）或（*.DWG）文件类型，软件自动根据文档的内容定义板子外形。在打开的“从 AutoCAD 输入”（Import from AutoCAD）对话框中进行导入设置，如图 4.15 所示。其中：

- “刻度”（Scale）选择 Inch（导入的外形大约是 1 1505mil × 7605mil）；
- “层匹配”（Layer Mapping）：选择导入文件所在的 PCB 板层；
- “定位 AutoCAD”（Insertion Point）：填入合适的值，如：X = 1000mil，Y = 1000mil，这些值要求不是很严格，导入文件后将重新定义。

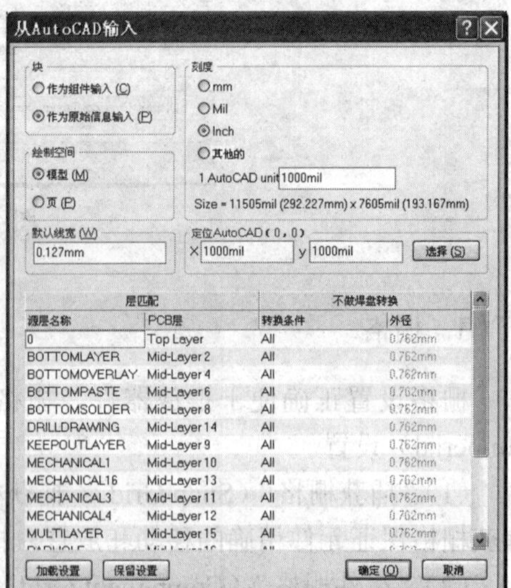

图 4.15 导入 AutoCAD 文件

单击“确定”按钮，在所选板层上出现设计图纸，如图 4.16 所示。

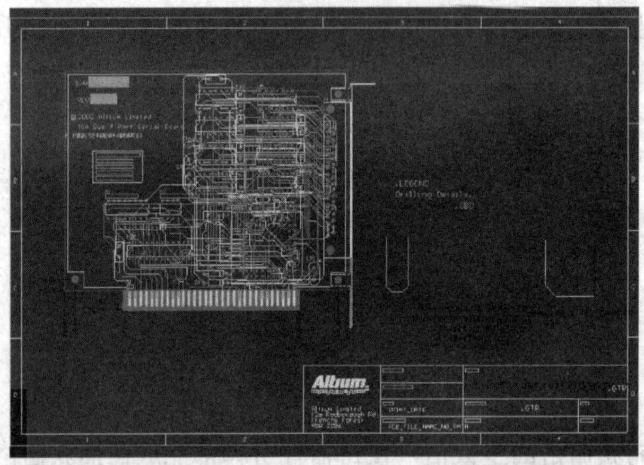

图 4.16 导入文件的 PCB 版图

（3）执行“设计”→“板子形状”→“按照选择对象定义”（Define from selected objects）命令，在打开的对话框中将导入的图纸置于全黑背景中，用鼠标拉线画出板子外形，使板子外形与导入设计图尺寸匹配。

4. 定义板边界

通常新建的 PCB 板是一个全黑背景，需要定义板子边界、形状、放置元件的边界和布线的边界。选择“设计”→“板子形状”(Board Shape)命令可以对板子形状进行设定。

(1)选择“重新定义板子外形”选项，在全黑背景中鼠标呈十字形，在元器件所在范围的边角顺时针方向(或反时针方向)依次单击，则画出板子的形状尺寸。

(2)放置在禁止层上的布线和元件必须置于“禁止层”(Keep-Out Layer)闭合区域之内。

(3)选择“根据板子外形生成线条”选项，可以对各层板画出框线并在此范围内进行元器件摆放及布线。

(4)选择“移动板子顶点”选项，鼠标呈十字形，选中要移动的顶点，拖至需要位置释放，板子形状就可随意改变，如图 4.17 所示。

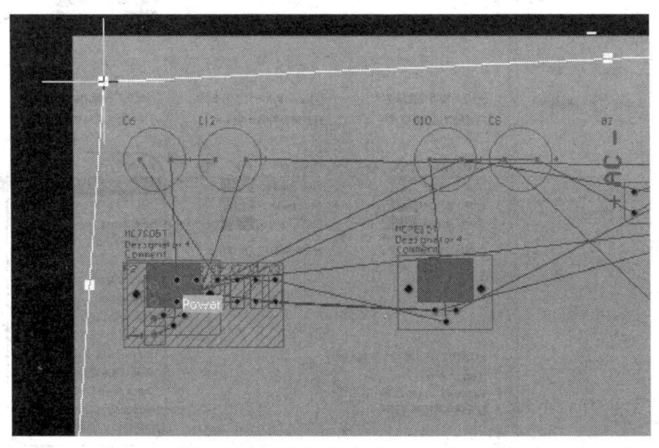

图 4.17　改变板子形状

4.2.2　板层设置

一个 PCB 电路设计通常是由多个板层组合而成，包括电气层、机械层、屏蔽层、丝印层(文字层)等。层的连接方式可通过选择“设计”→“规则”(Rules)→Design Rules→Plane→Power Plane Connect Style 命令来设置。

1. 层设置

在主窗口中选择 DXP→“优先选项”→“喜好”命令，打开“喜好”面板，选择 PCB Editor→Display 选项，单击“层拖曳顺序”(Layer Order)按钮，在“层拖曳顺序”面板中通过“促进”(Promote)和“降级”(Demote)调整“板层”(Layer)在编辑窗口下方的排列顺序，如图 4.18 所示。

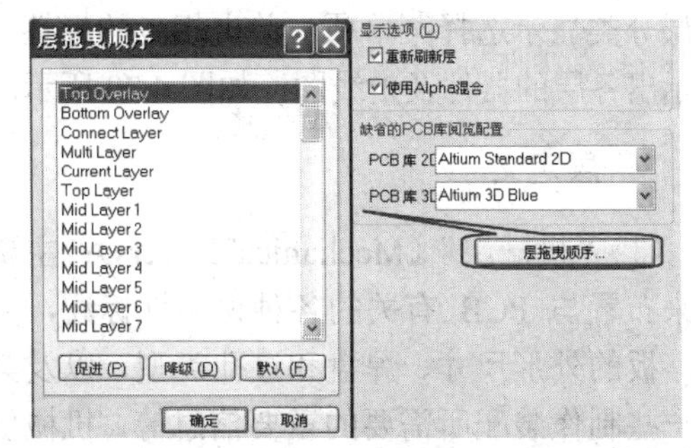

图 4.18　板层标签的排列调整

选择“设计”→“板层颜色”(Board Layers & Colors)命令，打开“视图配置”(View Configurations)面板，如图 4.19 所示。在面板左上方“选择 PCB 视图配置”(Select PCB View Configurations)种类为“2D simple”，在右栏单击“板层和颜色”(Board Layers and

Colors）标签。单击左下角“2D 颜色外形”（2D Color Profiles）按钮，或单击“颜色”（Color）色块，将出现“2D 系统颜色”（2D System Colors）面板，可根据个人喜好选择“层色彩”。设置各层的颜色并勾选复选框“展示”（Show），确定后，在 PCB 编辑窗下将出现对应颜色的各个板层标签。

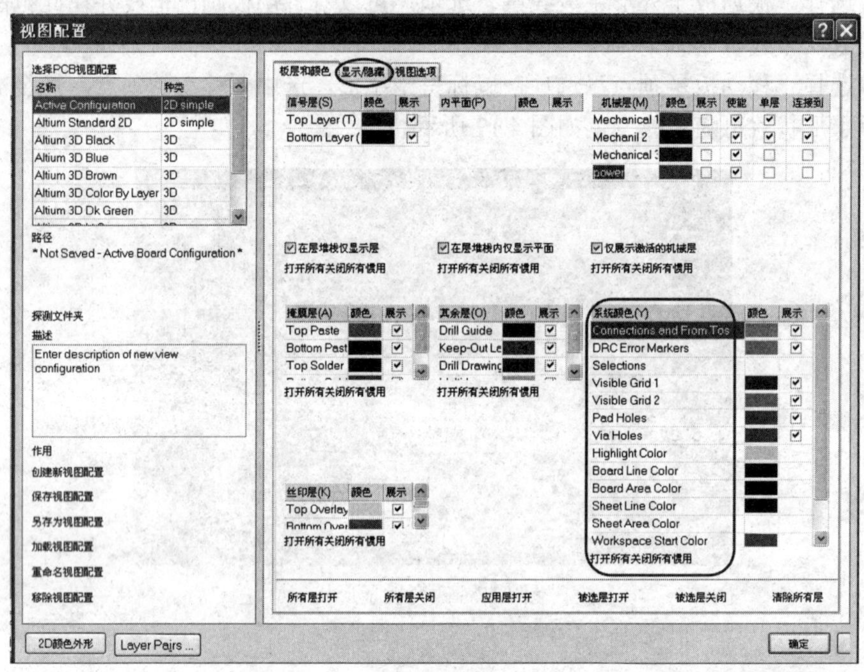

图 4.19 视图配置面板

单击“显示/隐藏”标签，还可“显示共同对象”，如“敷铜”、“焊盘”、“走线”、“字符串”等。

2. 层显示

在绘制 PCB 图时首先要确定元器件放置在哪一层上。在 PCB 编辑器设计窗口的底部边缘处单击层标签，器件对象就放置在当前层上。单击标签可在各层切换，当前层以高亮卷标显示。若定义的图层较多，可用滚动条的箭头◀▶选择向前或向后显示。单击 LS 图标可打开层分类显示选择菜单项。单击相应的标签，显示出各层的器件及走线图，如图 4.20 所示。

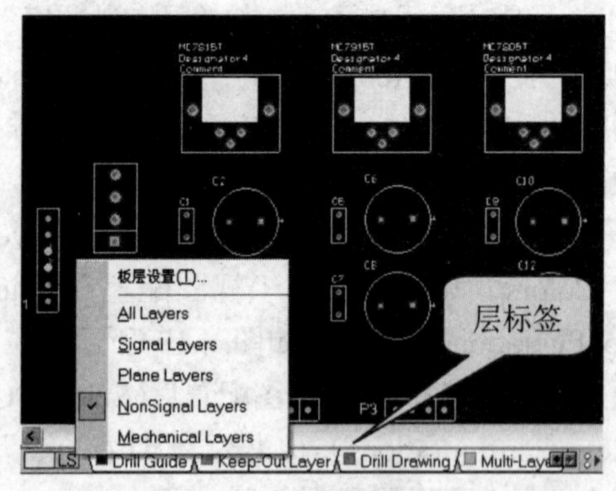

图 4.20 层标签的显示

3. 层定义

（1）“机械层”（Mechanical Layers）：主要用来布置与 PCB 有关的各种说明性标注，如电路板的外形尺寸、焊盘和过孔类型，以及其他一些制作装配所需要的重要信息等。机械层共有 16 个，每层有两面，故有 32 个面。用户可以在图 4.19 的面板中添加、删除和命名机械层。勾选机械层的“使能”（Enable）复选框，该层成为可用机械层。勾选“仅展示激活的机械层”（Only Show Enabled Mechanical Layers）复选框，可以看到被激活的可用层或所有机械层。鼠标单击机械层名称或按 F2 键，可重新命名机械层。

若勾选机械层的“链接到图纸”（Linked to Sheet）复选框，则对应的机械层与图纸相关联，此时若不选中“设计”→“板参数选项”（Board Options）中的“显示图纸”（Display Sheet）复选框，相对应的机械层将不显示；如不选中“设计”→“板子形状”（Board Shape）→“自动定位图纸”（Auto-Position Sheet）命令，还可以根据此机械层决定图纸的大小。

（2）“电气层”（Electrical Layers）又称为“信号层”（Signal Layers）：为电气信号提供通路的层面。主要用来放置元器件和铜膜导线，用导线将各元器件的引脚进行电气连接。电气层包括 16 个板层和 32 个信号层，分为“顶层”（Top Layer）、“中间层”（Mid-Layer）和“底层”（Bottom Layer）。可选择“设计”→“管理层设置”→“板层设置”命令，打开“层设置管理器”（Manager）面板进行设置，如图 4.21 所示。

（3）“内电层”（Internal Planes）：有 16 层，主要用来铺设“电源”和“地”，由大面积的铜膜所构成。每一个内电层都设置一个网络名称，布线时系统会把该层与具有相同网络名称的图元（如焊盘、过孔等）以顶拉线的形式连接起来。同一个内电层又可分成几个区域，用来安排不同的电源和接地。

注意：“内电层”软件翻译为“内平面”（Internal Plancs）。

（4）“层对”（Layer Pairs）：包含机械层中关联器件信息。如一个器件的封装需要胶合，在库编辑时先在机械层定义好，然后为其定义另外一个“层对”，当这个器件封装翻转到电路板的底层时，第一个机械层的信息就自动转到成对的机械层中。单击图 4.19 左下角 Layer Pairs 按钮，可打开“机械层对”（Mechanical Layer Pairs）对话框，并进行设置，如图 4.22 所示。

图 4.21　电气层设置

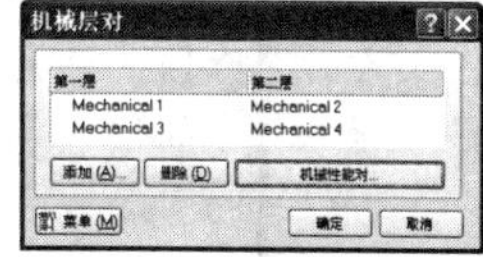

图 4.22　机械层对设置

（5）“阻焊层”（Solder Mask）：包括顶层阻焊层和底层阻焊层。阻焊层除留出焊点和过孔的位置外，其余部分用阻焊膜将铜膜导线覆盖住。

（6）“助焊层”（Paste Masks）：包括顶层助焊层和底层助焊层。助焊层是在需要焊接的地方涂一层助焊剂以增强焊盘的着锡能力。

（7）“丝印层”（Silkscreen Layers）：包括顶层丝印层和底层丝印层，用于放置元器件的外形轮廓、文字信息和元器件描述的相关信息（如设计者名、注释等）。

（8）“钻孔视图层”（Drill Drawing）：提供钻孔位置信息。

（9）“钻孔引导层”（Drill Guide）：钻孔引导层主要是为了与早期的电路板制作工艺兼容而保留的钻孔信息图。

（10）“禁止布线层”（Keep-Out Layer）：禁止布线层是一个特殊的层，由闭合线包围的区域定义元器件和导线放置的范围和电路板的电气边界。在自动布线的情况下，元器件和导线必须放置在包围区以内。

（11）“多层”（Multi-Layer）：代表所有的信号层，在多层上面放置的元器件会自动放置到所有的信号层上。

（12）“特殊层”（Special Layers）：包括“顶层”（Top）、“底层”（Bottom）、“敷铜层”（Paste Layer）、“连接层”、“错误层”（DRC）、“栅格层”及“过孔层”等。

有些选项没有实体的对象，它们通过“系统颜色”（System Colors）部分开启或关闭，如图 4.19 所示。其中：

- DRC Errors Markers：是否显示自动布线检查错误信息；
- Connections and From Tos：是否显示飞线；
- Pad Holes 和 Via Holes：是否显示焊点通孔和过孔；
- Visible Grids：是否显示网格。

4. 层参数

选择“设计”→“层叠管理”命令，在“层堆栈管理器”面板中可进行网络分配、层数选择、敷铜厚度、介质材料和厚度、层间过孔等设置。在“层堆管理器”中双击“顶层”（Top Layer），出现 Top Layer Properties 对话框可定义 PCB 表面覆铜厚度，如图 4.23 所示。

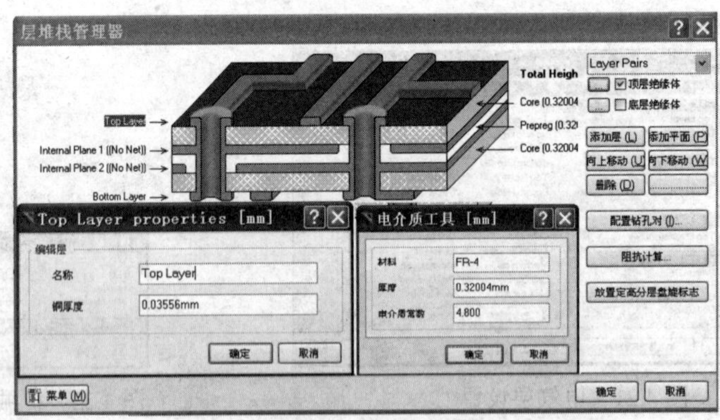

图 4.23　层参数设置

（1）添加信号层和中间层。单击“添加层”按钮可以添加信号层和中间层，新层添加到选中层的下面（选中最底层的情况除外），也可以选择左下方“菜单”命令或右击在弹出的快捷菜单中添加新层。通常 PCB 板由偶数层构成，可以由任何信号层和中间层混合而成。在层的名称处双击可以重命名、设置厚度、为中间层定义网络名。

（2）添加绝缘层。PCB 增加新的层，绝缘层就会相应的自动添加。绝缘层可以是“内芯板”（Core）或“预浸料及半固化片”（Prepreg）两种电介质。Core 是两面敷铜箔的，而 Prepreg 是单纯的介质。Prepreg 比 Core 质地要软些，并有一定的粘性，可通过不同厚度对电路板的叠层厚度进行调整，达到控制阻抗的目的。

（3）配置钻孔对。默认情况下，钻孔从顶层贯穿到底层。如果 PCB 中有盲孔或过孔，单击“配置钻孔对”（Drill Pairs）按钮弹出“钻孔对管理器”对话框，对钻孔的起始层和停止层等参数另行设置，如图 4.24 所示。

图 4.24　钻孔对设置

（4）修改层序。单击层的名字选择“向上移动”（Move Up）或“向下移动”（Move Down）；或者右击，从弹出的快捷菜单中选择“向上移动”或“向下移动”命令，改变层所在位置。

（5）删除层。选择层的名称，按 Delete 键，或右击从弹出的快捷菜单中选择 Delete 命令，可删除该层。

4.2.3　其他功能

1. 坐标系统

PCB 编辑界面中有个坐标定位系统，位于工作区左下角绝对原点的坐标（X，Y）为（0，0），工作区的大小为 100 × 100 英寸（inch）。参考点的坐标可以选择“编辑”（Edit）→“原点”（Origin）→“设置”（Set）命令来重新定义，也可由“复位”（Reset）命令从相对坐标返回到绝对坐标。

坐标单位可以是英制或公制，用“查看”（View）→“切换单位”（Toggle Units）命令或按 Q 键，在两者之间切换。器件位置的坐标显示以相对原点为参考。

2. 支持 True Type 字体

Altium Designer 还提供了在 PCB 上使用符号字符和 Unicode 字符集的功能，支持多种语言字符集字体嵌入到 PCB 文件中，从而满足不同语言设计的可移植性。

3. 在板中开孔

选择“设计”→“板子形状”→Define Board Cutout 命令可在板上开孔。如消除所开的孔，选中“孔”区域后，如同消去元件一样按 Delete 键，可消除板上的“孔”。

4. 翻转并编辑板卡

Altium Designer 支持翻转板卡设计功能，真正实现了对 PCB 板的双面布局布线。利用“查看”→“翻转板子”命令，使用户对 PCB 板的双面布局方法完全相同，简化了对高密 PCB 版图的设计工作。

5. 显示指示

图 4.13 下方“显示指示”（Designator Display）包含显示“逻辑标识”（Logical Designator）和“物理标识”（Physical Designator）”两种，通常情况下编译时这两者作用是一样的，但在多通道设计中，物理标识还包括“通道识别”（Channel Identifier）的信息。

6. 重新标注

器件的标号排列顺序即可以在原理图中更改也可以在 PCB 中进行。

选择“工具”→“重新标注”命令，打开 Positional Re-Annotate 对话框，如图 4.25 所示。选择标注排序的方式，单击“确定”按钮后 PCB 上的器件按指定顺序标注。

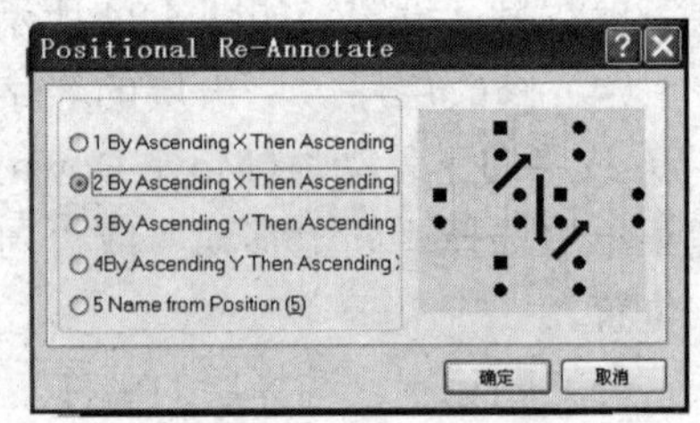

图 4.25　重新标注选序

由于 PCB 中元件与原理图中的元件是通过唯一的标识符对应的，保证了多次重新标注不会重复。

一旦标注符合要求，需选择“设计”→Update Schematic in ...命令使原理图中的标注同步更新。

注意： 重新标注指令在元器件的约束区间左下角 100mil 的范围内扫描，以确定元器件的位置，从而根据选好的标注顺序将器件编号在 X 和 Y 方向上递变。

7. Board Insight™ 功能

Board Insight™ 功能可用简单、易用的格式显示 PCB 设计中的更多信息。选择“查看”→“洞察板子”命令可用多种高级显示功能在光标处动态显示对象的最新信息，如图 4.26 所示。该功能使得在复杂、密集、多层设计中浏览对象更加容易，如图 4.27 所示。

反复使用图 4.26 的快捷键，可使洞察功能在“有效”和“退出”之间切换。

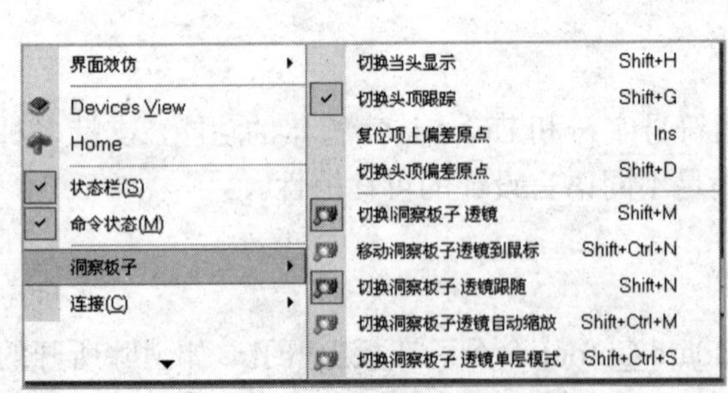

图 4.26　洞察板子

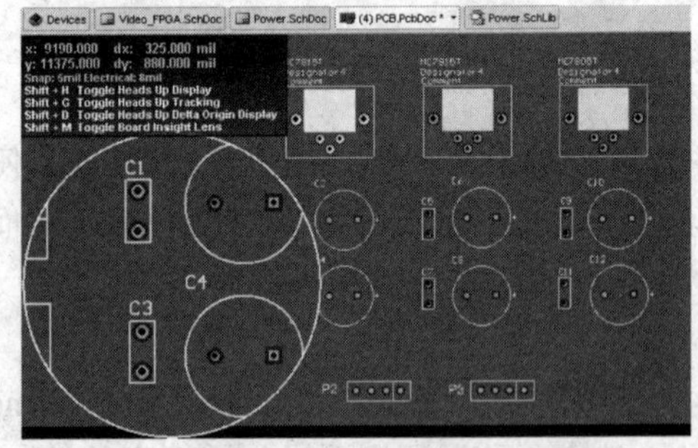

图 4.27　细节显示

8. 三维视图

PCB 编辑环境通过选择“文件”→Switch To 2D 和 Switch To 3D 命令，或按快捷键 2、3，允许设计在二维和三维模式间切换显示。二维模式是一个普通的支持多层的 PCB 设计环境，如放置元件、电路连接等。三维模式用于检验设计表面，但不支持二维模式下的全部功能。

Altium Designer 的 3D 视图模式需要在支持 Direct X 9.0c 和 Shader Model 3 两个协议的显卡基础上运行，在“喜好”面板中，选择 PCB Editor→Display 选项，在“Direct X 选项”（Direct X Options）栏中单击“如果可能请使用 Direct X”（Use Direct X if possible）按钮，这可使设计者利用最新的 3D 视图模式，如图 4.28 所示。

图 4.28　设置 3D 视图模式

其他设置选择“默认/缺省”（Default），在更高要求的设计中将会用到更多的设置知识，这里不再一一叙述。

4.2.4　设计规则设置

“设计规则”（Designer Rules）用以检查设计过程是否符合设计要求。Altium Designer 对 10 种对象制定了设计规则。其中包括电气性能、布线尺寸、工艺要求、摆放位置及信号完整性等约束规则。设定的规则适用整个工程。如设计过程无意中出现违规操作，系统会立即警告，指出错误。避免事后再做大量的返工。

选择“设计”→“规则”（Rules）命令打开“PCB 规则及约束编辑器”（PCB Rules and Constraints Editor）面板，在左边 Designer Rules 栏中列出 10 种可设置规则的对象，如图 4.29 所示。

（1）电气规则（Electrical）。

（2）布线（Routing）。

（3）机械性能（SMT）。

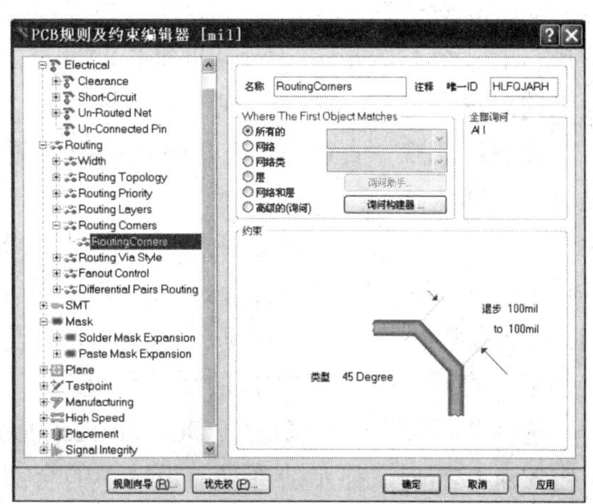

图 4.29　设计规则面板

（4）表面（Mask）。

（5）内电层（Plane）。

（6）测试点（Testpoint）。

（7）制造（Manufacturing）。

（8）高速（High Speed）。

（9）布局（Placement）。

（10）信号完整性（Signal Integrity）。

单击各规则之下的细则，窗口右边出现更详细的内容。通过单选按钮选择适用范围为“所有的”（All）、“网络”（Net）、“网络类”（Net Class）、“层”（Layer）、“网络和层”（Net and Layers）及“高级询问”（Advanced Query）等。当添加或修改规则设置，则对应细则名称字体变粗，并出现“*”标注。如设置不当，细则名称将呈红色，需要重新设置。设置后单击“确定”（OK）按钮。这些设置也可用于其他 PCB 板，直至再次修改。单击图 4.29 右下方“优先权”按钮可重新排列规则的优先次序。图 4.30 分别是“最小线距”、“过孔设置”以及“孔距”规则设置。

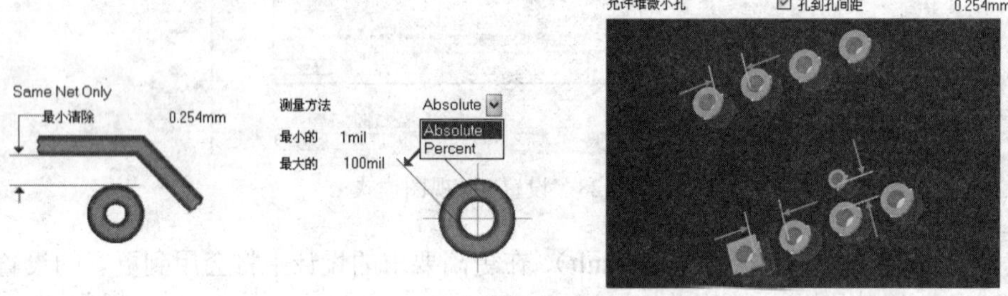

图 4.30　设计规则设置

4.2.5　测试点

在主菜单中选择“工具”→“发现和设置测试点”（Find and Set Test Points）命令，出现 Confirm 对话框，提示存在多少符合规则标准适合放测试点的焊盘和过孔，单击 Yes 按钮后，下一个 Information 对话框报告测试点的详细数目。此功能可按照设计规则扫描电路板上的焊盘和过孔。在一个规定的网络上为“测试点”（Test Point）确定最优点。

注意：此后“自动布线”（Autorouter）不再自动安置测试点，必须手动设置，然后通过设计规则执行。

Altium Designer 还可将测试点放置在原理图网络上或总线上。首先选择“放置”（Place）→“指示”（Directives）→“PCB 布局”（Layout）命令，在原理图上放置 PCB 规则，并增加测试点模式的规则；然后执行“设计”→Update PCB 命令将更改导入到 PCB，这些指令将同步放置到 PCB 的测试点上。

选择“清除所有测试点”（Clear all Test Points）出现对话框，提示被清理的测试点数量，单击 Yes 按钮后，显示清理当前设计中的全部测试点数量。

选择“设计”→“规则”→“PCB 规则及约束编辑器”命令，在 PCB 规则及约束编辑器面板中对 Test Points 进行设置。测试点属性遵循适合作为测试点的焊盘和过孔中的设计规则，每个状态设计规则根据电路板要求而定，如图 4.31 所示。

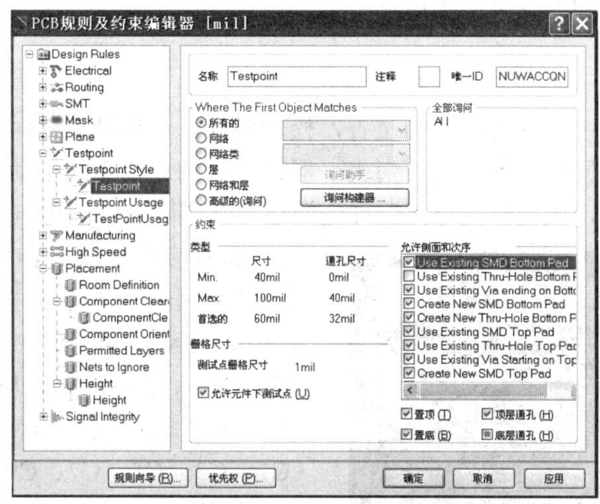

图 4.31　测试点规则设置

4.3　PCB 板设计

4.3.1　布局

元器件摆放称为布局，要考虑散热通风、查找方便、检修容易、置换简单、协调美观等因素。在 PCB 设计中用到很多种不同的对象，其中大多数是需要定义铜箔区域或空隙区域的，这些对象不仅包括电气对象（如导线和焊盘），还包括非电气对象（如文本和尺寸标注）。因此，设计时注意设计对象的布局位置、走线宽度和对象所在的层是非常重要的。

1. 查找器件

（1）如果能确定元件在板上放置的位置，直接单击该元件并拖动到相应的位置即可。

（2）选择“编辑”（Edit）→“移动”（Move）→“器件”（Component）命令，并在打开的面板中单击空白区域，就会出现“选择组件”（Choose Component）对话框，在出现的元件列表中，选中将要查找并移动的元件，如图 4.32 所示。

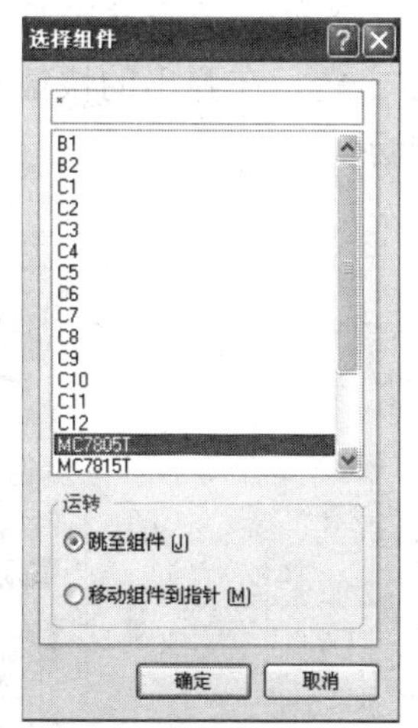

图 4.32　“选择组件”对话框

（3）若器件较多，可在“导航”（Navigator）面板中选中元件名，同时按住 Alt 键，通过探针的方式从原理图指向 PCB（此方法必须该项目通过编译）。

（4）选择多个器件可按住 Shift 键，用鼠标依次单击器件，就可选择多个器件。如果要选择的器件集中在一个区域，可用鼠标在板面上框选，包围所要选择的全部器件。被选择的器件改变颜色，此颜色可由系统设置。

2. 器件摆放

单击器件将其选中，拖曳到适当位置，松开鼠标。当移动元件时，该元件上的所有飞线将随着一起移动，同时其他飞线将消失。器件之间的连接飞线会动态优化使具有同一网络名的飞线路径最短，但仍然保存元器件之间在原理图网表中的电气关系。

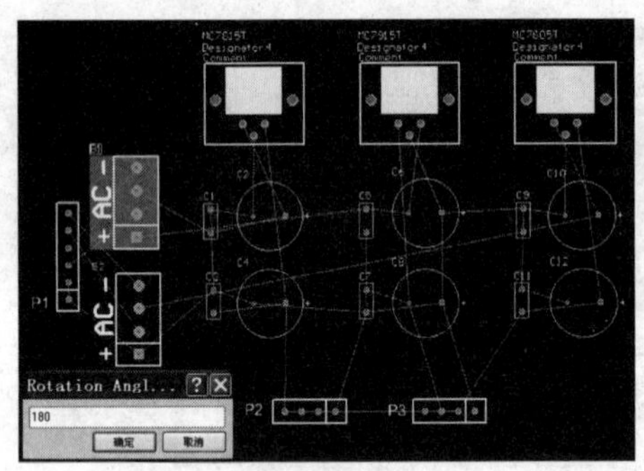

图 4.33 摆放器件及转向

通常应先将核心器件放置好后，其他外围器件再根据需要依次摆放。在示例电源板设计中，依次将桥堆（B1、B2）、调压器（MC7815、MC7915、MC7805）、电解电容（C2、C4、C6、C8、C10、C12）、普通电容（C1、C3、C5、C7、C9、C11）放置对齐，再将针脚插件（P1、P2、P3）放好，如图 4.33 所示。器件摆放合理有利于对照原理图，便于调试中查找问题。

3. 器件方位转换

单击鼠标选中相应器件，由主菜单选择“编辑”→“移动”→“旋转选择”，在旋转对话框 Rotation Angel 中输入位置转换角度。当选中器件为拖放状态时，按 Space 键，器件每次向逆时针方向旋转 90°。当器件为浮动状态时，而按 L 键还可以将零件翻转至背面。文字摆放也可用此方法进行。

4. 器件对齐

器件摆放应准确对齐，布置的板子方显得美观。按住 Shift 键，选择多个器件后，右击之，在弹出的快捷菜单“对齐”（Align）中根据需要选择各种对齐方式，如图 4.34 所示。

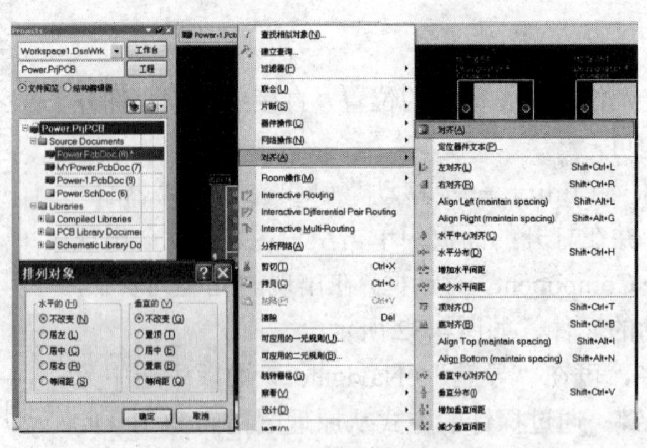

图 4.34 排列选择对象

选定对齐方式单击“确定”按钮后，将光标对准参考器件单击一下，其他选中器件将依此器件为准按选中对齐方式对齐。

5. 器件布局工具

（1）选择“工具”→“器件布局”命令可选择多种布局方式，其中各种方式的含义见表 4.1。所有没有被锁定的元件都会移动到与其最近的器件放置栅格点，具体使用请读者自行体验揣摩。

表 4.1　排列命令及功能

排列命令（Arrange）	功能（Behavior）
Room 内排列	Room 内的元件按照规则排列
矩形框内排列	在定义好的矩形区域内排列元件
板外排列	板外区域的元件重新排列

（2）在“应用程序”（Utilities）工具栏中单击图标，可打开“排列工具”（Alignment）进行更多的排列方式选择，如图 4.35 所示。

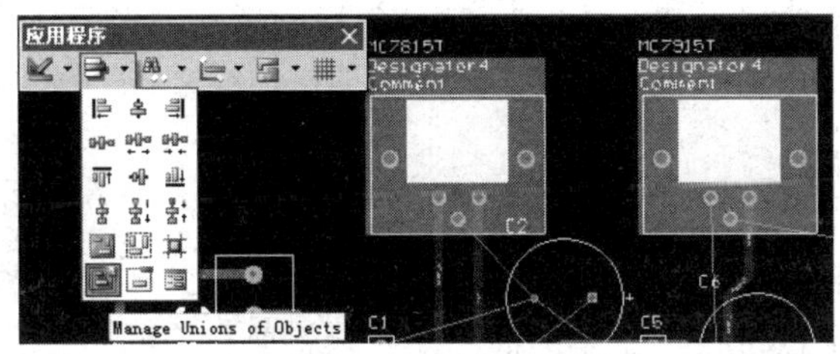

图 4.35　器件排列工具

（3）用“编辑”（Edit）→“对齐”（Align）命令作用于选中对象，其中的间距命令可以使被选中的元件水平或垂直间距等距，其增加或减小的间距单位由元器件 X（或 Y）位置网格定义。

6. 元件组合

组合功能是将若干元件组成一组，这个元件组以整体方式可一起移动，就像一个单独的元件一样。

（1）创建组合：选择若干要组合的元件，在“应用程序”（Utilities）工具栏的排列工具中单击 Manage Unions of Objects 图标，可将几个元件组合为一体，如图 4.35 所示。

（2）移除元件或撤销组合：单击图标，在出现的对话框中选择元件从组合中移除；或选择所有的元件移出这个组合。

7. 选择器件封装

由于实际元器件封装不同，在 PCB 板设计中还可随时选择不同封装。双击所选器件，在出现的“元件”（Component）板面中，在“封装”（Footprint）栏中的“命名”（Name）列表框中，另行选择器件的封装，如图 4.36 所示。

图 4.36　改变器件封装

依据上述方法拖放器件、转换方位、对齐及选择封装。注释文字放置和编辑也与器件相似，对不必要的文字选择为“不显示”，可使得板面整洁。当器件放置合适时，板面上的飞线交叉较少，为下一步布线带来方便。

8. 部件的引脚交换

此功能用于“多部件器件”的引脚交换。选择要交换引脚的部件，在 PCB Inspector 面板中勾选 Enable Pin 或 Enable Part 复选框，此时除将要交换的引脚外，PCB 图上其他对象被屏蔽。使用“工具”→“引脚/部件交换”（Pin/Part Swapping）命令执行引脚的交换。

4.3.2　放置对象

放置对象的命令可以通过“放置”命令或单击“布线”（Wiring）和“应用程序”（Utilities）按钮实现，如图 4.37 所示。此方法可以放置“器件”（Component）、“器件体”（Block）、“焊盘”（Pad）、“走线”（L）、“过孔”（Via）、“填充”（Fill）以及各种弧度的“圆弧”（Arc）、“圆环”、“尺寸标注”（Dimension）、“字符串”（Sting）、“多边形敷铜”等。器件的放置方法同原理图器件放置相似，单击后鼠标呈十字形，在放置位置单击即可，放置完成后右击即可退出放置状态。

注意： *在 PCB 板设计中，器件均以封装形式放置。*

1. 焊盘

“焊盘”通常作为元器件的一个部分，但有时也可以作为独立的个体，比如测试点或定位孔。

器件引脚焊盘的尺寸是可以独立修改的，双击焊盘，在打开的“焊盘”面板内可改变焊盘尺寸和外形，如图 4.38 所示。

图 4.37　放置器件

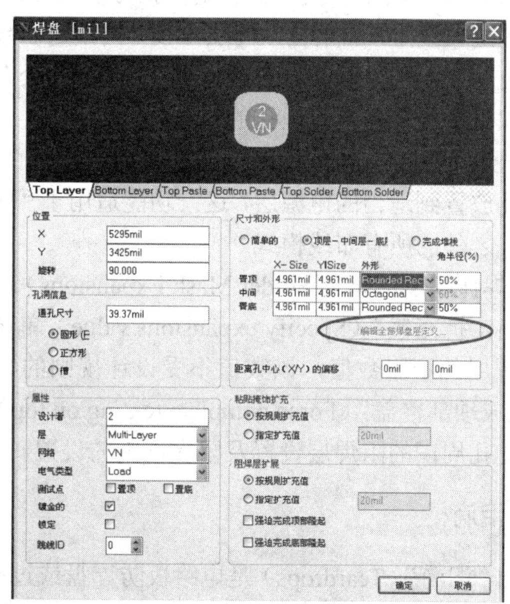

图 4.38　焊盘编辑面板

焊盘由内到外分别是“通孔”（Hole）、“助焊层”（Paste Mask）、“阻焊层”（Solder Mask）。焊盘的外形样式有：“圆形”（Round）、“矩形”（Rectangular）、“八边形”（Octagonal）、“圆角矩形”（Rounded Rectangle）等，可根据需要选择各种外形。焊盘通孔形状有“圆形”（Round）、“正方形”（Square）；通孔由电路板顶层穿过板子直达底层，在顶层、底层都有焊接位置。无孔的“槽”（Slot）只在顶层或底层出现，不穿透板子。焊盘上的字符表示焊盘的网络名和序号。

如果在“掩膜层扩展”（软件中翻译为“粘贴掩饰扩充”）（Paste Mask Expansion）和“阻焊层扩展”（Solder Mask Expansions）区域中单选“按规则扩充值”（Expansion value from rules），表示焊盘的助焊层和阻焊层尺寸按“PCB 规则及约束编辑器”（PCB Rules and Constraints Editor）中的设定执行（见 7.1 节）。若选择“指定扩充值”（Specify expansion value）单选按钮，可以对特殊应用情形（如板上某一封装对应的所有器件或某个焊盘）添加设计规则。

如果焊盘在中间层或是底层有不同的尺寸，选择“完成堆栈”（Full Stack）单选按钮，再单击“编辑全部焊盘层定义”（Edit Full Pad Layer Definition）按钮，可设置顶层到底层的焊盘尺寸和形状。

在“属性”（Properties）框中还可以给焊盘分配“网络”（Net）、定义焊盘的“电气类型”（Electrical Type）是“终端”（Terminator）、“负载”（Load）或“源”（Source），以及设置焊盘孔是否“镀锡”（Plated）。NC 钻孔软件对于镀锡和不镀锡的孔是用不同的钻孔工具来区分的。

2. 过孔

在板子上布线时，若需将不同层上的线相连接，就需要放置“过孔”（Via）。过孔也能设置为顶层或底层的测试点。一般过孔比普通焊盘小，但要注意保证过孔内径便于加工，外径可靠连接。过孔编辑面板的使用与焊盘类似，包括过孔外径、内径、网络名和起始终止层，如图 4.39 所示。板子上的定位孔可以用焊盘或过孔放置方法。

在多层布线中，如果在中间层布线，当设定了起始和终止层后会自动在换层处添加盲孔或盲埋孔。在通孔处会用 2 种颜色和标识指示该盲孔或盲埋孔的连通层。

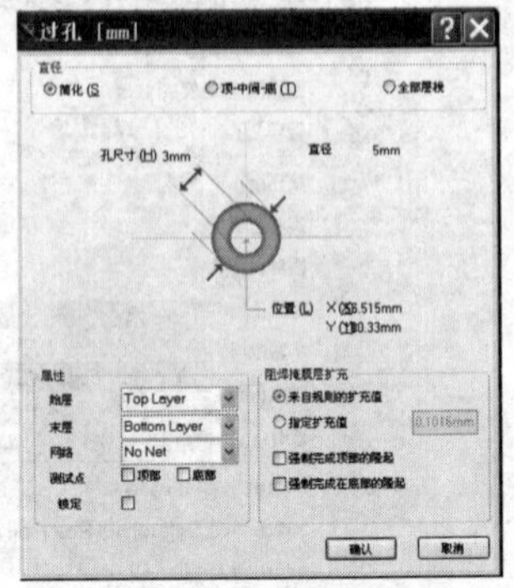

图 4.39 过孔编辑对话框

如果一个手动布线的网络要连接到内电层，可以按“/”键将过孔放置到适当的电源层，这一功能适用于“任意角度布线模式”之外的所有布线模式。

“阻焊掩膜层扩充”（Solder Mask Expansions）选项区域中选择“指定扩充值”（Specify expansions value）单选按钮，可设定阻焊层的膨胀数值，该数值不受设计规则的约束。选择“强制完成顶部覆盖”（Force complete tenting on top）复选框会忽略在过孔周围的阻焊层设置及阻焊规则的设置。

3. 泪滴

增加“泪滴”（Teardrops）是电路板防焊盘或过孔脱落的一种技术。选择“工具”→“泪滴”命令打开“泪滴选项”面板，如图 4.40 所示。其中“仅选择对象”（Selected Objects Only）可确定需要对哪些焊盘或过孔要补泪滴。泪滴有“弧”（Arc）和“轨迹”（Track）两种类型。

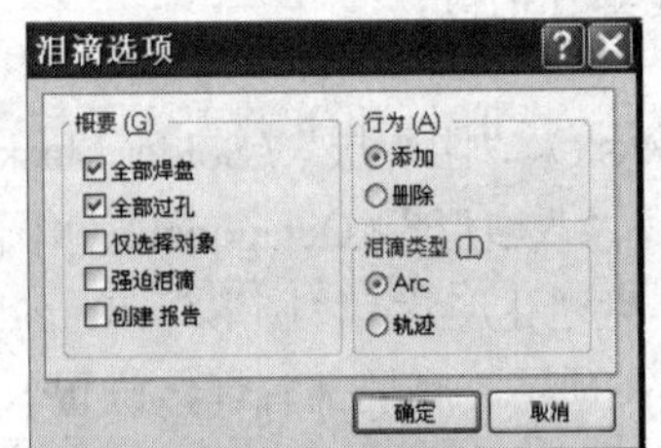

图 4.40 “泪滴选项”面板

4. 导线

（1）“绘制导线”（Interactive Routing）：放置电气连接线，同时会在导线上标注网络名。单击导线的起始端就开始布线了，用此方式布线后，原有的飞线就消失了。

用此方式放置的“线”具有实际宽度，在布线状态按 Tab 键会弹出交互式布线对话框，可以设置诸如线宽、尺寸和相关的规则等参数。可以通过键盘上“*”快捷键切换布线层，同时会自动添加一个过孔。

（2）导线放置模式：开始交互式布线后，当放置完第一段导线后按 Shift+Space 键可以改变布线模式，每种模式定义一种布线弯折形状，如：“任意角度”（Any Angle），“45 度”（45 Degree），“45 度弧”（45 Degree Arc），“90 度直角”（90 Degree），“90 度弧”（90 Degree Arc），水平和垂直等。导线放置模式另外还分为“起始”（Start）模式和“终止”（Finish）模式，当选择了导线放置模式后，按空格可以在起始模式和终止模式之间切换，见表 4.2。

表 4.2 导线放置模式

Mode	Start	Finish
Any Angle		
45 Degree		
45 Degree Arc		
90 Degree		
90 Degree Arc		

（3）编辑导线：编辑导线有 3 种可调方式。

① 调整导线端点：需将鼠标移至导线的一端，按住鼠标左键不放，移动鼠标到达新的位置。

② 在线段中插入顶点：鼠标放在导线中间，按住鼠标左键不放，移动鼠标，顶点将跟随鼠标一起移动。

③ 拖动线段：单击线段的任何一端，拖动至一个新的位置。

5. 弧线

放置“弧线”（Arc）鼠标首先在工作区某处单击确定弧线起始位置，再拖动鼠标到终点位置，完成弧线绘制。弧线能放置在任意层上。双击弧线后会弹出属性设置对话框，在该对话框里可设置弧线属性，如图 4.41 所示。

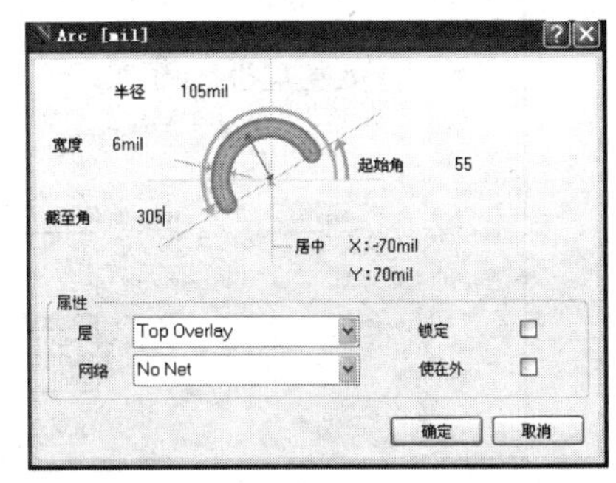

图 4.41　设置圆弧参数

6. 线条

放置“线条”（Line）的命令可以在 PCB 上放置非导线的线条。放置“线”（Line）根据当前层不同而有不同含义。如当前层是电气层，则“线”具有电气连接意义；若当前层是非电气层，如：“覆盖层”（Overlay）或“禁止层”（Keep-Out Layers），则“线”（Line）没有电气连接含义，只表示边框。绘制线条的操作与交互式布线类似，在非电气层绘制的线条不受设计规则的约束。可通过双击线条打开线条属性对话框。

7. 填充

在当前层放置矩形“填充区”（Fill），如果当前层是“顶层”（Top Layer），则放置一矩形敷铜区；如当前层是“顶层丝印层”（Top Overlay），则放置一矩形印字材料的涂层区。选中填充后在其周围会出现调整手柄，可以选中手柄同时拖动的方式调整填充区的大小。转动小圆圈可以调整填充的旋转角度。

绘制填充时按 Tab 键或双击填充区后会弹出属性设置对话框，在该对话框里可以设置填充属性。

8. 多边形敷铜

在电路板空余区域大面积敷铜可减少地线电阻，屏蔽电磁干扰。放置“敷铜”时一般选择与“地”（GND）连接，如不与网络连接则选择 No Net 选项。敷铜设置要选择所在层、布线线宽、线间距离、布线走向等参数。当参数设定后，用鼠标在电路板上选择一个范围，之后系统会自动在选择范围内的空余部分全部敷铜，如图 4.42 所示。

9. 实心区域

“实心区域”（Solid Region）铜箔区是一个多边形的实心对象。虽然是铜箔区，但可以放置在任意的层上，如：机械层、掩膜层及丝印层。实心区可以用来创建实心敷铜，但不能创建网格型敷铜。

在绘制实心区时按 Tab 键或双击实心区后会弹出“区域”（Region）属性设置对话框，在该对话框里可以设置实心区属性，如图 4.43 所示。其中选项“板剪切块”（Board Cutout）功能可以放置板形剪切块，在相应区域显示板形剪切并支持生产加工。另外板形剪切的行径轨迹可以输出到 Gerbe 底片文件或 ODB++，也支持 3D 显示并能输出到 3D 打印和智能 PDF。

图 4.42　敷铜面板

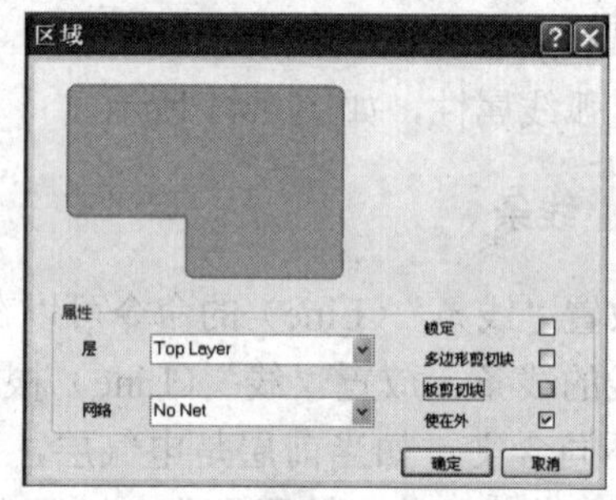

图 4.43　实心区属性设置

10. 禁止布线

“禁止布线”（Keep-out）层用导线、填充和圆弧等对象在该层上定义一个封闭区域作为布线时的壁垒，即只能在 Keep-out 包围区内进行布线。被定义为 Keep-out 的导线、填充和圆弧等对象在出图和打印输出时将被忽略。

对已经放置好的并形成封闭边界的导线、填充和圆弧能通过设置“对象属性”对话框里的 Keep-out 选项定义为特定层的封闭边界。

11. 字符串

“字符串”（String）是一组文本，字符串用于在“覆盖层”（Overlay）或“敷铜层”（Paste）进行文字标注，支持汉字。双击字符串后会弹出字符串属性对话框，实际显示的字符在“文本框”（Text）中输入。

12. 特殊字符串

为了辅助生产制造文档，Altium Designer 提供了特殊字符串输入。在弹出的字符串属性编辑框内的“文本”下拉菜单里显示了系统可用的特殊字符串变量，如图 4.44 所示。这些特殊字符串在 PCB 打印时显示对象的数值，如与层名、文件名和打印选项相关的字符串有 Layer_Name、Pcb_File_Name 和 Pcb_File_Name_No_Path；而 Comment 和 Designator 通常用在创建元件封装的时候；字符串.Legend 当放到“钻孔导向层”（Drill Guide Layer）时会显示钻孔符号图标。

如果要在编辑时看到已转换过来的数值需选择“工具”→“优先选项”→“喜好”命令，打开“喜好”面板，选择 Schematic→Graphical Editing 选项，在面板右侧页面勾选“转化特殊字符串”（Convert Special Strings）复选框。

13. 尺寸

“尺寸”（Dimension）标注被放置在当前工作层上，用于实际测量板子上两点之间的距离。或选择“查看”（View）→“工具条”（Toolbars）→“应用程序”（Utilities）命令，并单击“标注”（Dimension）图标。用鼠标单击测量“起点”，拖曳鼠标至“终点”，则两点之间的尺寸就显示出来，如图 4.45 所示。在标注时注意状态栏的变化，按 Tab 键设置标注的属性，如：字体的高度和宽度。右击或 Esc 键可以完成标注。

调整标注的起点和终点时，标注的尺寸会自动更新。

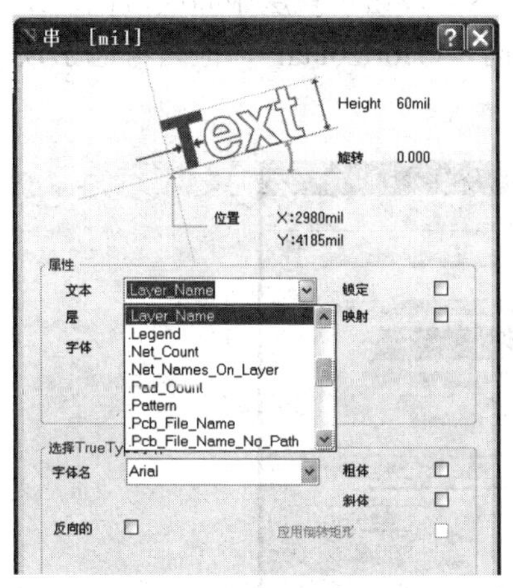

图 4.44　特殊字符串的选择

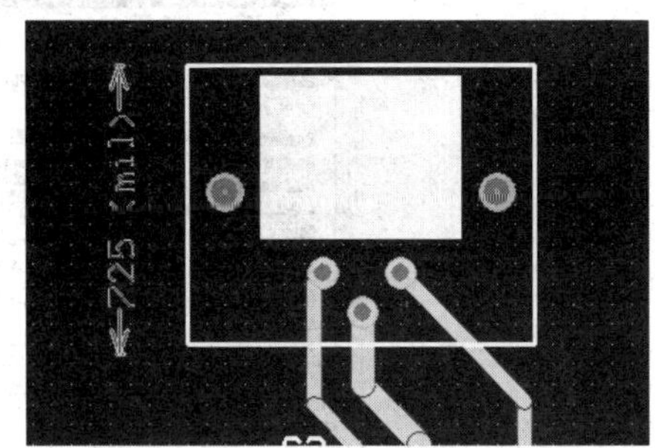

图 4.45　尺寸标注

14. 放置坐标

放置“坐标”（Coordinate）显示的数值是观测点与当前原点的相对距离。单击“坐标”或工具栏的命令即可放置坐标，按右键或 Esc 可以退出放置坐标状态。坐标的数值会随着放置位置的移动而变化。双击坐标数值，可打开“调整/坐标”面板对坐标字体等设置、选择。

4.3.3 自动布线

1. 自动布线器

布线是在板上用走线将器件引脚、焊盘、过孔连接的过程。对比较复杂的板子，软件可以进行自动布线。自动“布线器”（Situs）除了圆角的设计规则需另行定义之外，支持所有的电气特性并且依照设计规则布线。Altium Designer 提供先进的交互式布线工具和拓扑自动布线器，利用拓扑逻辑在电路板上计算布线路径，可自动跟踪已存在的连接、推挤和绕开障碍，使得布线得以直观简洁、高效灵活。这些功能都是基于设计规则进行的。

2. 布线准备

（1）必须在 PCB 电路板“禁止层”（Keep Out layer）划出一个封闭区域。

（2）必须正确定义布线的设计规则，使不合规则的路线不能连接。

（3）要注意对齐器件，布线器对很小的角度连线时很敏感。

3. 布线策略

由 PCB 编辑窗口选择“自动布线”（Auto Route）→“设置”（Setup）命令，打开“状态行程策略/布线策略”（Situs Routing Strategies）面板，对布线进行设置。

（1）单击“编辑层用法”（Edit Layout Directions）按钮设置层中布线方向。虽然预设的布线层的走线方向为“纵向”（Vertical）和“横向”（Horizontal），但只考虑了顶层和底层，因此其他层需要手动设置，如图 4.46 所示。

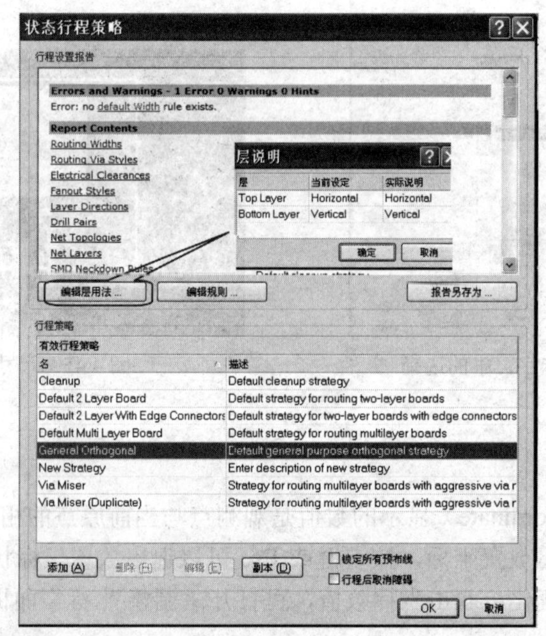

图 4.46　布线层设置

（2）单击“副本”（Duplicate）按钮，打开“位置策略编辑器”（Situs Strategy Editor）对话框，可以控制“较少过孔数量”（Less Vias）以及布线，单击“添加”按钮可将策略选项“添加”（Add）到右边“通过行程策略”（Passes in this Routing Strategy）栏，编辑执行这个新的策略。如果勾选“直角的”（Orthogonal）复选框，还要添加 Recorner 策略，如图 4.47 所示。

（3）在图 4.46 面板中，选择“报告另存为”（Save Report As）命令用以保存设置结果。

（4）在图 4.46 中勾选“锁定所有预布线”（Lock All Pre-routes）复选框可以保持布线不会被其他走线或器件推挤移动。

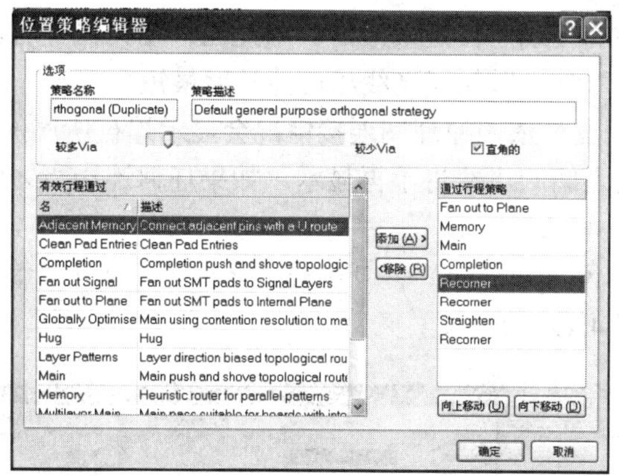

图 4.47　布线对策中的过孔及转角的设置

4. 布线

在主菜单上选择“自动布线”（Auto Route）→“全部”（All）命令，在“状态行程策略/布线策略”（Situs Routing Strategies）面板下方单击 Route All 按钮。Messages 面板中显示出自动布线的过程，如图 4.48 所示。其中“44 of 44 …”信息表示“布通率”。

PCB 上的线由一系列直线组成，每次改变方向，就开始一条新线段。本例板子“顶层”（Top Layer）布线为红色，板子“底层”（Bottom Layer）布线为蓝色。自动布线在层间切换时会自动插入必要的过孔。Altium Designer 默认线段拐角为 90°、45°或圆角，此设置用户可通过选择“设计”→“规则”→“走线”（Routing）→Routing Corner 命令重新设置。在自动布线后对不满意的地方还可以用手动调整。

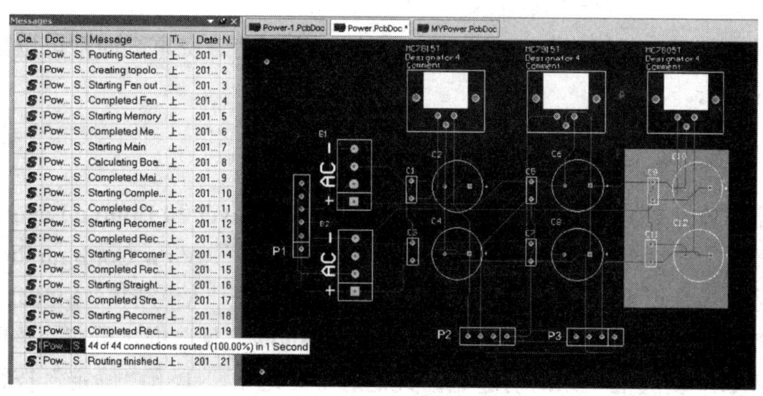

图 4.48　自动布线

自动布线会将原有布线改变，如果需要调整某条走线，可手动重新布线，单击“确定”按钮后，原来的线就会自动取消。

如果布线不成功，请检查“设计”中“规则”设置是否合适。“规则”的详细设置将在 7.1 节叙述。

5. 飞线

网络的“飞线”（Connectivity）排列表示网络的拓扑结构，根据布线拓扑设计规则，默认电路板内全部网络的飞线连接是最短的。因此当移动元器件时，其连接的飞线可能从一个焊盘跳转到另一个焊盘，以保证飞线尽可能长度最短。

放置在 PCB 中的元器件依照原理图连接情况会显示焊盘所属的网络。当在布线层用走线连接了两个焊盘，两点间的飞线将不再显示。如果任何连接点之间有更短的路径出现，则会显示更短的飞线。

在 PCB 面板上的“网络”（Net）名中双击鼠标左键，打开“编辑网络”面板，可改变飞线的颜色设置，如图 4.49 所示。

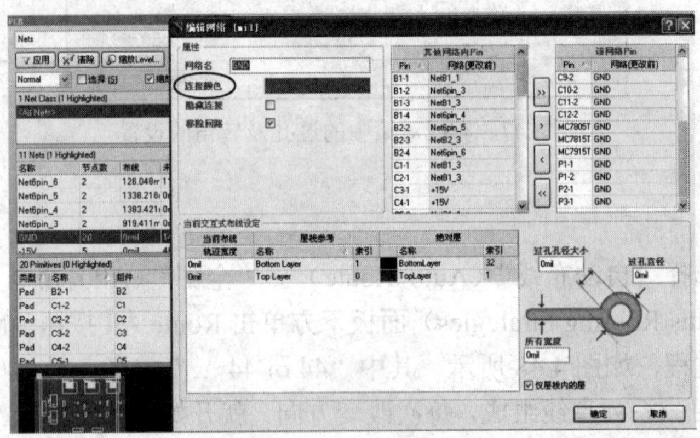

图 4.49 编辑网络参数

4.3.4 手动布线

手工布线可以更为灵活自如，但对于大量的布线则稍嫌费事。通常可以采取自动布线加手工调整的方法。

1. 选择布线板面

假设电路简单，只有一层板子两个面，分别为 Top Layer 和 Bottom Layer。

选择“设计”→“板层颜色”命令，打开“视图配置”（View Configuration）面板，在此设置板层是否显示以及显示的颜色，如图 4.19 所示。在“信号层”（Signal Layers）选项区域，勾选 Top Layer 和 Bottom Layer 的“展示”（Show）复选框，再在“丝印层”选项区域勾选 Top Overly 复选框。为简明起见，其他层不必选中。单击“确定”按钮后，编辑窗口底部只有三个可用信号层的标签。

如果有多层板子，选择“设计”→“管理层设置”→“板层设置”命令分别设置各层，并在“视图配置”每层勾选“展示”复选框即可。

在设计窗口底部单击 Bottom Layer 标签，将电源走线布置在板子底层，板子走线颜色与板层标签的颜色相同。

2. 设置走线参数

放置走线之前需设置线宽及线距等参数，通常电源线和地线要设置的宽一些。选择“设计”→“规则”命令，打开“PCB 规则及约束编辑器”（PCB Rules and Constraints Editor）面板，在“走线”（Routing）宽度中设置“首选尺寸”（Preferred Width）、“最小宽度”（Min Width）及“最大宽度”（Max Width），如图 4.50 所示。“最小宽度”是指当走线通道较窄时所允许的最小线宽。线宽设置后，整个布线将按规则进行，设计的板子更加标准规范、整齐美观，并且不会出现走线过细断线的情况。

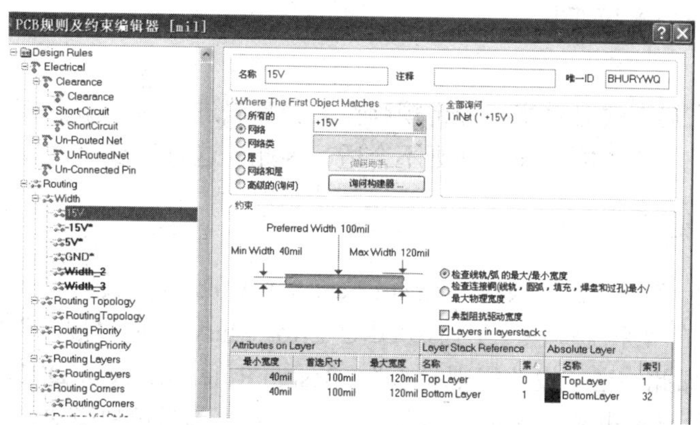

图 4.50　走线宽度设置

3. 放置走线

在主菜单中选择“放置”→Interactive Routing 命令，或单击 Interactive Routing 快捷按钮，光标变成十字形，表示处于“线”放置状态，绘制导线的同时在导线上会标注网络名。在走线的过程中，线段的起点和终点都落在焊盘上，任何转折都是另一段线的开始。单击起点焊盘，拖动走线经过适当路径，在转折处单击一下定位，再开始下一步走线。在走线拖动过程中，出现的虚线是未放置的状态，被放置的线用实线表示。在拖动走线的同时，飞线也随走线改变形状并引导布线的走向。

在布线的同时按 Tab 键会弹出交互式布线对话框，可以设置诸如线宽，尺寸和相关的规则等参数。可以通过小键盘的“*”键切换布线层，切换时会自动添加一个过孔。

放置完一段线后，右击，开始另一段线的放置。双击鼠标右键，退出“线”放置状态。

若布线不满意，只需重新再走一遍，当右击完成后，先前的走线会自动清除。

要删除走线，选择它，按 Delete 键删除。

若删除或添加飞线，需在原理图中修改电路连接，重新编译后才行。手动布线的实例如图 4.51 所示。

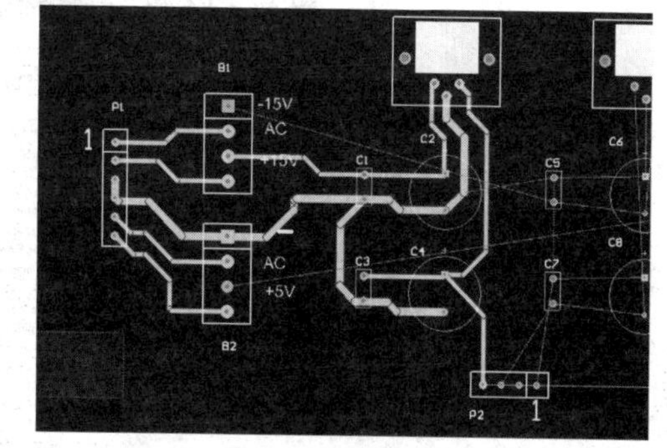

图 4.51　手动布线

4. 取消布线

如果布线不满意，可选择“工具”→“取消布线”命令，选择“全部”、“网络”、“连接”、“器件”或 Room 等方式取消布线。

4.4 查看设计

4.4.1 PCB 设计规则

软件在自动布局布线时是根据一定规则按某种算法进行的。如果 PCB 板在自动布局、布线时出现问题，一般可能是设置规则不合适。因此，这时需要检查规则。

1. 设置显示错误

首先选择“设计”→“板层颜色”（Board Layers & Colors）命令，打开“视图配置”（View Configurations），在“系统颜色”中勾选 DRC Error Markers 的“展示”（Show）复选框，如图 4.19 所示。如此，当“设计规则检查”（Design Rule Checker，DRC）出现错误时，将以“设置”的颜色显示出来。显示“颜色”（Colors）可单击色块变更。

2. 查看错误报告

选择“工具”→“设计规则检查”（Design Rule Checker）命令，打开“设计规则检测”（DRC）面板，选择 Report Options 选项在“DRC 报告选项”（DRC Report Options）中查看各种规则，勾选“在线”（Online）和“批量”（Batch）复选框进行检测，如图 4.52 所示。最后单击下方“运行 DRC”（Run Design Rule Checker）按钮，DRC 开始运行，错误结果显示在 Design Rule Checker-*.html 文档中，并保存在当前工程目录下 Generated 的文件夹 Documents 中。可拖动右边滑块查看*.html 文档的全部内容，如图 4.53 所示。单击返回到 PCB 板面，板上以设置的颜色显示错误具体位置。

图 4.52 选择规则检查配置

图 4.53　查看错误报告

另外还可以打开窗口右下方的 PCB 面板，从面板顶部的下拉菜单确定查看类型，设计窗口将高亮显示所选对象或错误处，还可直接跳转到设计图中的错误位置，如图 4.54 所示。

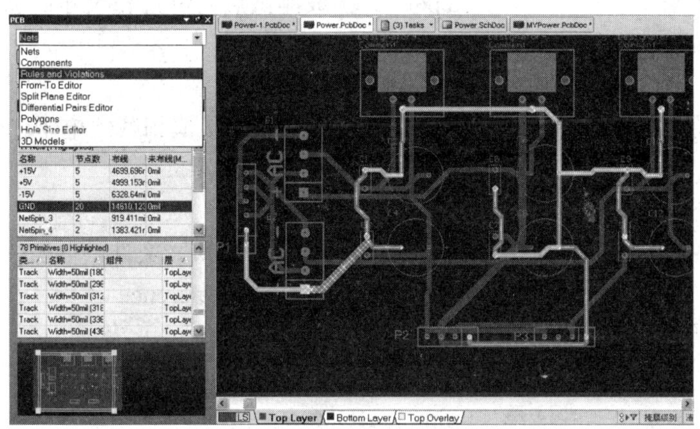

图 4.54　查看对象

4.4.2　输出设计文件

完成了 PCB 板的设计和布线，还需将设计文件的各种信息输出提供给板级制造商，用于审查、制造和组装 PCB 板。Altium Designer 可以产生多种用途的输出文件，任何输出文件既可以独立的设置，也可以组合设置。每个输出设置都使用特定的数据源，包括整个项目所有原理图、单个原理图或 PCB 版图。

所有的输出文档都包含在一个方便且可移动的工程输出文件夹中。

1. 输出文件类型

1）装配输出

（1）“装配图”（Assembly Drawing）：显示电路板每一面上元器件位置和原点信息。

（2）“抓取和放置文件”（Generates Pick and Place Files）：生成的组件数据可用来对装配图进行编程，用于机器手在电路板上摆放元器件。

2）文件输出

（1）原理图打印：绘制设计的原理图。

（2）文件产生复合图纸：包括元件和线路的成品板组装。

（3）PCB 三维打印：采用三维视图显示电路板。

3）制造输出

（1）绘制复合钻孔图：电路板上钻孔位置和尺寸的复合图纸。

（2）钻孔绘制/向导：在多张纸上分别绘制钻孔位置和尺寸。

（3）最终绘制图纸：将所有制作文件合并成一个绘制输出。

（4）各层关联文件：板层信息的底片文档（Gerber 文档）。

（5）“数控钻孔制造信息”（NC Drill Files）：可生成工业标准格式的 NC 钻孔输出文档。

（6）“数据库格式”（ODB++）：可装载到任意兼容 ODB++ CAM 的工具中。

（7）“电气层分割图纸”（Power-Plane Prints）。

（8）“焊层与锡膏层图纸”（Solder/Paste Mask Prints）。

（9）“测试点输出”（Test Point Report）：生成测试点的位置和尺寸信息，用于制造测试固件和测试器编程。

4）网表输出

网表描述设计中元器件之间的逻辑连接，对将设计移植到其他电子产品设计软件中非常有用。

5）报告输出

（1）不同格式下“物料清单”（Bill of Materials，BOM）文件。

（2）设计原理图的“组件列表”（Component Cross Reference）。

（3）创建原文件的“项目清单”（Report Project Hierarchy）。

（4）创建“单连接网络报告”（Report Single Pin Nets）。

（5）创建文本及“器件清单”（Simple BOM）。

上述数据输出到 PCB 工程文件所在的同一文件夹中，或者位于每个输出类型的独立文件夹中，这由选择“工程”→“工程参数”（Project Options）命令，打开的 Options for PCB Project Power.PrjPCB 面板中的 Options 选项卡中的 Options 设置决定，如图 4.55 所示。

2. 直接生成报告

（1）输出报告。在编辑窗选择“报告”（Reports）→Bill of Materials 命令，打开 Bill of Materials For PCB document…面板，如图 4.56 所示。可对报告进行格式化，显示、隐藏和移动栏目，然后在导出报告前在栏目内对数据进行排序和过滤。

在“全部纵列”（All Columns）中选择相应项，用鼠标拖曳到“聚合纵列”（Grouped Columns）选项区域并勾选相应的展示复选框。在“导出选项”（Export Options）区域中，生成的 BOM 文件可选择为 Comma Separated Variables（*.CSV）、Microsoft Excel Worksheet（*.xls）、*.pdf、Tab Delimited Text（*.txt）、Web Page（*.htm，*.html）、XML Spreadsheet（*.xml）等格式。单击“确定”按钮后，生成的输出文件自动出现在当前工程目录的 Generated Text Documents 文件夹中。

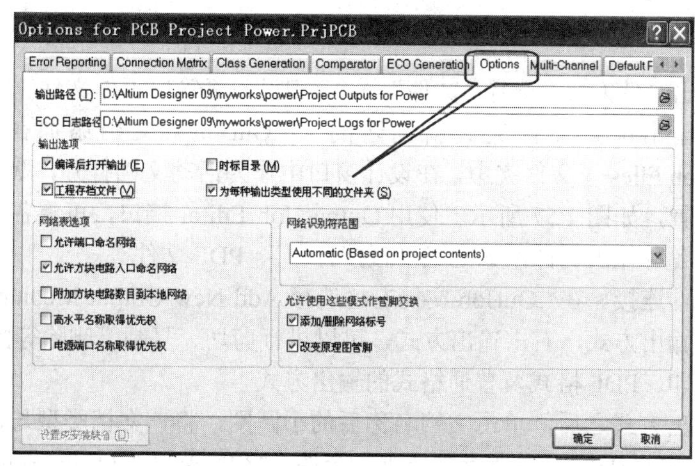

图 4.55　设置输出文档的放置方式

还可以通过重新安排纵向栏目的形式配置 BOM 的内容，或将其导出到 Excel 表格并使用 Excel 模板对报告进行格式化。

（2）将 PCB 信息添加到 BOM。当工程中有 PCB 文档时，勾选图 4.56 下方“从 PCB 包含参数”（Include Parameters From PCB），可将 PCB 属性信息添加到“物料清单”（BOM）中。如在装配图文件的生成中元件每次放置都以不同的栏目顺序或不同的文件格式获取数据（如 X、Y 位置）。

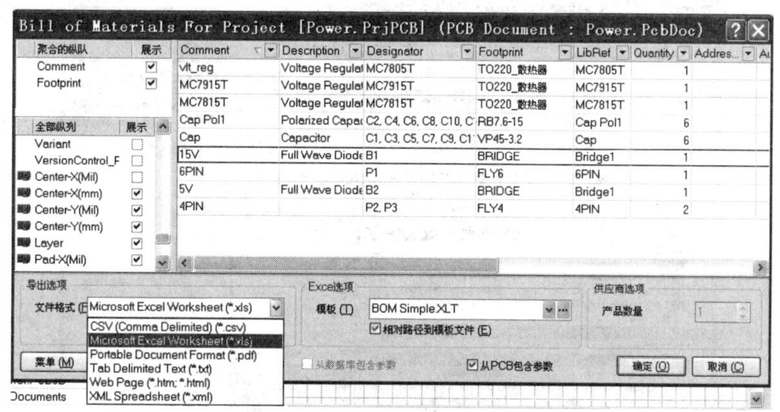

图 4.56　输出报告选择

注意：当工程有多个 PCB 文档时，会自动弹出 BOM Report Options 对话框，提示选择 BOM 报告中的 PCB 文档。

（3）导入报告。如果要把生成的报告添加到工程中，只需勾选导出选项栏中的“添加到工程”（Add to Project）选项。

（4）使用 Excel 模板。如果要将数据直接导出为 Excel 格式，先将图 4.56 下方“文件格式”选中为*.xls 类型，此时“Excel 选项”（Options）为可用“模板”（Template），其中提供了多种 BOM *.XLT 的 Excel 模板。

有关模板创建的更多信息，请参考 Microsoft Excel 文档。

3. 文件输出方式

（1）创建输出文件方式。选择“文件”→“新建”→“输出工作文件”（Output Job File）命令创建新的输出配置文件夹。新创建的（*.OutJob）文档添加在工程目录下的Settings\Output Job Files 子文件夹中，在设计窗口中作为活动文档打开，默认情况下包含所有可能的输出设置，如图 4.57 所示。使用 Output Job Editor 接口，可将各种输出格式捆绑在一起，发送给各种输出文件，如生成“直接打印”、PDF 文件等。

（2）输出文件连接。在*.OutJob 文档右栏选择 Add New Output Medium 选项，即可添加新的媒体文件输出方式，右击输出方式，可以进行剪切、复制、删除等操作。图 4.57 中显示了网络、打印、PDF 格式及普通格式的输出方式。

选择一种输出方式之后，单击文档名称后的小圆圈，将该文档类型与输出方式连接，如图 4.57 所示。按 Ctrl+A 可对所有文档进行全选。“数据来源”（Data Source）和“变量”（Variants）栏也有可供选择的下拉列表。

双击文档的“输出描述”（Output Description）栏，可针对不同类型的文档打开属性设置面板。

（3）设置打印选项。选择图 4.57 中“打印输出”（Printout）类型，在*.OutJob 文档右上方双击打印机图标，在 PCB Printout Properties 对话框中对打印输出选项进行配置，如图 4.58 所示。单击下方 Preferences 按钮可设置打印输出的颜色和层次。

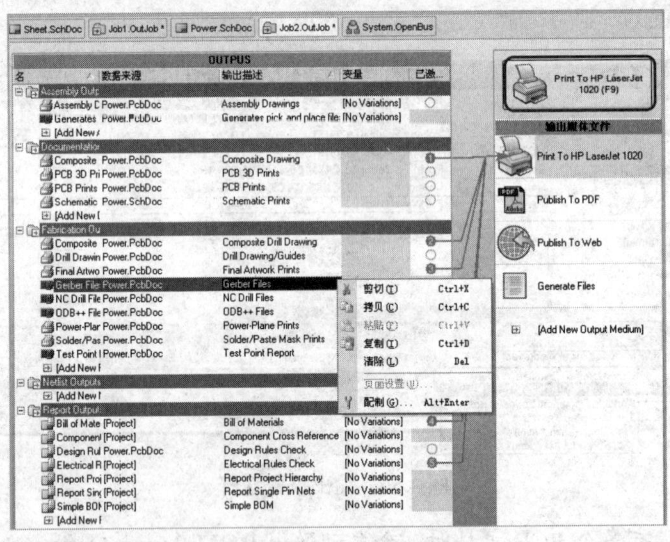

图 4.57 输出文档设置

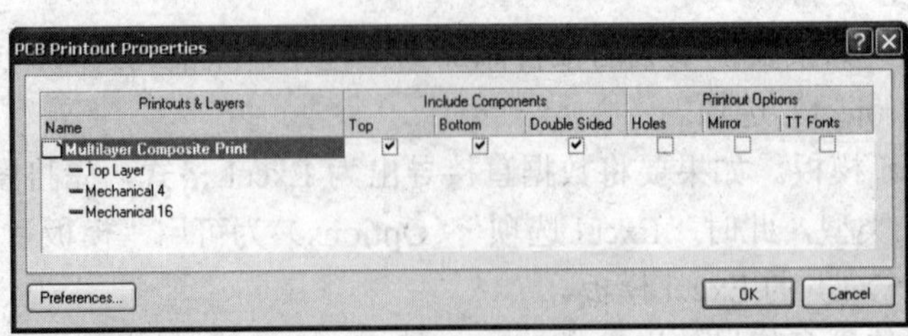

图 4.58 打印设置对话框

（4）批处理。如果在“创建文档”（Generate Files）输出类型启用了“运行批处理”（Batch），则会生成设计文档元件表单。

（5）底片文档。双击图 4.57 中制造输出 Fabrication Outputs 栏的底片 Gerber Files 文档，或选择“文件”→“制造输出”（Fabrication Outputs）→Gerber Files 命令，打开底片文档“Gerber 设置”（Gerber Setup）面板，如图 4.59 所示。打开“层”（Layers）选项卡，在“画线层”（Plot Layers）选项区域选择“所有使用的”（Used On）选项，或接受默认设置，确定后生成用于板子制造的各个层文件，保存在工程的 Generated\CAMtasticl Document 文件夹中。由图也可以看到一个“工程”（Project）其中包含了哪些文档以及工程文档结构的组织形式，如图 4.60 所示。这些文件也保存在当前工程路径中自动生成的 Project Outputs for … 文件夹中，可以右击工程名，在弹出的快捷菜单中选择“查寻”（Explore）命令打开文件夹查看，如图 4.61 所示。

图 4.59　“Gerber 设置”面板

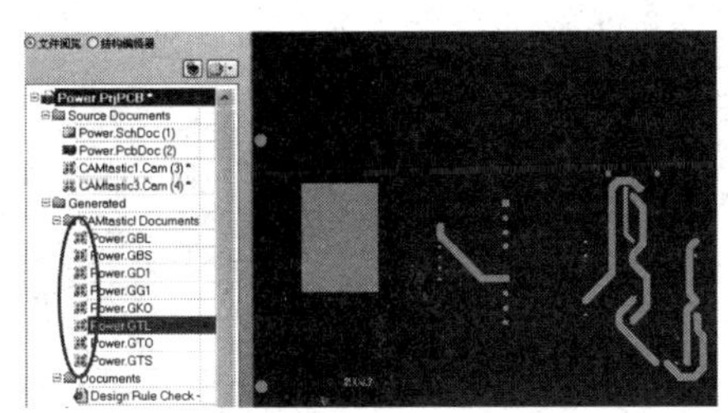

图 4.60　工程的文档层次与 Gerber 输出

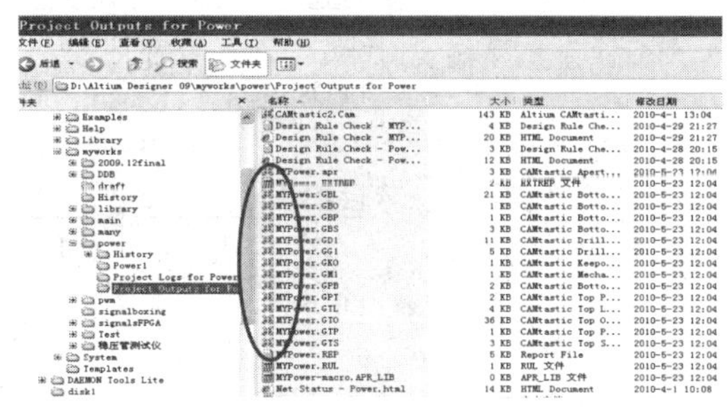

图 4.61　输出文件的保存

（6）PDF 向导。选择“文件”→“智能 PDF”（Smart PDF）命令进入“智能/灵巧”PDF 面板，如图 4.62 所示。单击 Next 按钮，按步骤依次进行，可将当前设计工程项目或当前文档以“*.pdf”格式导出，如图 4.63 所示。在生成 PDF 文档之前可配置输出方式，如：引脚标签、网络标签、端口、打印为彩色、灰色或单色，将逻辑表单扩展到物理表单以及是否输出至 Output Job 文件中等。

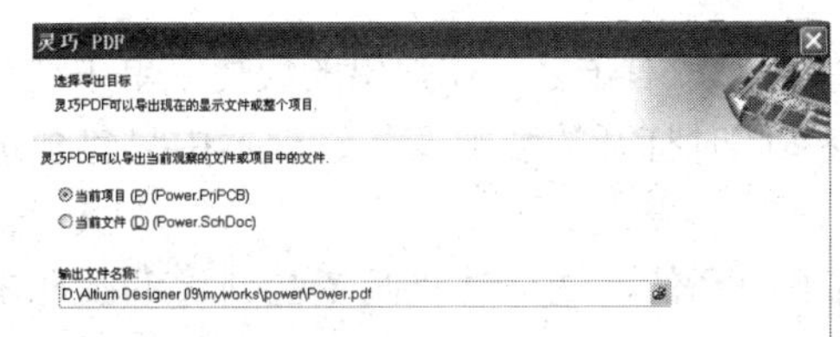

图 4.62　智能 PDF 向导

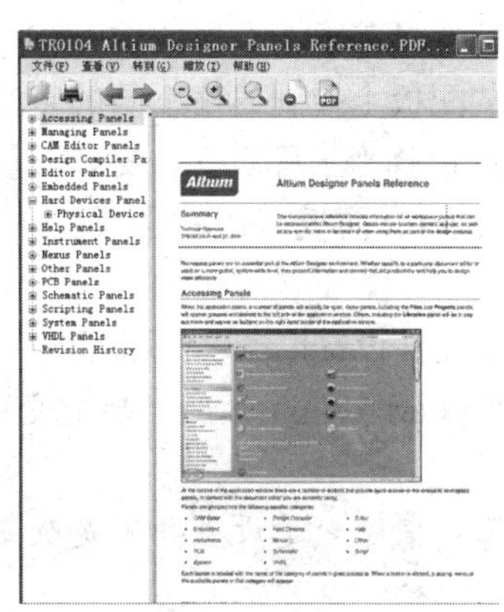

图 4.63　PDF 格式输出文件

其他输出方式的设置情况这里就不一一详述了。

4.4.3 装配变量

1. 装配变量

基于同一块电路设计而产生不同的产品是常有的事，如：一个高级产品的电路设计包含完整功能，而标准产品中因缺少一些功能，某些元件是没有配备的。原始设计图中不装配的器件在装配图中的显示见图 4.64。由于这些变量发生于装配中，通过设置“装配变量（Assembly Variants）的方法，Altium Designer 为每一个装配变量产生相关的装配文件，包括装配图、器件摆放文件、器件清单等，并设置原理图和 PCB 打印。

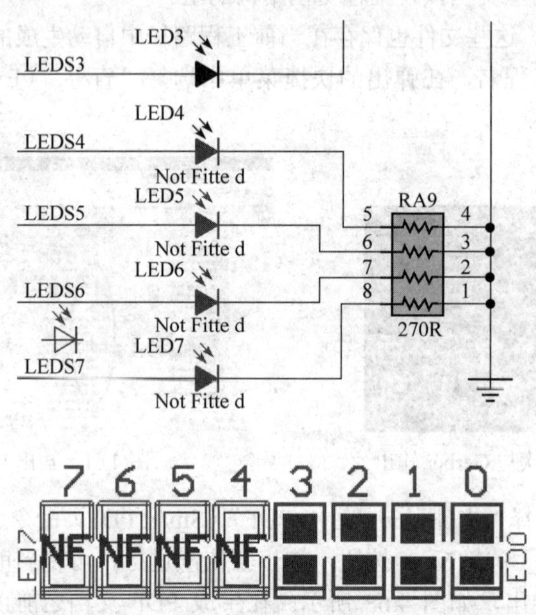

图 4.64 原始设计图不装配器件显示

装配变量基于一个原始的 PCB 设计，不需要产生或维护 PCB 项目设计中的每个变量，只需在装配板上控制器件不同的装配参数、数目和装配位置。

通过选择“工程”→“安装变量”命令，打开“装配变量管理器”（Assembly Variants Management）面板，用右击或按左下方“菜单”（Menu）按钮配置装配变量，如图 4.65 所示。

变量元件设置也可以在原理图中选中元件，然后右击之，在弹出的快捷菜单中选择“部件操作”（Part Actions）→“装配变量”命令，此时打开的装配变量管理器中只包含选中的元件。

注意：装配变量设置并不是改变原理图中的元件，这个过程既不能创建参数也不能移除参数。

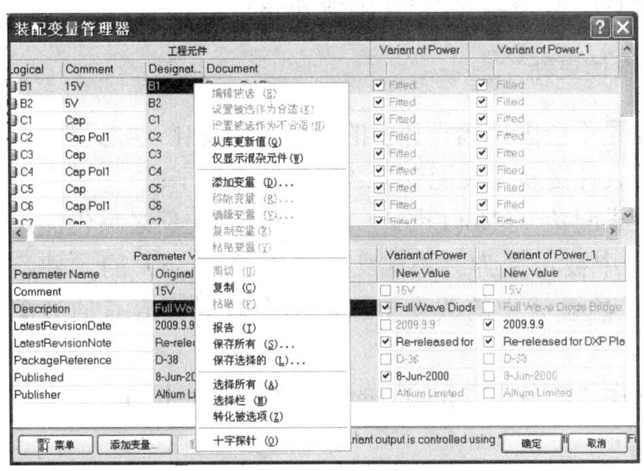

图 4.65　装配变量管理器

2. 定义装配变量

使用“添加变量”(Add Variant)或通过右键菜单增加一个新的变量，并定义适当名字被存放在项目文件中，以便在输出文件里作为参考。添加一个新变量，默认所有元件都是被配备的(对应的 Fitted 都被勾选)。可以通过勾选复选框编辑元件的配备状态，或用右键功能重置。

在装配变量中改变一个元件及参数有时需输入一个多位数字的生产部件号。为了快捷有效的更改装配，右击鼠标，从弹出的快捷菜单选择“从库文件更新值”(Update Values from Library)命令，可从所选器件库中更新参数值。

“装配变量”的作用范围不是替换所选择的元件，而是从器件库复制元件属性和参数到设计元件，不会影响设计布线。为了执行这种变化，需要创建一个完整的新的项目副本。而前面所指的更改设计变量的作用范围则是一个完整的元件替换过程，包括改变元件的图形符号，该更改会影响到设计布线。

3. 变量元件设置

在一个设计中可能会有大量元件，其配置和管理变量的工作非常繁浩。为简化操作，右击鼠标，从弹出的快捷菜单中“仅显示变量元件”(Only Showed Varied Components)就会只显示那些被改变了的元件。

在图 4.65 左下方单击“菜单”按钮，选择“变量绘制类型”(Variant Drawing Style)命令，打开“变量选项”对话框，可配置原理图和 PCB 中被改变过属性的元件的打印样式，如图 4.66 所示。

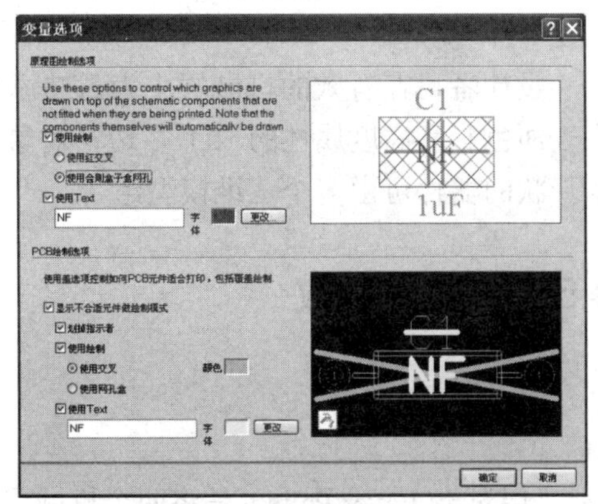

图 4.66　未配置器件的绘制

选择“菜单”中的“详细报告”(Detailed

Report），会产生一个 HTML 格式的详细元件变量报告。

4. 装配变量与设计更新

定义过的装配变量不会因原始设计中的元件有所变化（如元件从器件库或外部数据库更新）而改动。原始设计更新与装配变量之间的关系如下：

（1）对定义为“未配备”（Not Fitted）的元件，在更新之后仍然是未配备状态。

（2）在装配变量中被定义为“不改变”（Not Varied）的元件，只是不随“装配变量”而改变。但在原始设计中的改变更新后仍会映射到应有的装配变量中，随设计变量而变更。

（3）在装配变量中“配备”（Fitted）的参数不随原始设计中元件参数更新而变化。

5. 变量输出

基于原始的设计虽然包括了所有用到的元件，但这是用于 PCB 布线的，不需要产生装配输出。通过“装配变量”完全可以生成装配输出。

在 Output Job 文件里对于每个变量都能生成完整的装配相关的输出文件，然后在变量卷标中选择需要的变量名称。生成和配置 Output Job 文件是很灵活的，可以每个变量生成一个 Output Job 文件，也可以在一个 Output Job 文件里包括所有的变量。

智能 PDF 生成器也支持变量操作，只要在生成向导中选中要求的变量即可。

4.5 添加器件三维模型

Altium Designer 应用 Windows 的 Microsoft DirectX 9.0c 技术，提供给了 PCB 板子的实时三维视图显示和 PCB 3D 显示面板，洞察板子内部结构。

为器件封装添加三维（3D）模型可使器件在 PCB Library Editor 的三维视图更直观。但为支持三维显示，需采用支持 DirectX V9.0 和 Shadow 3.0 协议的显卡。

Altium Designer 的三维模型可视化功能不仅可以观察安装器件的水平间隙，而且可以设置器件高度限制、查看器件空间叠放的情况以及用虚拟产品装配技术将 PCB 转换为机械 CAD 设计模型。

设计者可在有效的机械层中为封装添加三维模型。一个简单的条形三维模型由一个包含表面色彩和高度属性的 2D 多边形对象扩展而来。三维模型也可以是球体或圆柱体，任意形状的器件可由多个三维模型组合。

4.5.1 设置参数

1. 层对

“层对”（Layer Pairs）是将两个机械层定义为一对，当设计者将封装器件从电路板的一面翻转到另一面时，层对的对应面自动翻转到对应层。

选择“设计”→“层叠管理”命令，打开“层堆栈管理器”（Layer Stack Manager）面板，设置“层配对”（Layer Pairs）。该方法需先选择一个含有胶合点的机械层，设计者在 PCB 上放置封装时，必须建立层配对，告知系统当翻转器件时，哪一个层的对象需要翻转到板的另一面，如图 4.67 所示。

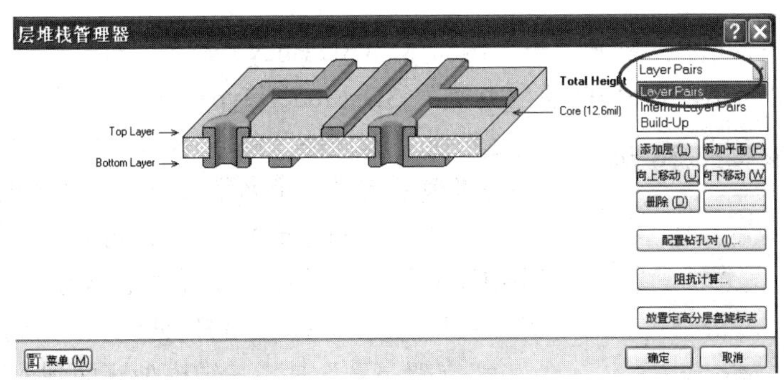

图 4.67　层配对

注意：“层对”只能在 PCB Editor 中定义，不能在 PCB Library Editor 中定义。

2. 封装的高度属性

在 PCB Library 面板中双击某器件，打开“PCB 库元件”（PCB Library Components）对话框，在“高度”（Height）文本框中输入高度值，高度要根据器件的实际尺寸设置，如图 4.68 所示。

在 PCB 设计时，执行“设计”→“规则”命令，打开“PCB 规则及约束编辑器”面板，选择 Placement→Height 命令，可以设置器件的高度参数规则；选择 Placement→Component Clearance 命令可详查尺寸形状规则，如图 4.69 所示。

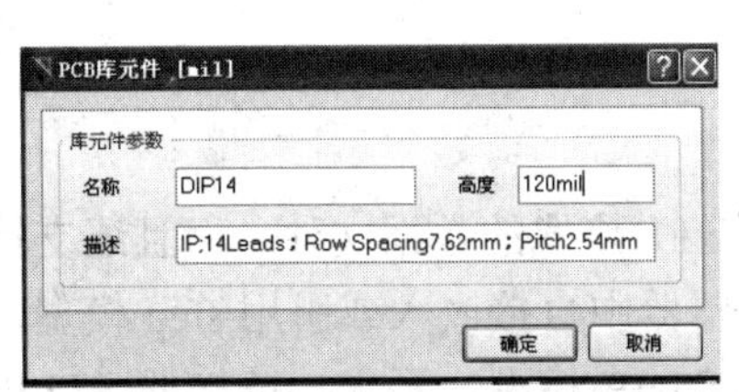

图 4.68　器件 3D 模型高度设置

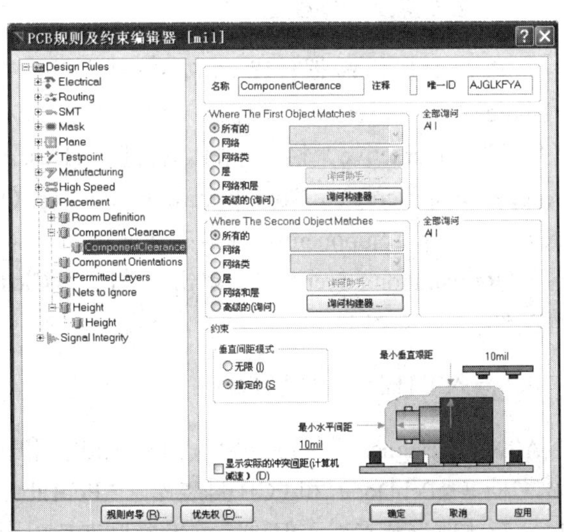

图 4.69　器件高度设置

4.5.2 添加三维模型

1. 放置 3D 模型

在 PCB 编辑窗选择“放置”→“器件体”（3D Body）命令，打开“3D 体”（3D Body）面板，如图 4.70 所示。在“3D 模型类型”（3D Model Type）栏中选择“挤压”（Extruded）单选按钮；在“属性”（Properties）栏的“标识符”（Identifier）为三维模型定义一个名字；设置“体表面”（Body Side）为“上侧”（Top Side），此选项将决定三维模型垂直投影到电路板的哪个面上。设置“全部高度”（Overall Height）和“支架高度”（Standoff Height），适当选择“3D 颜色”。

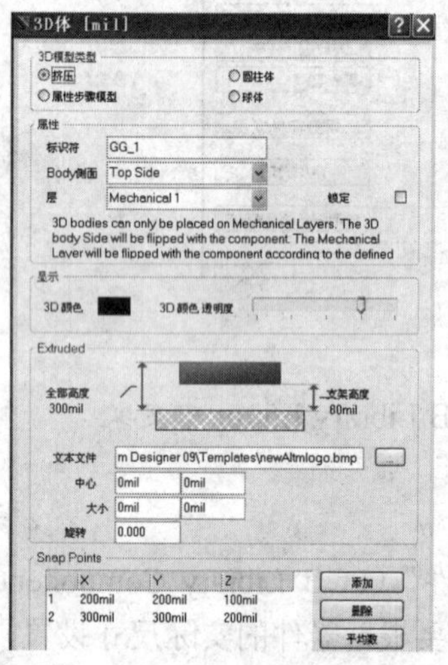

图 4.70 设置 3D 模型参数

“支架高度”是指三维模型底面到电路板的距离，穿透电路板的引脚部分可设置为“负”的高度值。“设计规则检查”（Design Rules Checker）不会检查支架高度。

单击“确定”按钮后关闭“3D 体”面板，进入放置模式。在 2D 模式下，光标变为十字形；在 3D 模式下，光标为蓝色锥形。

移动光标到适当位置，单击选定三维模型起始点，连续单击若干个顶点，形成封闭的多边形。右击或按 Esc 键退出放置模式。

单击模型多边形块后，光标拖动顶点滑块可改变模型形状；不移动光标，按 Space 键，可改变模型多边形块的放置方向。

2. 交互式嵌入 3D 模型

打开 PCB Library 器件库（*.PcbLib）文件，在 PCB 库编辑窗中选择“工具”→Manage 3D Bodies For Current Component 命令，打开“元件体管理器”面板，如图 4.71 所示。在“交互式”（Interactive）栏目下将“描述”（Description）栏选择为与器件外形对应的形状 Polygonal shape created from primitives on Top Overlay 选项；单击“结构体状态”（Body State），选择 In Components *选项；并设置“全部高度”和“3D 体颜色”（3D Color）、“登记层”（Registration Layer）等。单击“关闭”（Close）按钮，器件上显示三维模型形状，保存库文件。

3. 嵌入 STEP 三维模型

Altium Designer 不仅可以导入 2D（*.idf）和（*.dxf）格式的数据文件，而且还支持在 PCB 文档（*.PcbDoc）和 PCB 封装库（*.PcbLib）编辑器中直接嵌入或引用 step 模型，如器件、壳体或安装支架。但这些编辑器只支持内嵌的 STEP 模型，不支持链接的 STEP 模型。引用 STEP Model 步骤如下。

（1）在 PCB 或 PCB 库编辑窗口，选择“放置”→“器件体”，打开“3D 模型类型”

面板，如图 4.70 所示。

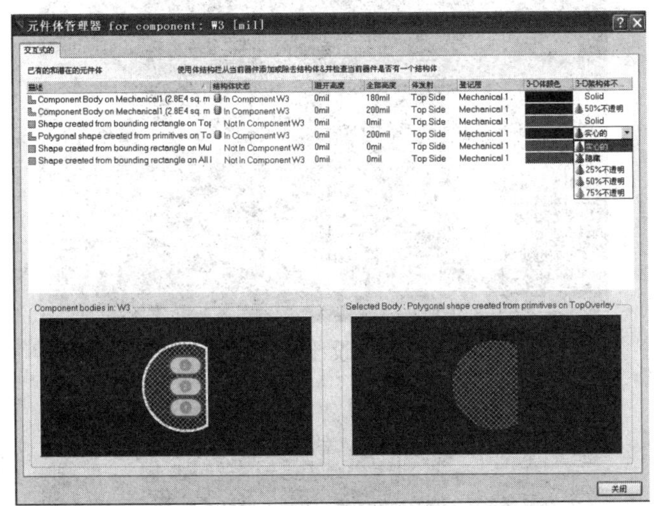

图 4.71　交互式创建 3D 模型

（2）在“3D 模型类型”区选择“属性步骤模型”（Generic STEP Model）单选按钮，单击“插入步骤模型”（Embed STEP Model）按钮。

（3）在打开的 Choose Model 对话框中，查找需要的*.Step 或*.Stp 文件，并选择“打开”（Open）命令。

（4）返回 3D Body 面板，单击“确定”按钮，光标处浮现三维模型。

（5）在工作区单击放置三维模型，此时该器件已经加载了所选的三维模型。

选择“设计”→“板子形状”→Define from 3D body（Requires 3D mode）在 3D body 上选择一个平面，则自动生成一个板型，如图 4.72 所示。

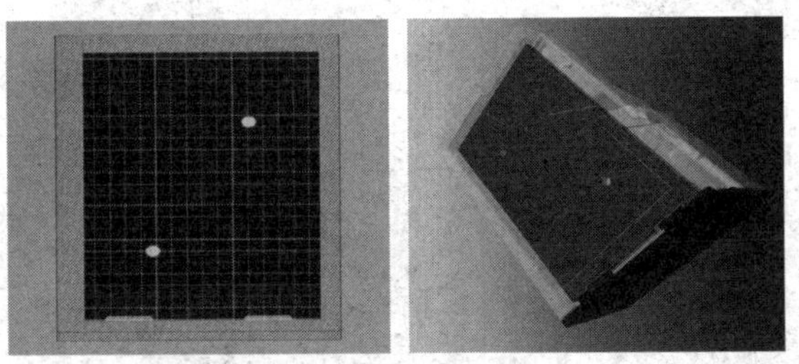

图 4.72　3D 模型的生成

复杂的元器件形状可以通过在机械层上放置多个对象体来建立，在 PCB 编辑器中使用“放置”→“器件体”命令就可以实现，通过保存、编译后，可在 3D 视图中显示。

4.5.3　显示 3D 模型

当封装被添加了 3D 模型后，在 PCB 编辑窗中通过选择“工具”→Legacy Tools→Legacy 3D View 可显示 PCB 设计的 3D 视图*.PCB3D 文档。图 4.73 是一个 PCB 设计图，图 4.74 是它的 3D 模型图，图 4.75 是根据设计的 PCB 板安装的实物图。

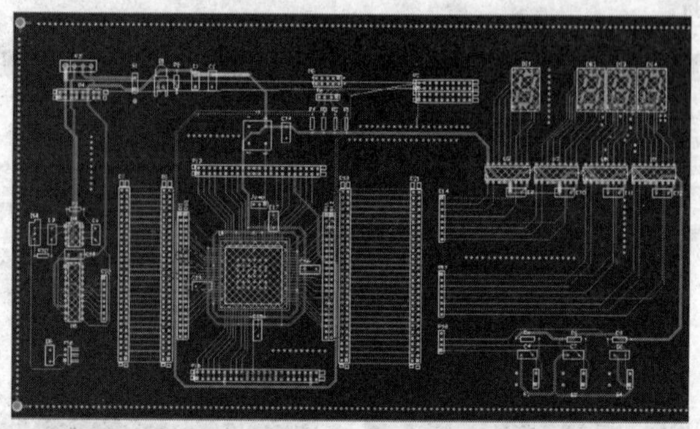

图 4.73　设计的 PCB 图

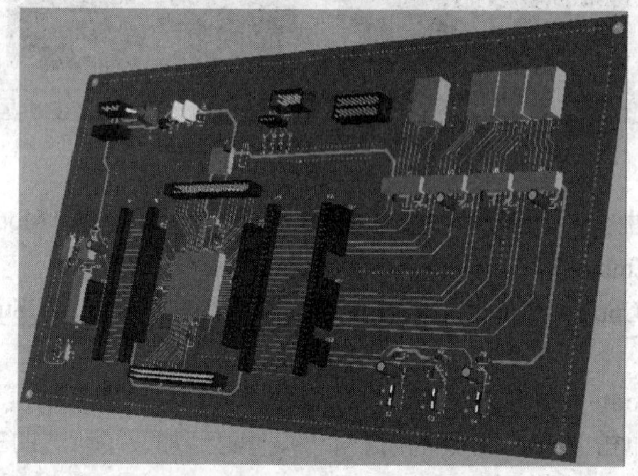

图 4.74　电路设计的 3D 模型显示

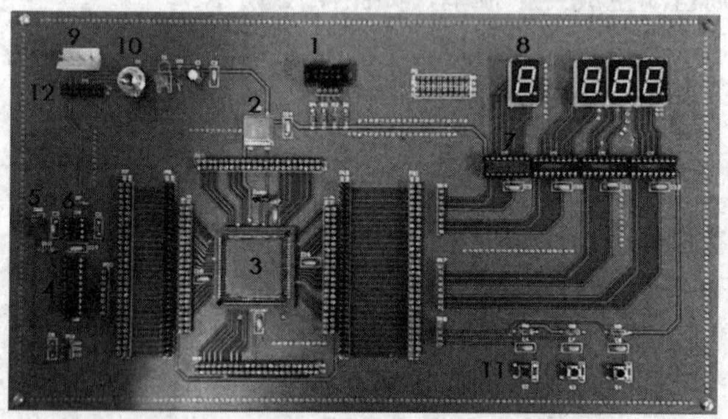

图 4.75　设计实物板

4.5.4　三维视图的操作

在 3 维视图窗口对 3 维视图的缩放、移动等操作与二维视图相同。另外，可以将鼠标置于板子上，按住鼠标右键，可使板子随鼠标平移；按住鼠标左键可使板子随鼠标而翻转，便于查看。

如果设置的三维模型没有出现，在“喜好”面板中，选择 PCB Editor→Display 选项，在面板右侧中单击“测试 DirectX”（Test DirectX）按钮，测试显卡是否 Allow internet connection to retrieve Windows Hardware Quality Labs validation level。

注意：三维可视化需要能支持 DirectX 9 和 Shader Model 3（或更高）的显卡。

至此，我们可以说完成了一个 PCB 设计的全过程。但 Altium Designer 还有许多强大功能，如模拟和数字的仿真、信号完整性分析、器件库的建立与管理、FPGA 器件的开发等。这些将在后续内容逐一介绍。

第 5 章 FPGA 设计基础

本章摘要

伴随高密度器件的迅速发展，FPGA 器件的运用更为广泛，而硬件描述语言则成为不可缺少的电子设计方法。本章介绍使用 FPGA 器件实现电路设计的方法，从更高层的设计理念入手，更多用于大规模集成器件的设计开发。

本章介绍自下而上和自上而下的设计思想、高密度器件 FPGA 设计方法以及 VHDL 硬件描述语言的基础知识。

5.1 FPGA 设计

5.1.1 建立 FPGA 工程

FPGA 是 Field Programmable Gate Array 的缩写，意为“现场可编程门阵列”，是设计者或用户可自己编程的专用高密度集成电子芯片。FPGA 设计就是通过对信号处理过程的编程、配置，再下载到芯片中执行设计电路功能的过程，需要一定的硬件开发装置配合。

在 Altium Designer 中每个设计都以“工程”文件形式存在，FPGA 工程的后缀为（*.PrjFpg），其本质是 ASCII 文件，其中存储了工程的信息、属性、编译设置、输出设置、出错检测设置等信息。对*.PrjFpg 工程进行编译将产生一个可下载到 FPGA 芯片的文件（*.bit 或*.hex）。FPGA 工程支持三种文件类型：原理图输入、HDL 语言（VHDL 或 Verilog 文档）和 OpenBus 文件。在同一个工程项目里，可以通过原理图符号来混合使用这三类文件，但在 FPGA 项目里必须有一张最顶层的原理图，其他子文件可用“图表符”表示，其中包括与目标器件引脚对应的接口，同时也可实现 FPGA 设计到 PCB 的转换，见 10.4 节。

选择“文件”→“新建”→“工程”→“FPGA 工程”（FPGA Project）命令，新建一个 FPGA 工程（*.PrjFpg）文件，其图标为。将工程适当命名并保存后为其添加设计文档。

5.1.2 文本文件编辑

1. 文本文档

选择“新建”→“VHDL 文件”命令，打开一个 VHDL 编辑窗，其文件自动命名为 VHDL1.Vhd。将三角波信号程序输入到编辑窗后保存为 Triangle.Vhd 文档，如图 5.1 所示。文件编辑使用的 VHDL 语言基础知识见 5.3 节。

2. 文档转换

使用文本文档虽然能够描述电路功能，但进行电路设计前需将其转变为图表符形式或器件符号。在编辑窗选择“设计”→“从文件生成原理图器件”命令，则该文档便生成原理图符号库文件（后缀为*.SchLib）并自动存放在当前工程的 Library 库文件夹下。可将生成的库文档另保存为合适的名称便于设计时调用。这些器件的图符可从*.SchLib 库编辑窗口右下方选择 SCH→SCH Library 选项打开看到，如图 5.2 所示。

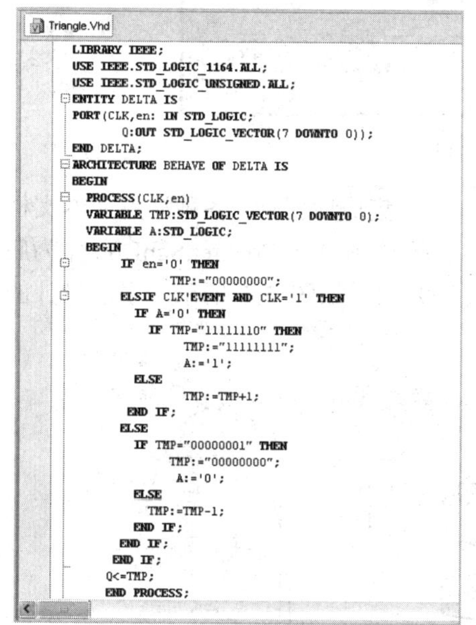

图 5.1　文本文件设计

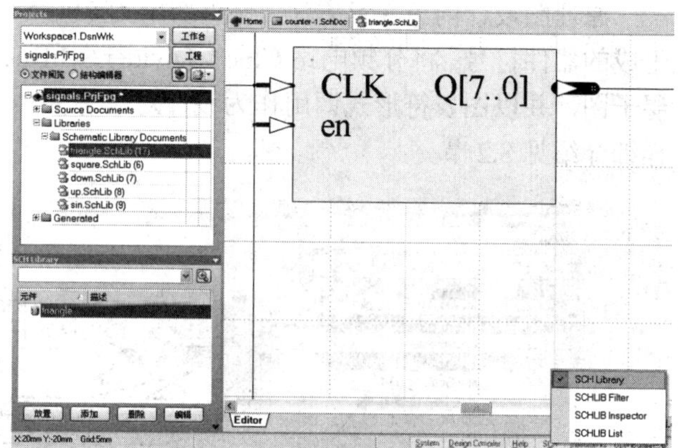

图 5.2　文本文档生成电路符号

5.1.3　调用设计符号

1. 建立原理图文件

给工程*.PrjFpg 中添加一个新的原理图文件，用于图纸设计的对象可采用在 FPGA 库文件中调用的器件或文本文件图符。

2. FPGA 库文件

FPGA 库中的器件大多在可编程器件中都有映射对象，可以下载到 FPGA 芯片中。在安装目录...\Altium Designer\Library\Fpga 文件夹下，选择安装 FPGA Generic.IntLib、FPGA NB2DSK01 port-Plugin.IntLib 及 FPGA PB02 port-Plugin.IntLib 等集成库，通常系统已默认安装，如图 5.3 所示。

3. 多元素电路设计

本例通过用各种已经学过的方法设计一个波形信号发生器，说明各种文档的使用及相互关系。

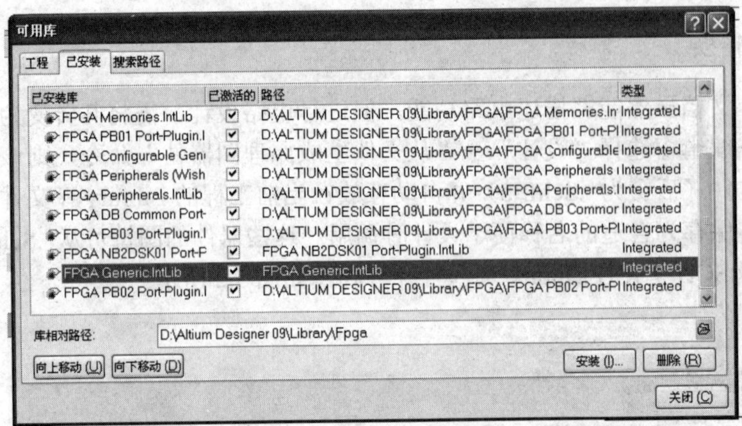

图 5.3　安装 FPGA 器件库

原理图设计同第 3 章方法，这里新用到 FPGA *.IntLib 集成库器件；各种波形文本文档生成的器件符号；将分频电路 Clock_Divider.SchDoc、数控变频电路 Counter.SchDoc 作为底层子图，并以图表符形式调用作为设计对象等多种设计方法，如图 5.4 所示。多层设计的详细介绍见 8.2 节。

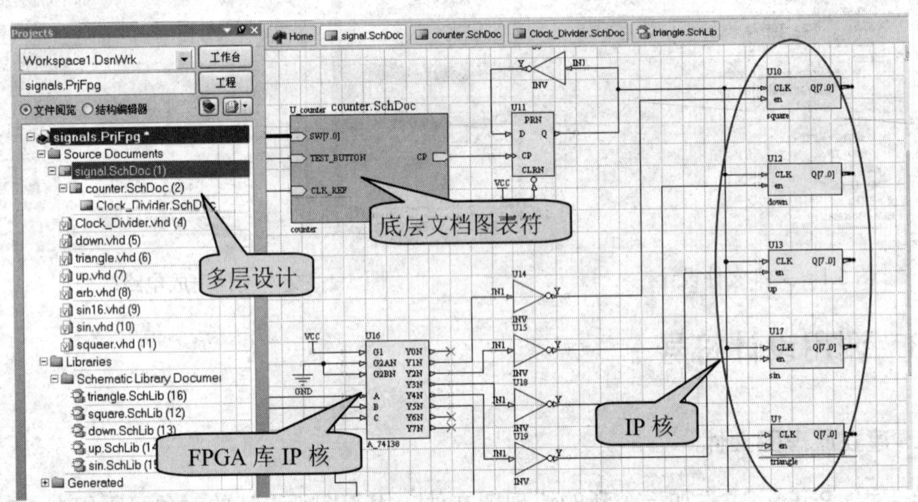

图 5.4　电路多元素设计

4. 检查原理图设计

为使编译中减少错误信息显示量，最好通过选择“放置”→“指示”命令，将不使用的端口设置为“无电气连接”（No ERC），如图 5.5 所示。

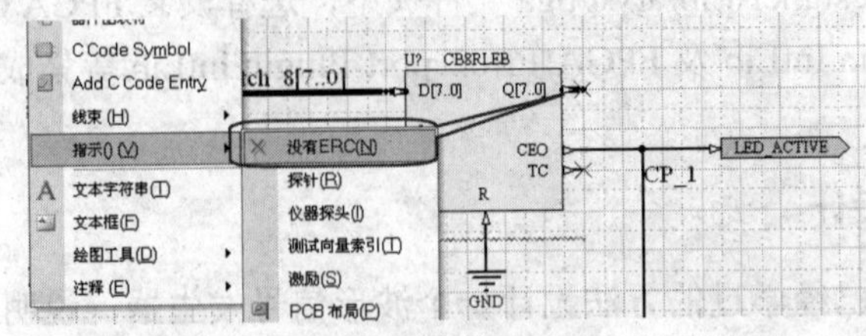

图 5.5　无电气连接

最后设计结果通过编译后可下载到 FPGA 芯片中，在硬件上进一步验证。

5.2　编译、综合及构建

在完成了基于 FPGA 的*.PrjFpg 工程设计后，下载前需要通过一系列的“构建”过程，目的是创建一个完备的设计项目。

首先选择 FPGA 器件，再根据连接的具体硬件装置进行配置，之后对工程文件进行编译综合，以生成配置文件、映射文件、布局布线网络表等约束文件并创建一个 FPGA 下载文件（*.Bit 文件）。最后成功实现设计。

5.2.1　选择器件

根据目标板的器件选择匹配器件类型。在主菜单中选择“查看”→Devices View 命令或者单击工具栏上的图标，打开“器件”（Devices）窗口；选择“工具”→“浏览物理器件”（Browse Physical Devices）命令，打开“选择物理设备”面板，查看并选择器件型号，如图 5.6 所示。单击“设备信息”（Device Information）按钮可进一步了解器件的性能；单击“设备支持报告”（Device Support Report）按钮，罗列出安装库中所有器件。

如果没有显示需要的器件，请在器件窗口选择“工具”→“器件供应商支持”命令，由供应商网络资源提供使用器件的配置资料，如图 5.7 所示。

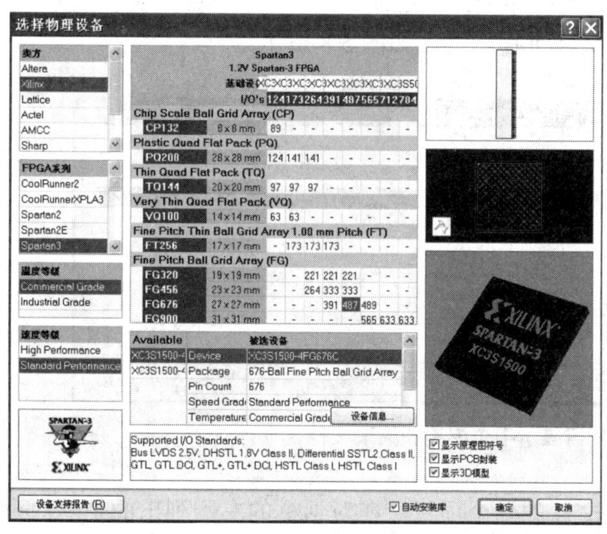

图 5.6　物理器件选择

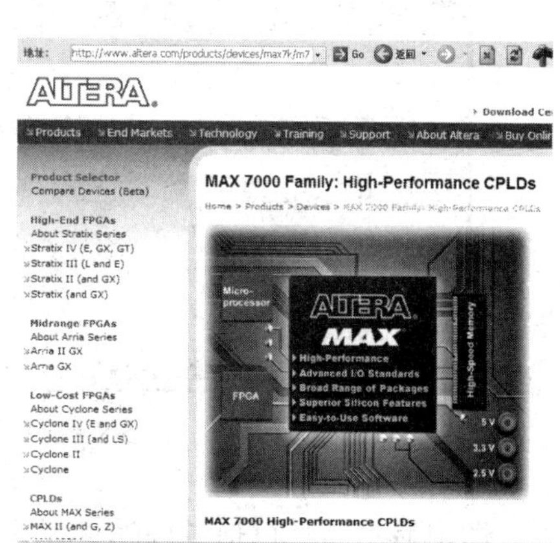

图 5.7　网络查询器件

若已经连接上网，选择“工具”→“器件供应商工具支持”命令，出现常用的软件工具有：

```
Actel™ Libero™
Altera® Quartus® II
Lattice® ispLever®
Xilinx® ISE
```

5.2.2 配置及管理

1. 配置

“配置”（Configurations）提供了一种参数化管理 Altium Designer 项目的方式，是针对目标器件映射而生成的、对特定输出的若干约束文件的集合。每次设计更新的过程中都有一个单独的配置用来汇集约束文件信息，而“约束文件”（Constraint Files）是指定 FPGA 设置定位到给定器件的文本文件。单独的配置将用于每个目标器件，并包含至少一个约束文件。从样机到产品的设计往往涉及到多次 PCB 制版，甚至使用不同的 FPGA 器件。配置的信息存储在单独的文档中，这样对相同的设计可以很方便地移植到不同的目标器件上。如果要定位多个器件，可以将多个配置中共享的单独约束文件作为常规约束。若要将设计移植到其他不同的器件（如来自不同供应商的器件），需要创建至少两个单独的配置，分别包括设计目标特定的约束文件和常规约束文件。配置通常根据所包含的信息类来分配约束文件。

对于专门的 FPGA 项目，“配置”操作允许原理图设计和 VHDL 设计，而不需要指定工具设置或是目标设备设置，如在原理图或 VHDL 源文件中端口和器件引脚的映射。

2. 配置管理器

多个配置可以用配置管理器进行管理。通过右击*.PrjFpg 工程名，在弹出的快捷菜单中选择“配置管理”（Configuration Manager）命令，或选择“工程”→“配置管理”命令，打开“配置管理”面板，可对多个约束文件进行配置，如图 5.8 所示。

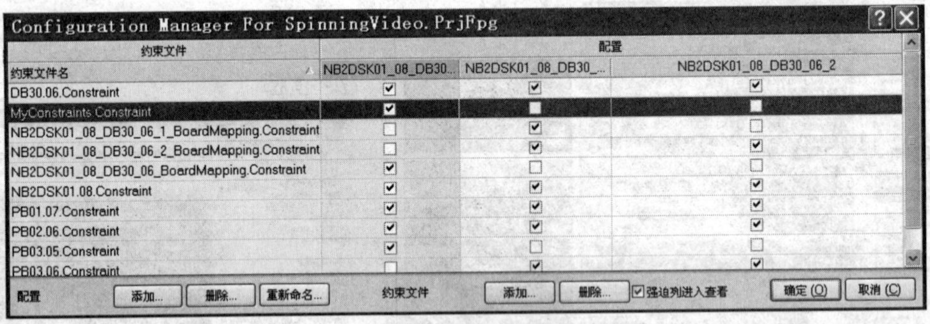

图 5.8 配置管理器显示多个配置和约束文件

图中显示的是包括多种配置和约束文件的一个项目，在对话框的左侧列出的是“约束文件”，每个文件可选择多个“配置”（Configurations）。同样，每个配置也可包含多个约束文件，用勾选将两者关联起来。

注意：工程项目存储管理中的每个配置和其相关的约束文件在任何时候都可以重复调用。

3. 创建新的配置

在配置管理器下部“配置”区单击“添加”按钮就可以添加一个新的配置，再为其至少分配一个约束文件，就可用于综合和布局布线设计了。

5.2.3　约束文件

1. 创建约束文件

约束文件是包含了 HDL 源文件或原理图文档中的引脚分配信息和电气特性信息的特殊文件，这部分信息存储在一个单独的文件中。在配置过程中，工程文件目录下自动出现了一个 Settings\Constraint Files 文件夹，包含着所有新添加的约束文件（*.Constraint），其图标为。这些约束文件针对特定的外设和子板，定义外设板在 NanoBoard 平台上的物理信息，自动配置功能处理顶层原理图端口和目标 FPGA 器件引脚的映射关系。

但是有些其他非常重要的约束文件（如时钟频率约束文件）是无法自动创建的，为了添加这些信息，需创建预定义约束文件以供信息配置使用。

选择“文件”→“新建”→“其他”→“约束文件”(Constraint File）命令，创建一个新的约束文件*.Constraint，以适当名字保存在工程中。或右击工程名，在弹出的快捷菜单中选择“配置管理”(Configuration Manager For...）面板，单击下方“约束文件区”的“添加”按钮，将选择的约束文件加入到“配置管理器”(Configuration Manager）中。

本例为时钟频率设置一个约束文件。创建一个新的约束文件，在编辑窗口中选择“设计”→“添加或修改约束”→“端口”(Port）命令，打开 Add/Modify Port Constraint 对话框，如图 5.9 所示。设置“目标”(Target）为 CLK_BRD，“约束种类”（Constraint Kind）为 FPGA_CLOCK_FREQUENCY，“约束值”(Constraint Value）为 50MHz，确定后，命名为 Clock.Constraint 保存到工程中。

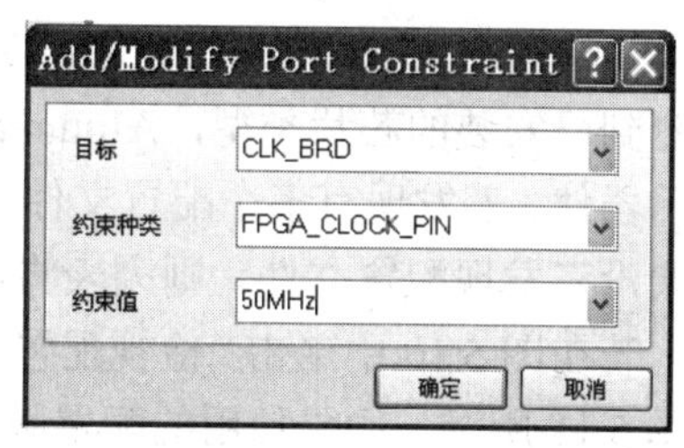

图 5.9　设置一个时钟频率的约束文件

2. 约束信息说明

（1）“芯片资源约束信息”(Device resource constraint information)：由器件供应商直接提供的 FPGA 器件信息，如：硬件乘法单元、时钟乘法器、内存资源等。

（2）“芯片和电路板约束信息”(Device and board constraint information)：在 FPGA 设计中，器件的型号必须确定，并使电路设计定义的端口必须映射到芯片特定的引脚上。

（3）“工程或设计约束信息”(Project or design constraint information)：包括相关的逻辑设计要求、时序约束。例如，指定某一特定的逻辑端口必须分配给全局时钟网络，而且必须能够在一定的速度上运行。

（4）“NanoBoard 约束文件”(NanoBoard constraint files)：用于 NanoBoard 子板、外围设备模块板的约束文件，可以在...\Altium Designer\Library\Fpga\文件路径中找到。为防止

这些系统文件被无意修改，最好将这个目录属性设置为“只读”。

5.2.4 链接与配置

下面以 Altium NanoBoard 目标板为例说明配置下载过程。

1. 链接与检视

首先应确定目标板是否通过下载线与计算机连接，并确定板子已接通电源。下载线可以是 USB 接口、JTAG 接口或 PC 并口。

在“器件”窗口勾选“实时”（Live）复选框，系统会自动搜索并“链接”（Connected）硬件设备。此时窗体上部 Virtual Device List 栏中出现 Altium 板图形，如图 5.10 所示。右击该图形，并选择 Configure FPGA Project→*.PrjFpg 命令，对 FPGA 工程进行自动配置。

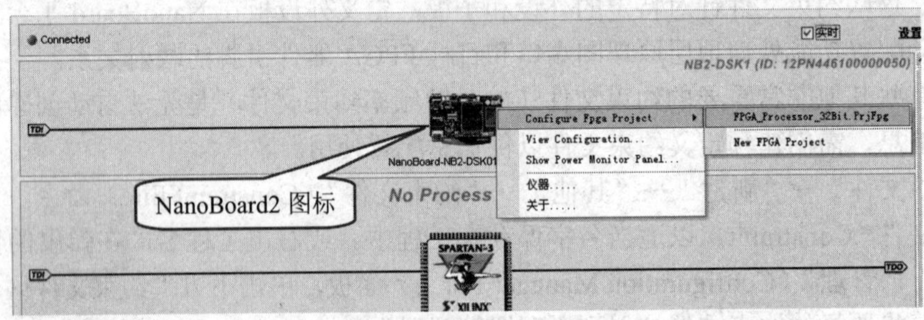

图 5.10 选择工程文件进行配置

当运行在 Live 模式，Altium Designer 会智能检测出 Nano 板上的 FPGA 芯片型号，若检测到已安装的芯片类型，Altium Designer 会搜索当前的配置列表并查看此配置是否符合当前器件。若发现有多个配置文件，则下拉列表中的器件图标将被填入到有效的配置列表；如果没有发现配置文件，则列表将显示 No Compatible Project Configuration Found。

若在图 5.10 中单击“检视配置”（View Configuration）将会显示 NanoBoard2 板实物图，如图 5.11 所示。如果使用的配置版是 Altium 提供的，则下一步的“构建”（Build）就选择默认设置；若使用的不是 Altium 公司的配置，在窗口将不显示图形，并且在“构建”环节将另行设置，这需要了解更多的关于板子设置方面的信息。

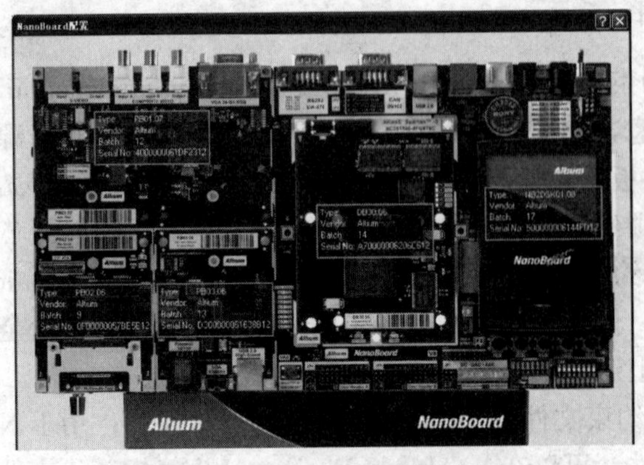

图 5.11 NanoBoard2 板实物图

2. 配置编程

选择了将要配置的工程文件后，依次单击配置框，逐一显示将工程设计从编译到下载的各个控制过程，如图 5.12 所示。下面分别说明配置步骤。

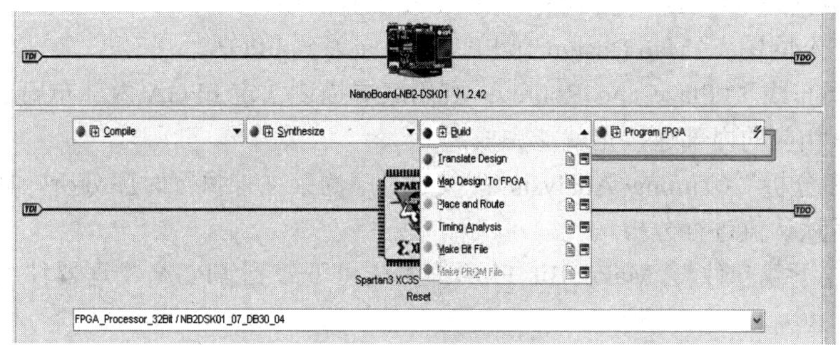

图 5.12　配置步骤

（1）“编译”（Compile）：是根据 FPGA 工程中的设计文档与选择芯片的参数进行选择和设定。FPGA（嵌入式）工程必须通过执行 Devices 界面下的“编译”阶段或从 Projects 面板进行编译，生成必要的链接文件，目的是在 Devices 界面确认嵌入器件开启了软件虚拟仪器和边界扫描 NEXUS 功能，这是一个类似于 JTAG 的通信协议。如果设计中包含微处理器内核，项目中的嵌入式工程会被编译成*.IIex 文件。编译可以运行在 JTAG 的 Live 模式和非 Live 模式下。通过编译可以校验项目设计中的语法格式或逻辑错误。

（2）“综合”（Synthesize）：是将编译通过的 FPGA 工程生成的各种逻辑器件综合到一个特定的器件结构中，其中包括提供顶层 Edif 网表和综合模型，为下一步布局布线准备综合文件。系统综合的步骤如下。

① FPGA 设计中模块与内核会自动生成并综合，例如，RAM 模块连接到一个可纠错微控制器（OCD）作为扩展内存空间。综合模型包含嵌入式工程中编译信息（*.Hex）文件。

② FPGA 主设计综合，每张原理图会自动生成 VHDL 文件，并用 VHDL 源文件创建顶层 Edif 网表。

③ 对于选定的物理器件，与综合模型相关联的器件文件将被查询并被复制到相关的输出文件夹中。

④ 系统预综合模式的顶层文件夹是...\Altium Designer\Library\Edif，其中子目录根据厂商和设备类别进行细分。

⑤ 在“喜好”面板中选择 FPGA→Synthesis 选项，在面板右侧中，“用户预综合模型文件夹”（User Presynthesized Model Folder）可指定用户预综合模块的顶层文件夹位置。

（3）“构建”（Build）：是指构建约束文件，其过程类似于软件创建一个独立程序的编译过程。

由于本例的调试目标是 NanoBoard，所以可直接使用现有的约束文件...\Altium Designer\Library\FPGA directory 自动配置。Altium Designer 将自动检索嵌入在 NanoBoard 的子板和各种外设板的信息，并添加必要的约束文件。

当执行 FPGA 工程配置命令后，会弹出 Configuration Manager For *.PrjFpg 对话窗，并显示所有被自动列入新配置的约束文件清单。

构建包括以下几个内容。

①“设计传输”（Translate Design）：使用顶层 Edif 网表和综合模型文件建立一个“文件-原始通用数据库（NGD）”格式的厂商 EDA 工具的项目文件。

②“FPGA 网图”（Map Design To FPGA）：映射到 FPGA。

③“布局布线”（Place and Route）：利用底层描述决定 FPGA 内部布局逻辑单元，一旦布局完成，相应的内部连接也就能完成。

④“时序分析”（Timing Analysis）：按照时序约束文件执行时序分析，如果没有约束文件，将使用默认值进行分析。

⑤“生成下载文件”（Make Bit File）：生成可下载到 FPGA 物理器件上所需的*.Bit 文件。

目前 Altium Designer 支持 Actel Designer（Actel）、Quartus II（Altera）、ispLEVER（Lattice）、isE（Xilinx）等芯片供应商的 FPGA 构建。

构建过程中如果有任何错误发生，需进行错误诊断和纠正，并尝试再次构建。

当开发板上的目标件是 Xilinx 的器件时，需创建一个 PROM 文件。

在“构建”完成时，对话框显示目标器件在资源利用方面的简要信息，这些信息可以被复制和打印，如图 5.13 所示。

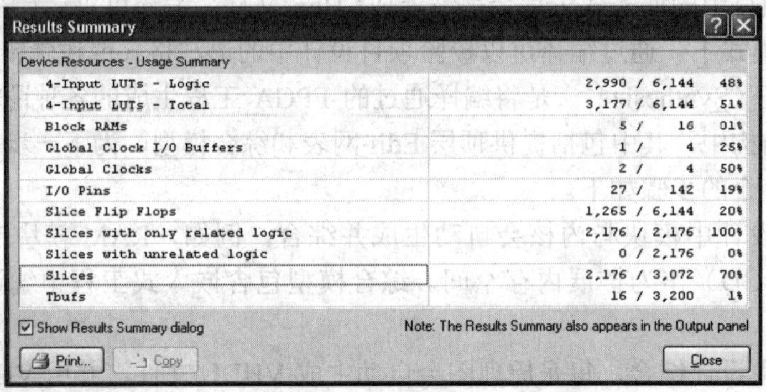

Results Summary

Device Resources - Usage Summary		
4-Input LUTs - Logic	2,990 / 6,144	48%
4-Input LUTs - Total	3,177 / 6,144	51%
Block RAMs	5 / 16	01%
Global Clock I/O Buffers	1 / 4	25%
Global Clocks	2 / 4	50%
I/O Pins	27 / 142	19%
Slice Flip Flops	1,265 / 6,144	20%
Slices with only related logic	2,176 / 2,176	100%
Slices with unrelated logic	0 / 2,176	0%
Slices	2,176 / 3,072	70%
Tbufs	16 / 3,200	1%

Show Results Summary dialog　　Note: The Results Summary also appears in the Output panel

Print...　Copy　Close

图 5.13　构建信息

图 5.14 是器件引脚配置的概念示意图，表示 FPGA 器件内部信号到外部引脚的连接关系。端口到引脚的映射关系在约束文件中配置。

（4）“编程”（Program FPGA）：在前三个阶段完全通过（绿色标志显示）且 FPGA 程序文件生成后，对于有效的配置，在 Live 模式下单击“编程”按钮可将工程设计通过 JTAG 下载到目标器件上。这个过程会调用运行中需要的构建程序，因此之前未执行的过程必须被运行。如果项目被修改，可以只需执行“构建”过程中的一个子过程。下载成功，器件下面的文字将从 Reset 变为 Programmed，如图 5.15 所示。

下载成功会弹出当前 FPGA 工程的配置管理对话框，如图 5.16 所示。同时工程设计中的所有虚拟仪器将在调试链路中显示 Running 状态，如图 5.17 所示。一旦下载成功，通过板子上的控制键可验证设计结果。

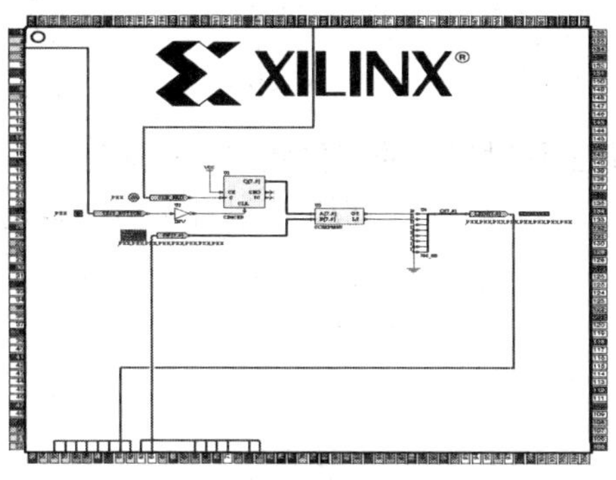

图 5.14　器件内部信号与外部引脚的连接

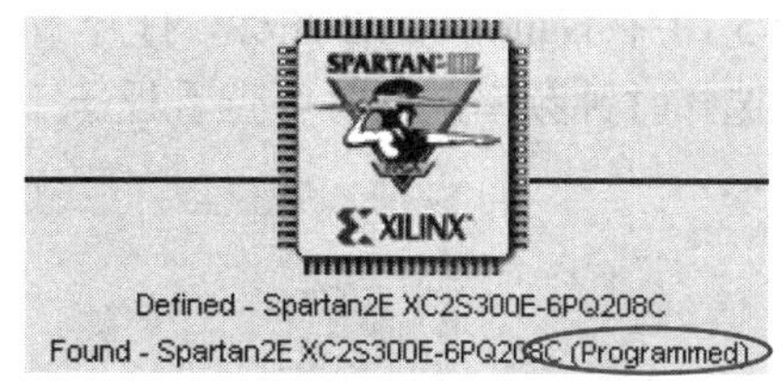

图 5.15　烧录成功的 FPGA 器件

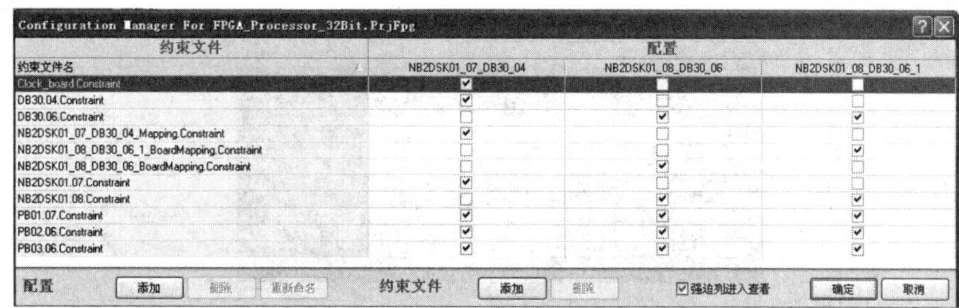

图 5.16　FPGA 工程的配置管理窗口

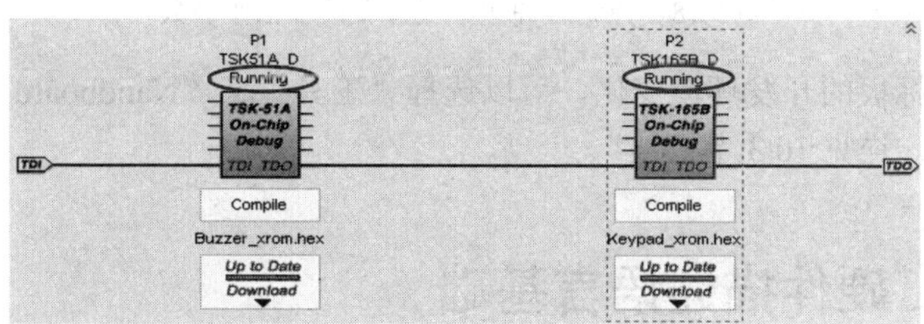

图 5.17　下载成功后虚拟仪器运行

5.2.5　运行监控

1. 运行监控指示

图 5.12 中流程图上的指示灯以不同的颜色表示不同的信息，指示当前步骤的运行状况。每种颜色相关信息说明见表 5.1。

表 5.1　配置指示信号说明

●	灰色	该步骤无效（Not Available）
●	红色	该步骤无法继续运行（Missing）
●	黄色	源文件被修改，该步骤需重新运行（Out of Date）
●	蓝色	该步骤正在运行中（Running）
●	橙色	该步骤被用户干预终止（Cancelled）
●	粉色	在运行该步骤时发生错误（Failed）
●	绿色	该步骤运行通过并生成相应文件（Up to Date）

2. 时钟运行监控

在程序运行过程中，还可通过系统自带仿真工具对板子的工作状态进行适当控制。双击图 5.10 中 NanoBoard2 图标，打开 NanoBoard2 的设备控制面板，可以直接单击面板上的按钮选择时钟频率，同时可查看板子工作状态参数，如功耗、温度等，如图 5.18 所示。

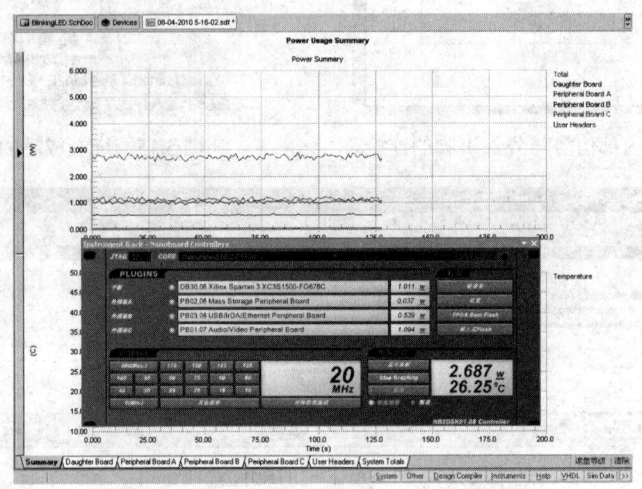

图 5.18 控制时钟频率及查看板子工作参数

如果设计目标板的开发环境变化，可以选择“工具”→“Nanoboard 更新”命令，根据需要手动设置，详见 10.3 节。

5.3 VHDL 硬件描述语言基础

VHDL 是 Very high speed integrated circuit Hardware Description Language 缩写，意为“超高速集成电路硬件描述语言”，是一种最早由美国军方首先使用的标准化硬件描述语言。用硬件描述语言实现电路设计就是用硬件语句描述电路系统的结构或行为，再利用设计软件工具生成与硬件实现相关的工艺文件进行下载，最终用高密度可编程逻辑器件作为载体来实现系统功能。

VHDL 的主要优点如下。

（1）覆盖面广，描述能力强，是一个多层次的硬件描述语言。

（2）可读性好，既能够被计算机接受，也容易被人理解。

（3）移植性强，与工艺技术无关，不会因工艺变化而过时。

（4）支持大规模设计的分解和已有设计的再利用，便于由多人或多项目组来共同完成一个复杂设计。

（5）是一种通用的、被 IEEE 承认的工业标准硬件描述语言。

5.3.1 VHDL 的主要构件

VHDL 语言设计程序包含实体、结构体、配置、程序包和 VHDL 库五个部分。

VHDL 把一个电路模块视作一个设计单元。单元可分为接口部分或称“实体”(Entity)和描述体部分或称“结构体”（Architecture）。实体描述了该设计单元的外部接口信号，结构体则描述系统结构、数据流向或系统的行为。程序包里存放着能共享的数据类型、常数和子程序等。FPGA 库则用于存放常用的、标准的编译通过的 IP 核（Core)，包括实体、结构体、配置和程序包。用户可以直接调用库里已有的 IP 模块，而不必每次都从最底层编写。

VHDL 语句的实体和结构体的基本概念可以由图 5.19 和图 5.20 表明的 2 选 1 多路选择器设计说明。该设计可直接综合，由芯片实现其逻辑功能。

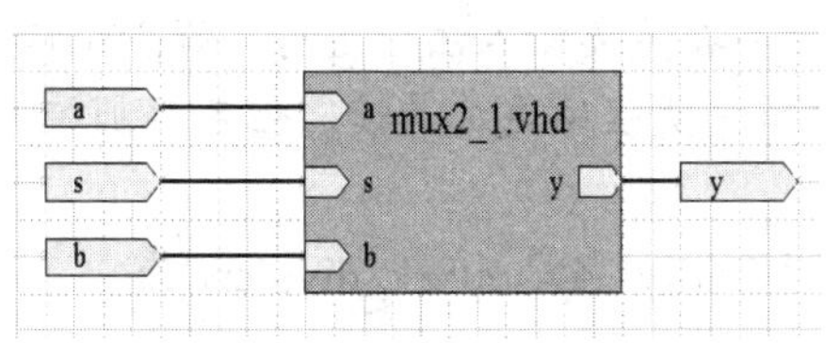

图 5.19　mux2_1 实体示意图

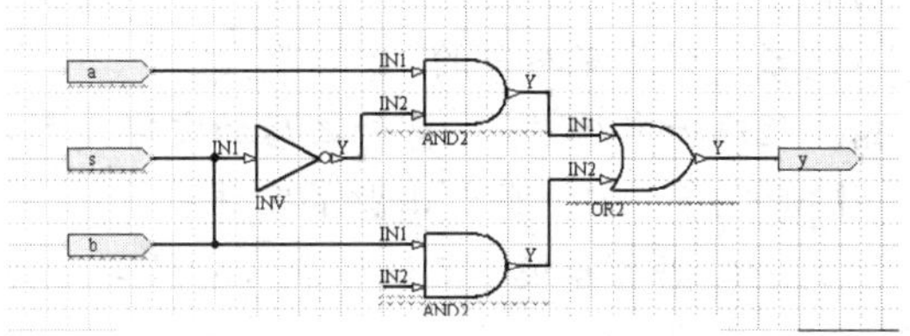

图 5.20　mux2_1 结构体示意图

【例 5.1】 2 选 1 多路选择器。

```
Entity mux2_1 is
port ( a, b : in  bit;          --- “port” 端口说明
             s : in  bit;                              } 实体
             y : out bit) ;
end Entity mux2_1;

Architecture one of  mux2_1 is
begin
      y <= a  when  s='0'  else                         } 结构体
           b ;
end Architecture one ;
```

图 5.19 中“mux2_1”是一个 2 选 1 多路选择器器件的“名称”，是例 5.1 综合后获得的电路。图 5.20 是 2 选 1 多路选择器对应的逻辑图或设计图，描述多路选择器 mux2_1 内部电路结构。图中 a 和 b 分别是两个数据输入端的端口名，s 为控制信号输入端的端口名，y 为输出端的端口名。

由例 5.1 可见，描述该简单电路的 VHDL 程序由实体（Entity…end Entity）和结构体（Architecture…end Architecture）两大部分组成，下面将分别详细介绍。

5.3.2　实体

由关键词 Entity 引导，以 end Entity 结尾的语句部分，称为实体。实体主要描述设计单元的名称和对外接口的引脚以及输入、输出信号的类型和方向等信息，即是用 VHDL 描述设计电路的外特性部分。

实体的一般格式为：

```
Entity 实体名 is
    port（端口表）  ;          --“port”端口说明
实体说明部分;
[begin
   实体语句部分;]
end (Entity) 实体名;
```

实体中 Entity、is、port 和 end Entity 都是描述实体的关键词，在实体描述中必须包含这些关键词。程序中的[...]表示其中的内容不是必要的。在编辑中，VHDL 的关键词不分大写和小写。

注意：*程序编写中的‘;’、‘,’、‘:’、‘’’等符号要在英文输入法中进行，否则编译会出错。程序行末尾“--”符号之后的文字是程序的注释，使程序更加易读，但不参加编译。*

【例 5.2】 $1/10^6$ 分频电路的实体。

VHDL 语言要求“实体”名与文件名一致，本例 Entity 名是 clock_divider，输入、输出端口分别是 clk_ref 和 clk_c。

```
library IEEE;
use IEEE.std_logic_1164.all;
use IEEE.std_logic_unsigned.all;
Entity clock_divider is
      port (clk_ref : in std_logic;
         clk_c : out std_logic
      );
end Entity;
```

（以上为：实体部分）

端口信息描述了信号的流向，最常用的是“输入”(in) 和“输出”(out) 类型。实体的名称、端口信息等归纳如下：

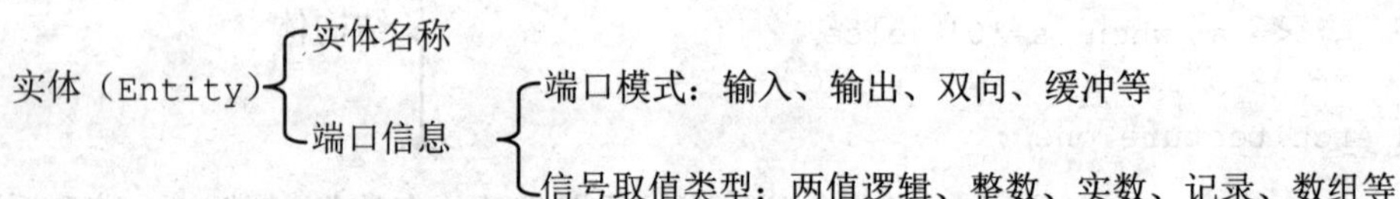

5.3.3 结构体

由关键词 Architecture 引导，以 end Architecture 结尾的语句部分，称为结构体。结构体描述设计单元内部逻辑功能或电路结构，由此给出实体内部电路的元件及连接关系，也决定了实体的功能。图 5.20 是结构体的示意图。

结构体的一般格式为：

```
Architecture 结构体名 of 实体名 is
[定义语句];          --(内部信号，常数，数据类型，函数定义等)
begin
[并行处理语句];
[进程语句];
end (Architecture) 结构体名;
```

【例 5.3】 1/10^6 分频电路的结构体。

```
Architecture behave of clock_divider is
begin
    process (clk_ref)
        variable i : integer range 0 to 999999;
    begin
        if rising_edge (clk_ref) then
            if i = 0 then
                clk_c <= '1';
                i := 999999;
            else
                clk_c <= '0';
                i := i - 1;
            end if;
        end if;
    end process;
end Architecture;
```

（右侧括注：结构体部分）

本程序实现一个 1/10^6 的时钟分频器。

例中结构体的名字为 behave，关键字 of … is 表示它是实体 clock_divider 的结构体。process 是进程，其内部的语句描述了“时钟分频电路”的逻辑功能。

一个实体可以对应多个结构体，每个结构体代表该硬件模块的某一方面特性（如行为特性或结构特性）。每一特性的描述又由于其抽象层次、实现方法千差万别，可形成多个结构体。因此，只有同时给出实体名和对应的结构体名时，才能唯一地确定该单元的模型。

包含一个实体和一个或一个以上结构体的 VHDL 程序就是一段完整的 VHDL 程序。如上将例 5.2 和例 5.3 放在一起，才能构成一段完整的“时钟分频”电路的 VHDL 程序。

5.3.4　VHDL 库

VHDL 库（Library）用来存储和放置已编译的设计单元，可以放置若干个程序包。VHDL 语言库分为设计库和资源库。

设计库对当前项目是可见的、默认的，无需用 Library 语句声明。设计库包括“工作库”（work）和“标准程序包”（standard）。“工作库”相当于一个临时仓库，用于保存当前项目中设计成功、正在验证及未仿真的中间器件。一个项目对应一个“工作库”。

资源库是把常用的工具、元件和模块等设计资源集中打包，它存放常规元件和标准模块，供其他项目引用。许多 IC 厂商、EDA 软件厂商都开发了自己的资源库。IEEE 库是最常用的资源库，它包含了“std_logic_1164”等常用的程序包。用户也可以开发自己的资源库或引用第三方开发的资源库，但需要指定读取路径。资源库使用前要预先用 library 语句和 use 语句声明。

库子句的语法形式为：

```
library 库名;
use 库名.程序包名.项目名
use 库名.程序包名.all
```

这里 all 代表程序包中所有资源。

例如要调用库 ieee 中的程序包，VHDL 语句是：

```
library ieee;
use IEEE.std_logic_1164.std_ulogic;          --指定项目“std_ulogic”
```

在 IEEE1076 标准中规定所有设计单元开头都隐含“work”和“standard”，即如下两句是默认的，不必再写出。

```
library work.std;
use standard.all;
```

5.3.5 数据类型

VHDL 提供了丰富的数据类型，常用的整数、实数、枚举数、无符号数、逻辑位“bit”、物理量以及数据类型组成的记录和数组集合等基本数据类型在 VHDL 标准程序包 standard 中都有定义。每个对象的类型要在说明部分给定。此外，用户也可以在用户集合包中定义自己的数据类型和操作数。

VHDL 是一种非常严格的数据类型化语言，规定每个信号、常量、变量或表达式都要有确定的数据类型。一般说，在表达式中给对象分配数值时的数据类型不可以被混用。如进行一个赋值操作，操作符“<=”两边信号的数据类型必须一致，否则 EDA 工具在进行综合或仿真时不能通过。

1. 标量数据类型

“标量型”（Scalar Type）中主要有实数型、整数型、枚举型、物理型和时间类型。标量数据类型是一种基本的数据类型，具有单一的值，这个值无法再分解，标量类型的值可以按某一个尺度排序。它包括字符、位、布尔量、实数、整数、物理单位和枚举等。

类型说明的一般形式是：

```
type 类型名 is 类型定义
```

物理标量类型指定了一个范围限制、一个基本单位、零个或多个次级单位，每个次级单位都是基本单位的整数倍。举例如下。

【例 5.4】 物理类型举例。

```
type resistance is range 1 to E9;
units
  ohm;                    --基本单位
  kohm=1000 ohm;  --次级单位，基本单位的整数倍
end units;
```

将一个字符放入单引号中就定义了一个字符，如‘x’。字符可以是 a～z 中任一个字符或 0～9 中的数字及特殊字符等。

数字系统中的信号使用 0 和 1 来表示一个“位”（bit）的两个可能值。位矢量是用双引号括起来的位文字，称为位矢量数组，例如：“001100”。

一个布尔文字用来表示“真”（True）或者“假”（False）。一般“关系操作”会产生一个布尔量结果。

整数与浮点数据类型则定义了一种范围限制，范围限制由关键字 range 和范围说明组成。形式较简单的范围说明是由两个表达式和一个方向词组成，to 表示方向上升，downto 表示方向下降。例如“0 to 3”和“7 downto 0”等。

枚举类型定义在形式上是用括号括起来的枚举文字表。枚举文字既可以是标识符，也可以是字符文字。一个标识符或字符文字在同一个枚举类型定义中只能出现一次，但容许同一标识符或字符文字出现在不同的枚举类型的定义中。

【例 5.5】 枚举类型举例。

```
type  my_state  is
(getup,read ,work) ;
          ⋮
signal state: my_state;
          ⋮
state <= getup;
state <= work;
```

在必要情况下可以用类型标记法、函数法和常数法对不同类型的数据进行类型转换。

2. 复合数据类型

“复合数据”(Composite Type)类型是由标量组成的“数组”(Array)型或“记录”(Record)型，可以分解为多个元素。一个记录类型的定义规定了一个或多个元素，每个元素具有不同的名字，记录的元素可以是不同的类型，称为异构复合类型。

【例 5.6】 复合类型举例。

```
type instruction is record;
        opcode_field: opcode;
        operand_1:   name;
        operand_2:   address;
end record;
```

数组是同构复合类型，即数组的各个元素具有同一类型。数组可以是一维、二维或多维的，并且必须是离散类型（整数类型或枚举类型）。数组类型的定义可以是限定性的，或者是非限定性的。限定性数组的定义指定了数组的上下界，而非限定性数组则并不指定上下界。这种可以定义大小不确定的对象的功能在接口表中十分有用。例如，可以定义一个具有端口位数可变的移位寄存器，使其可以构成 8 位、16 位或 32 位的移位寄存器，其位数取决于对应该非限定性端口的实际数组号的范围。

3. IEEE 标准数据类型

std_logic 和 std_logic_vector 是 IEEE 标准化数据类型，使用之前在程序句首必须写出库 IEEE 和程序包集合 std_logic 说明语句：

```
library IEEE;
use IEEE.std_logic_1164.all;
```

否则，编译时就会出错。

VHDL'93 标准定义了 std_logic 九种不同的值：

- "X"：不定状态，未知（用于系统仿真）；
- "Z"：高阻状态（用于描述双向总线）；
- "U"：初始值；
- "0"：0；
- "1"：1；
- "W"：弱信号不定，未知；
- "L"：弱信号 0；
- "H"：弱信号 1；
- "-"：不可能情况。

还有"存取类型"（Access Type）和"文件类型"（Files Type）等。

5.3.6 运算及运算符

常用的运算和赋值对象为信号、变量和常量。常量只能被一次赋值，而信号或变量可以被赋予一系列的值。变量与信号不同之处是，分配给信号的值必须经过一定的延时后才能成为当前值，而分配给变量的值立即成为当前值。信号与硬件中的"连线"相对应，而变量在硬件中无对应物。

1. 逻辑运算

逻辑代数中有各种逻辑运算，如"与"(and)、"或"(or)、"非"(not)、"与非"(nand)、"或非"（nor)、"异或"（xor）等。逻辑运算所涉及的对象必须事先定义为"位"、"位矢量"（bit_vector）或"布尔值"（boolean）等数据类型，运算符 not 的优先级别最高。

【例 5.7】 运算符优先级的举例。

```
library  IEEE;
use IEEE.std_logic_1164.all;
Entity  mult  is
port (a,b,c: in bit ;
          z: out bit);
end  mult;
Architecture  func  of  mult  is
begin
   z <= a and not (b or c);
end func;
```

以上结构体的逻辑表达式为：$Z = A\overline{(B+C)}$。

2. 关系运算

VHDL 提供了常用的关系运算符，如"小于"(<)、"小于等于"(<=)、"大于"(>)、"大于等于"(>=)、"等于"(:=、=）和"不等于"(/=）等。关系运算经常用在 if … then else 句型中，根据关系运算的结果决定下面要执行的语句。

【例 5.8】 关系运算的举例。

```
If (a = b) then
 z <='1';
else
  z <='0';
end if;
```

注意：

- 符号“<=”有两种含义，即表示“赋值符”又表示“小于等于符”，要根据上下文判断含义。表示赋值时是信号间的传递，允许产生延时。
- 符号“:=”表示对信号直接赋值，信号初始值不产生延时。
- “=”用于常数赋值。

3. 算术运算

VHDL 中常用的算数运算符有“加”(+)、“减”(−)、“乘”(*)、“除”(/)、“绝对值”(abs)、“取模”(mod)、“取余”(rem)、“指数运算”(**) 等。这些运算都是对整数类型、浮点类型及物理类型定义的。

【例 5.9】 8 位二进制加法器举例。

```
Entity add8 is
port (a,b: in  integer  range  0  to  7;
       z : out  integer  range  0  to  7 ) ;
end add8;
Architecture  arithmetic of  add8 is
begin
 z <= a + b;
end  Arithmetic;
```

【例 5.10】 记录一个字节中“1”的个数。

```
library IEEE;
use IEEE.std_logic_1164.all;
Entity record is
port
  ( d  : in bit_vector  (7 downto 0) ;
   q  : out integer) ;
end record;
Architecture run of  record  is
begin
process  (d)
variable num: integer;
begin
num:= 0;
for i in d' range loop          --d 的循环体
  if d (i) = '1' then
```

```
      num:= num + 1;
    end if;
  end loop;
    q <= num;
  end process;
  end run;
```

另外，还有“并置运算符”（&）用于位的连接。

注意：上述各种运算的优先级是不同的。

5.3.7 结构体描述

用 VHDL 描述结构体的行为可分为结构化描述、行为描述和数据流描述等方式。

1. 结构化描述

“结构化描述”（Structural Description）比较直观，直接给出设计单元硬件结构的元件组成以及它们之间的连接关系。描述中的基本单元是“调用元件例化语句”，这些元件通常是放在库里的已编译好的底层标准化设计单元（IP 核），在进行顶层设计时可调用。

【例 5.11】 “比较两数是否相同”的结构描述。

```
Entity  equ_2  is
port  (a,b : in   bit;
       c : out  bit);
end  equ_2;
Architecture struct of equ_2 is
  signal  i: bit;
  component xor  port  (x,y: in bit;  z: out bit) ;
  end component;
  component inv port  (x: in bit;  z:out bit) ;
  end component;
begin
    U0: xor  port  map  (a,b,i)  ;     --元件例化语句
    U1: inv  port  map  (i,c) ;
end struct;
```

其对应的结构框图如图 5.21 所示，表示 $c=\overline{a\oplus b}=ab+\overline{a}\overline{b}$，即 a、b 相同时 $c=1$；否则 $c=0$。

硬件的基本结构是元件、端口和信号。例 5.11 中共有两个元件：“异或门”（XOR）和“反相器”（INV）。XOR 有两个输入“x”、“y”和一个输出“z”，INV 有一个输入“x”和一个输出“z”。结构体名字 struct 是由用户自定义的，结构体中又定义了局部信号“i”，将两个元件连接在一起，其类型为 bit，两个元件的 component 说明是必需的。当然，也可以把元件说明放在一个集合包中，以

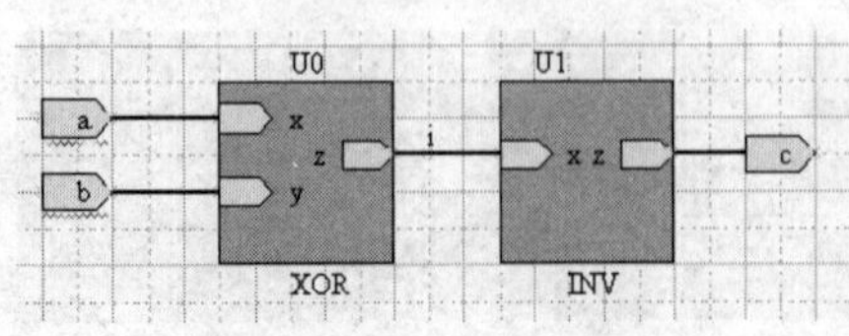

图 5.21　比较器结构框图

避免使用时频繁说明。两个元件生成的名字为“U0”和“U1”，port map 指出了要用到的信号连接关系。end 位于结构体末尾，回应了结构体的名字 struct。在 Altium Designer 中，“异或门”和“反相器”在 Altium Designer 安装目录下\Library\Altera\Altera FPGA.IntLib 中。

可以看出，VHDL 的结构描述类似于画逻辑电路原理图，是比较容易掌握的。

2. 行为描述

“行为描述”(Behavioral Descriptions)是一种抽象的高层次的描述，没有具体对应电路的实现，主要使用函数、过程和进程语句，以算法形式描述单元的功能、数据的变换和传输。

(1)“进程”(Process)：采用时序语句描述结构体硬件的行为。要描述一个数字系统的行为，必然要涉及“并行关系”和“顺序关系”，VHDL 通过“进程”来解决这个矛盾。VHDL 在两个层次上定义了数字系统的行为：“顺序层”(Sequential)和“并发层”(Concurrent)。顺序层是在每一个进程中按顺序语句一步步执行；并发层则是定义这些进程互相的关系，特别是它们之间的信息传递问题。并发语句是 VHDL 中最主要的进程，用来定义作用范围，是联系时序层的一种纽带。并发层使 VHDL 可以在同一模拟时间运行多个不同的进程。

进程句法的一般形式为：

```
[进程名]: process [敏感信号表]
  变量说明语句;
begin
   顺序说明语句;
end process [进程名];
```

进程中的关键词有 process、begin、wait until、wait for 和 end process 等，其中 process 和 end process 不能省略，其他可根据需要使用。

进程是用来定义某一特定的行为，一旦它的敏感信号表中的敏感信号之一发生变化，该特定的动作就得以执行。进程读取输入信号，结果表现为输出信号，它们又可以作为其他进程的输入信号。每当进程的一个敏感信号接收到新值时，这个进程定义的行为就被执行一次。一个正在执行的进程称“激活”(Active)状态，否则称为“被挂起”(Suspended)。每一个进程在给定条件下都可能激活，所有激活的进程都并发地执行。

敏感信号表中可以有一个或多个信号。敏感信号表也可省略，但这时进程需要用其他形式的敏感信号如 wait until 或 wait for 来激励。当满足 wait until 或 wait for 后面的“条件表达式”或“时间表达式”，本进程即可被激活。

“变量说明语句”定义了进程所需要的局部数据环境；“顺序说明语句”用来定义进程的行为，其中可以包括 wait until 或 wait for 这样的条件激励语句。进程中没有用于结构描述的元件。

【例 5.12】 加法器的行为描述。

```
library IEEE;
use IEEE.std_logic_1164.all;
use IEEE.std_logic_arith.all;
```

```
Entity adder_8 is
port (op1, op2 : in  unsigned (7 downto 0);          --定义 op1、op2 为无符号数
           result : out integer);                    --定义 result 为整数
end adder_8;
Architecture func of  adder_8  is
begin
result <= conv_integer (op1 + op2);                  --将无符号数转换为整数
end func;
```

上面程序中“result<= conv_integer（op1+op2）”是调用函数“conv_integer（）”将“op1+op2”的数据类型由无符号数转换成整数。

（2）“并发”（Concurrent）行为语句是用来表示并发行为的。用硬件描述语言 VHDL 所设计的电子系统实际工作时是并行执行的，所以系统中的元件在模拟时间上应该同时工作。VHDL 中结构体描述部分中的语句都是并行的，在字面上的顺序并不代表它们的执行顺序。

3. 数据流描述

“数据流描述”（Dataflow Description）描述了数据流程的运动路径、运动方向和运动结果。

【例 5.13】 用数据流描述法设计 8 位比较器。

```
library IEEE;
use IEEE.std_logic_1164.all;
Entity equ_8 is
Port (a, b : in  std_logic_vector (7 downto 0);
       z : out std_logic);
end equ_8;
Architecture func of  equ_8 is
begin
z <= '1' when (a=b) else '0';
end func;
```

数据流描述法常用的语句如下：

- case … is … when：条件信号赋值语句。
- with … select … when：选择信号赋值语句。

第 6 章　器件库管理

本章摘要

Altium Designer 提供了丰富的库文件，调用这些库文件进行设计，不仅方便而且使设计更为标准通用。库文件中包含有原理图符号库、PCB 封装模型库、集成库、3D 模型库、信号仿真模型库、信号完整性分析模型库以及外部数据库等。本章讨论器件库文件的种类、特点、创建、管理及使用方法。关于仿真模型库、数据库的应用将放在相关的章节中介绍。

6.1　器件库介绍

6.1.1　器件库

由于 Altium Designer 是基于最新网络技术和计算机技术的统一电子产品开发平台，因而能够实现统一管理设计器件库，并且能够连接公共数据库。Altium Designer 的集成库将原理图符号、PCB 封装、信号仿真模型、信号完整性分析模型和 3D 模型等元器件相关的各种模型信息关联起来，方便了设计库的统一管理。对一些特殊设计要求，有时可能需要自行设计器件或需要专门的库文件，这就涉及到器件库的使用、定制和管理。

6.1.2　器件库分类

库文件包括“原理图器件库”（Component Libraries）、“封装库”（Footprint Libraries）、“实物模型库”（PCB3D Libraries）、“仿真模型库”（Simulation Libraries）以及“信号完整性分析模型库”（Signal Integrity Libraries）。设计者可以分别编辑、修改和创建这些库。将这些库文件的信息编译在一个文件中，生成“集成库”，其文档后缀是*.IntLib。为了便于规范标准化管理，在集成库中使用者不能随意编辑库中的器件及模型，这些库文件都存放在安装路径…\Altium Designer\Library 文件夹下，如图 6.1 所示，下面列举几种常用库及分类情况。

1. 按器件放置分

（1）Miscellaneous Devices.IntLib（混合器件库）：包含电阻、电容、电感、开关、电源等元器件。

（2）Miscellaneous Connectors.IntLib（混合连接器库）：包含各种插件、插孔、接头等连接部件。

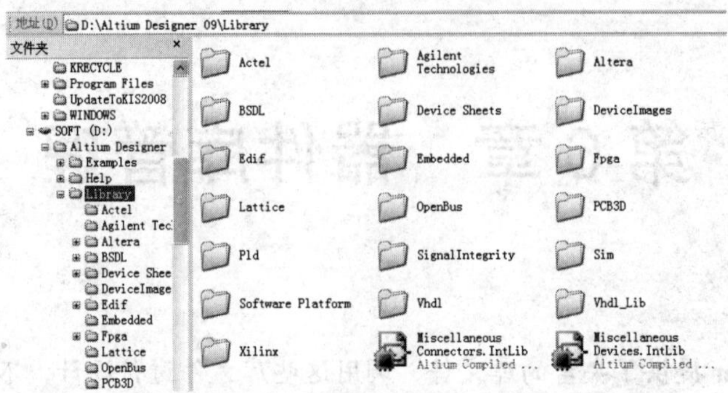

图 6.1 库文件存放位置及分类

（3）FPGA Instruments.IntLib（仪器库）：包含“逻辑分析仪器”（Logic Analyzer）、“频率计数器”（Frequency Counter）、“端口控制”（Terminal Console）等。

（4）Altera FPGA .IntLib：包含与、或、非门等逻辑器件。

（5）FPGA Memories.IntLib：包含大规模存储器（ROM、RAM）等。

（6）FPGA Configurable Generic.IntLib（FPGA 一般结构集成库）：加法器、多路选择器、逻辑门等。

（7）FPGA Peripherals.IntLib：FPGA 周边电路集成库。

（8）FPGA PB03 Port-Plugin.IntLib：USB 接口等。

（9）FPGA NB2DSK01 Port-Plugin.IntLib：“拨码开关”（Switch）、“时钟”（Clock）、ADC（Analog\Digital Converter）、DAC（Digital\Analog Converter）、RS232 接口、“扬声器”（Speaker）、“液晶显示器”（LCD）、“按钮”（Button）等。

（10）FPGA Generic.IntLib：“逻辑门电路”（Logical）、“反相器”、“输入输出端”（IO）、“加法器”（Add）、“寄存器”（Register）、“计数器”（Counter）、“译码器”（Decoder）、“编码器”（Encoder）、“触发器”（Flip-Flop）、“比较器”（Comparator）等中规模器件及“下拉电阻”（Pulldown）、“上拉电阻”（Pullup）、“随机存储器”（RAM）、“只读存储器”（ROM）等。

（11）FPGA PB02 Port-Plugin.IntLib：“发光二极管显示器”（LED）等。

2. 按供应商分

安装器件库的文件夹按照供应商公司名称分为：Altera、Lattice、Sim、Xilinx 等。

3. 按照器件类型分

按照器件类型分为：Vhdl、Embedded、Fpga 等。

根据设计需要可选择安装库文件。除了可以使用软件安装的集成库，还可以根据设计的需要生成自己的专用库。

6.2 原理图符号库

各种电气元件在电路原理图中都以标准的电路符号表示，Altium Designer 的内建集成库中提供了约 8 万个符合 ISO 规范的元件模型，默认情况下自动安装在…\Altium Designer\Library\目录下，且提供强而有力的搜寻功能。除了通过浏览器件库放置器件的操作可调取器件符号外，还可以自行建立器件符号文件、编辑修改特殊要求的符号等。原理图符号库编辑器的操作主要包括：

- 创建和修改原理图器件符号；
- 添加器件模型；
- 添加器件参数；
- 管理器件库。

6.2.1　原理图符号库编辑器

1. 几点说明

1）对象

能放置在原理图器件库编辑器工作区内的任何单独项目，如：引脚、直线、弧线、多边形和 IEEE 符号等。在放置对象的过程中按“=”或“-”键可以调整视图大小。

2）部件

图表对象的集合，可表示一个完整的电气符号，如多部件器件集成芯片 7400 中的一个“与非门”，或是通用独立封装器件中的一个封装器件，如排电阻器或 80486 微处理机。

3）器件

可以是单个部件，如电阻器，也可以是封装在一起的部件集合，如 74××系列器件。

4）别名

别名是指当库中的器件有多个名称共享的“器件描述”或相同图形图像时的命名方法。如：74LS04 和 74ACT04 可以是 7404 的别名。共享图形信息可以使库变得更为紧凑。

5）隐藏引脚

隐藏引脚，指器件上存在但不需要显示的引脚。这种情况通常适用于芯片的电源或接地引脚。执行此操作后，引脚可自动连接到“Pin 特性”对话框中指定的网络。该网络不需要出现在原理图上，编译后网络表中会将名称为 Connect To 的所有隐藏引脚都连接起来。而在原理图图纸上可见的（不隐藏的）引脚不会自动与隐藏引脚连接。但在“元件属性”（Component Properties）面板中勾选“显示全部 pin 到图纸电路”（Show All Pins）复选框时，可以将隐藏引脚显示在原理图图纸上。

6）显示方式

一个器件有不同的显示方式，可适用于 IEEE 器件表示和运算放大器的备用引脚排列等。在原理图库编辑窗口中选择“工具”→“模式”（Mode）命令，可为器件添加新的显示方式。器件的显示方式可在原理图图纸中改换。

7）Zero 部件

这是多部件器件中才有的专用不可视部件。在将器件放置到原理图上时，添加到 Part Zero 中的引脚会自动添加到器件的每个部件上。对它进行编辑时需将“Pin 特性”对话框中的“部件数目”（Part Number）属性设为 Zero。

2. 原理图库编辑器面板

在打开的原理图符号库编辑窗口右下方选择SCH→SCH Library命令，或选择“查看”→“工作区面板”（Workspace Panels）→SCH→SCH Library命令，打开原理图器件库SCH Library面板，如图6.2所示。该面板提供了多项原理图器件管理功能，面板每个区域下的按钮作用于该区域中的对象。

（1）“元件”（Components）：该区列出了当前活动库中的所有器件。使用下方的按钮或右击快捷菜单可对元件进行编辑、复制、剪切等管理。单击“放置”按钮，可将库中“器件”放置在原理图设计文档中；“添加”是继续向库中添加新器件；“编辑”（Edit）可打开“库器件属性”（Library Component Properties）面板，对器件参数进行重新设置。

（2）“引脚”（Pins）：该区列出了当前器件的所有引脚。可通过双击方式对单个引脚进行编辑。

（3）“别名”（Aliases）：该区能为共享同一图形和描述的器件添加备用名称。

（4）“模型”（Model）：对器件模型进行编辑、添加等管理。

（5）“部件”（Part）：对多部件器件中的各个部件进行添加、编辑等操作。

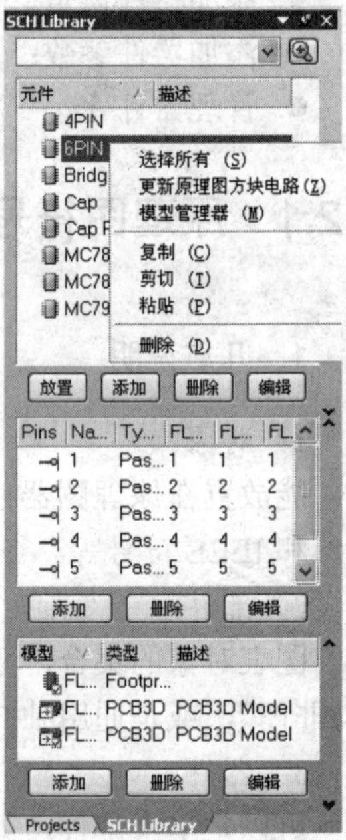

图6.2　原理图库编辑器面板

3. 库器件属性设置

在器件库（*.SchLib）编辑窗口中，选择“工具”→“器件属性”（Properties），或在图6.2双击元件名，抑或单击元件区的“编辑”按钮，打开“元件属性”对话框，如图6.3所示。

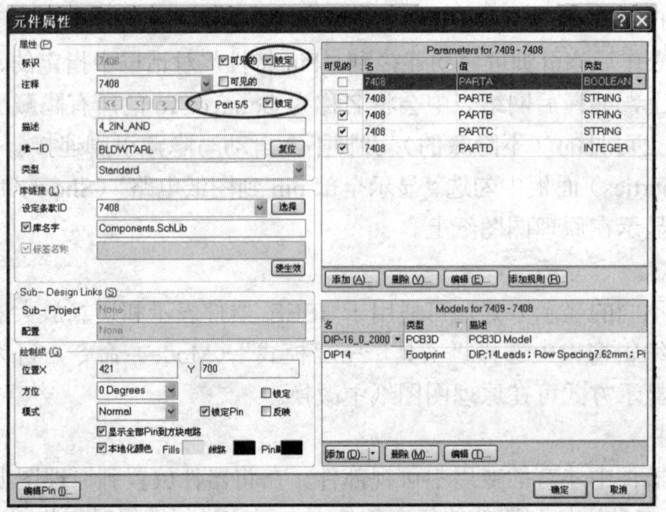

图6.3　设置库元件属性

器件属性设置主要包括以下几个方面。

（1）“标识”（Designator）：通常前缀字符串定义器件符号名，默认符号名为 U?。

（2）“注释”（Comment）：对器件的描述。对于具有固有定义的器件，应输入标准描述字符串，如：“74HC08”；对于数值可更改的分立器件（如电阻器等），应输入参数值。输入等号和参数名（不能有空格）可启用间接取值功能。如果此字段保留为空白，则器件库引用信息将在放置器件时输入在注释中，将该器件放置到原理图后，可以对注释进行定义。

注意：本字段支持间接取值，因此可以显示此器件的任意参数值。

（3）“描述”（Description）：用于搜索器件，或在“材料清单 BOM”中使用的描述，如四 2 输入与门器件的描述为：“4-2IN-AND”。

（4）“类型”（Type）：备用器件类型，供特殊情况下使用。其中“图形器件”（Graphical）在 BOM 中不会同步化或包括在 BOM 中；“机械”（Mechanical）类型只有在它们同时存在于原理图和 PCB 中时才会同步，并且可以存在于 BOM 中；“网连”（Net Tie）器件用于短接 PCB 上的两个或两个以上的网络。

（5）“参数”（Parameters）：库编辑器或原理图中可以添加任何数量的参数，参数还可以链接到公共数据库。

（6）“模型”（Model）：可添加各种器件模型，包括“封装”（Footprint）、“仿真”（Simulation）和“信号完整性分析”（Signal Integrity）以及 PCB 3D 模型等。

（7）“锁定引脚”（Pin）：勾选此项，器件放置在原理图上后，将不能对引脚进行编辑，只能对整个器件进行操作。如要编辑引脚，则需禁用此选项，然后单击“编辑”按钮，打开“元件 Pin 编辑器”。

4. 引脚编辑

在 SCH Library 面板中双击引脚名或单击图 6.2 中“引脚”区的“编辑”（Edit）按钮，打开“Pin 特性”（Pin Properties）对话框，如图 6.4 所示。引脚编辑是库编辑器的独有功能，打开“参数”选项卡可以设定引脚需要显示的“名称”、“标识（值）”等。打开“逻辑的”（Logical）选项卡，可设定的引脚特性主要包括以下几个方面。

（1）“显示名称”（Display Name）：可通过勾选“可见的”（Visible）复选框决定是否显示引脚名称，引脚名称可自行定义，如“接地”（GND）、“输入”（IN）等。

（2）“标识”（Designation）：器件唯一的、不重复的引脚标号，如 1、2 等。

（3）“电气类型”（Electrical Type）：该参数用于原理图设计中编译项目或分析文档时检查电气连接是否正确。包括“输入”、“输入输出口”（IO）、“输出”、“集电极开路”（Open

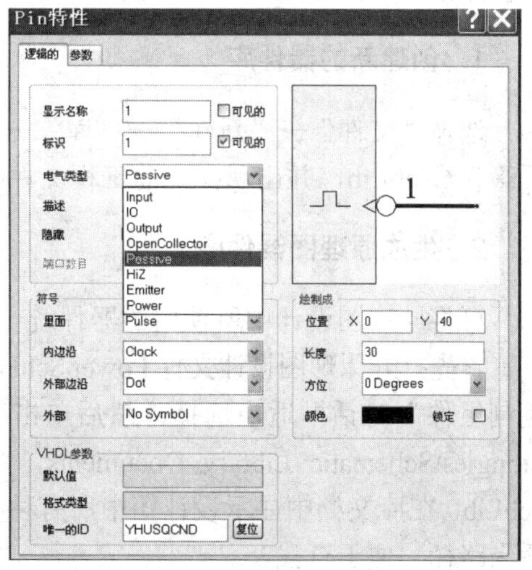

图 6.4　编辑引脚特性

Collector）、“无源”（Passive）、“三态门”（Hiz）、“射极”（Emitter）、“电源”（Power）等。如果没有明确所指，可设置为 Passive。

（4）“隐藏”（Hide）：若电源引脚或接地引脚被隐藏时，系统将全局连接到工程中具有匹配 Connect To 值的所有引脚。在库编辑窗中选择“查看”→“显示隐藏引脚”（Show Hidden Pins），可以看到隐藏引脚的名称及编号。

（5）“符号”（Symbols）：如不选择，默认为 No Symbol。其中：

- “里面”（Inside）：包括“延迟输出”（Postponed Output）、“大电流”（High Current）、“左移”（Shift Left）、“脉冲”（Pulse）、“施密特电路”（Schmitt）、“开路输出”（Open Output）、“发射极开路上拉”（Open Emitter Pull Up）、“集电极开路”（Open Collector）等；
- “内边沿”（Inside Edge）：有“时钟”（Clock）标志；
- “外部边沿”（Outside Edge）：“圆圈”（Dot）、“低电平输入有效”（Active Low Input）、“低电平输出有效”（Active Low Output）；
- “外部”（Outside）：包括“信号由右向左”（Right Left Signal Flow）、“信号由左向右”（Left Right Signal Flow）、“模拟信号输入”（Analog Signal In）、“数字信号输入”（Digital Signal In）、“非逻辑连接”（Not Logic Connection）、“双向信号流”（Bidirectional Signal Flow）等。

引脚符号设置的同时在面板右上方即时显示设置图形。

5. 模型编辑

在 SCH Library 面板中双击“模型”名称，可根据模型的类型分别打开“封装模型”（PCB Model）或“仿真模型”（Sim Model）面板，这部分将在后续章节介绍。

6.2.2 原理图器件库的建立与编辑

除了使用现有的器件库，还可以通过两种方法建立新的原理图器件库。一是创建新的器件库；二是由原理图设计文档（*.SchDoc 文档）生成器件库。

1. 创建新的器件库

选择“文件”→“新建”→“库”→“原理图库”命令，创建新的原理图器件库文件，后缀为*.SchLib，并出现在当前工程文件的 Libraries 目录中，以适当的名字保存。

2. 生成原理图器件库

可将原理图设计中所使用的器件统一保存在一个库中便于管理。

首先打开原理图设计文件 Power.SchDoc，选择“设计”→“生成原理图库”命令。在“可复制组件”对话框适当选择，然后单击“确定”按钮。在“工程”中自动生成库文件夹 Libraries\Schematic Library Documents，其内包含与原理图设计文档同名的库文档 Power.SchLib，在库文档中显示设计图中所有种类的器件，如图 6.5 所示。将生成的库文档保存在适当路径，便于查找。

3. 编辑原理图器件库

选择“文件”→“打开”命令，可选择打开已有原理图器件库文件（*.SchLib）进行编辑。器件库编辑器与原理图编辑器的功能相似，都具有相似的图形化设计工具和右击菜单、“实用”（Utilities）工具栏以及“模型”工具栏。实用工具栏不仅包括一系列标准绘图工具，还包含有全套 IEEE 电气对象符号，如图 6.6 所示。二者不同的是，器件库编辑器增加了“引脚”编辑工具，可以对器件的引脚进行多种设置和编辑。

改变库名称只需重新“保存为”即可。

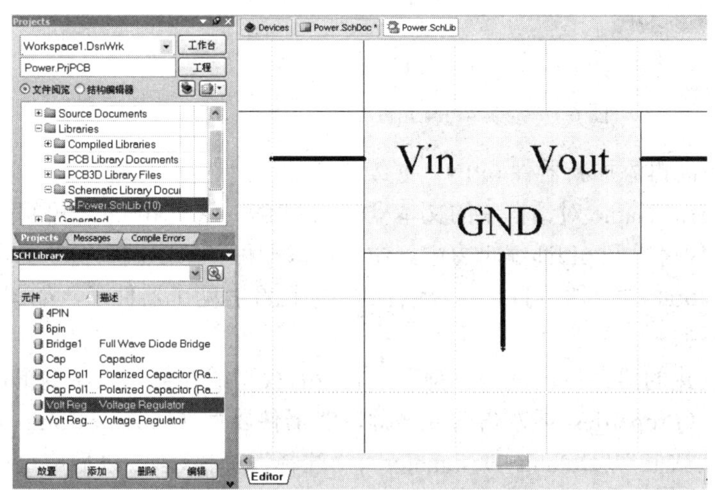

图 6.5　器件库文件位置及内容

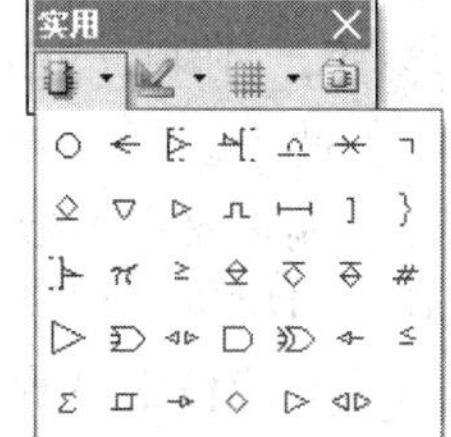

图 6.6　电气符号元件

6.2.3　添加器件到库文件

库中添加器件的方法有两种。一是通过手动直接绘制器件符号；二是拷贝其他库中的器件到目标库中。下面分别予以介绍。

1. 手动绘制器件符号

（1）绘制器件符号。在打开的器件库编辑窗口中选择“编辑”→“跳转”（Jump）→“原点”命令，光标定位在图纸坐标原点上。通常应将新创建的器件定位在图纸坐标原点附近，以后在调用该器件时，系统会根据原点附近的电气热点定位该器件。此时窗口左下方的坐标显示为“X：0，Y：0”。

选择“工具”→“新器件”命令，在 New Component Name 对话框中的文本框输入 4PIN，确定。

由“放置”菜单中子菜单项“矩形”、“引脚”以及“文本字符串”等工具绘出一个 4PIN 元件。在连续放置引脚时，引脚的标号和名称中的数字会随之自动递增，如图 6.7 所示。

当然，在绘制其他元器件时，可能会用到“线”、“弧”、“多边形”（Polygon）等各种绘制工具，它们的使用方法与通用绘图软件相似，而且每个对象都可以通过双击打开设置参数的面板。

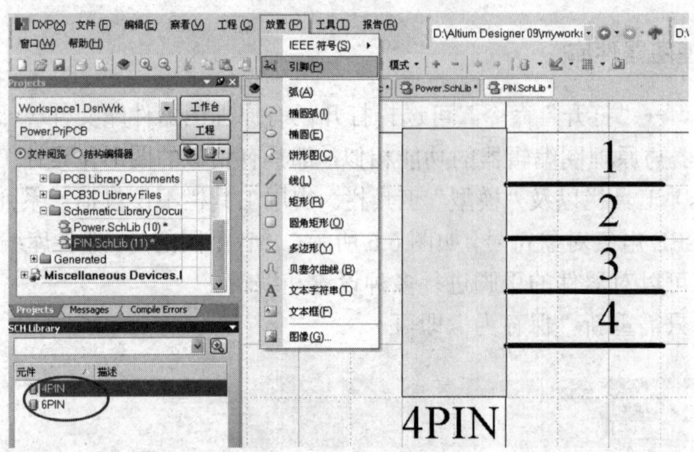

图 6.7　绘制 4PIN 元件

（2）继续添加器件。若需再添加新器件 6PIN，继续上述方法，选择“工具”→“新器件”命令，在 New Component Name 对话框中的文本框输入 6PIN。这里 6PIN 器件可不必从头画起，只需将 4PIN 器件拷贝到 6PIN 编辑窗中，做些修改即可。单击编辑窗口右下方 SCH 标签，打开库 SCH Library 面板，可以清楚地看到库中已经有两个器件了，如图 6.7 所示。如此下去可以继续添加更多的器件。

（3）编辑器件参数。创建的器件仅仅是一个符号，它没有模型或参数。在库编辑窗口中选择“工具”→“器件属性”（Properties）或双击器件名称，在“器件属性”（Library Component Properties）面板中设置“默认值”（Default Designator）、“注释”、“描述”，之后应至少为它添加一个封装模型。

（4）引脚放置。

① 放置引脚：选择“放置”→“引脚”命令，在默认情况下，引脚编号和名称都呈递增顺序。在放置状态下按 Tab 键可打开“Pin 特性”对话框对引脚进行编辑，如图 6.4 所示。

② 引脚标号：递增顺序可以通过“喜好”面板中的 Schematic→General 选项控制。要使引脚自动增量值递减，在“放置时自动增量”中输入负数；要使增量值按字母顺序递增，则输入字母，若是单个字母后面添加多个数字，则按首字母递增排序；如果有多个字母，则按最后一个字母递增或递减。

③ 显示隐藏引脚：选择“查看”→“显示隐藏引脚”（Show Hidden Pins），可在库编辑器中显示所有定义为隐藏的引脚，但此操作不会更改引脚的实际隐藏或非隐藏状态。

④ 多引脚编辑：按住 Shift 键，依次选定多个引脚，再按 F11 键出现 SCHLIB Inspector 面板，可对所选中的引脚同时编辑，如图 6.8 所示。

另外从浮动的右键菜单中选择“过滤器”（Filter）→“例子”（Examples）→Pins 命令，选中当前器件的所有引脚后，按

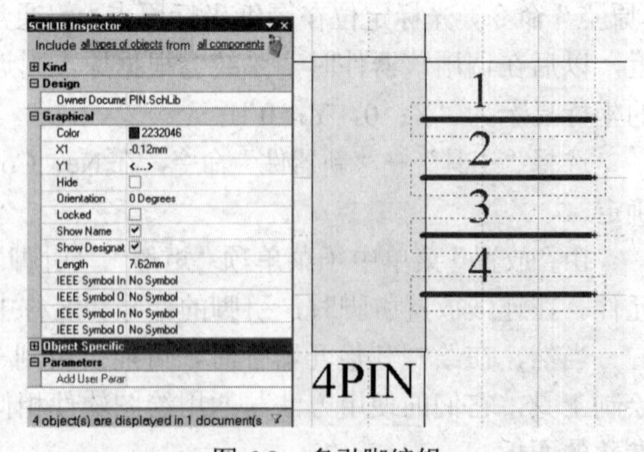

图 6.8　多引脚编辑

Shift+F12 组合键或选择窗口右下方 SCH 选项打开 SCHLIB List 面板，查看或编辑所有引脚。在 SCHLIB List 面板中还可以通过电子数据表之间进行复制和粘贴，如图 6.9 所示。

SCHLIB List

View　non-masked objects　from　current component　Include　all types of objects

Object Kind	X1	Y1	Orientation	Name	Show Name	Pin Designator	Show Designator	Electrical Type	Hide	Hidde
Pin	0	-30	180 Degrees	SDA	☑	1	☑	I/O	☐	
Pin	0	-40	180 Degrees	SCL	☑	2	☑	Input	☐	
Pin	0	-20	180 Degrees	INT/CMP	☑	3	☑	Output	☐	
Pin	0	-50	180 Degrees	GND	☑	4	☑	Power	☐	
Pin	80	-50	0 Degrees	A2	☑	5	☑	Input	☐	
Pin	80	-40	0 Degrees	A1	☑	6	☑	Input	☐	
Pin	80	-30	0 Degrees	A0	☑	7	☑	Input	☐	
Pin	80	-20	0 Degrees	VDD	☑	8	☑	Power	☐	

8 Objects (8 Selected)

图 6.9　使用 SCHLIB List 面板查看或编辑器件引脚

2. 拷贝器件

此方法可直接将库中其他器件拷贝到目标库中。方法是选择“文件”→“打开”命令，在选择的路径中打开某个已存在的库，将该库作为活动库，打开 SCH Library 面板，右击某器件并“复制”（Copy）。再返回到目标库的“元件区”（Components）执行“粘贴”（Paste）命令。还可按住 Shift 键，选择多个元件“复制”后，再回到目标库“粘贴”即可。此方法可以快速建立一个自己使用方便的器件库。图 6.10 中用拷贝器件的方法为新建的原理图器件库添加了几个器件。

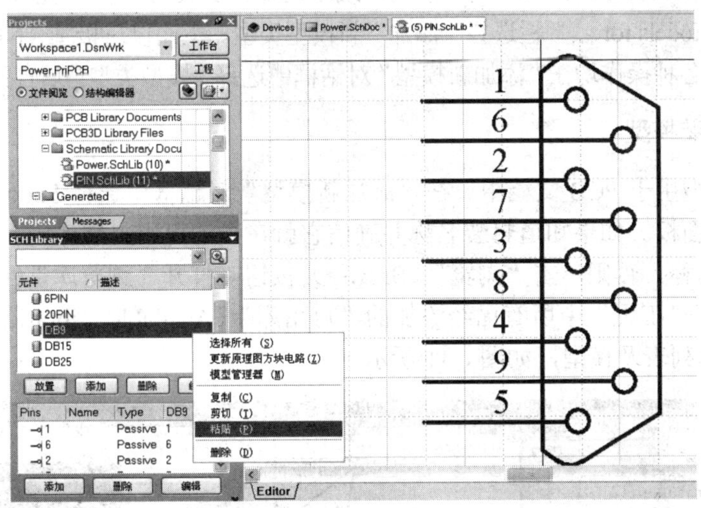

图 6.10　拷贝器件添加到库文件中

若想改变器件名，可双击器件名，在打开的“库器件属性”（Library Component Properties）面板中直接修改，或选择“工具”→“重命名器件”（Rename Component）命令，在“重命名器件”对话框中输入新名字即可。

将绘制、拷贝、设置完成的器件符号再次“保存”，就得到一个需要的元件符号。

6.2.4　为器件添加模型

器件的原理图符号仅用于绘制电路图，在生成 PCB 文档或仿真、信号分析以及 3 维显示中，需要有对应的模型，因此还需为器件对象添加各类模型。

1. 模型类型

器件模型有“PCB封装模型”(Footprint)、“仿真模型”、“信号完整性分析模型”(Signal Integrity)及“PCB3D模型”。一个器件的原理图符号可以对应多个封装或多个模型，设计者在原理图中放置器件时，需通过“元件属性”对话框选择合适的模型，如图3.9所示。

Altium Designer 提供的PCB封装模型包含在…Altium Designer \Library\PCB目录下的PCB模型库（*.PcbLib）文件中。为器件指定一个PCB封装连接，要求该模型在PCB库（*.PcbLib）文件中已经存在，而不是在集成库（*.IntLib）文件中存在。

SPICE仿真模型（*.ckt或*.mdl）文件在…\Altium Designer \Library\Simulation文件夹下各类集成库中。若设计者建立新器件模型的话，需向器件供应商获得SPICE仿真模型，通过向导为器件添加某些SPICE仿真模型。

PCB3D 模型则放置在…\Altium Designer \Library\PCB3D 文件夹中，文件名后缀为（*.PCB3Dlib或*.step）。

信号完整性分析的模型库文件后缀为（*.sdf或*.ibis）。

单击库文档SCH Library面板中折叠箭头，选择“隐藏窗口”(Show hidden sections)→“模型”命令，打开“模型窗口”(Model)对话框。在“模型区”中单击“添加”按钮出现“添加新模型”(Add New Model)对话框；或双击器件，在打开的“元件属性”面板（见图6.3）右方“Models for …”栏选择“添加”新模型类型。下面以三极管（NPN）为例介绍各种模型的添加，各种操作均在“添加新模型”对话框中选择“模型类型”后打开相应操作面板。

2. 添加封装模型

“封装”模型用于PCB文档中。在“添加新模型”对话框中选择Footprint选项，则出现PCB Model面板。如果知道封装名称并确信它就在当前可用封装库中，可直接在Name文本框中输入名称。否则单击“浏览”(Browse)按钮，打开“浏览库”(Browse Library)对话框，可浏览“工程”中所有已经添加的“可用库”(Available Libraries)和“已安装”(Installed)的库列表及模型，如图6.11所示。

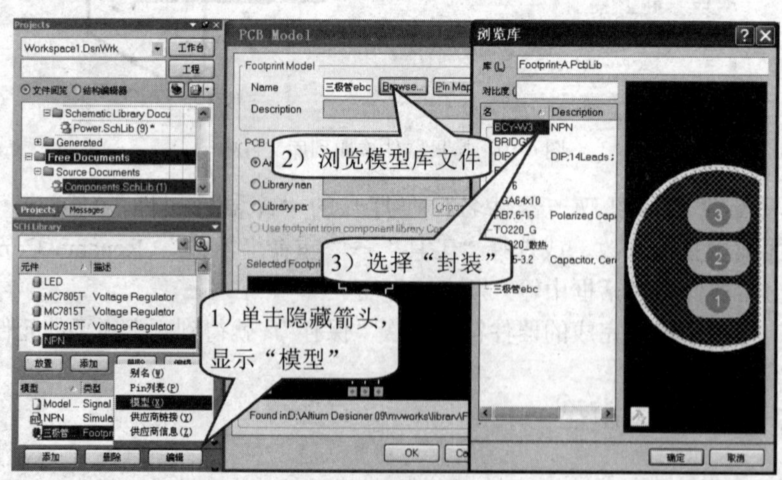

图6.11 为器件添加封装模型

在“PCB 库”（PCB Library）面板中，Any 指在任何当前可用库中查找；Library Name 指必须来自特定的库；Library Path 指必须来自特定位置的特定库，如果已经把该库编译为集成库，那么将自动设置 Use from integrated。

注意：如果封装引脚编号与器件符号上的引脚编号不对应，单击 PCB Model 面板右上方 Pin Map 按钮，重新定义引脚的映射。

如果封装模型不在“可用库”的“已安装”选项中，单击“搜索路径”（Search Path）标签，在打开的“搜索路径”选项卡中单击“路径”按钮，查找封装库文件，文件格式为（*.PcbLib），如图 6.12 所示。

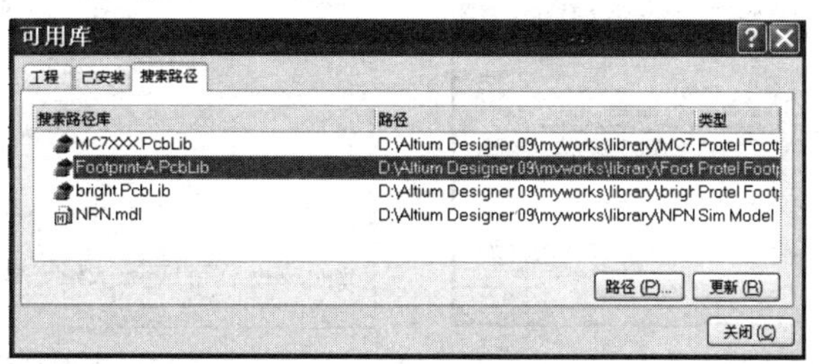

图 6.12　查找封装库路径

若不知器件所在的库路径，选择“浏览库”（Browse Library）选项，单击“发现”（Find）按钮，显示“搜索库”（Libraries Search），如图 6.13 所示。正确选择“域”（Scope）、“运算符”（Operator）和“值”（Value）以及“库”文件的范围后，单击“搜索”（Search）按钮进行查找。若不完全知道器件封装模型的名称，只能用“搜索”方法查找了。

亦可在库中选择某器件，双击器件名称，打开“库器件属性”（Library Component Properties）在 Models for *栏中，单击“添加”（Add）按钮，选择模型类型进行添加。

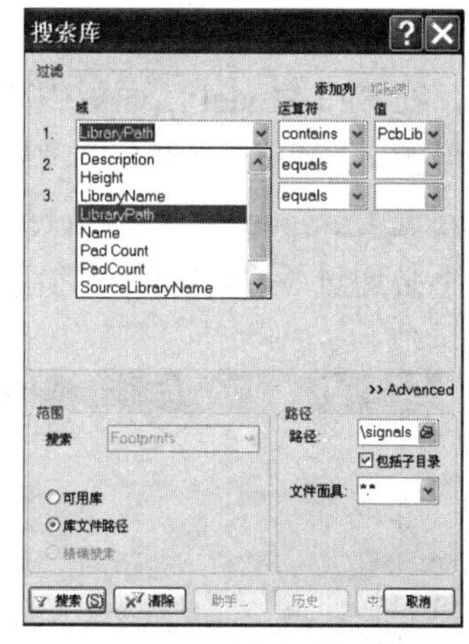

图 6.13　搜索库文件

3. 添加仿真模型

1）查找仿真模型

“仿真”（Simulation）模型用于电路仿真，库文件后缀为（*.ckt 或*.mdl），一般可从器件供应商网站获得。Altium Designer 为设计者提供了一些常用器件的仿真模型。

首先在软件自带的…\Altium Designer\Examples\ Tutorials\Creating Components 目录下将 NPN.mdl 文件复制到“目标库”所在的目录，本例的目标库是 Altium Designer 09\myworks\library。

同 3.1 节的方法，选择“可用库”→“搜索路径”（Search Paths）命令，查找 NPN.mdl 文件，使之成为“可用的”模型，如图 6.14 所示。

2）添加仿真模型

添加 Simulation 模型与添加 Footprint 模型相似。在“新模型”（New Model）对话框中选择 Simulation 选项，则出现 Sim Model …面板，如图 6.15 所示。

在模型类型 Model Kind 下拉列表中选择“三极管”（Transistor）；在次级模型 Model Sub-Kind 中选择“双极型晶体管”（BJT）；在 Model Name 文本框中输入模型名称 NPN 或通过“浏览”（Browse）按钮选择 NPN.mdl 模型，此时系统会立即检测该模型；如果输入的模型名称是有效模型文件名，下方的“Found In：...”就会显示该模型路径和文件名。单击 OK 按钮后，模型添加成功。

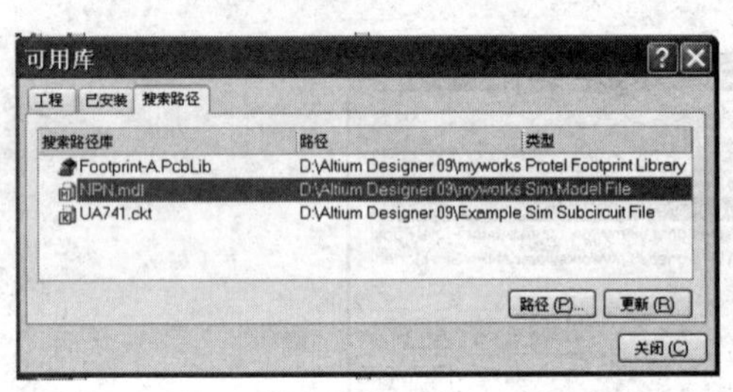

图 6.14　查找仿真模型

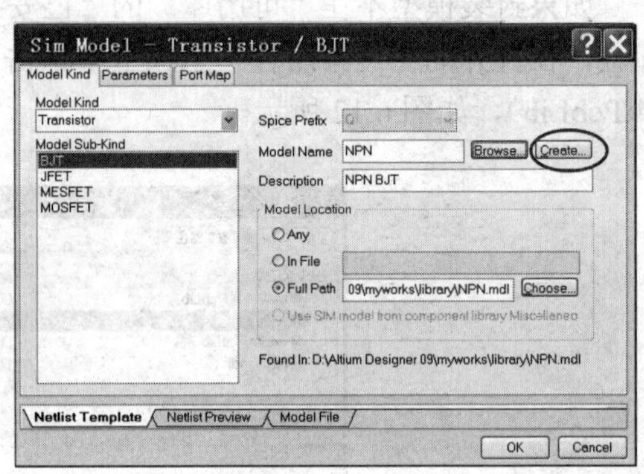

图 6.15　为器件添加仿真模型

3）创建模型

如果没有现成的模型文件，可单击图 6.15 中的“创建”（Create）按钮，启动“SPICE 模型向导”（Model Wizard）为器件创建一个仿真模型，如图 6.16 所示。具体的创建方法这里不再详述。

在 Sim Model ...面板中“仿真参数”（Parameters）选项卡显示 BJT 模型可支持 5 个仿真参数。若设计者想在原理图中显示这些参数，或在输出设计文档中包含这些参数，可通过勾选 Component Parameter 复选框确定，如图 6.17 所示。仿真模型已经自带参数，设计者不必通过手动添加仿真参数。通过“引脚图”（Port Map）选项卡可查看 NPN 引脚情况。

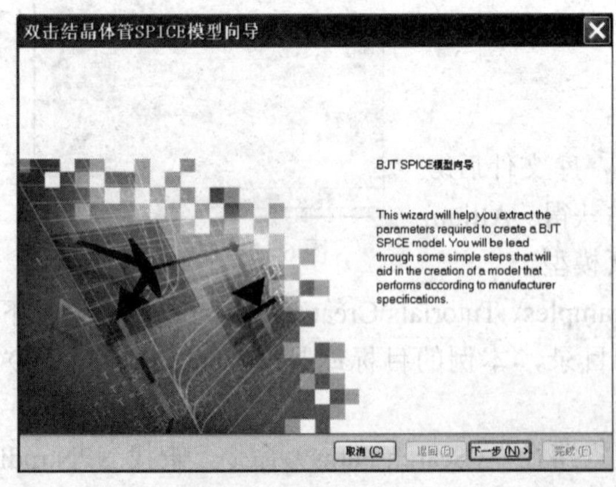

图 6.16　创建模型向导

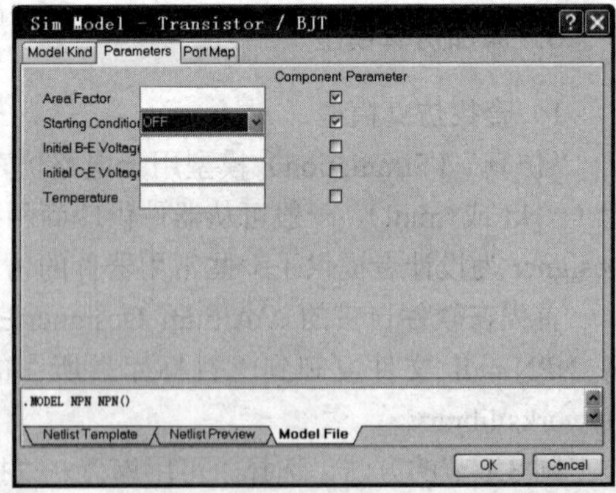

图 6.17　仿真模型参数选择

4. 添加信号完整性模型

“信号完整性”（Signal Integrity）模型在“新模型”对话框中选择 Signal Integrity 选项，

显示 Signal Integrity Model 面板，如图 6.18 所示。为器件配置信号完整性模拟器需同时设置 Type 和 Technology 选项，通过器件内置引脚模型来实现。也可通过 Import IBIS 按钮，添加“*.ibis”文件。图中使用内置默认引脚模型，设置 Type 为 BJT。单击 OK 按钮返回。

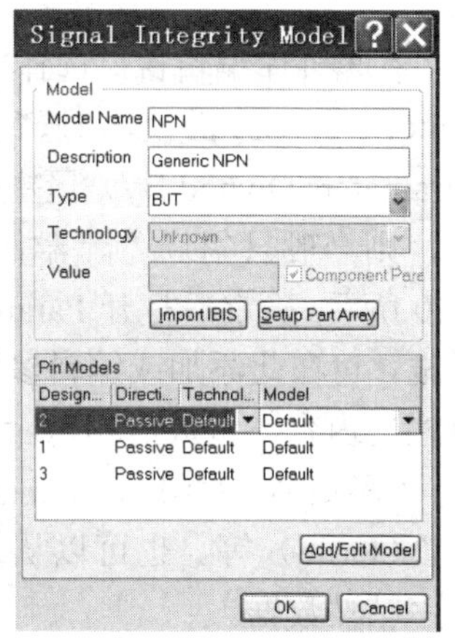

图 6.18　信号完整性模型设置

至此，已经介绍了 NPN 三种模型的添加方法。至于 PCB3D 模型的添加方法同上，打开“PCD 3D 模型库”查找库路径和库文件（*.PCB3Dlib）添加到当前工程库中，其中 3D 模型器件为*.step 或*.stp 文件。

5. 多器件添加模型

选择“工具”→“模型管理器”（Model Manager）命令，或在原理图符号库 SCH Library 面板上“元件”区右击鼠标，在快捷菜单选择“模型管理器”命令，打开“模型管理器”面板。可在此面板中为器件添加各种模型，同时也可选择多个器件添加同一模型，并进行编辑，如图 6.19 所示。

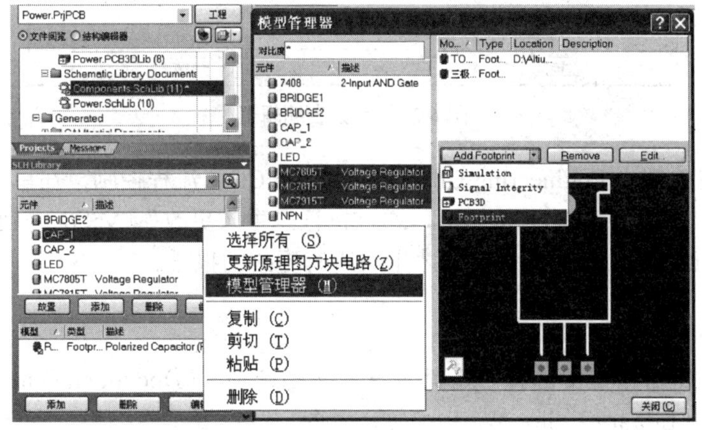

图 6.19　选择多个器件设置相同模型

6.2.5　添加和编辑器件库参数

1. 器件参数

每个器件可以有任意个器件参数，在库或者原理图上都可以对参数进行添加和编辑。在库级别添加参数可确保器件信息的一致性，便于器件管理。参数可用于描述各种必要信息，包括：

- 器件细节信息，如额定电压、器件版本等；
- 公司器件信息，如股票代码或价格；
- 设计参考信息，如特定的装配要求；
- 与参考信息的链接，如站点和 PDF。

在图 6.3 右方的 Parameters for ...栏中可根据需要对器件的参数进行设置修改。

2. 参数管理器

在器件库编辑窗口选择“工具”→“参数管理器”命令，打开“参数编辑选项”（Parameter Editor Options）面板，勾选“包含特有的参数”（Include Parameters Owned By）区中的复选框，如果是编辑器件，则一般只勾选“元器件”（Parts）复选框，如图 6.20 所示。确定后打开 Parameter Table Editor For ...对话框，可在此添加或编辑参数，如图 6.21 所示。表中每栏的内容与参数值相对应。右击栏目可显示选项，如：“添加列”（Add Columns）、“复制”（Copy）、“粘贴”（Paste）等。也可以从标准文本或数据表单应用程序粘贴数据。

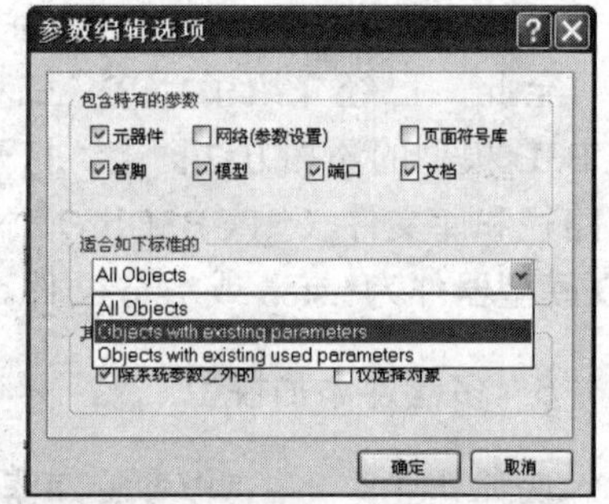

图 6.20　“参数编辑选项”面板

Parameter Table Editor For Project [Power.PrjPCB]

6 Objects - 1 Selected			系统参数	用户参数				
对象类型	文档	标识符	Comment	Code_JEDEC	LatestRevisi...	LatestRevisi...	PackageRe...	Pu
Part	Components.SchLib	LED						
Model	Components.SchLib	NPN Model Nar						
Model	Components.SchLib	NPN NPN:SIM						
Part	Components.SchLib	BRIDGE1						
Part	Components.SchLib	MC7815T		SMD-220	2009.9.9	Re-released fc	D2PAK	24
Part	Components.SchLib	NPN						

回复选择　移除列...　添加列...　接受更改(创建ECO)　取消

图 6.21　参数表编辑器

所有参数更改都由 Engineering Change Order（ECO）流程控制，在单击“接受更改”Accept Changes（Create ECO）按钮后，通过执行“生效更改”（Validate Changes）和“执行更改”（Execute Changes）命令后方才生成所有更改的报告。

3. 库编辑

在符号库编辑对话框中选择“工具”→“文档选项”（Document Options），打开“库编辑器工作台”（Library Editor Workspace）命令，可设置“库编辑选项”（Library Editor Options），如图 6.22 所示。若是勾选“总是显示注释/标示符”（Always Show Comment/Designator）复选框，便会在当前文档中显示元器件的注释和标识符；还可设置“捕获网格”（Snap）和“可视网格”（Visble）等参数。

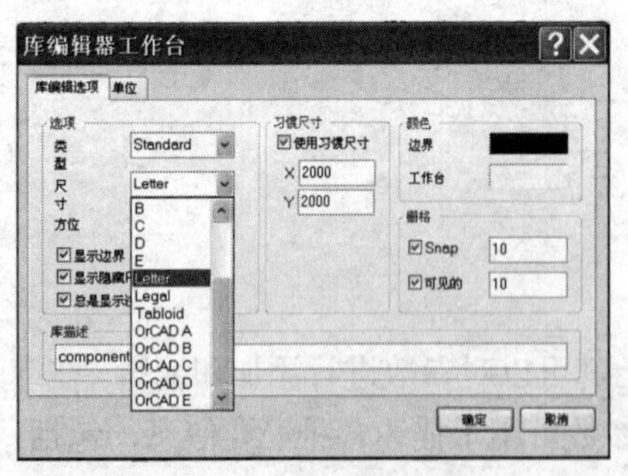

图 6.22　库属性设置

打开“单位”（Units）选项卡，可选择使用英制单位或使用公制单位。上述设置对本库中所有器件均适用。如在原理图设计中对某个器件需要改变库编辑选项，可双击该器件独立设置。

4. 器件库及生成报表

库文档保存后，单击“报告”（Reports）按钮对库文档进行规则检查并生成相应报告，如：引脚丢失或重复定义等错误会生成相应报表。各项说明如下。

（1）“器件规则检查”（Components Rule Check）：勾选当前器件对象要检查的内容，如图 6.23 所示。单击“确定”按钮后，在自由文件夹目录中自动添加 Documentation\Text Documents 文件夹，并生成与器件库同名的*.ERR 文档。若保存该文档，需另外命名，否则再次执行检测时将覆盖该文档。若文档列出违反规则的器件，需对器件符号库进行修改。

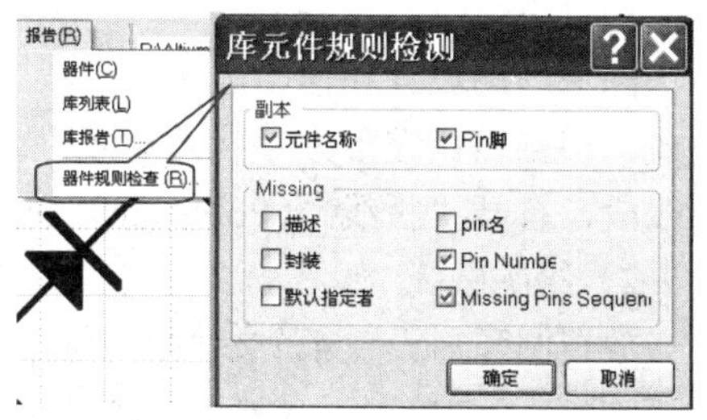

图 6.23　选择库文件生成规则检测报告

（2）“器件”（Component）：系统生成与库文件同名的*.cmp 报表文件，详细列出器件各部分及引脚信息，如图 6.24 所示。此文档也要另外保存，否则会被覆盖。

（3）“库列表”（Library List）：生成与库文件同名的*.csv 和*.rep 文件。

（4）“库报告”（Library Report）：打开库报告设置，可选择报告输出格式文件，如图 6.25 所示。

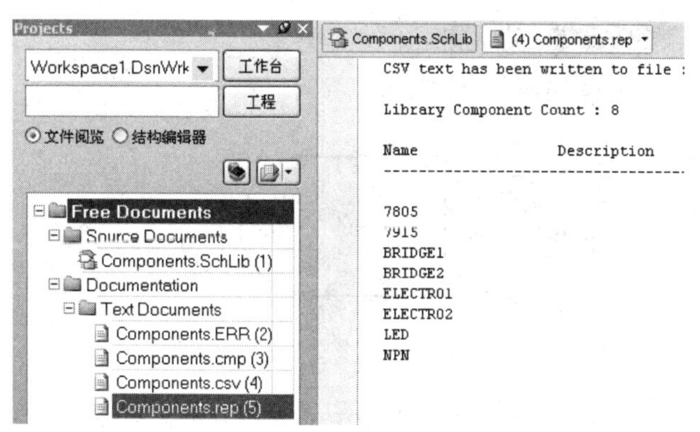

图 6.24　器件报表文档显示

图 6.25　库报告格式选择

6.2.6　创建多部件集成器件

在 IC 集成器件中，有些封装内部包含多个独立的部件。如 74××系列的多个门电路集成器件、排电阻等。在此以“7408 四 2 输入与门”为例介绍创建多部件器件的方法。

“7408 四 2 输入与门”是由四个独立的 2 输入“与门”及电源引脚、对地引脚构成，外部共有 14 个引脚，双列直插式封装 DIP（Dual-In-Line Package）。创建步骤如下。

1. 创建新器件

在库文档 Components.SchLib 编辑窗口中选择“工具”→“新器件”命令，或在 SCH Library 面板元件栏中单击“添加”按钮，在“新器件名称”（New Component Name）文本框中输入“7408”，确定后，在当前库中出现“7408”名称的器件，并打开空白编辑界面。

2. 绘制部件 A

选择“编辑”（Edit）→“跳转”（Jump）→“原点”（Origin）命令，将“部件 A”定

位在编辑窗口中心位置“X：0，Y：0”。建立“部件 A”及引脚，其他部件将以此为基础，只需更改引脚序号即可。

1）放置线段

同原理图设计相似，选择“放置”→“线”命令，或按工具栏快捷键进入“线段放置”模式。根据窗口左下方“状态显示”坐标，放置 3 条线段后终止，右击退出放线模式。双击线段，打开“折线”（PolyLine）面板将线宽设置为 Small。

2）绘制圆弧

放置圆弧需设置 4 个参数：中心点、半径、圆弧起始角度、终止角度。选择“放置”→“弧”命令，或单击工具栏图标进入“圆弧放置”模式。按 Tab 键进入弧 Arc 设置面板，如图 6.26 所示。圆弧是按反时针方向绘制的，因此将圆弧起始角度设定为 270、终止角度为 90，半径为 200mil，线宽 Small，确定后返回编辑窗口。

光标置于弧中心坐标（25，−20），单击（或按 Enter 键）后，光标根据设置参数自动跳到半径位置，单击“确认”按钮。光标又跳至圆弧起始点，单击“确认”按钮，光标再跳到圆弧终止点，单击“确认”按钮。右击退出圆弧放置模式，如图 6.26 所示。

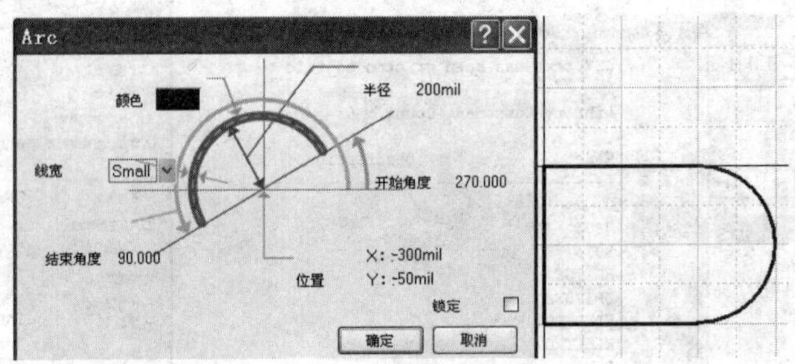

图 6.26 画器件轮廓及圆弧设置

更便捷的方法是直接利用选择“放置”→“IEEE 符号”（IEEE Symbol）→“与门”（And Gate）命令的方法放置“与门”轮廓符号。

3）添加器件引脚

采用 6.2.3 节的方法为“部件 A”添加引脚并设置“引脚 1”和“引脚 2”在电气上是输入引脚，“引脚 3”是输出引脚，所有引脚长度均为 20。

至此部件 A 设计完成，如图 6.27 所示。

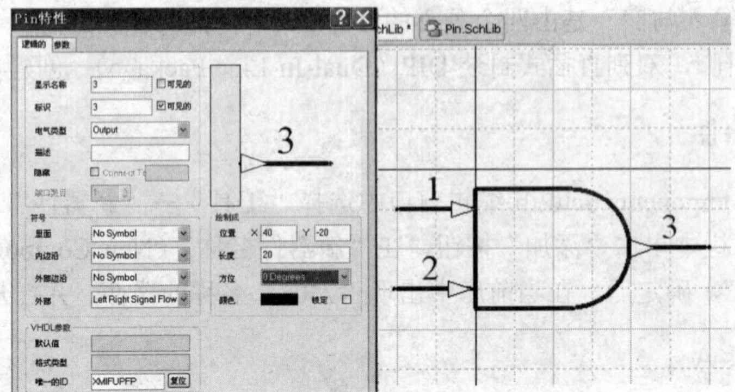

图 6.27 设计 2 输入与门及引脚

3. 建立器件中其他部件

选择“工具”→“新部件”（New Part）命令，在 SCH Library 面板中器件“7408”名下增加一个了 Part B，并同时出现一个新的编辑窗口。将 Part A 中的部件拷贝到 Part B 编辑窗口粘贴，再修改引脚编号即可。

同样方法建立 Part C 和 Part D。但要注意，引脚序号需根据 7408 器件的封装引脚顺序号设定，如图 6.28 所示。

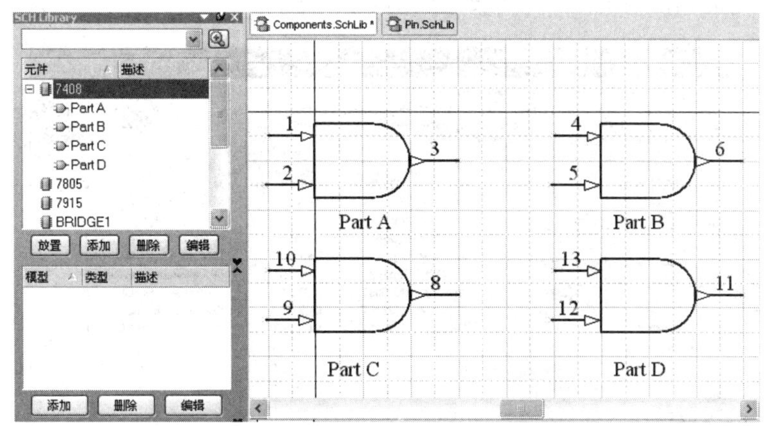

图 6.28　设计包含 4 个独立部件的器件图示

4. 添加电源和地引脚

添加电源和地引脚可以有 2 种方法。

（1）将“电源”或“地”引脚设置为隐藏引脚。在多部件器件中，隐藏引脚属于器件中的所有部件（Part A～Part D），当设计电路使用其中任何部件时，系统自动将隐藏引脚连接到特定网络。

在“部件 A”中添加“电源引脚”（VCC）和“地”（GND）。电源引脚序号设置为“14”，“电气类型”（Electrical Type）选择为 Power，勾选“隐藏”（Hidden）复选框，Connect To 设置为 VCC。对地引脚序号为 7，Connect To 设置为 GND，其他设置与电源引脚设置相同，如图 6.29 所示。

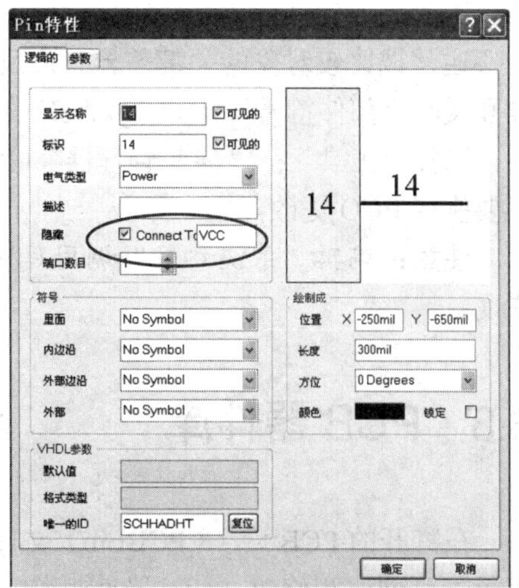

图 6.29　电源引脚设置

选择“查看”→“显示隐藏引脚”（Show Hidden Pins）命令则能看到引脚显示。

（2）添加一个 Part E 部件，在编辑窗口放置两个引脚，设置如同方法（1）。选择“工具”→“器件属性”命令在 Part 5/5 处勾选“锁定”（Locked）复选框，如图 6.3 所示。这样确保对器件部件进行重新注释的时候电源部分不会和其他部件交换。

6.2.7 器件库更新

一般通用的器件放置在库中，保存时要进行特别指定，每个不同器件都有唯一的原理图库器件符号。更新检查是将器件与原先所属的库器件对照进行检查，比较有何差异，或使用“工程更改顺序”(Engineering Change Order，ECO）命令更新器件的库属性。

在原理图编辑窗下选择“工具”→“从器件库更新”(Update From Libraries）命令打开“从库中更新”(Update From Library）面板，如图 6.30 所示。

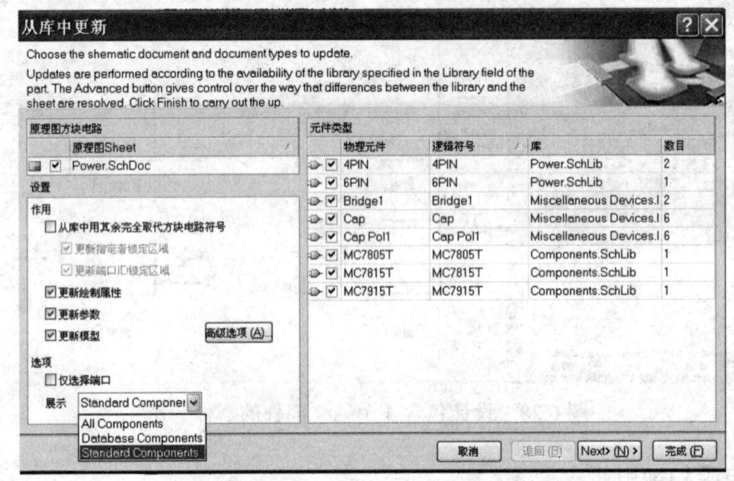

图 6.30 更新原理图器件库

不勾选“从库中用其余完全取代方块电路符号”(Fully replace symbols on sheet with those from library）复选框。单击“高级选项”(Advanced）按钮打开“库更新设置”(Library Update Settings）面板，可以提供更多处理参数差别的灵活性。

单击 Next 按钮打开下一个更新页面，可以“控制更改单独的原理图部分”。设置完成后单击“完成”(Finish）按钮。

通常被比较对象的关键差异有：反映封装或引脚映射的“模型值”(Model Values）差异和反映“部件符号”(Part Symbol）的属性差异。要比较一个库器件与其他库中放置的器件，选择“工具”→“参数管理器”(Parameter Manager）命令。没有十分的把握一般最好不要执行 ECO 更改。

注意：编辑“系统参数”调用库时必须十分小心，否则需要更复杂的编辑操作才能恢复。

6.3 PCB 器件库

在打开的 PCB 库（*.PCBLib）文件窗口右下方，单击 PCB 标签打开 PCB Library 编辑面板，可创建和修改 PCB 器件封装、管理 PCB 器件库。PCB Library 编辑器中还提供 Component Wizard 向导用于快捷地创建标准类型的 PCB 封装。

6.3.1　PCB 库编辑器

1. PCB 库面板介绍

PCB Library 面板分为："组件"（Components）区、"原始元件"（Component Primitives）区和"微缩"区。其中提供 PCB 器件的各种管理功能，如图 6.31 所示。

（1）"组件" Components：列出了活动库中的所有器件。右击在弹出的快捷菜单中，可以"新建器件"（New）、"复制"或"粘贴"选定器件以及"更新 PCB 器件封装"（Update PCB）。

注意：*"复制"和"粘贴"命令可用于选中的多个封装，并支持在库内部执行复制和粘贴操作或从 PCB 复制粘贴到库以及在 PCB 库之间执行复制粘贴操作。*

（2）"原始元件"（Component Primitives）：列出了属于当前选中器件的图元。单击列表中的图元，在设计窗口中会高亮显示，以便可以对它们进行编辑。右键快捷菜单可控制其中显示的图元类型。

（3）微缩图：将指定元件以微缩图形显示。

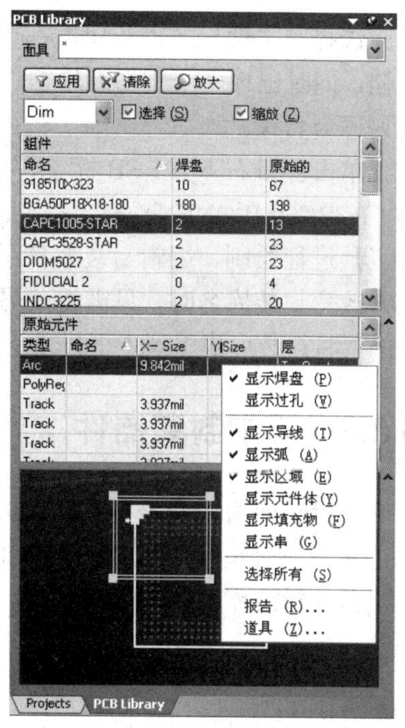

图 6.31　PCB 库面板

2. 选项按钮

选中图元的高亮显示方式有三种，取决于 PCB 库面板顶部的选项。

（1）"常规"（Normal）：正常显示。

（2）"屏蔽"（Mask）：只有选中的图元正常显示，其他图元将被灰色屏蔽。被屏蔽对象虽然仍旧可见，但不能被编辑。

（3）"朦胧"（Dim）：选中的图元高亮突出显示。

屏蔽和朦胧的对比度可以用窗口右下方的"掩膜级别"（Mask Level）控制，用"清除"（Clear）按钮取消对比。

（4）"放大"（Magnify）：显示器件的模型图例。

（5）"缩放"（Zoom）：显示高亮对象。

（6）"清除"（Clear）：清除所有的高亮和选择动作。

PCB 库编辑窗口中的视图命令、图元对象、层选择、网格和常用的编辑功能都与 PCB 编辑器相同，其中"工程参数"与"板参数选项"设置也适用于 PCB 库编辑。

6.3.2　PCB 封装库的建立

建立封装库通常有 2 种方法。一是由*.PcbDoc 文档生成同名的封装库（*.PcbLib）；二是建立新的封装库。

1. 由 PCB 设计文档生成封装库

打开一个完成设计的 PCB 设计文档（*.PcbDoc 文档），选择“设计”→“生成 PCB 库”（Make PCB Library）命令，则系统自动生成当前*.PcbDoc 文档中所有封装类型的封装库（*.PcbLib）。库名默认与 PCB 文档名相同。

2. 建立新的封装库

选择“文件”→“新建”→“库”→PCB 命令，可在当前工程项目中建立一个新的库文档，同时出现一个空白编辑窗，窗口中■符号表示器件定位点。将新建的 PCB 封装库保存为适当名称。

单击窗口右下方 PCB 标签，选择 PCB Library 选项，在“组件”中下默认一个器件名为“PCBCOMPONENT_1”。按 Page Up 键使窗口的网格足够清晰，就可以使用编辑器提供的工具进行绘制、编辑封装器件了。

改变封装库名时，只需将其另外“保存为”，即可更改库名和路径。如果将自由文件夹中的要将封装库拖曳到工程目录下，可使其成为当前工程的“可用库”（Available Libraries）。

6.3.3 添加封装器件

为封装库内放置器件有四种方法。一是使用向导工具创建；二是手动绘制器件封装；三是从其他封装库复制或是从 PCB 文档（*.PcbDoc 文档）中直接拷贝粘贴；四是采用 IPC 创建器件封装库。

1. 用元器件向导工具创建封装

使用向导进行设计可以简化许多麻烦，而且使设计图形更加标准。下面以 DIP14 封装为例介绍使用向导设计的方法。

（1）在 PCB 库编辑器窗口选择“工具”→“元器件向导”（Component Wizard）命令，打开 Component Wizard 面板，依次单击 Next 按钮。

（2）在“从所列的器件图案中选择你想要创建的”列表中选择“双列直插式封装 DIP”（Dual In-line Packages DIP）选项，选择英制单位 Imperial，如图 6.32 所示。

（3）设置焊盘尺寸“外径 60mil”、“内径 30mil”，如图 6.33 所示。

（4）设置焊盘间距“水平方向 300mil”、“垂直方向 100mil”，如图 6.34 所示。

（5）确定焊盘引脚数目为 14，其他皆为默认值，最后单击“完成”（Finish）按钮，结束返回至编辑窗口，如图 6.35 所示。如有必要，可以在编辑窗口对封装进行修改，最后保存为 DIP14。

2. 手动绘制器件封装

在“PCB 库编辑器”（PCB Library Editor）可以直接用图元对象创建器件，除了 PCB 器件外，转角标记、机械定义等也可保存为“器件”。

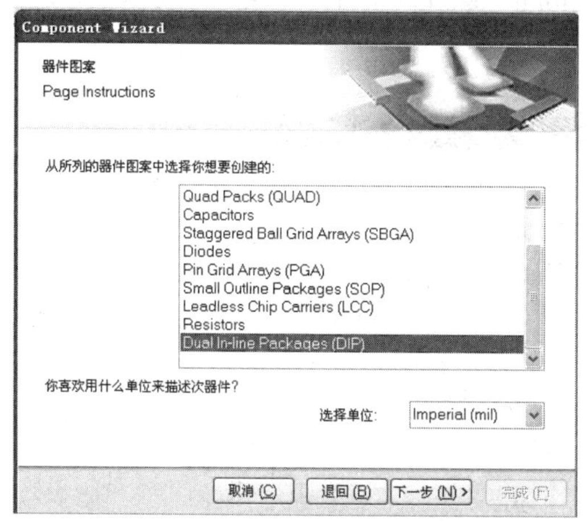

图 6.32　选择器件封装类型

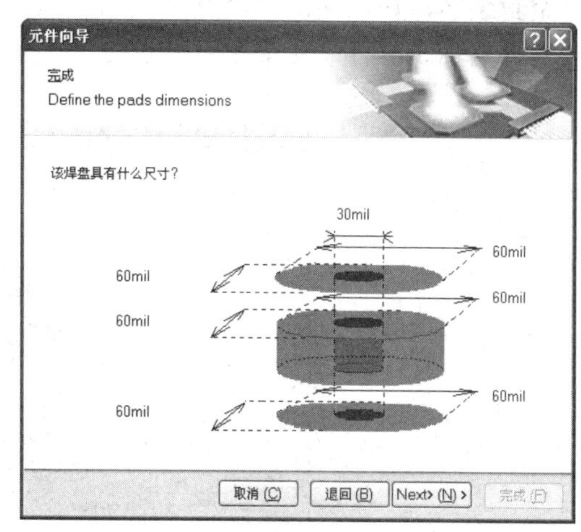

图 6.33　选择焊盘尺寸

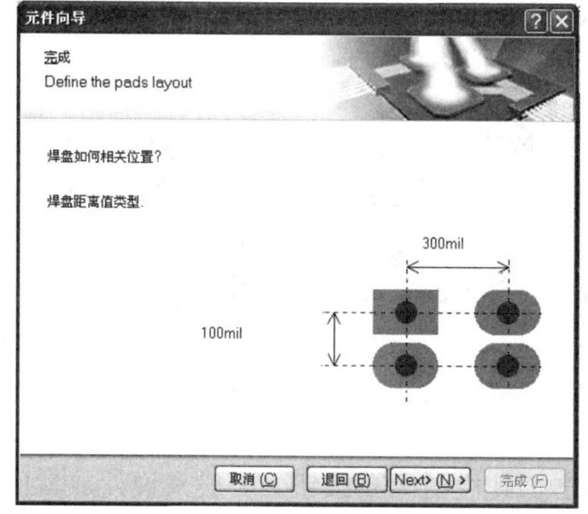

图 6.34　设置孔距

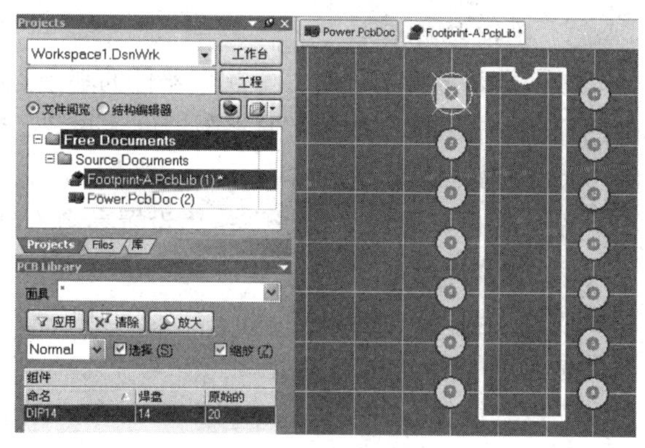

图 6.35　完成 DIP14 封装设计

直接绘制封装需要使用轮廓线、圆弧以及焊盘。设计者可将设计对象放置在任何一层，但一般是将器件外部轮廓放置在“丝印层”（Silkscreen）即 Top Overlay，将直插器件焊盘放在 Multi-Layer 层，将贴片器件焊盘放在“顶层”（Top Layer）。当设计 PCB 文档使用封装模型时，封装中的对象会被放到自身定义的层中。下面以三极管 NPN 封装设计为例说明直接绘制封装的实施方法。

1）设置单位尺寸及网格显示

选择“工具”→“器件库选项”（Library Options）命令，打开“板选项”（Board Options）面板。“单位”（Units）选择为“英制”；为配合封装焊盘的间距，“跳转栅格”（Snap Grid）的（X，Y）均设置为 10mil；“可视化栅格”（Visible Grid）的栅格 1、2 分别设置为 10mil 和 100mil，这样在编辑窗口中的线段将以 10mil 和 100mil 为单位绘制，如图 6.36 所示。

2）打开编辑窗

选择“工具”→“新的空元件”（New Blank Component）命令，在 PCB Library 面板中出现一个空封装器件编辑窗，默认名为“PCBCOMPONENT_1”。在 PCB Library 面板双击该空封装名，在出现的“PCB 库元件”（PCB Library Component）对话框的文本框中输入新器件名称。器件名称最多不超过 255 个字符。

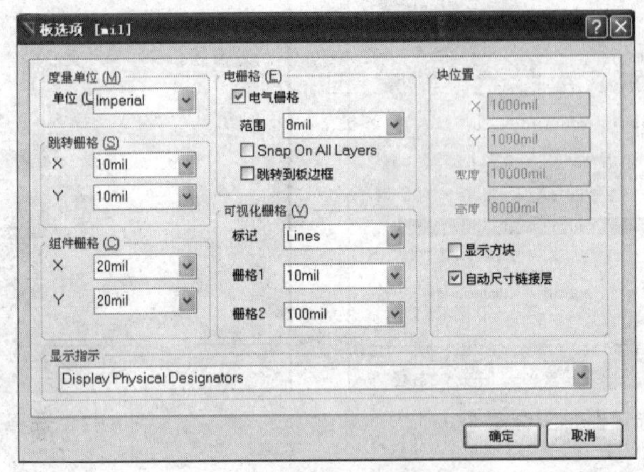

图 6.36　设计面板栅格设置

3）确定参考点

参考点是放置器件时“拿起”器件的那个点，一般将参考点设置在第一个焊盘中心或器件的几何中心，推荐在参考原点附近创建封装。在设计阶段可选择“编辑”→“跳转”→“参考”使光标跳到原点位置。

设计者也可通过“编辑”→“设置参考”（Set Reference）命令改变器件参考点。

4）放置焊盘

放置焊盘是创建器件的重要步骤，其位置需严格对应真实器件的引脚位置，它决定了器件是否能安装到 PCB 板上。

选择“放置”→“焊盘（Pad）”命令，或单击工具栏图标按钮。一般来说，放置的第一个焊盘作为器件的引脚 1，因此在放置状态时，按 Tab 键，在“焊盘”面板中，将第一个焊盘的“设计者/标识”设置为 1，之后继续放置焊盘，序号会自动递增。依次放置 3 个焊盘。

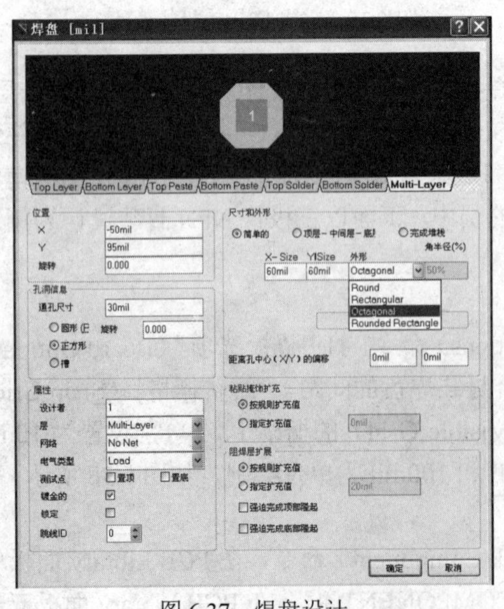

图 6.37　焊盘设计

双击焊盘，打开“焊盘”面板，图中焊盘均放在 Multi-Layer 层；“位置”（Location）的 X、Y 坐标是焊盘中心的位置所在；其形状有多种选择，如图 6.37 所示。将焊盘依次放置、设置后保存到库文件中。

对于表面贴装器件，层属性应设置为 Top Layer；对于各层尺寸大小不一的过孔焊盘，需在“尺寸和外形”（Size and Shape）栏中选择“顶层-中间层-底层”（Top-Middle-Bottom）单选按钮，各层尺寸可分别设置。

焊盘标识符对应器件引脚号，由数字或字母组成，最多允许 20 个数字或字母，也可以为空白。

5）绘制轮廓

器件封装设计时外形轮廓定义在“顶层丝印层”（Top Overlay），如果将器件放置在设计电路板底面，则该丝印层自动转换为“底层”（Bottom Overlay）。

选择“放置”→“圆弧”命令，或单击工具栏图标，进入“圆弧放置”模式。按 Tab 键进入 Arc 设置面板，如图 6.26 所示。设置圆弧参数“弧线宽”为 6mil，“半径”（Radius）为 105mil，“起始角度”（Start Angle）为 55，“终止角度”（End Angle）为 305。单击“确定”按钮，返回编辑界面，分别单击“圆心”、“半径”、“圆弧起点”至“圆弧终点”位置，完成圆弧绘制。

在同一层使用“线”工具绘制一线段，封装绘制完成，如图 6.38 所示。最后保存即可。

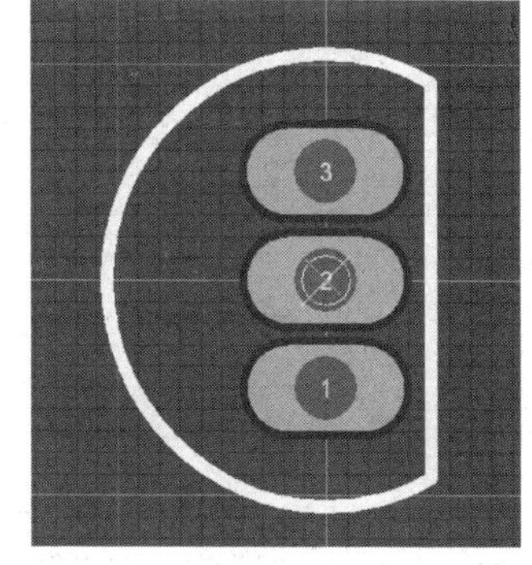

图 6.38 绘制完成三极管封装图

3. 复制已有的器件封装

复制已有器件封装是快速创建自己特有 PCB 库的简便方法。

（1）库内复制。在 Project 面板中打开某封装库，在其 PCB Library 面板“组件”区选择某器件（也可按住 Shift 键选择多个器件，或按住 Ctrl 键挑选需复制的器件），右击，在弹出的快捷菜单中选择“复制”命令，然后再返回目标库“粘贴”即可。

（2）PCB 文档中复制。在任何一个 PCB 文档（*.PcbDoc）中，选中某器件复制后，粘贴到库文件中即可。

4. 使用 IPC 封装向导创建器件封装

“IPC 封装向导”（IPC Footprint Wizard）根据 IPC（IP Core）发布的算法直接使用器件本身的尺寸信息创建 IPC 器件封装，而不参考封装尺寸。根据 IPC 标准，它还支持 3 种封装变量以满足板卡密度要求。该向导支持 BGA、BQFP、CFP、CHIP、CQFP、DPAK、LCC、MELF、MOLDED、PLCC、PQFP、QFN、QFN-2ROW、SOIC、SOJ、SOP、SOT143/343、SOT223、SOT23、SOT89 和 WIRE WOUND 封装。

在 PCB 库编辑器窗口，选择“工具”→IPC Footprint Wizard 命令创建新的 IPC 器件封装。在“选择器件类型”（Select Components Type）栏根据图元对象的外形适当选择。图 6.39 选择了“三极管 DPAK”（Transistor Outline）封装形式。

按照向导指示依次单击“下一步”按钮继续进行，最后单击“完成”按钮。

IPC Footprint Wizard 的设置还包括以下内容。

（1）整体封装尺寸、引脚信息、空间、阻焊层和公差。

（2）输入机械尺寸，如：Courtyard、Assembly 和 Component Body 等信息。

（3）向导可以重新进入，以便进行浏览和调整。每个步骤都有封装预览。

（4）在任何步骤都可以单击“完成”按钮，生成当前预览封装，如图 6.40 所示。

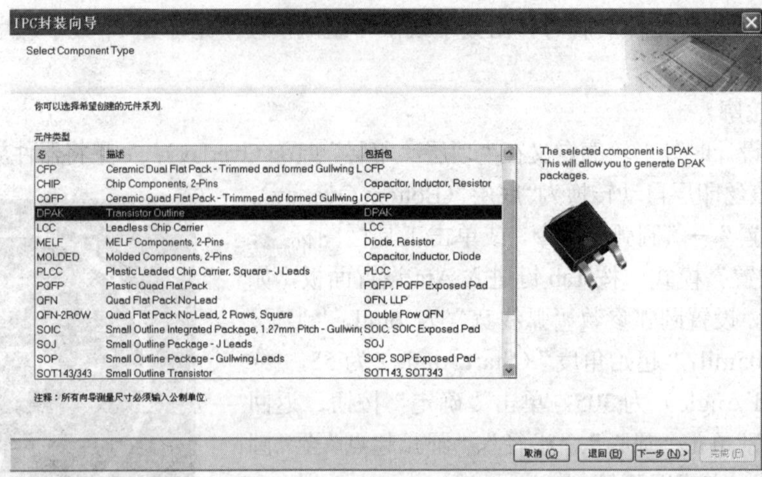

图 6.39　选择 DPAK 封装

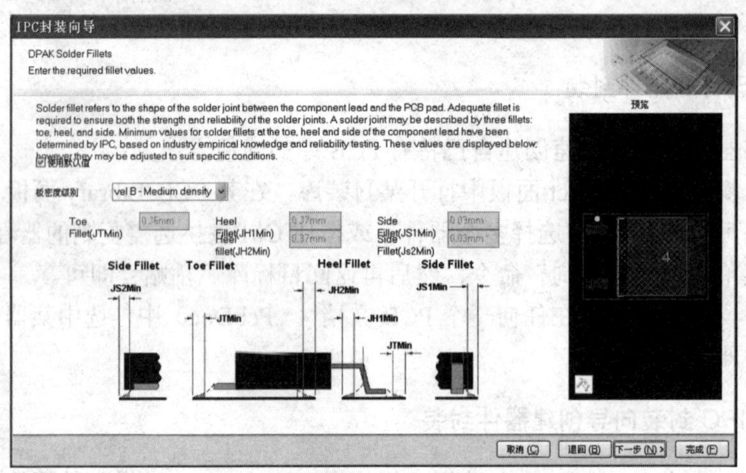

图 6.40　设置器件封装的尺寸及预览

5. 使用 IPC 封装批处理生成器创建器件封装

通过选择“工具”→“IPC 封装批处理器”（IPC Footprint Batch Generator）命令，打开“IPC 封装批量生成器”面板，可以快速生成多个封装，并通过包含封装信息的输入文件生成多密度单器件。

通过选项可在当前打开的*.PcbLib 文档中创建所有器件，或根据输入文件或封装名称生成单个*.PcbLib 文档，如图 6.41 所示。

IPC Footprints Generator 支持以下几个功能。

（1）“打开模板”（Open Template）：可在对话框中打开安装目录下...\Altium Designer\Templates 文件夹下提供的封装类型空白模板文件，同时还提供封装类型模板的“帮助信息”（Help On）。

（2）封装输入文件只需包含单个封装类型的一个或多个封装信息，文件格式可以是 Excel 文档或 CSV 文档。

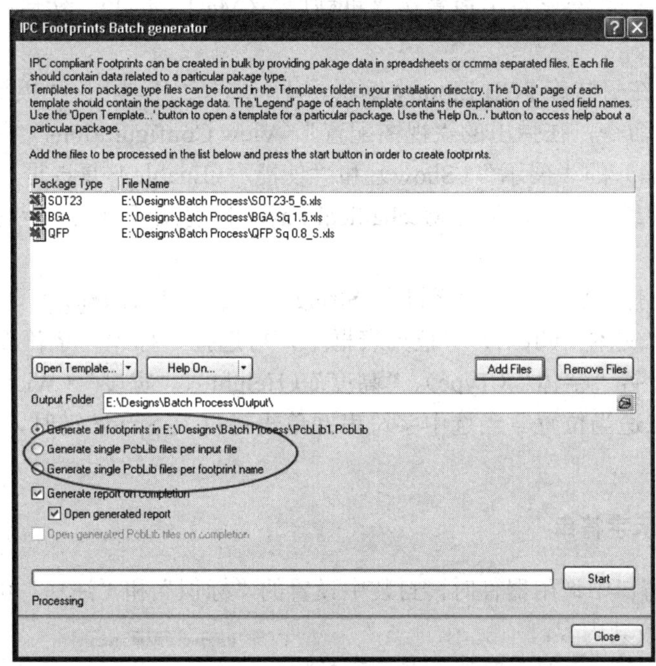

图 6.41　IPC 批器件的添加选择

6. 创建不规则形状封装

创建不规则形状的封装可以使用库编辑器中的任意设计对象完成，如：线（轨）、弧线、填充、区段等生成不规则形状，但之后需要将对象适当扩展或压缩，以便在阻焊层和助焊层上定义封装的阻焊层或助焊层。

如使用焊盘对象构建不规则形状，软件会自动根据焊盘对象生成正确的、与封装形状匹配的不规则阻焊层或助焊层形状。

6.3.4　标识和注释

设计的器件有时需要进行标识和注释。

1. 默认的标识和注释

设计者在封装库中创建一个封装器件时，不需手动添加“标识”和“注释”。当进行 PCB 设计时，通过放置调用封装，系统将其视为一个器件，自动分配默认“标识”和“注释”。

设计者也可以在“喜好”面板中选择 PCB Editor→Defaults→String 命令预先定义字符串所在层位置和字体型号及大小。

2. 设置标识与注释字符串

有时需要对器件封装进行详细标注，如装配信息或丝印层标识符信息等。设计者可在库编辑器中将“标识”等字符串放置在“机械层”（Mechanical），然后打印包括该层的输出信息。方法如下。

（1）选择层。在封装库 PCB Library 编辑窗下，选择“工具”→“板层和颜色”（Board Layers & Colors）命令，在弹出的“视图配置”（View Configurations）面板中，勾选“机械层”（Mechanical）的“展示”（Show）和“使能”（Enable）复选框。单击“确定”按钮后返回到封装库编辑窗口，单击 Mechanical Layer 标签激活该层。所有新的文本将放在该层。

（2）放置。选择“放置”→“字符”（String）命令或单击图标A，按 Tab 键打开“字符串”面板。在“文本”（Text）下拉列表框中，可选择“标识”字符串或“注释”字符串。如有必要可设置“字体”（Type）、“高度”（Height）、“宽度”（Width）等参数。由鼠标将字符串放置在适当位置。当选中字符串并单击键盘上 Space 键时，可以 90° 角旋转字符。

3. 修改、显示字符串

在 PCB 设计窗口中调用器件时，封装中设置的“标识”和“注释”可以分别双击打开“字符串”面板修改其内容。

若在 PCB 设计窗口中调用器件没有显示封装中已设置的标识和注释，请选择“设计”→“板层颜色”命令，打开“视图配置”的“显示/隐藏”（View Option）选项卡，查看“串”（String）选项区域中的“最终的”（Finally）单选按钮是否被选中，如图 6.42 所示。

图 6.42　显示与隐藏的最终设置

4. 器件编号

在 PCB 设计窗口，双击选中的器件，打开“元件”（Component）面板，在“指定者”（Designator）的“文本”（Text）框中输入器件序号，如图 6.43 所示的 U1。若“文本”中最后一个字符是数字，则放置器件时会自动递增；如果最后一个字符是字符，则放置器件时其后会添加递增数字，如图 6.44 所示。

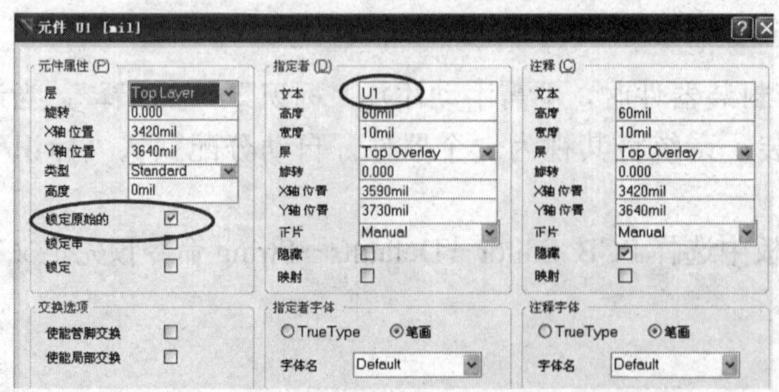

图 6.43　器件的字符串自动递增

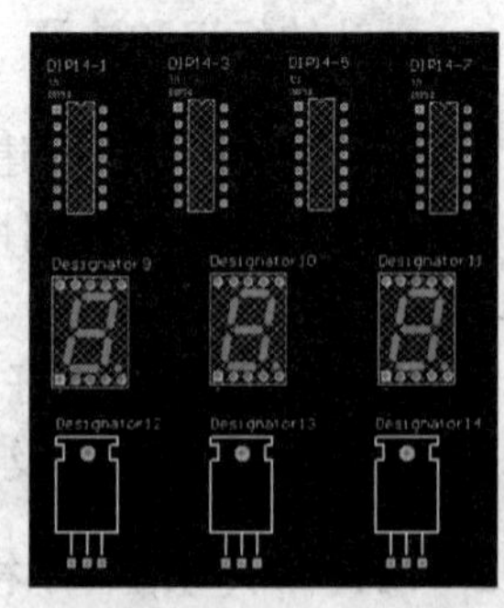

图 6.44　器件自动添加序号

6.3.5　封装库管理

1. 封装管理器

在原理图编辑环境中选择“工具”→“封装管理器”（Footprint Manager）命令打开“封装管理器”面板，在此可对“器件列表”（Component List）列表中选中的器件同时设置相同的封装，如图 6.45 所示。

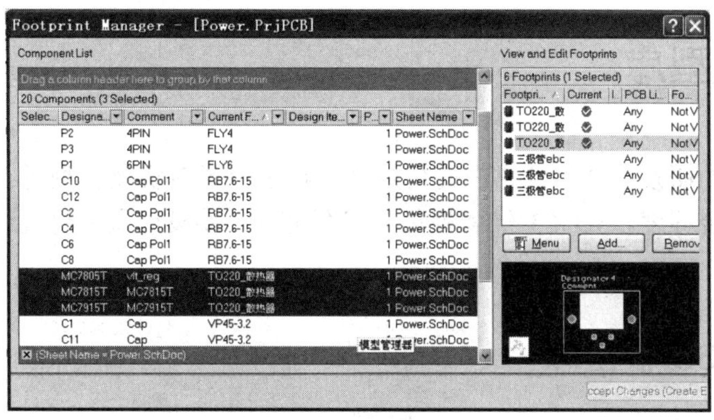

图 6.45　封装管理器

注意：通常器件封装只能在 PCB 器件“封装库”中进行编辑，而不能在 PCB 编辑器中直接被编辑，除非双击器件，在“元件”面板中取消“锁定原始的”（Lock Primitives）勾选，解开器件的原始锁定，如图 6.43 所示。

2. 浏览库器件

在编辑窗口的右下方选择 System→“库”（Libraries）选项，在“库”（Libraries）面板上部单击…按钮并勾选“封装”复选框，以此启用封装库显示模式，如图 6.46 所示。

在下拉列表中选择库名称，单击列表中的封装名称，在“微显”（Mini Viewer）框中显示该封装。库可以是封装库（*.PCBLib），也可以是集成库（*.IntLib）。

单击面板上方“库”按钮，显示“可用库”面板。浏览器件封装库及选择器件封装的方法同 3.1 节。

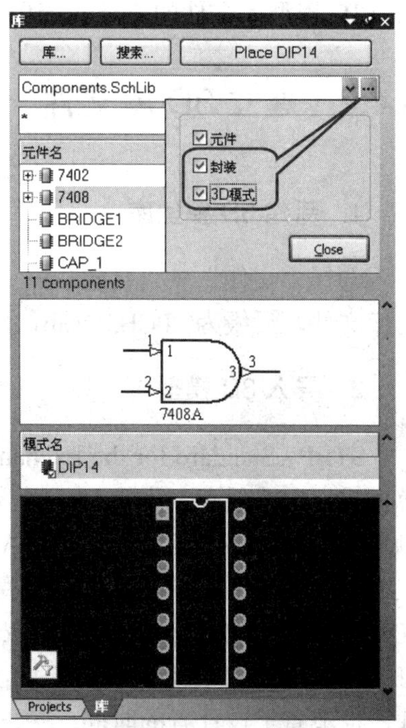

图 6.46　浏览封装库

3. 更新封装库

检查封装图元与 PCB 器件库的差异，需通过 PCB 编辑器的更新工具完成。

通常导致差别的最常见原因就是封装来自错误的库，或来自库级别过期的封装变化。在任何情况下都要仔细考虑这些差别，更新后需要通过“批处理电气规则检查”（Batch DRC）确认这些更新不会危及 PCB 版图的完整性。

在 PCB 库编辑窗口中，选择“工具”→“更新 PCB 器件用当前的封装”命令，打开“器件更新选项”（Components Update Options）面板，选择要比较的层，在某些情况下信号层的“差异比较”也很重要。

注意：在更新时，如果阻焊层扩展和助焊层扩展发生变化，PCB 本身的设计规则可替换库中的设置。

6.4 3D 模型库

对于新产品的研发后期，通常在交付加工制板之前要对实物模型进行各种测量，以检查器件之间的吻合程度。3D（3 维可视化）视图可以帮助设计人员更直观地查看板子的实物状态。

6.4.1 浏览 3D 模型库

3D 模型库文件位于安装路径…\Altium Designer\Library\PCB3D 中。在编辑窗右下方选择 System→“库”命令打开库面板，在库面板下拉选项中选择*.PCB3Dlib 选项文件即可。若看不到*.PCB3DLib 文件，需在面板右上方单击…按钮勾选 3D 模式复选框，如图 6.46 所示。3D 模型库文件的安装和调用方法同封装库。

6.4.2 建立 3D 库文件

1. 新建 3D 模型库

选择“文件”→“新建”→“库”→“PCB3D 库”命令可建立一个新的存放 3D 模型的库文件，后缀为*.PCB3DLib，可直接保存在当前工程中。

2. 导入 3D 模型

STEP（Standard for the Exchange of Product model data-ISO10303）是一个标准的数据交换格式，支持所有主流的 MCAD 软件。Altium Designer 支持不同版本的 STEP 格式，其中包括 AP214 和 AP203 格式。但 AP203 格式的模型不能着色，故导入的模型为浅灰色。为方便设计者使用，许多器件供应商以发布通用机械 CAD 文件包的方式提供了详细的器件 3D 模型库，可以在 http://www.3dcontentcentral.com/网站上下载。Altium Designer 允许用户直接将这些 3D STEP“*.step”或“*.stp”模型文件导入器件封装中，保证了三维模型标准性，也节省了设计者的时间。

在打开的 3D 库文件（*.PCB3DLib）编辑窗，选择“工具”→“导入 3D 模型”（Import

3D Model)，选择*.step 文件，将其添加到库中。单击编辑窗右下方 PCB3Dlib 标签打开 PCB3D Lib 面板可查看库中的模型。

使用鼠标选中模型并拖动，可改变模型的查看角度，如图 6.47 所示。

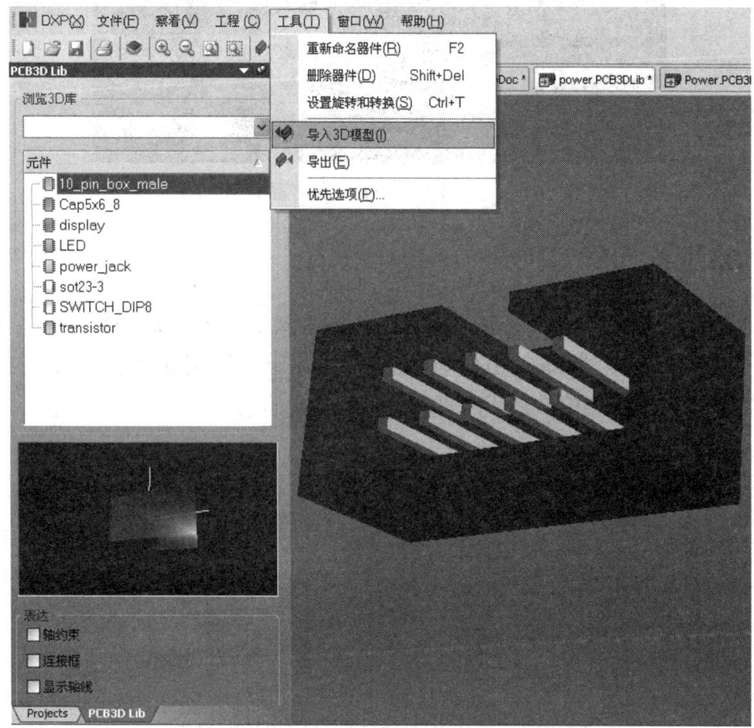

图 6.47　3D 模型库显示

6.4.3 导出 3D 模型

1. 导出 STEP 文件

将板子以 3D 格式导出到 MCAD 软件的最佳方法是通过 Altium Designer 以 STEP 文件输出。但并非所有的 CAD 软件包都有同样的 STEP 格式的文件，因此可能要选择输出方式来得到最适合的格式。

在 3D 显示窗口，选择“工具”→“导出”(Export) 命令，在导出对话框中选择 STEP AP203 命令，可以将当前的 3D 模型以同样尺寸转换为*.step 文件。若仅选择“元件”复选框则导出的*.step 文件不包含板子本身；若同时选择“器件体”复选框则导出的*.step 文件包括板子，并将板子及上面的所有元件视为一个整体模型。在设定如何输出内容时，如果可能，最好删除孔信息以减少文件容量，如图 6.48 所示。

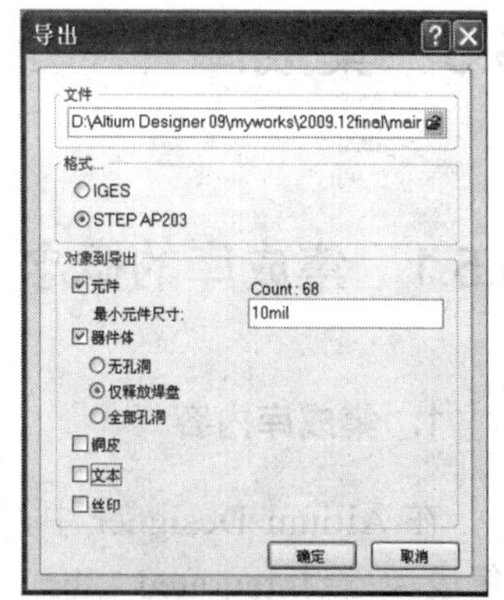

图 6.48　导出 3D 模型

STEP 模型显示的 3D 设计见图 6.49。

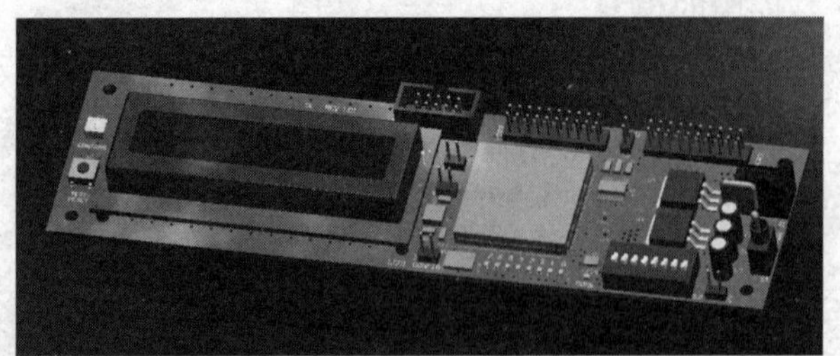

图 6.49 从 STEP 文件导入到产品设计的模型

2. 导出 IDF 文件

STEP 格式的文件或一个 2D 类型的文件也可以由 IDF 或 DXF 格式输出。Altium Designer 支持 V2.0 和 V3.0 版本的 IDF 文件导入与导出，如图 6.50 所示。导出 IDF 格式时会产生扩展名为*.BRD 和*.PRO 的两个文件。其详细信息如下。

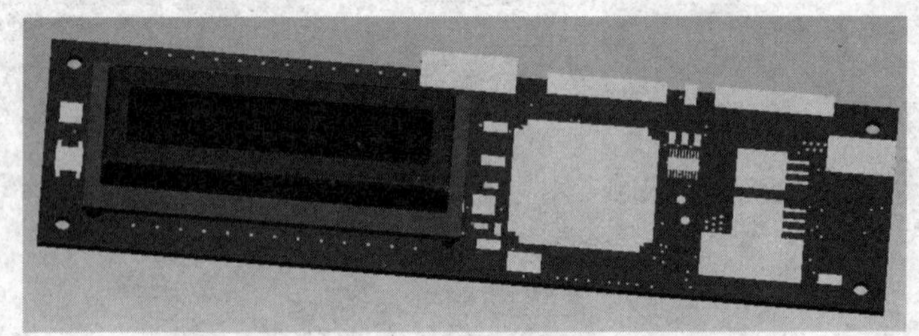

图 6.50 导入 IDF 文件的产品设计的模型

（1）*.BRD 类型是板子的文件，包含板子的轮廓和元件的位置信息。

（2）*.PRO 类型是元件库信息，显示了元件名称和一些基本元件形状等的详细资料信息，用于组成元件会更实用。

注意： 不同 CAD 软件使用 Altium Designer 的不同的文件扩展名，如：Pro Engineer 使用*.emp（IDF library information）或*.emn（IDF board files）扩展名。

6.5 集成库

6.5.1 集成库的概念

1. 集成库内容

在 Altium Designer 中，元件库能够以独立的文档存在，但 Altium Designer 也支持“集成库”（Integrated Library）的创建和使用。集成库文件（*.IntLib）是通过对源库文件进行关联、汇编、对各类模型进行编译、全面检查而建立的包含了原理图库文件

(*.SchLib)、PCB 库文件（*.PcbLib）、SPICE 模型库文件（*.ckt 和*.mdl）、信号完整性模型文件（*.sdk 或*.lbis）以及 3D 模型文件（*.PCB3DLib）等器件及其各类参考模型的文件包，集成库对工程设计器件进行集中管理、安装和调用，集成库面板如图 6.51 所示。Altium Designer 提供的大部分库都是集成库，位于软件安装的路径 ...\Altium Designer \Library 文件夹中，大多数集成库是符合厂商规定的。还有一部分特殊性质的集成库，如特殊函数仿真元件。

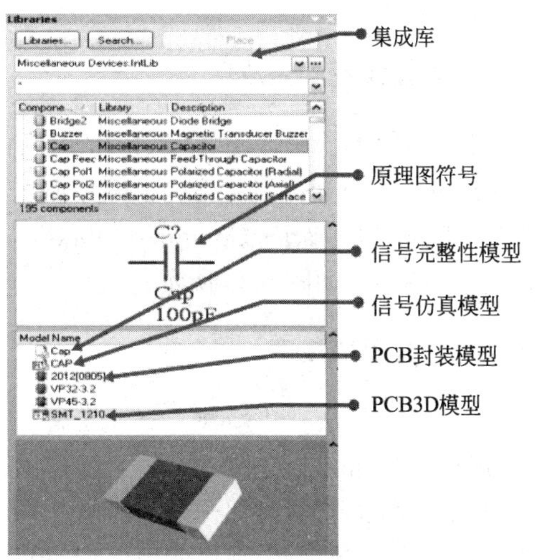

图 6.51　集成库面板

2. 集成库特点

（1）集成库的加载、浏览和器件查找与原理图器件库的使用方法完全相同。

（2）集成库对工程设计并非是必需的，调用器件仍然可以只使用原理图器件库、封装库和 3D 模型库。但采用集成库中的元件做原理图设计可以不需要再为每一个元件添加各自的模型了，可大大提高设计效率，如图 6.52 所示。

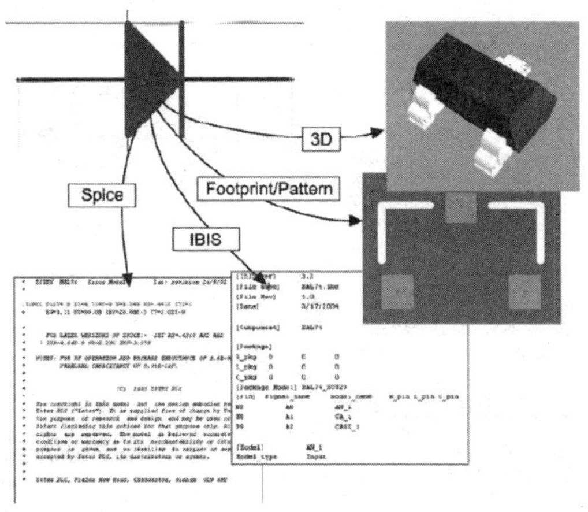

图 6.52　将各种模型添加到原理图符号中

（3）集成库大小通常是被集成的原有文档总和的 1/8～1/10。

（4）设计项目越大，集成库完成库更新、PCB 更新等任务的速度比不集成的库更快。

（5）集成库可以在网络驱动器上供整个公司使用，也可以放在用户权限有限制的驱动器上，只允许特定用户（如库管理员）编辑。

（6）与非集成库相比，集成库更容易从可用库中添加和删除。

（7）在集成库中的元件不能够被修改。如要修改元件可先在分离库中编辑，然后再进行编译产生更新过的集成库。

（8）将集成库解压缩就能转换为原先的分离库。

6.5.2 创建集成库

1. 创建工程的集成库

打开工程中的原理图（*.SchDoc）文件，在编辑窗口中选择“设计”→“生成集成库”（Make Integrated Library）命令。编译通过后生成与工程同名的集成库文件*.IntLib，并放置在当前工程的 Libraries\Compiled Libraries 文件夹中，同时自动添加到当前工程安装库列表中，以便使用，如图 6.53 所示。

2. 创建新集成库

选择“文件”→“新建”→“工程”→“集成库”（Integrated Library）命令可创建一个集成库包*.LibPkg 文件，以适当名称保存在选择的路径中。

集成库包的管理类似一个“工程”项目，可以由“添加现有的文件到工程”的方法将各种类型的库文件添加到集成库包*.LibPkg 中，其中也包括“信号完整性分析”和“电路仿真”（Circuit Simulation）库文件。也可将 Project 面板中显示的各种库文档直接拖放到新生成的集成库工程中去，如图 6.54 所示。

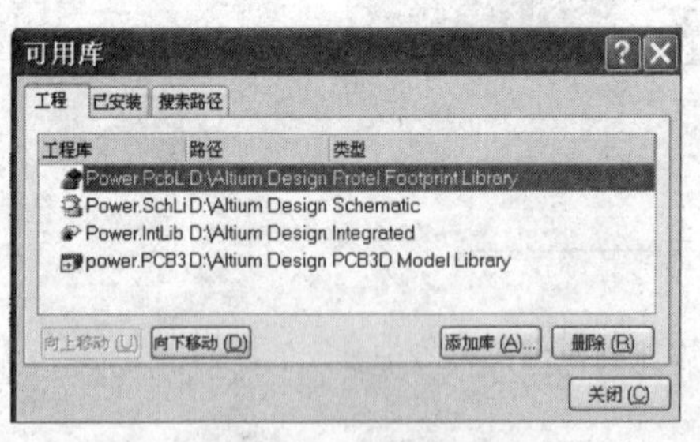

图 6.53 由工程创建的集成库

图 6.54 集成库结构

右击集成包名在弹出的快捷菜单中选择“Compile Integrated Library ...”命令，此时 Altium Designer 将附加到原理图符号的所有模块链接到一起生成与集成包同名的编译集成库文件（类型为 Altium Compiled），当安装或调用时显现为（*.IntLib）文件。

若在集成包编辑器窗口选择“工程”→“工程参数”（Project Options）命令，打开“Options for integrated library ...”面板，可为集成库设置相应的输出路径，如图 6.55 所示。

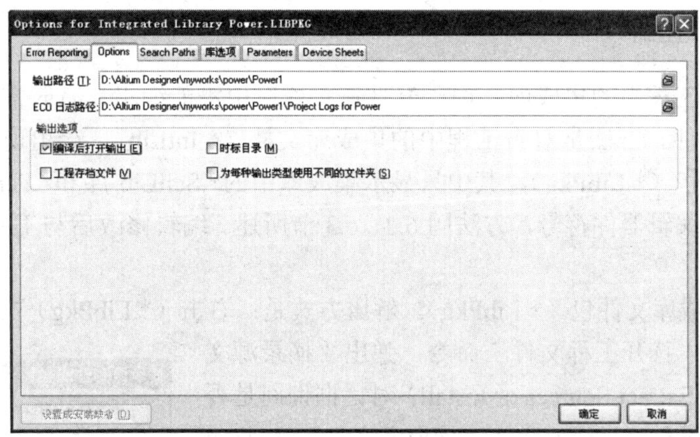

图 6.55　集成库设置

设计者生成的集成库与软件自带集成库相同，当设计电路调用器件原理图时，将自带封装模型。

6.5.3　集成库管理

1. 集成库更新

可在当前工程中选择“添加现有文件到工程”（Add Existing to Project …）命令打开集成库。

选中“集成库”（*.IntLib）文档并右击，在弹出的快捷菜单选择“显示差异”（Show Differences）命令，打开“选择文档比较”（Choose Documents To Compare）面板，勾选“高级模式”（Advanced Mode）复选框，在选择了比较对象后，单击“确定”按钮，如图 6.56 所示。在提示 Failed to Match 6 of 6 Components using Unique Identifiers 对话框单击 Yes 按钮，打开“封装库与原理图库差异”（Differences between PCB Library Document and Schematic Library Document）面板，显示两者的差异并“更新”（Update），使两个文件同步，如图 6.57 所示。

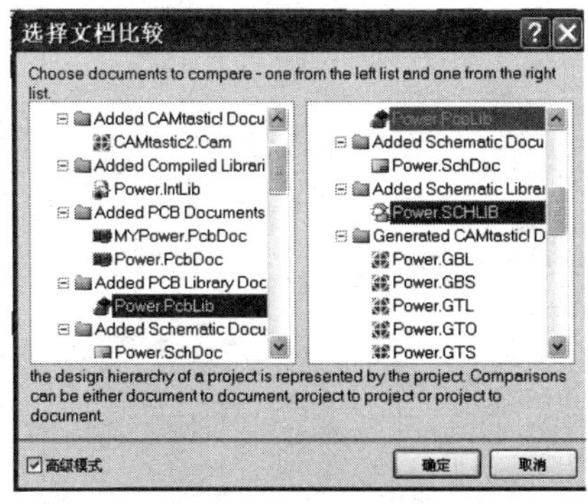

图 6.56　选择比较文档

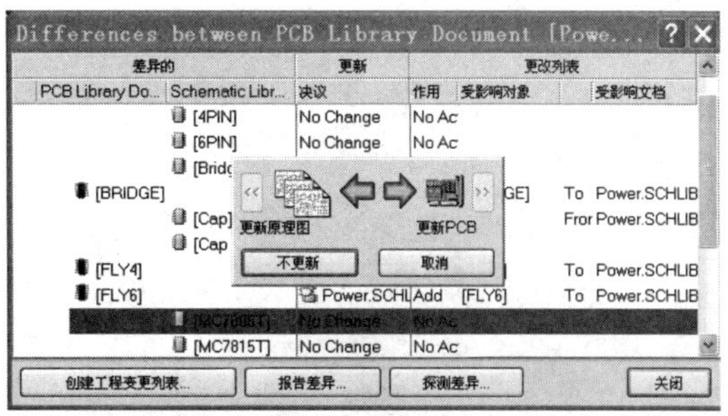

图 6.57　同步更新文档

2. 集成库解压缩

（1）解压缩工程中的集成库。由于器件在集成库中不能编辑，有时需要将集成库解压缩拆分为单个文件。方法是双击工程中的集成库文档（*.IntLib），会出现一个与集成库同名的集成库文件包（*.LibPkg），其中只显示集成库中的*.SchLib 库和*.PcbLib 库文档，可以在这两个库中编辑器件符号，方法同 6.2、6.3 节所述。编辑修改后与工程文档同步更新，可以再次集成。

（2）解压集成库文件包（*.LibPkg）。解压方式是：右击（*.LibPkg）文件名，在弹出的快捷菜单中选择“打开工程文件”命令，弹出“摘录源文件或安装文件”（Extract Sources or Install）对话框询问是否需要解压缩，如图 6.58 所示，单击“摘取源文件”（Extract Sources）命令就可以将集成文件包解压缩。

图 6.58　打开集成库时弹出的对话框

当浏览解压缩库的目录时，将会看到原库中的各种电路仿真模型，如*.ckt 和*. mdl；如果有 PCB3D 模型，也会显示在目录中，但并不出现在 Projects 面板中，如图 6.59 所示。

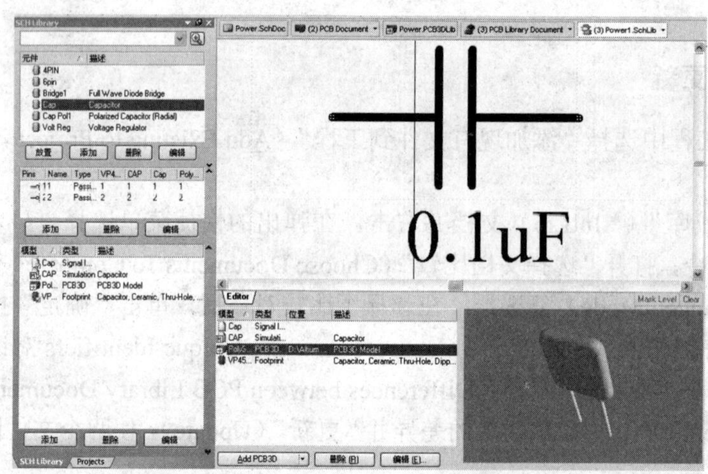

图 6.59　集成元件的模型

提 高 篇

在前面的章节中，介绍了设计一个 PCB 板的基本方法和对器件库的管理和使用方法，但这只是会“画”电路板。要真正能够设计一个电气性能精良的板子，需要掌握许多电气标准和精细要求。本篇包括第 7 章至第 11 章，对编辑工具的深入了解、全局设置、高级设计以及公共资源调用等内容将做进一步介绍。之所以不将这些细节糅合在基础篇中讲述，原因有二：一是在不了解基础技能的情况下，无法了解更高级设置的必要性和重要性；二是从全书篇幅的结构设计出发，基础篇是学会“使用 Altium Designer 软件”，设计的板子是可行的；而提高篇是学会“设计实用电路”（不仅仅是设计原理图），设计的电路应该是可用的产品，这就是两者的不同之处。

一个电路从原理设计到实物呈现以至形成精美产品，不仅要会使用设计软件工具，更需要有相当的电气知识背景，否则知其然而不知其所以然。作为一名工程技术人员，更侧重设计产品的实用性，当然，如果能精美漂亮，则是更高的境界了。

第 7 章　全局设置与编辑

本章摘要

本章介绍如何定义设计规则和进行规则检查，学习设置全局规则并对多个器件对象进行操作。介绍设置和使用“参数管理”(Parameter Manager)、“封装管理”(Footprint Manager)、“模型管理”(Model Manager)、“发现相似对象”(Find Similar Objects) 以及“列表”(List) 等工具，其中了解规则设置与参数设置的要求、含意及方法，需要具备相当的电气知识。

7.1　工程全局规则设置

7.1.1　规则设置与创建

1. 规则定义

电子设计中，常常一个器件在多处出现，如果对其进行编辑修改，难免挂万漏一。为了更好地使用 Altium Designer 设计电路，最好在开始设计之前将设计规则选择好，使整个电路设计标准统一。在 Altium Designer 中，设计规则用来定义用户的设计需求，这些规则涵盖了设计的各个方面，从布线宽度、对象的安全间距、过孔类型及内电层的连接方式等。设计规则不仅能在 PCB 设计的过程中实时检测，而且也能在需要时进行统一的批量检测并生成错误报告。设计规则分别针对原理图文件设计规则和 PCB 编辑设计规则。PCB 编辑器是由规则驱动的，设置好约束规则能保证设计的成功完成。

Altium Designer 的设计规则系统有如下特点。

（1）规则独立于对象：定义的设计规则与所应用的对象是独立的。在设计规则集合中定义的规则通过指定辖域作用于设计对象。

（2）编辑检索指定规则辖域：通过灵活的检索条件系统指定规则所作用的对象，可精确控制规则与目标对象的匹配。

（3）同类规则对不同对象：相同类型的多个规则可以定义到不同的对象中。例如，设置一个“网络布线宽度规则”，可针对顶层和底层分别设定。

（4）规则优先级：当多个设计规则（包括通用的和特殊的规则）作用于同一个设计对象时，为避免规则竞争，软件指定了优先级。系统自动从高到低检查，从中选择与对象匹配的第一条规则。

（5）两种规则对象：一元规则只约束一个对象的特征，如：线宽约束。二元规则约束的是一个对象与另外一个对象之间的电气关系，如：需要约束一组铜箔和另一组铜箔之间的间距就需要使用二元查询语句分别定义。

（6）对象集：对象集的范围由规则查询语言决定，用来描述规则所约束的对象。

2. 全局规则设置

在 DXP 环境可以定义不同的全局系统参数，包括资料备份和自动保存、系统使用字体、工程面板显示、环境参数查看（如弹出和隐藏面板）以及使能版本控制接口等。同时也可为每一工作界面（如原理图设计和 PCB 设计）设置不同的环境参数。通常电路设计都是先画出原理图再转化为 PCB 板，因此原理图设计的约束规则定义优先于 PCB 布线。

在主窗口中选择 DXP→“优先选项”（Preferences）→“喜好”命令，或在编辑窗口中选择“工具”→“设置原理图参数”（Schematic Preference）命令，打开“喜好”面板，如图 7.1 所示。

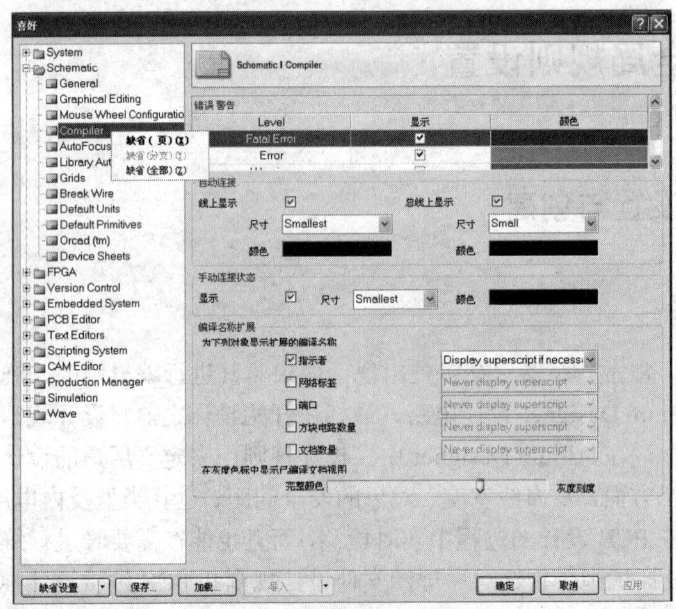

图 7.1　喜好面板一览

“喜好”面板左侧为目录树，列出了 12 个设计规则类别，每个类别都是独立的规则类型。单击规则类型可展开所有已经定义的规则，在各自的对话框或选项中，可以添加规则的参数、选择规则类型、为规则类型配置约束。在原理图中为对象添加一个设计规则参数后，软件会为每个参数分配唯一的“标识”（Identifier，ID），并同时分配到相关的 PCB 设计中。通过唯一的 ID，规则的约束可在原理图或 PCB 其中一方被用户编辑，经同步在另一方更新。

7.1.2 规则约束编辑器

1. 规则编辑器

在 PCB 编辑窗中选择“设计”→“规则”（Rules）命令，打开“PCB 规则及约束编辑器”（PCB Rules and Constraints Editor）面板，如图 7.2 所示。单击规则类型展开已定义规则，右击规则类型，在弹出的快捷菜单可选择“新规则”（New Rule）或“删除规则”（Delete Rule）、“报告”（Report）以及“输出规则”（Export Rules）和“输入规则”（Import Rules）等操作。

2. 规则辖域及绑定

由于设计规则与对象是分别定义的。要将系统的设计规则与对象绑定，必须对设计规则界定作用范围的“辖域”。

（1）内建规则辖域。

在“PCB 规则及约束编辑器”（PCB Rules and Constraints Editor）面板的 Where the First Object Matches 选项区域中，提供快捷的辖域选择。通过单选按钮或下拉列表选择适当的域，如：“所有的”（All）、“网络”（Net）、“网络类”（Net Class）或“层”（Layer）等。操作这些选项时，在“全部询问”（Full Query）文本框内自动生成检索条件的 ASCII 字符串，用户可进行编辑，如图 7.2 所示。

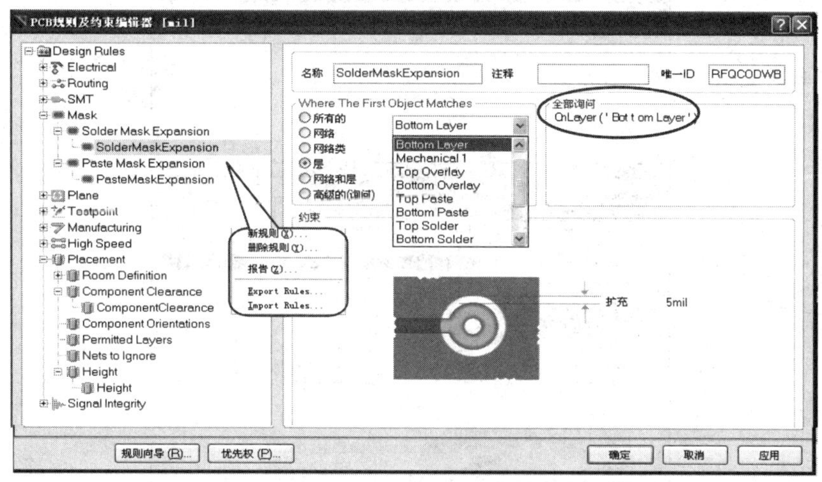

图 7.2　PCB 规则及约束编辑器及内建规则辖域

（2）直接访问和编辑约束。

在选择“高级询问”（Advanced Query）单选按钮后，单击“询问构建器”按钮，可在 Building Query from Board 对话框内直接访问和编辑约束，如图 7.3 所示。

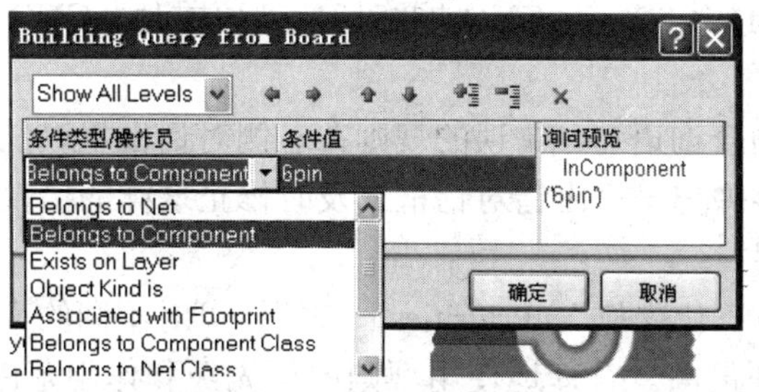

图 7.3　高级询问

（3）条件检索建立器设置规则管辖。

“条件检索”（Query）本质上是绑定一系列设计对象的指令，是对规则应用对象的描述，可用直接输入条件检索关键字编写，或在语言编辑区左侧的控制区选择，以及用查询语言构造器的方式来定义。可以单击“询问建立”（Query Builder）按钮，在 Building Query From Board 对话框中通过简单的字符串对文件中要绑定的特殊对象建立条件检索。

（4）条件检索助手获取帮助。

当选择“高级的询问”按钮后，单击“询问助手”（Query Helper）按钮打开 Query Helper 对话框，条件检索引擎将分析 PCB 设计并列出所有可用的对象以生成相应的条件检索关键字。

在对话框“类目”（Categories）区域内，可查看 PCB Function、PCB Object Lists 和 System Function，当选择它们时，其相关的关键字或对象将出现在右侧区域，双击希望使用的条件检索字符串，可用于创建条件检索表达式，如图 7.4 所示。

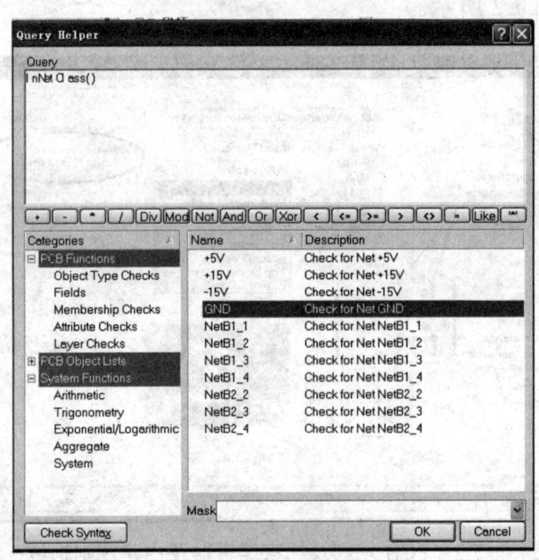

图 7.4 创建条件检索表达式

例如条件检索：

```
InNet（GND）And OnLayer（TopLayer）
```

表示规则辖域用于 GND 线宽。当 GND 网络切换到顶层时，GND 线宽将自动适应顶层的线宽。

如果输入了错误的查询语句，错误的规则在左侧对话框里以红色树型方式显示，当试图关闭规则设置框时会弹出一个出错对话框。及时修正这样的错误非常重要，否则在线实时检测时速度会非常慢。

单击图 7.2 中下方“优先权”（Priorities）按钮，可对不同约束优先权次序重新排列，排在最前面的优先级别最高。合理地使用规则的优先级和作用范围，就能对 PCB 设计中的每个对象定义必要的约束。

3. 创建新规则

（1）添加新规则。右击一个规则大类可以添加该类的一个新规则，然后在图 7.2 右边区域中进行设置。创建新规则包括如下内容：

- 给规则定义一个易识别的名字；
- 设置规则约束，如安全间隙或布线宽度；
- 输入条件检索，定义规则辖域；
- 设置规则优先级。

（2）新规则向导。通过选择“设计”→“规则向导”命令，打开“新建规则向导”（New Rule Wizard）对话框，根据指示依步骤创建新规则，如图 7.5 所示。分别选择“规则类型”（Rule Type）（如电气规则、布线规则等）、“规则范围”（Rule Scope）（如适用整个板、一个网络、某个层等）、“规则优先权”（Rule Priority）等，然后单击“完成”（Finish）按钮。

4. 导入导出规则

在“PCB 规则与约束编辑”面板右击目录树选择“导出规则”（Export Rules）和“导入规则”（Import Rules），可在打开的“选择设计规则类型”（Choose Design Rule Type）对话框中进行选择，允许用户在不同的设计中保存或加载自己喜好的规则定义，如图 7.6 所示。

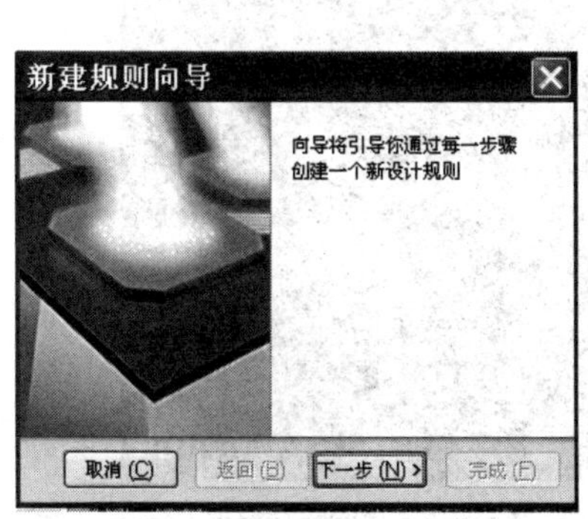

图 7.5　“新建规则向导”对话框

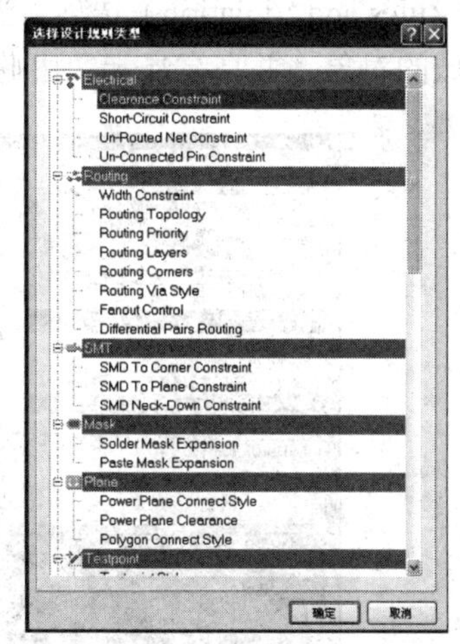

图 7.6　加载规则定义

7.1.3　设计规则检测

通常在设计电路时，往往定义了多个设计规则及辖域。检查已定义的规则是否正确地绑定到目标对象上，有助于排除因辖域定义错误而引发的冲突。验证规则辖域的正确性，可以选中一个设计对象，查看当前作用于它的规则；或选中一条规则，查看它的辖域对象。

1. 从对象中查看规则

鼠标指向查看对象并右击，选择“可应用的一元规则”（Applicable Unary Rules）命令。所有应用于对象的设计规则都列出在“可适用规则”（Applicable Rules）中。其中标记✔项表示该规则是同类中优先级别最高，且当前已被应用的；标记✘项表示优先级较低、当前不起作用；以删除线高亮标记的表示当前被禁止的规则，如图 7.7 所示。

图 7.7 查看规则级别

用户也可以用相同方式访问两个对象的二元设计。方法是将光标定位于一个对象，右击在弹出的快捷菜单中选择“可应用的二元规则”（Applicable Binary Rules）命令，这时会出现一个十字光标提示用户选择第二个对象，查看用于这些对象的规则。

2. 从规则查看辖域

在 PCB 编辑窗右下方单击 PCB 标签，打开 PCB 面板，在其上部列表框中选择“规则与冲突”（Rules and Violation）选项。当在面板区域中单击指定的规则时，过滤器就会过滤出规则辖域的对象，并高亮显示，由此可快速查看规则所绑定的对象，如图 7.8 所示。

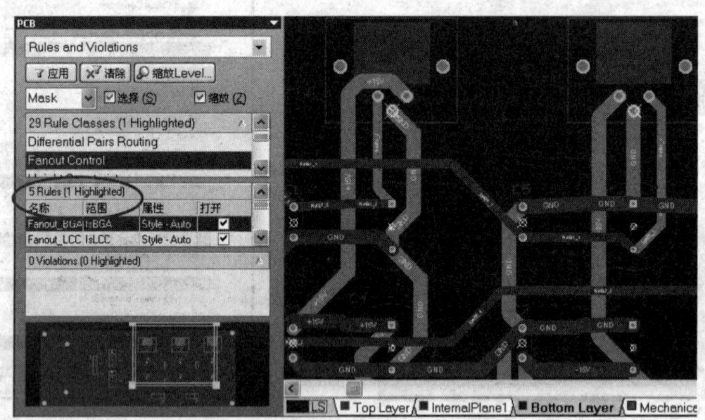

图 7.8 在 PCB 面板查看或编辑规则

在 PCB 面板中还可以对全部和相关部分的规则进行查看，或直接编辑规则调整条件检索，直至期望的对象被捕捉到辖域中。

PCB 面板中 Rules Classes 选项区域包含了当前设计已经定义的规则和约束。双击“规则”（Rule）栏中的条目或在条目上右击在弹出快捷菜单中选择 Properties 命令可打开相关的“PCB 规则编辑”（Edit PCB Rules...）对话框，在此可编辑规则辖域或指定规则约束，如图 7.9 所示。

要获得更多的 PCB 面板的信息，可在光标移到 PCB 面板时按 F1 键，打开“知识中心”（Knowledge Center）对话框查看。

3. 设计规则检测

“设计规则检测”（Design Rule Checker，DRC）具有物理完整性和动态检测规则逻辑的强大功能。检测根据部分或全部使能的设计规则进行，还可以在线检测或批量检测。检测结果在“信息”面板中列出或生成报告。在设计中每个布线板上都应启用设计规则检测，以确保最小安全间隙以及避免其他冲突发生。在最后完成设计时更要运行设计规则检测。

1）配置 DRC

在 PCB 编辑主菜单中选择“工具”→“设计规则检测”命令，打开“设计规则检测”对话框。在对话框左侧目录下列出所有可检测的规则类别，单击类别名称，右栏中列出该类别下的相关设计规则种类，右击出现“在线 DRC”（Online DRC-）或“批量 DRC”（Batch DRC-）检测的“使能”或“禁止”选项，如图 7.10 所示。

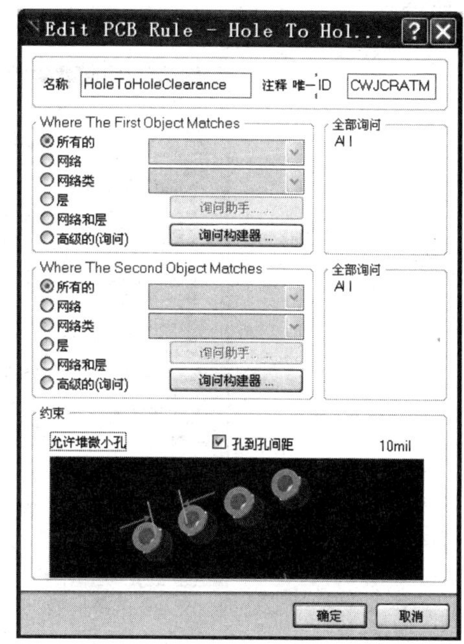

图 7.9　编辑 PCB 规则

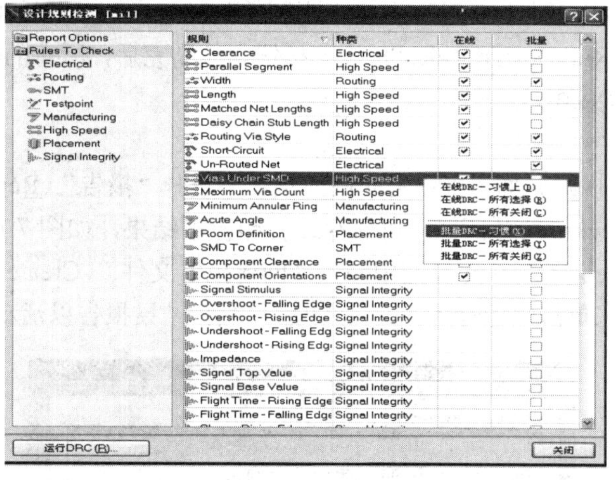

图 7.10　配置检测规则

使用了 DRC 检验选项，当手动布线时，对设计中所有违反 DRC 规则的对象，如间距、宽度和并行段冲突等都会被高亮显示。

当 DRC 检测面板开启时，显示“错误”的颜色可以在“板层颜色”面板（Board Layers and Colors）中的 DRC Error Markers 中进行设置，如图 4.19 所示。

2）在线检测

在线检测是在后台运行的，它可以对冲突做标记或自动阻止冲突发生。在线检测必须将“在线 DRC”设置打开，方法是在“喜好”面板中，选择 PCB Editor→General 选项，勾选“在线 DRC”复选框，如图 7.11 所示。另外，在图 7.10 中勾选“在线检测”复选框。

图 7.11　设置在线检测

3）批量检测

在线 DRC 只能检测开启“在线使能”后出现的错误。“批量检测 DRC”（Batch DRC）则允许用户在板设计过程中手动运行。因此，在设计开始及结束时都要运行批量 DRC。

建立批量 DRC 可在图 7.10 对话框定义不同的附加选项，初始化 DRC，然后单击左下方的“运行 DRC”（Run Design Rule Check）按钮。检测完后，所有的冲突和违反规则之处将出现在“信息”面板中。

4）规则报告

在图 7.2 中右击规则名称，在弹出的快捷菜单中选择“报告”（Report）命令，弹出“报告预览”（Report Preview）对话框，可保存或打印检测结果，如图 7.12 所示。或在“设计规则检测”面板的 Report Option 界面中勾选“创建报告文件”（Create Report File）复选框，如图 7.13 所示。则在单击“运行 DRC”按钮后，执行结果报告以活动文档的形式打开。

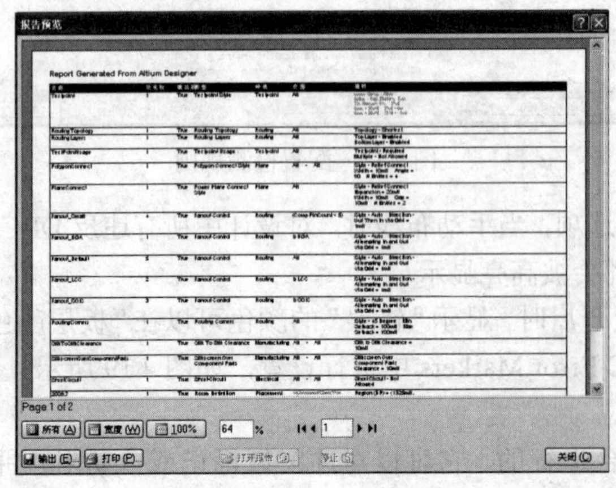

图 7.12　报告输出

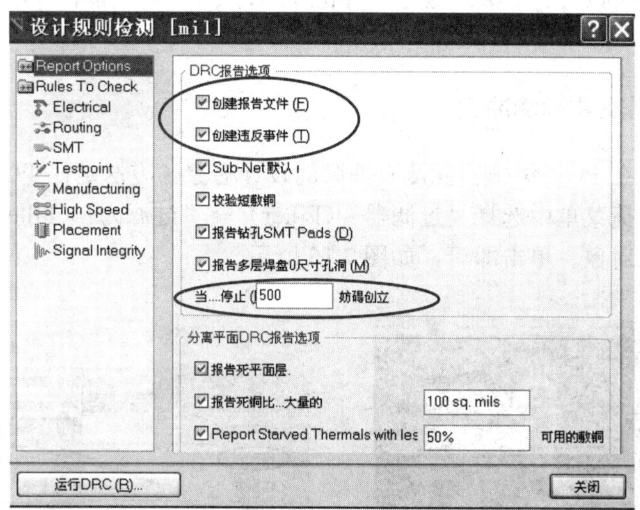

图 7.13　开启交叉探测功能

注意： *在解决设计规则错误时要保证所有的层都已经激活，在图 4.19 中勾选各层所对应的“使能”复选框。*

7.1.4　设计规则冲突

通过仔细地设置约束条件和规则作用辖域，运行 DRC 时冲突的数量会大大减少。规则检查错误数量的最大默认值是 500 个，如果在“设计规则检测”对话框中的“当...停止”（Stop When Violations Found）中限制冲突的最大数值，可避免大量冲突出现，使人眼花缭乱，如图 7.13 所示。

解决冲突的方法：一是分步运行 DRC，随时发现问题解决问题；二是一次使能一个规则进行检查。只有准确地探测冲突所在，才能解决冲突。PCB 编辑器提供三种探测冲突的方法。

1. 在消息面板探测冲突

在“设计规则检测”面板中选择 Report Options 选项，在右边界面的“DRC 报告选项”（Report Options）区域勾选“创建违反事件”（Create Violations）复选框开启交互探测冲突的功能，如图 7.13 所示。当运行批量 DRC 后，在“信息”面板中双击其中的冲突消息，可跳转到主设计窗中交互探查冲突对象。

2. 在 PCB 面板中探测冲突

在 PCB 面板选择 Rules and Violations 模式，运行在线或批量 DRC 后，规则的冲突将在 PCB 面板的“冲突”（Violations）区域列出。单击“冲突条目”，该冲突根据显示设置以“常规”（Nomal）、“屏蔽”（Mask）及“朦胧”（Dim）方式显示，如图 7.14 所示。

双击冲突条目可以打开“编辑规则”（Edit PCB Rule）对话框，详细查看冲突来源并修改规则。

3. 直接在工作区中探测冲突

用户也可直接在 PCB 编辑窗探测有冲突的设计对象。方法是在 PCB 编辑窗口中右击鼠标，在弹出的快捷菜单中选择“过滤器”（Filter）→“过滤为”（Filter For）命令，由下三角按钮选择过滤对象，单击即可，如图 7.15 所示。

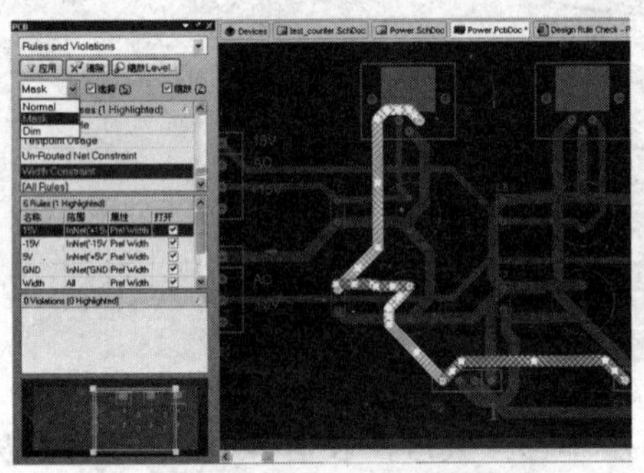

图 7.14 PCB 设计中的冲突显示

图 7.15 过滤器查找冲突

7.2 数据管理系统全局编辑

在电路设计的过程中，各种元件、模型对象常常出现在原理图、PCB 图等多个地方，对它们进行统一编辑、检测和管理的“全局编辑”就显得非常必要。Altium Designer 提供了一个强大的数据编辑系统，对该系统访问的最基本操作是可用多种方法选择多个不同的管理对象，并对其进行检查、编辑属性和管理设计数据。

数据编辑系统的特征是能够同时编辑多个对象，多对象选择的方法有：

- PCB 面板直接查看对象；
- 使用 Inspector 面板；
- 使用 List 面板。

7.2.1 对象选择

1. PCB 面板查看

打开 PCB 面板可以浏览 PCB 文档上的所有对象。单击某类或某个对象，在编辑窗中会以高亮显示。使用 Ctrl 键 + 鼠标单击相结合，可挑选多个对象；Shift 键 + 鼠标单击，可连续选择多个对象，并高亮显示。勾选“选择”（Select）复选框则被选择的目标对象将采用高亮白底色突出显示。

2. 检查器查看

1）相似对象

不同的对象可通过“查找相似对象”对相同的属性进行编辑。

右击原理图或 PCB 编辑窗界面空白处，在弹出的快捷菜单选择“查找相似对象”（Find Similar Objects），鼠标呈十字形，选择对象，此时打开“发现相似目标”面板，如图 7.16 所示。对元器件和网络等分类对象进行操作时这个面板非常实用。

图 7.16　选择相似器件

在图 7.16 右列中可以指定相似条件，其每一项属性与目标对象的匹配条件可设定为：“相同”（Same）、“不同”（Different）和“任意”（Any）。另外还要设置搜索范围是“当前文档”（Current Document）还是“所有打开的文档”（Open Documents）。在设定“所有打开的文档”之前要将工程中的所有页面加载。勾选“选择匹配”（Select Matching）和“运行监测仪”（Run Inspector）复选框，单击“确定”按钮后，将出现载入所有已选对象属性的 SCH Inspector 面板。

如单击“应用”（Apply）按钮也可以选中匹配对象，并打开 SCH Inspector 面板，且此时“发现相似目标”面板仍保持打开状态，此功能用在不确定匹配参数是否准确时使用。被选中的对象会作为一个整体随捕获网格移动。

2）Inspector 面板

在原理图编辑器右下方单击 SCH 标签或在 PCB 编辑器右下方单击 PCB 标签，可以打开检查器 Inspector 面板（也可反复按 F11 键打开或关闭该面板）。在此可编辑查看当前所选对象的任何属性，同时编辑不同类型的对象，选定对象的总数显示在底部。

如果在 Inspector 面板选中多个对象，则所有对象相同的属性会显示，而属性不同的栏显示为“<...>”。当修改 Inspector 中某个对象的属性，则所选对象的同一属性都将被修改，如图 7.17 所示。

在 Inspector 面板顶部有三个选项，其中可设置显示查找对象是“当前文档”（current document）、“打开的文档”（open documents）还是“同一工程内打开的文档”（open document of the same project）。当设置为“打开的文档”或“同一工程内打开的文档”时，可将所有选中的对象载入到“检查器”（Inspector）中。

3. 列表查看

1）查询引擎

查询引擎通过使用“过滤器”（Filter）强大的对象过滤功能将数据库中的每个对象与查找特征值进行对照和过滤，符合特征值的对象被添加到 SCHLIB List 面板中。通过查询过滤整体的数据设置，减少图形显示数量，在列表中仅显示满足查询条件的对象，对已被过滤的对象用朦胧显示，并不能被编辑。数据可通过 PCB 编辑面板中查找相似对话框进行过滤，或通过在“过滤”面板中写入查询语句来查找。如：查询语句 IsComment and IsDesignator 只显示元件标识和元件注释，将缩小显示内容的范围。一条查询语句就是一个指令，在输入的时候要用语法关键字（本例中 and 是该句中的关键字）。

注意：更多的查询语句可以通过选择“过滤器”→“例子”（Examples）命令来找到，如图 7.15 所示。

打开原理图库文档（*.SchLib）编辑窗，单击右下方 SCH 标签，打开 SCHLIB Filter 面板（也可反复按 F12 键打开或关闭该面板）。当查询 ispin 并选择 All Objects 单选按钮时，库中所有对象的引脚被选中，其他部分被“屏蔽”（Mask out），如图 7.18 所示。

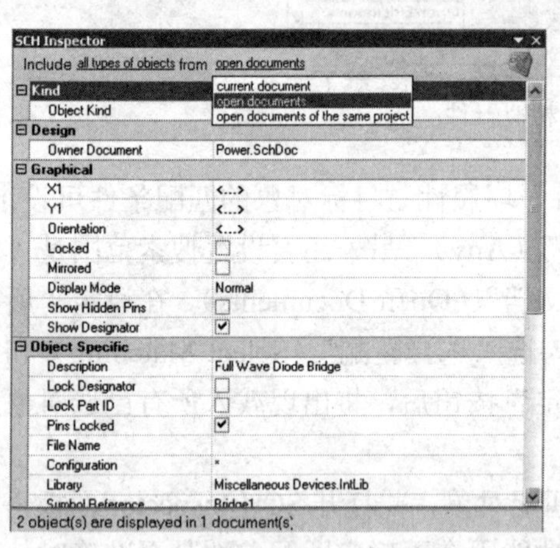

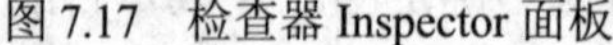
图 7.17 检查器 Inspector 面板

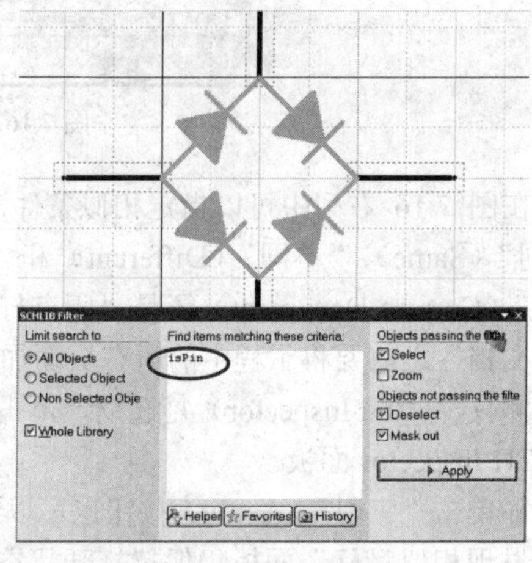

图 7.18 查询引擎面板

本例因勾选了图 7.18 右上方的 Select 复选框，故引脚会被载入到 SCHLIB Inspector 面板中，同时也会以表格形式显示在 SCHLIB List 面板中，这为编辑多个对象提供了方便。

在查询引擎 SCHLIB List 面板中单击 Helper 按钮，打开“询问帮助”（Query Helper），查找对象名称，双击所选择的对象，其字符串即可出现在 Find items matching these criteria 对话框中。在关闭“询问帮助”对话框之前，单击“检查语法”（Check Syntax）按钮。

注意：

- 查询时用括号区分优先级；
- 字符串前插入通配符*，能得到所有关于该字符串的关键字和描述；
- 查询中对于变量需加单引号，如 DIP6。

2）List 面板

SCHLIB List 面板类似一个电子数据表格，列出原理图或 PCB 工作区中的对象，可反复按 Shift + F12 组合键打开或关闭。在 List 中可编辑单个或多个单元，数据还可以从电子数据表格中粘贴过来，也可以把列表中的数据粘贴到电子表格中去。List 面板上部“从”（from）设置为“当前元件”（current component）或“所有元件”（all component）可通过鼠标滚轮前后移动进行切换，这样过滤器将查看“所有”器件和查看“当前”器件的结果分开显示，如图 7.19 所示。从 List 列表右击弹出下拉列表框中选择 Remove Non-Selected 可保留选择的器件。

SCHLIB List 面板是可配置的，右击栏目标题从弹出的快捷菜单中选择“选中纵列”（Choose Columns）命令，可在“纵列设置”（Columns Setup）中增加、移除栏目或修改栏目次序，如图 7.20 所示。

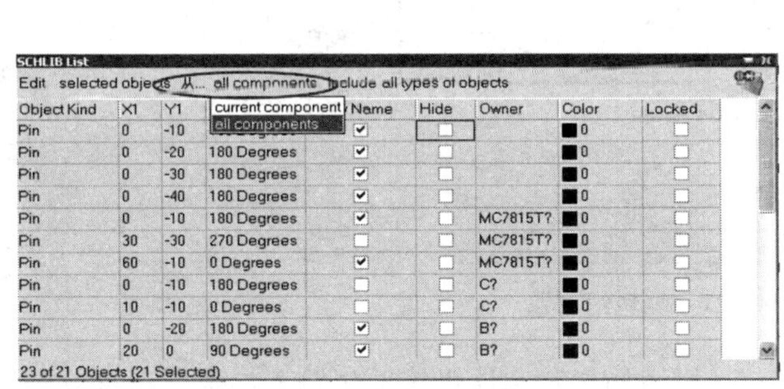

图 7.19　List 面板编辑

图 7.20　纵列设置

7.2.2　同属性对象的编辑

1. 同属性对象的编辑

通过上面的方法在“检查器”（Inspector）中选择了一组有相同属性的对象，对这些属性进行修改和编辑，可直接在检查器中进行，按 Enter 键后会在所有被选中的对象中执行。若执行后又改变主意，则需在所有打开的修改过的图纸中执行“编辑”→Undo 命令，可恢复原来的属性。

用此方法可以对原理图或 PCB 编辑器中任何类型的对象进行全局编辑。编辑执行后，原理图上其他对象都被淡化或屏蔽了。被屏蔽的对象不能被编辑，单击工作区右下方“清除”按钮可取消屏蔽。

2. 组对象编辑

设计图中的元器件是由图符、参数、字符串、引脚及参考模型等元素集合而成，其每个元素称为“子对象”，而由子对象构成的整体称为“组对象”，或“父对象”。

如果编辑多个属性相同的元件的多个元素，可在其中某元件图符上单击，打开“发现相似目标”命令（见图 7.16），在元件栏下拉列表框中选择“相同”，再勾选“运行监测仪”（Run Inspector）复选框，然后单击“应用”或“确定”按钮后，出现 SCH Inspector 面板。在该面板中可以直接编辑“对象类型”（Kind）、“图形”（Graphical）、“对象特征”（Object Specific）及“参数”等。其结果适用所选择的多个属性相同的元件，如图 7.21 所示。

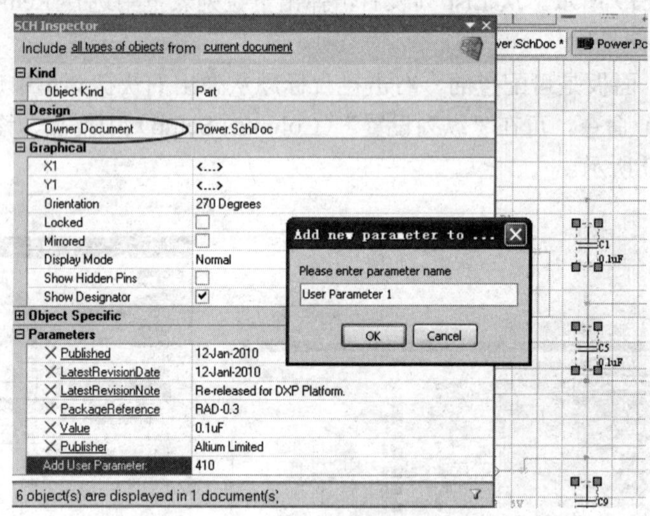

图 7.21 编辑组对象

还可在面板下方 Add User Parameter 栏添加参数。这里需要先输入参数值，再单击该栏输入参数名。此方法可以增加多个参数。面板底部还指出显示对象的个数。

若要回到父对象中，选择超链接 Owner Document，如图 7.21 所示。

上述编辑方法对 PCB 编辑窗中的 PCB Inspector 也适用。

7.2.3 异类对象的全局编辑

假设某原理图已经生成了 PCB 板，若对原理图中某个引脚的网络名进行修改，就会在 PCB 板影响相应的导线、过孔和其他类型的对象，在编译 PCB 文档时会出现错误指示。这就涉及“异类对象的全局编辑”。

1. 原理图与 PCB 同步更新

原理图或 PCB 图中的修改要同步进行可通过逐个进行修改等多种方式。这里介绍使用 Inspector 面板修改的一个例子。

在原理图中选择“+15V”网络名，右击在弹出的快捷菜单中单击“查找相似对象”（Find Similar Objects）按钮，打开“发现相似目标”面板。对“+15V”选择 Same 选项，单击“确定”按钮后出现 SCH Inspector 面板，其底部指出所有“+15V”的网络个数，全局修改可在此界面进行。

单击 Text 栏“+15V”后面的“…”按钮，打开“智能编辑”对话框，由“批量替代”将“+15V”修改为“+12V”。确定后，如果在 SCH Inspector 面板顶端选择了“当前文件”（current document）选项，则在指定的文件中，所有“+15V”网名都改为“+12V”。若在 SCH Inspector 面板顶端选择了“打开文件”（open documents）选项则所有在编辑窗上部显示打开的原理图文件中“+15V”都将改变为“+12V”，如图 7.22 所示。

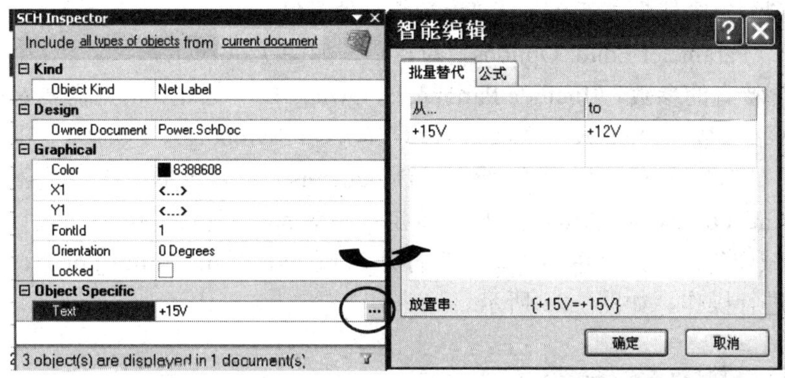

图 7.22　批量修改

若要同时改变 PCB 板上的内容，则在 PCB 编辑窗做同样的操作即可。

2. 机械层更新

在 PCB 编辑器窗口底部单击 Layer 标签激活当前层，选择“编辑”→“选中”（Select）→“当前层上所有的”（All on Layer）命令，选择当前层所有对象，再打开 PCB Inspector 面板，在 Layer 下拉表中选择新的层名称，就可以改变所有器件的所在层，如图 7.23 所示。在此面板也可改变网络的设置。

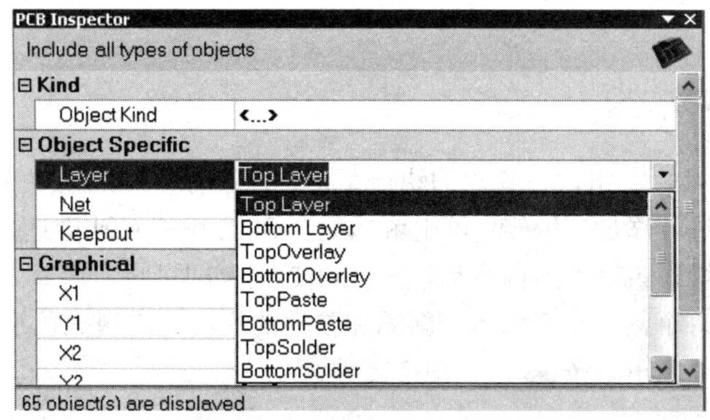

图 7.23　更新当前层

7.3 全局管理器

7.3.1 参数管理器

元器件参数可表明器件级别、类型及某些存储信息，文档参数则定义页面标题、设计者姓名等。参数可以单独添加或编辑，也可通过参数编辑表对整个设计或整个库执行添加和编辑。用户自定义的设计属性可通过参数的方式添加到设计中。

在原理图编辑窗选择“工具”→“参数管理器”（Parameter Manager）命令，打开“参数编辑选项”（Parameter Editor Options）对话框，如图 7.24 所示。

在“包含特有的参数”（Include Parameters Owned By）区域，根据需要勾选“元器件”（Parts）、“网络参数”（Nets）、“页面符号库”（Sheet Symbols）、“引脚”（Pins）、“模型”（Models）、“端口”（Ports）以及“文档”（Documents）等复选框；在“适合如下标准的”（That Meet the Following Criteria）栏中确定选择对象；根据情况在“其他选项”（Other Options）区域中勾选，最后单击“确定”打开 Parameter Table Editor For Project 面板，可对各列对象进行操作，如图 7.25 所示。

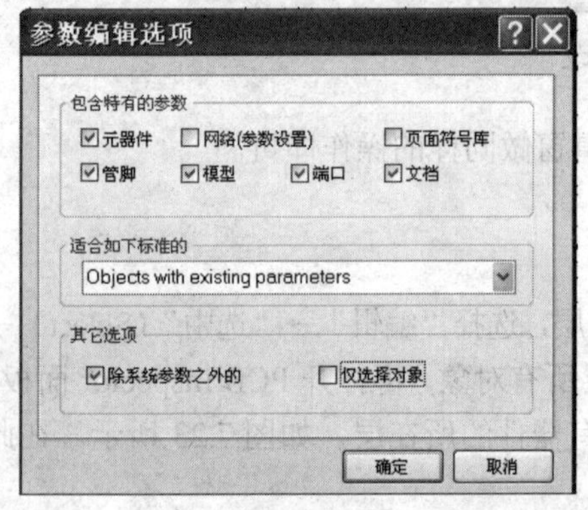

图 7.24 选择编辑参数范围

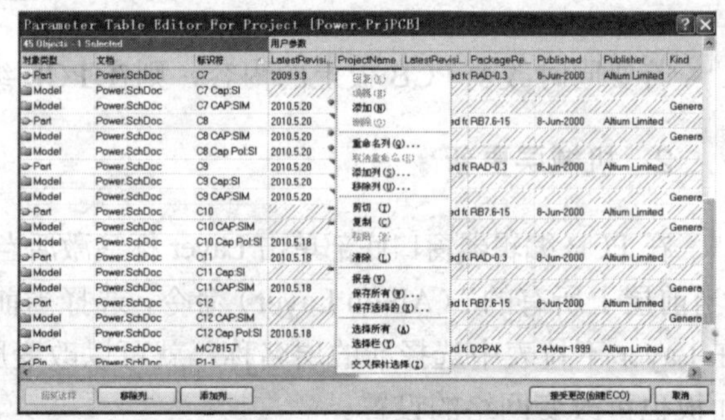

图 7.25 参数表编辑

1. 添加修改参数

在图 7.25 某参数栏右击，在弹出的快捷菜单中可进行“添加”、“重命名列”等操作。若对多个器件参数进行添加或编辑，可用鼠标配合 Shift 键或 Ctrl 键选择多个器件栏，再右击打开选择框进行操作。输入新内容后，按 Enter 键，即可将新内容置入所选栏中。在修改后的参数栏右边有个蓝色小三角◥，新添加参数的栏右边出现绿色小十字✚，若删除参数，则栏右侧出现红色矩形条▬，如图 7.25 所示。

2. 执行参数修改

上述参数修改只是保留在“参数表编辑”（Parameter Table Editor For Project）面板中，单击右下方“接受更改创建 ECO”（Accept Changes ECO）按钮打开“工程更改顺序”（Engineering Change Order）对话框。单击“生效更改”（Validate Changes）按钮检查将要执行的修改，无误后单击“执行更改”（Execute Changes）按钮。至此参数修改在原理图中得到执行，如图 7.26 所示。

这种“生效更改”、“执行更改”的操作在以后的各种修改中，都要执行后方能生效。

图 7.26　修改参数加载到原理图中的显示

7.3.2　封装管理器

封装管理器可检查整个工程中每个元器件所用的封装，支持多选功能，方便进行多个元器件的指定、封装连接、修改元件当前的封装。

在原理图编辑器选择“工具”→“封装管理器”（Footprint Manager）命令，打开 Footprint Manager 面板，在其间可以选择多项，并进行添加、移除、编辑、拷贝等操作，并可根据需要更新原理图和 PCB，但需执行 ECO 确定后修改才能被执行，如图 7.27 所示。

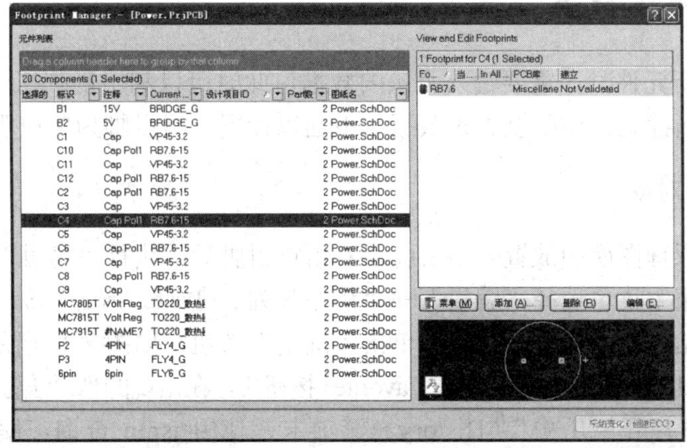

图 7.27　封装管理器

7.3.3 模型管理器

Altium Designer 支持多种不同的模型，包括 PCB 封装、Spice 仿真模型、信号完整性分析模型和三维模型等。这些模型在原理图符号中通过元件库直接添加的方法见 6.2 节。本节介绍多器件模型的编辑、添加和设置。

打开一个原理图库文档（*.SchLib），在库编辑窗选择“工具”→“模式管理”（Model Manager）命令，在“模型管理器”面板左边列出当前库的元件清单，右边可以对器件模型进行“添加”、“移除”（Remove）、“编辑”以及粘贴一个元件模型到另一个元件中。还可以用 Shift 键、Ctrl 键配合鼠标选中多个元件，将复制的模型拷贝到多个元件的“封装”中。

注意：当选择多个元件时，只有已选元件都共有的模型才会显示出来，如果只选中一个元件，当前元件的模型就会全部出现，如图 7.28 所示。

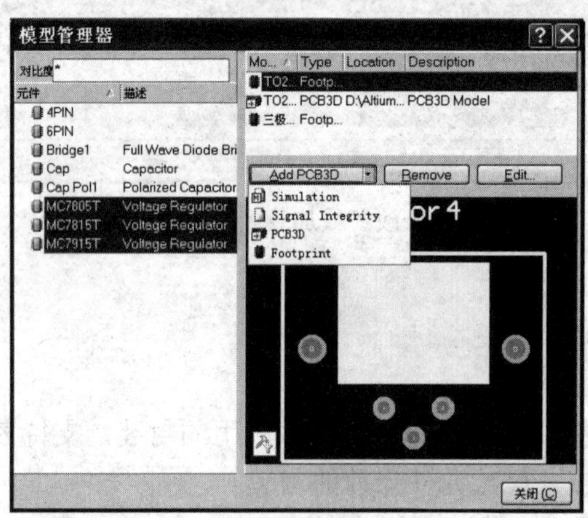

图 7.28 具有相同模型的器件

7.3.4 用数据表编辑

在建立一组新元件时，需要输入大量的数据，此时可以利用复制拷贝公共电子数据表的方法，快速在新建元件中配置大量数据。下面以设置一组引脚为例说明具体步骤。

1. 直接编辑对象

（1）在新建原理图库中放置一个引脚，右击该引脚后，执行“拷贝”（Copy）命令。

（2）在编辑窗主菜单选择“编辑”→“粘贴阵列”（Paste Array）命令，在打开的“设置粘贴阵列”对话框中输入引脚数目并单击“确定”按钮，如图 7.29 所示。

（3）在 SCHLIB Filter 面板中，单击 Favorites 按钮后，在出现的“语法管理器”（Expression Manager）面板中打开“历史”（History）选项卡，使用 ispin 查询，编辑引脚语法，如图 7.30 所示。

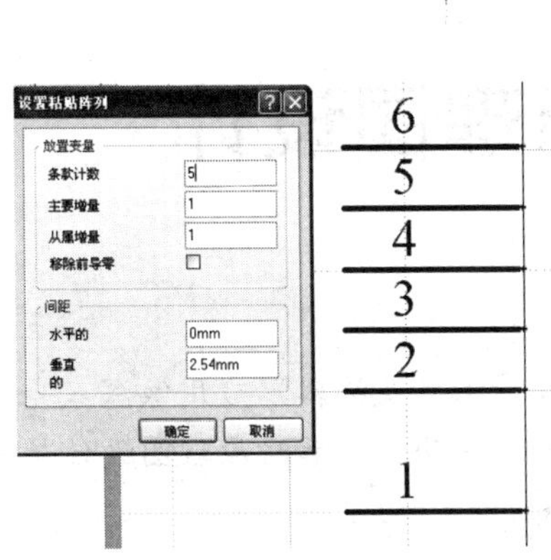

图 7.29　设置引脚数

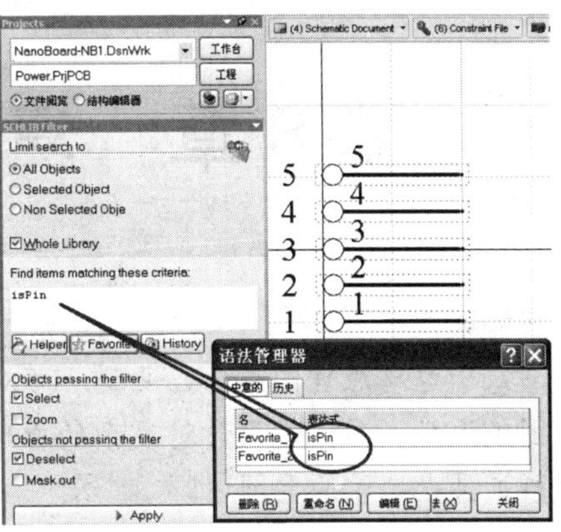

图 7.30　编辑引脚语法

2. 使用电子表格数据

（1）在库编辑窗中选择一组引脚，则关联引脚的数据栏出现在 SCHLIB List 面板中。右击在弹出的快捷菜单中选择“选中纵列”，通过“纵列设置”面板的“显示模式”(Display Modle）中“自动的”（Automatic)、“展示”（Show）及“隐藏”（Hide）的选择编辑，使引脚数据栏的显示纵列与公共电子数据表格（*.xls 文件）的栏目排列一致，如图 7.31 所示。

（2）将 SCHLIB List 面板中左上方的 View 选择为 Edit，再将公共电子数据表格中复制的数据粘贴到 SCHLIB List 面板中，如图 7.32 所示。

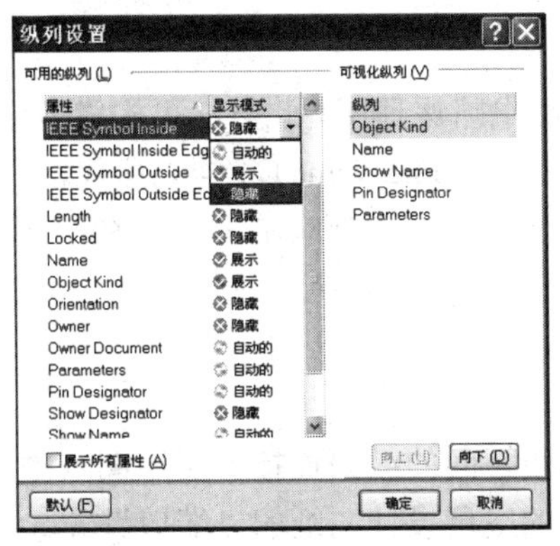

图 7.31　引脚数据栏显示编辑

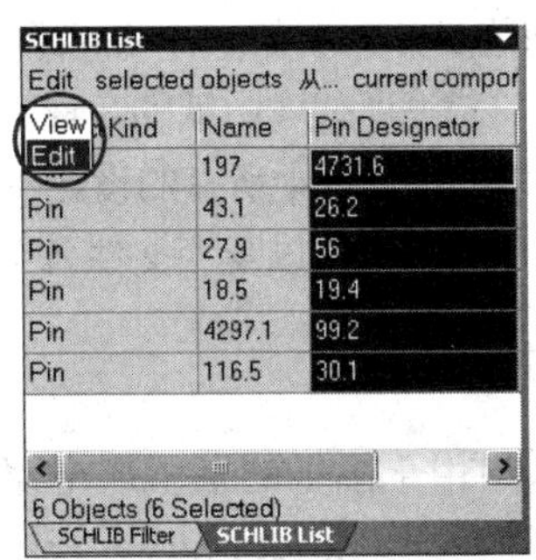

图 7.32　将公共数据库复制到文件中

（3）在 SCHLIB List 面板的项目栏右击在弹出的快捷菜单中选择“与标题复制”命令，可将 SCHLIB List 面板的数据及数据栏标题复制，切换到电子数据表格中再进行粘贴。

上述方法使用现有的公共电子表格的数据对元件参数进行设置，同时也可将已有的参数转存到电子表格中。

第 8 章　复杂原理图设计

本章摘要

本章基于电路原理图设计，更进一步对原理图设计工具及编辑器应用做深入介绍，并结合多图纸设计、多通道设计对复杂的原理图设计加以说明。最后对原理图设计层面的仿真及分析工具也给予简要阐述。

8.1　原理图设计工具的深入介绍

在第 3 章中结合初级电路设计，对原理图设计工具曾做简要介绍。由于更复杂的电路设计需要更多的工具和全局参数设置，所以本章结合设计实例做进一步的讨论。

8.1.1　设计图符

本节中的器件符号都是从原理图编辑窗口菜单“放置”下选取的。

1. 图表符代表底层电路设计

在当前设计中，用的一个图表符表示下一级电路原理图，此方法可构成多层电路设计。

用图表符描述所代表图纸的名称，其“文件名称”（File Name）必须与所代表的原理图文件名相同，而且一个工程中所有的设计图纸（包括上下层图纸）都应在同一个路径下保存。双击可设定图表符的“标识”以及“文件名”（File Name），参见 3.4 节。

2. 添加图纸入口

图纸入口用于图纸的上下层电路或各个模块之间的纵向连接。上层图纸中图表符的每一个“图纸入口”（Sheet Entry）与图表符连接的底层设计图纸的“端口”（Port）匹配。当建立网络表或电气规则检查时，双击“图表符”（Sheet Symbols）或“端口连接”（Port Connections）来定义网络名称，见 3.4 节。

在“喜好”面板的选择 Schematic→Graphical Editing 选项，在面板右侧栏中，若勾选“自动放置电路图纸入口”（Place Sheet Entries Automatically）复选框，可以在图表符之间相互连接时自动放上图纸入口，并默认图表符左侧端口指向内部，右侧端口指向外部，如图 3.29 所示。通常该项默认是不勾选的，图纸入口的 IO 类型由属性对话框定义。

3. 离图连接

“离图连接”（Off Sheet Connectors）只限于在被同一个主图表符调用的子图之间横

向连接，对该图表符以外的同名称网络无连接关系。离图连接常用于对其他软件设计包无缝导入的手段，方法是用跨图纸接口代替各子图中的网络标号，在顶层图纸的图表符中同时调用这些子图，这些子图的组合使得设计结构逻辑保持一致。每张子图纸上相对应的 Off Sheet 连接器必须具有相同的网络名称，Off Sheet 连接器主要是从 ORCAD 导入到 Altium Designer 的。

单击按钮或选择“离图连接”命令放置离图连接符号OffSheet。双击后打开“关闭方块连接器”面板，可设定OffSheet的属性。

注意：离图连接的主要功能是针对 ORCAD 原理图转换的，如果用 Altium Designer 设计的原理图，需要将原理图转换为 ORCAD 格式，就可以使用离图连接。

4. 总线连接器

总线连接器上具有相同名称不同数标的网络，如：Data[0]、Data[1]、Data[2]等，因此使用总线连接器不会破坏其他原理图中已确定的连通性。总线连接器在 FPGA Generic.IntLib 集成库中以字母 J 开头。

JB 型总线连接器可以匹配不同宽度的总线。如果两个总线宽度不同，通过两个“总线下标”（Bus Index）参数确定实际的连接情况。从图 8.1 的匹配关系中可见，从 IndexA 映射到 IndexB 总线下标显示 ROMADDR10～ROMADDR13 未连接。

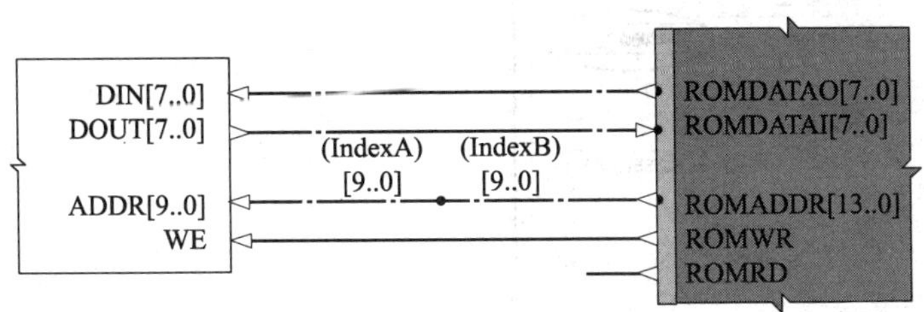

图 8.1　使用 JB 型总线连接器实现映射

除了 JB 型的总线连接器以外，其他总线连接器引脚也有输入输出方向，使用时要注意正确的连接方向。在“喜好”面板中选择 Schematic→General 选项，在面板右侧勾选“Pin 方向”（Pin Direction）复选框，就可以在原理图上显示出输入输出引脚的方向。

5. 参数设置

一些对象（如导线和总线）不支持直接定义参数，需要放置一个“参数设置”（Parameter Sets）对象增加参数。由参数设置对象增加到导线网络或总线的 PCB 设计规则可通过同步操作传递到 PCB 中。

选择“指示”（Directives）→“参数设置”（Parameter Set）命令，光标上出现 Parameter Set 符号，将指示端接触到导线或总线，单击左键放置。双击打开“参数”（Parameters）面板设定参数，单击“添加规则”（Add As Rule）按钮在“参数工具”（Parameter Properties）面板中增加参数或编辑规则，如图 8.2 所示。

注意：PCB 布线规则也是一个参数设置对象，在一些早期的版本中将放置 PCB 布线规则也作为独立表单选项。

6. 编译屏蔽

选择“指示”→“编译屏蔽”（Compile Mask）命令，其放置方式与批注相似，可以隐藏或展开。此功能不仅可将某区域不做 ERC 检查显示，并可以将原理图工作领域中的仿真源掩盖起来不做编译。双击或在放置状态按 Tab 键可设定 Compile Mask。

7. 无 ERC

单击按钮☒或选择“指示”→“无 ERC 命令”，在器件引脚上摆放“×”，编译时对此标记摆放处不做警告或错误报告，此标记不会被打印出来。

8. 仪器探头

通过选择“指示”→“仪器探头”（Probe）命令操作，可在 FPGA 的任何一个 IO 网络上放置仪器探头，便在硬件设备仪器面板中可对此探针处的信号进行实时显示，如图 8.3 所示。

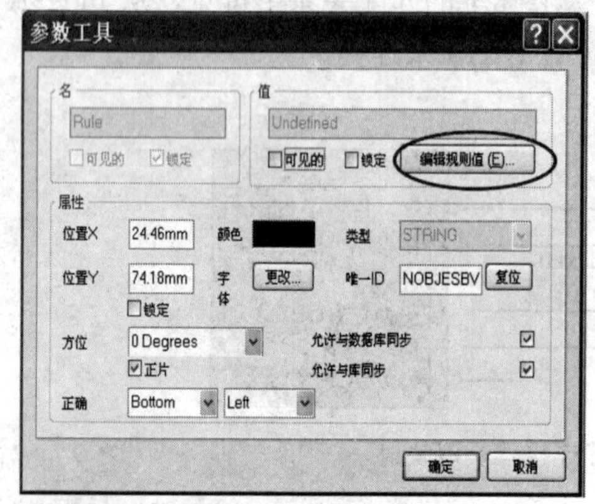

图 8.2　参数工具及规则编辑

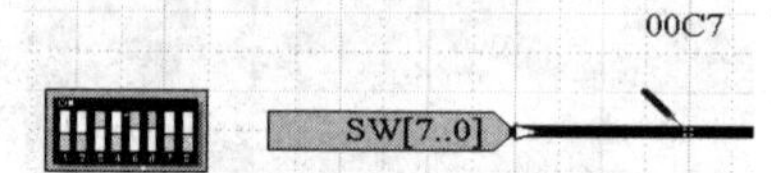

图 8.3　仪器探头的使用

8.1.2　智能粘贴

1. 智能粘贴方法

通常的“粘贴”称为一次标准的粘贴操作，原理图编辑中的“智能粘贴”（Smart Paste）特性允许复制选择对象并在粘贴时转换为其他类型的对象。使用方法是：

（1）选择一个或多个对象（可以是不同类型的对象，如元件、网络标号等）到剪贴板上。

（2）从菜单中选择“编辑”（Edit）→“智能粘贴（Smart Paste）或快捷键”命令，打开“智能粘贴”面板，如图 8.4 所示。

（3）在“选择粘贴作用”（Choose Paste Action）区域中确定被粘贴对象以什么方式放

置在原理图中，适当勾选“粘贴阵列”（Paste Array）的选项允许把源对象转换成不同的集合对象。

（4）“确定”后返回编辑窗放置粘贴结果。

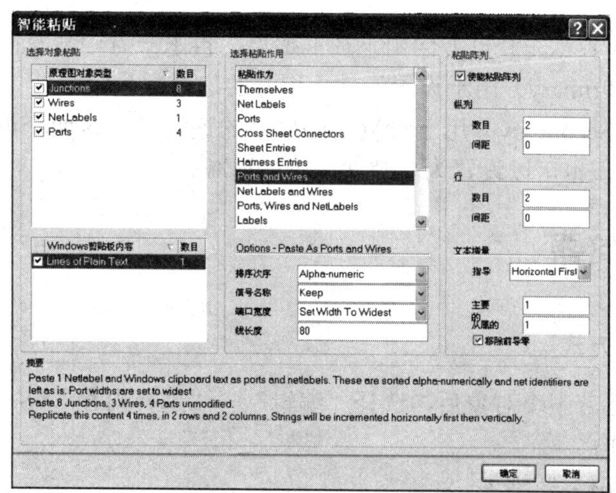

图 8.4　智能粘贴选项

2. 粘贴类型转换

（1）“端口”：图纸入口或网络标号可同等地转化成“自身”（Themselves）、“端口”、“图纸入口”、“网络标号”（Net Tables）、“文本框”（Text Frames）、“注释”（Notes）及“端口和带连线网络标号”（Ports，Wires and NetLabels）。

（2）“标签”（Tables）：文本框或注释可以转化成自身、标签、文本框或注释。

（3）Windows 的剪切文本可以转化成网络标签、端口、图纸入口、标签、文本框、注释、端口和带连线网络标号。Windows 剪贴板里的图形还可转化为图像。

配合不同选择，在面板下面部分可进一步设置“排序次序”（Sort Order）、“信号名称”（Signal Name）、“端口宽度”（Port Width）及“线长度”（Wire Length）等。

注意：间距以及导线长度以目前栅格的整数倍设置，以便导线和网络标号能连接到元件的引脚。

3. 阵列粘贴

勾选“使能粘贴阵列”（Enable Paste Array）可将选择的对象复制成一个二维阵列，单击“确定”按钮后将会在文档上提示插入阵列的起始位置，用鼠标单击即可。

（1）“纵列”（Columns）：在阵列粘贴中设置复制对象的列数。“间距”（Spacing）用于设置阵列对象中每列相邻对象的间距，若设置为正数，则对象由下到上排列；若设置为负数，则对象由上到下排列。

（2）“行”（Rows）：用于设置复制对象阵列的行数，行间距若设置为正数，元件由左向右排列；若设置为负数，元件由右向左排列。

（3）“文字增量”（Text Increment）：用于设置阵列中元件编号递增的参数，“指导”

（Direction）下拉列表确定元件编号递增的方向。

① None 表示元件编号不递增。

② Horizontal First 表示元件编号递增的方向是先水平方向从左向右递增，再竖直方向由下往上递增。

③ Vertical First 表示先竖直方向由下往上递增，再水平方向从左向右递增。

④“主要的”（Primary）用于设置元件主编号的递增数量。

⑤“从属的”（Secondary）用于设置引脚序号的递增量。这两个编辑框既可以设置为正数（引脚号递增），也可以设置为负数（引脚号递减）。

8.1.3 选择存储器

1. 存储器工作方式

在编辑窗中框选若干个对象后，选择“编辑”→“选择内存”（Selection Memory）命令，可进行如下操作：

- “存储”：Ctrl + 数字 1～8；
- “恢复”：Alt + 数字 1～8；
- “储备添加”：Shift + 数字 1～8；
- “恢复添加”：Shift + Alt + 数字 1～8；
- “应用”：Shift + Ctrl + 数字 1～8，类似工作区过滤器。

在原理图和 PCB 编辑器里，可用的“选择内存”数量为 8 个，其作用是将编辑窗中选择的对象存储起来，以便快速的恢复。

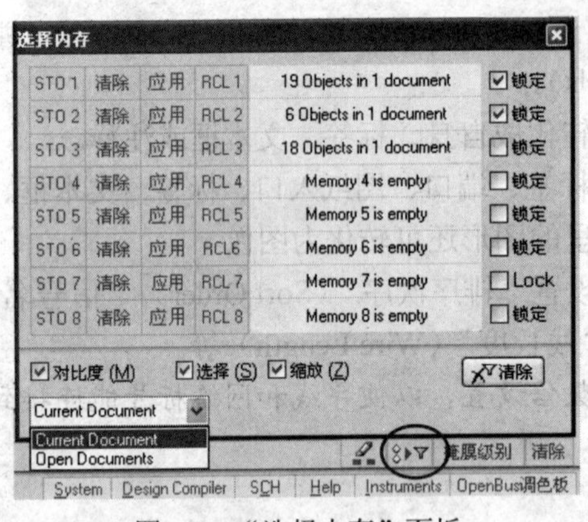

图 8.5 “选择内存”面板

2. 选择内存面板应用

单击编辑窗右下方 按钮打开“选择内存”面板，如图 8.5 所示。对存储对象可以“存储”（STO）、“清除”（Clear）、“应用”（Apply）或“恢复”（RCL）。勾选“锁定”（Lock）复选框以防止意外操作将当前“选择内存”覆盖。

8.1.4 设计复用

1. 片段

片段提供了一种存储部分设计以供日后复用的方法，使用网络共享资源在整个团队设计中分享摘录库。

（1）创建片段。

在原理图、PCB 或源代码中选择一个对象，然后右击在弹出的快捷菜单中选择“片段”

（Snippets）→“从选择的对象产生片段”（Create Snippet from Selection）命令，在打开“添加新片段”（Add New Snippet）面板中，也可以用“建文件夹”的方式重新建立一个“片段”的文件夹。

（2）应用片断。

在编辑窗右下方选择“系统”（System）→“片段”（Snippets）命令打开“片段”面板，如图 8.6 所示。片段面板将存储分为原理图、PCB 布局以及源代码等，其内容可定义多个不同的 Windows 文件夹，它们的位置可通过“片段文件夹”（Snippets Folders）指定。单击“Place…”按钮可以放置选择的片段。

2. 剪贴板

“剪贴板”（Clipboard）提供了一个可以恢复以前的复制行为。剪贴板增加了能够读取 Windows 剪贴板的功能，允许从其他粘贴过来的数据转化到 Altium Designer 的设计中。要启用此功能，在“喜好”面板中选择 Systems→General 选项，在界面右侧中取消“仅用程序内监控剪贴板”（Monitor clipboard content within this application only）的勾选。

在编辑窗右下方单击“系统”打开“剪贴板”面板，如图 8.7 所示。该面板存储复制的部分包括原理图、PCB 布局和源代码。选中其中一个对象单击“粘贴全部”（Paste All）按钮可在当前编辑中粘贴对象。

剪贴板面板数据仅适用于当前的编辑，而片段设计则可以把数据存储在硬盘上。

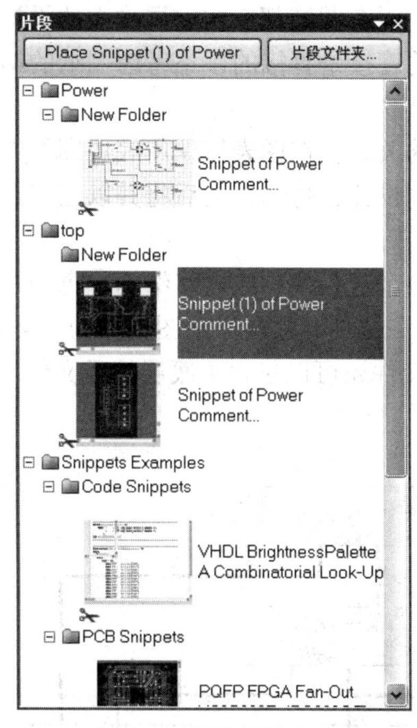

图 8.6　片段面板

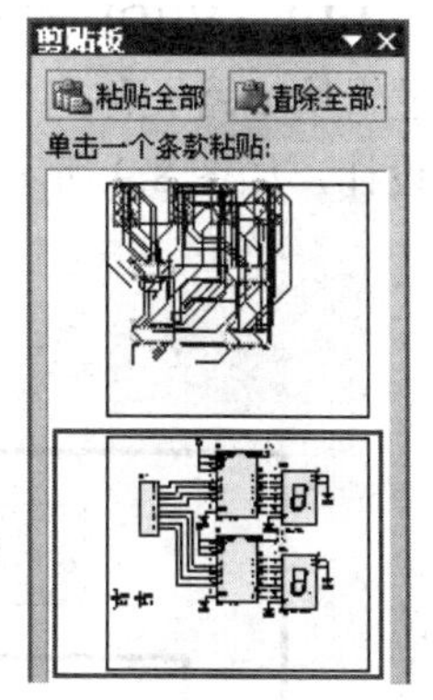

图 8.7　“剪贴板”面板

3. 收藏夹

像网络浏览器一样，Altium Designer 还提供了收藏夹功能，以预览方式将工程文件及相关的资源关联在一起，保存在收藏夹里以备后用。

编辑窗右下方选择 System→“中意的”（Favorites）选项打开收藏夹。右击弹出的快捷菜单可以进行“添加当前文档到视图”(Add Current Document View)等操作，如图 8.8 所示。收藏的文件存放在和工程项目相同的路径中名为 View of 的文件夹内。

收藏文件预览图片的大小可以在“喜好”面板中选择 System→View 选项，在界面右侧中“中意的”面板（Favorites Panel）中设定。

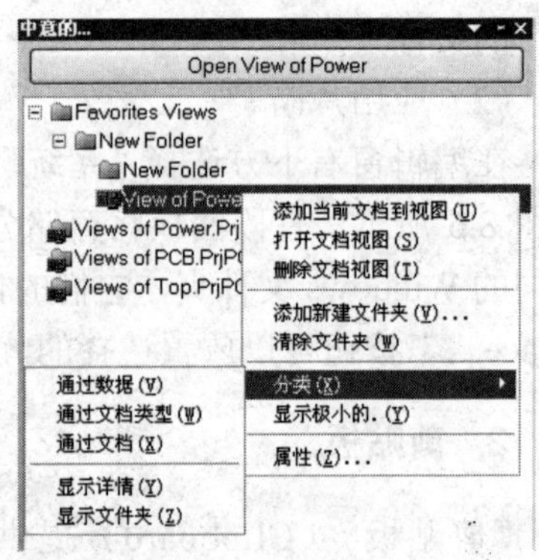

图 8.8 收藏夹

8.2 多图纸设计

8.2.1 层结构

一般最简单的设计也可能需要多张图纸。所有图纸都在同一层次上的设计结构称为平行结构或单层设计。单层设计图纸之间网络的连接是直接的，不考虑图纸的结构，而分层设计时需注意连接图纸间的信号通道。

对于复杂大型的电路设计，其中各图纸的关系存在图表符调用底层图纸的上下层父子关系，可以将各部分功能分成不同模块，分别设计、仿真，之后将其以图表符模块形式在总图中调用。这也是模块化设计思想的体现。

多图纸设计工程是在顶层原理图中调用多个逻辑块构成电路结构，每个逻辑块可以是原理图图纸或 HDL（VHDL 或 Verilog HDL）源文件。顶层原理图也称为“父文件”，相对而言，底层逻辑块电路又称为“子文件”。子文件还可以包含更底层的子文件，形成多层次结构的复杂设计，如图 8.9 所示。

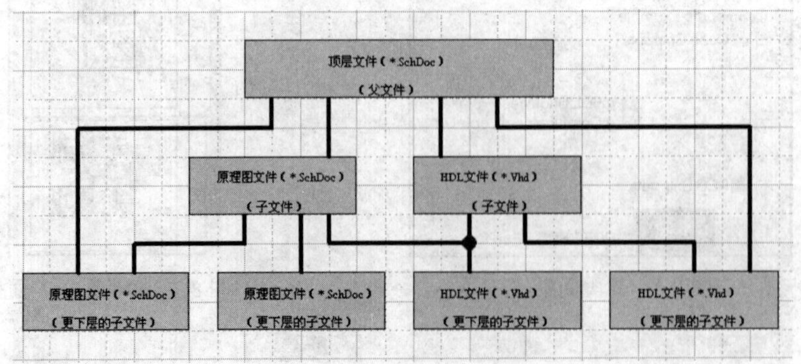

图 8.9 图纸的多层结构

注意：一个多层设计工程必须有且只能有一个顶层图纸*.SchDoc 文件，其他源文件需由图表符表示。图表符不能代表调用它的图纸或该图纸上层的图纸。

8.2.2　上下层次设计

1. 自上而下的设计方法

对于较为复杂的设计，常采用自上而下的模块设计思想。在顶层父原理图设计中采用“图表符”表示一个底层电路子模块，模块内部可用原理图或文本文件设计功能电路。将底层电路设计作为“器件”或“图符”调用来设计顶层原理图的方法参见 3.2 节。利用这种方法可创建任意深度的层次设计。

注意：子模块（下层模块）的“端口”必须与父原理图（上层电路图）的“图纸入口”名称一致，输出、输入类型对应。

首先建立一个层次设计工程及顶层原理图纸（*.SchDoc）文档，在图纸中放置图表符（方块图）并定义图纸入口。

（1）选择“设计”→“产生图纸”（Create Sheet From Sheet Symbol）命令，再单击图表符会生成一个与图表符同名的底层*.SchDoc 文档，文档图纸中的端口名与顶层图表符图纸入口名相同，可在此文档中绘制底层电路，如图 8.10 所示。

（2）选择“设计”→“从图表符产生 HDL 文件”命令：可生成一个实体名、端口名与图表符名及图纸入口名一致的*.Vhd 文档或*.V 文档，可在此文档中编写程序，如图 8.11 所示。

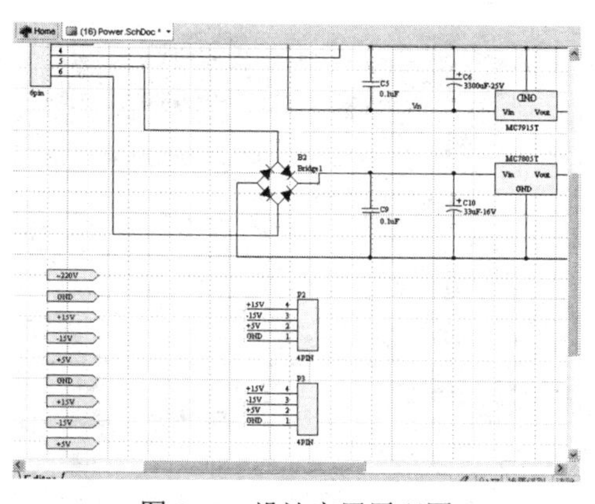

图 8.10　设计底层原理图

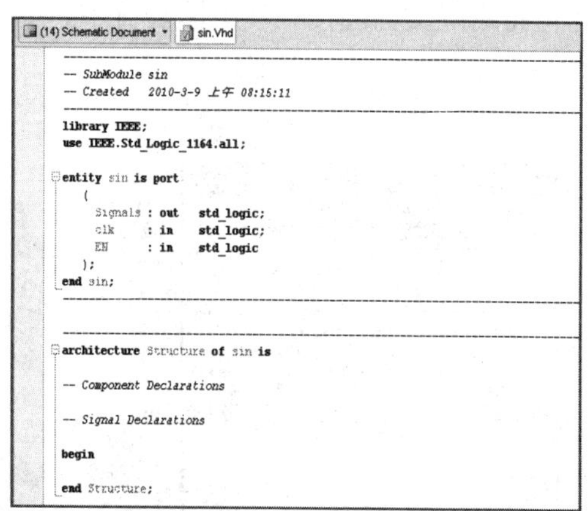

图 8.11　图表符生成底层 HDL 文档

上述操作也可通过右击一个图表符，在打开的快捷菜单中执行“图表符操作”→“产生图纸”命令或“图表符生成 VHDL 文件”及“图表符生成 Verilog 文件”命令，也可生成一个与图表符同名的*.Vhd 文档。

2. 自下而上的设计方法

（1）添加图符库。在顶层原理图编辑窗空白处右击，在弹出的快捷菜单选择“放置”

（Place）→“器件”（Part）命令。在放置器件面板中单击“...”打开“可用库”的“工程”标签，如图 8.12 所示。由“添加库”（Add）将先前电路设计转换的图符库（*.SchLib）添加到当前工程库中，即可在浏览库中调用图符库器件。此后用“放置”→“器件”命令直接在浏览库中选用所需器件即可。

图 8.12 查看图符库文档

（2）直接调用图符库。在顶层原理图设计中需选择“设计”→“HDL 文件或图纸生成图表符”（Create Sheet Symbol from Sheet or HDL）命令，在 Choose Document to Place 面板中选择底层设计文档，直接将底层电路设计以图表符形式在顶层调用，同时底层电路的输入、输出端口也会出现在图表符中，如图 8.13 所示。

（3）命名图表符。预先在顶层图纸中放置一个图表符，单击图表符打开“方块符号”面板，在“文件名”（File Name）中选择底层已经设计好的文档，如*.SchDoc 或*.Vhd 文档，即可将底层文档链接到顶层图表符中，如图 8.14 所示。

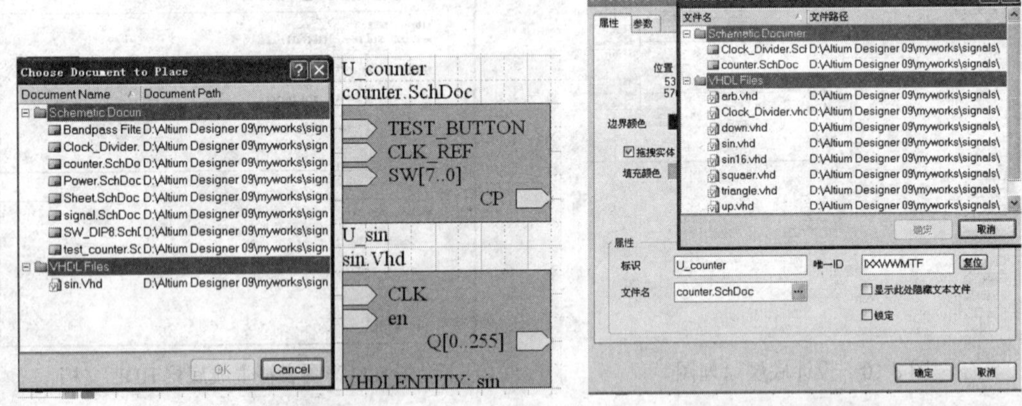

图 8.13 底层图纸生成图表符　　　　图 8.14 链接图表符底层文档

注意：上述调用必须对当前“工程”进行“编译”，上下层文件之间才能建立起电气连接关系。

3. 多子图连接

在一个图表符中可调用多个子图，方法是单击图表符，打开“方块符号”面板，在

“文件名”中将多个子图的名称用分号隔开。这些子图间的地位是平行关系，相当于它们处于一张大图纸中，相互间的接口为“离图连接器”（Off Sheet Connectors）的跨图纸接口，如图 8.15 所示。

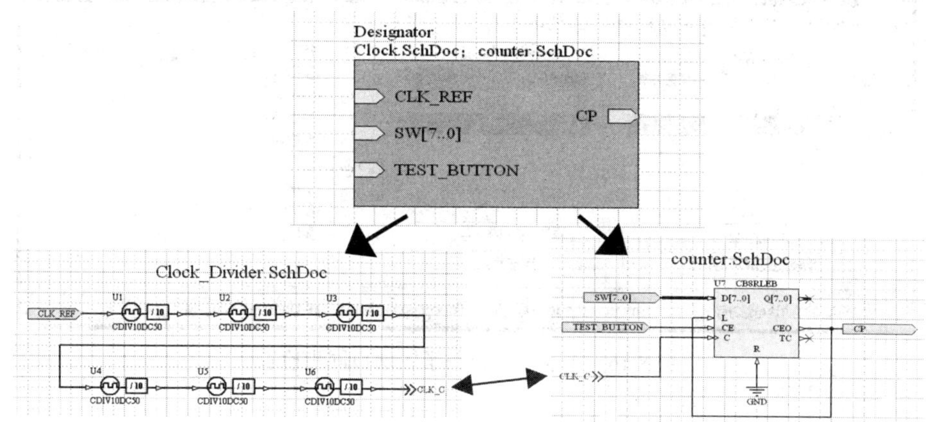

图 8.15　图表符调用多子图及跨图纸接口

4. 多层次连接

默认情况下，新的 PCB 工程设置成不分层次自动检测网络标识符。

（1）如果顶层原理图文档中有匹配的图表符“图纸入口”，自动探测器将选择分层模式进行上下层连接，其“网络标号”和“端口”只在同一图表符调用的子图内部保持逻辑联系。

（2）如果顶层图纸无“图纸入口”而子图中有“端口”存在，自动探测器将忽视多层次结构，选择全局作用域，所有匹配“端口”在整个工程内平行连接，视作同一个网络。

（3）如果工程内既无图表符“图纸入口”亦无子图纸“端口”，自动探测器会将“网络标号”提升为全局作用。不论网络标识符的作用域如何，跨图纸接口、电源端口及特殊隐藏引脚的连接方式保持不变。

5. 维护层次结构

（1）端口名匹配。选择“设计”→“同步图纸入口和端口”（Synchronize Sheet Entries and Ports To Sheet Entries）命令，查看工程中所有层次结构中子图端口与图表符入口的匹配情况。如果都匹配，会显示“所有方块电路符号是匹配的”（All sheet symbols are matched）。若上层文档的图表符“图纸入口”与下层文档的“端口”不匹配，将会显示如图 8.16 所示信息。图 8.16 左边“不匹配的方块电路入口”（Unmatched Sheet Entries）栏表示图表符中多出的“图纸入口”，可通过单击“添加端口”（Add Ports）按钮在底层文档中添加端口；或“删除方块电路入口”（Delete Sheet Ports）以删除图表符的图纸入口，使两者匹配。在图中“不匹配的端口”（Unmatched Ports）栏中出现的端口表示下层图纸中多出的“端口”，选择“添加方块电路入口”（Add Sheet Entries）可在上层图表符中添加“图纸入口”；或“删除端口”（Delete Ports），将下层图纸的端口删除。也可直接“链接”（Links）在图纸内部建立链接关系，而不需更改端口名称。

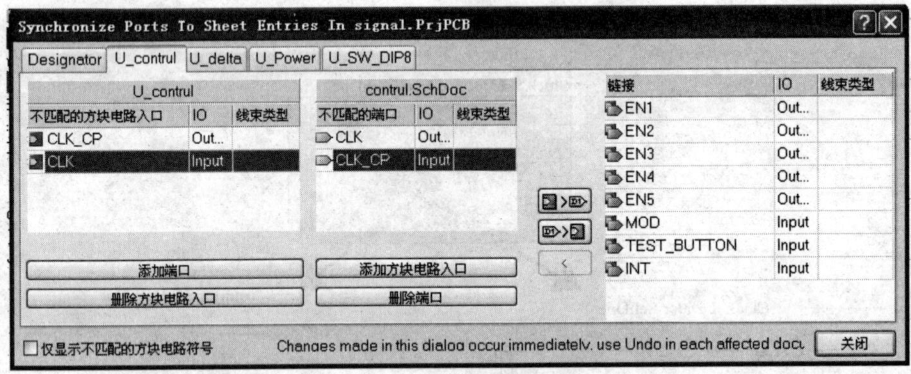

图 8.16　图表符入口与子图端口同步检查

（2）子图更名。在端口检查同步的前提下，选择“设计”→“子图重新命名”（Rename Child Sheet）命令，打开“重命名子方块电路”对话框，可以在此同时改变工程中或工作区中相关图表符的名称，以保持与子图名称同步更改；也可为子图创建一个新的副本，并保持原有子图不变，如图 8.17 所示。

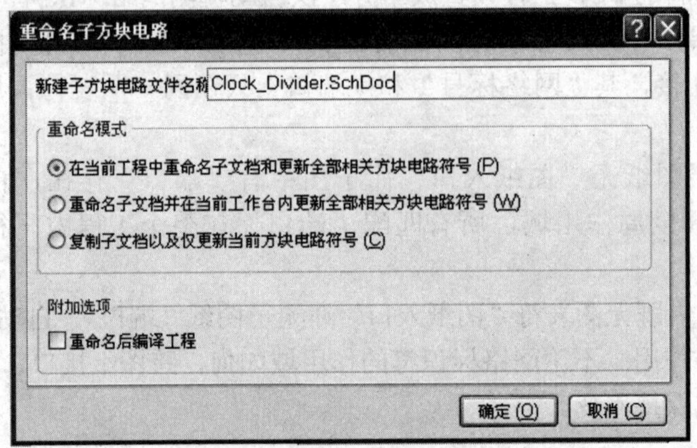

图 8.17　图表符与子图同步更名

8.2.3　图纸器件编号

1. 编辑图纸标号

通过“工具”→“图纸编号”(Number Schematic Sheets)命令打开 Sheet Numbering for...面板，如图 8.18 所示。图纸编号通过设定文件参数，链接放置在原理图上的特殊字符串，可实现手动或自动编辑。

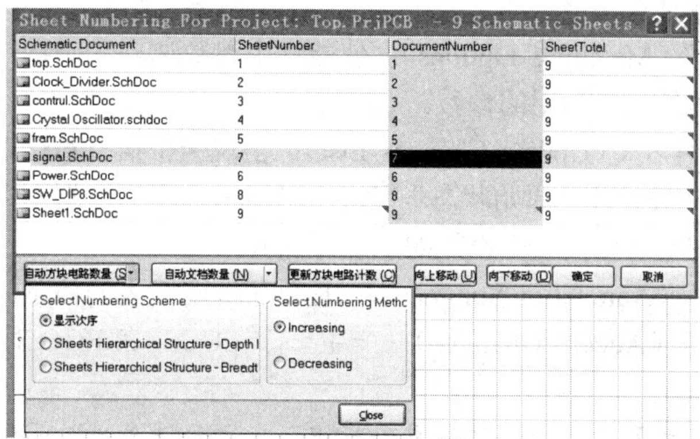

图 8.18　图纸编号与文档统计

选择需要被编辑的列，“图纸编号”、“文件编号”（Document Number）或“统计图纸总数”（Sheet Total）进入列编辑状态。手动编号先选择目标对象，右击在弹出的快捷菜单中选择“编辑”命令或按空格键，在文本框中直接输入序号。单击“向上移动”（Move Up）或“向下移动”（Move Down）按钮，或按照“显示次序”（Display Order）编号进行排序。自动编号则选中 Sheet Number 列，再单击“自动图纸编号”（Auto Sheet Number）按钮。

注意：原理图文档在工程面板上的排序是按照添加的先后顺序显示的，要改变排列顺序，只需拖曳文档放到新的位置即可。

2. 元件标注

原理图编辑窗菜单“工具”中的子菜单项还包含其他标注方式。

（1）“注释”：如图 8.19 所示。其中包括以下几个内容。

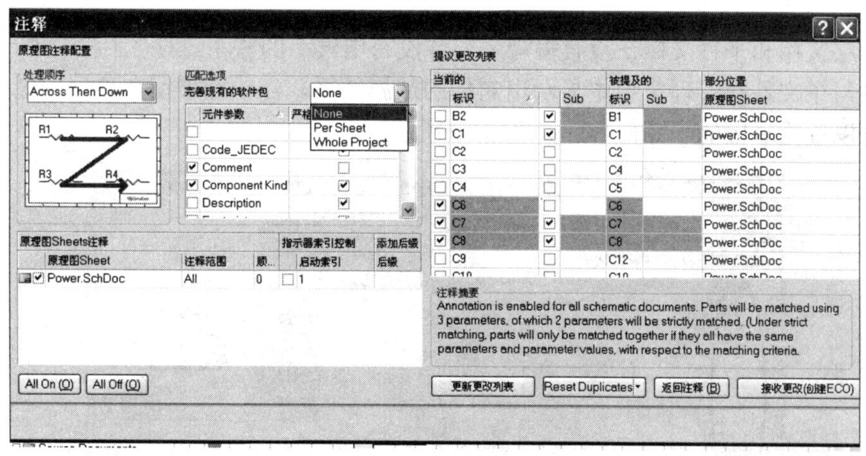

图 8.19　注释面板的功能

① “原理图注释配置”（Schematic Annotation Configuration）：此部分提供每一个页面的标注控制，能从进程中排除某些页面，还可以为每个页面的标号设置起始编号。

② “处理顺序”（Order of Processing）：有四个方向选项可用，选择最佳的一个，用页

面网格来定义水平或垂直递增。

③ “匹配选项”（Matching Options）：使能这个参数选项，对特殊器件（如多部件元件）必须一起封装提供一个通用的参数。

④ “更新更改列表”（Update Changes List）：出现一个信息对话框，详细统计了“前次状态”（Previous State）及“原始状态”（Original State）更新重置有多少改变。此按钮将重新分配当前未分配的（以“？”结尾的）所有标号。

⑤ “注释摘要”（Annotation Summary）：提供了匹配行为的信息。

⑥ “接受更改”（Accept Changes）：产生一个 ECO，在 ECO 对话框中可以更新原理图。

注意：若要防止元器件在标注过程更改标识，在“元件属性”面板勾选“标识”右边的“锁定”复选框，如图 6.3 所示。

（2）“复位标号”：将所有以“？”结尾的器件标号，重新分配序号。

（3）“复位重复”：将标号重复的器件标号置为“？”，可对器件重新标注。

3. 多部件元器件的标号

多部件元器件的后缀取决于参数设定对话框中的“字母”（Alpha）或“数字”（Numeric），适用于所有打开的原理图页面。

使用“编辑”→“增加零件号码”（Increment Part Number）命令可更改多部件元器件内的部件标号。

注意：若要防止多部件元件在标注过程中更换其标号，在“元件属性”对话框中勾选“部件”（Part）旁边的“锁定”复选框，如图 6.3 所示。

8.2.4 多图纸编译

上下层文档和平行文档在没有编译之前并没有电气上的联系。对“工程”进行编译后，顶层文件与子文件在管理窗口中显示出它们的从属关系。当鼠标停留在顶层图纸的图表符上时，可以预览对应的子图内容，如图 8.20 所示。

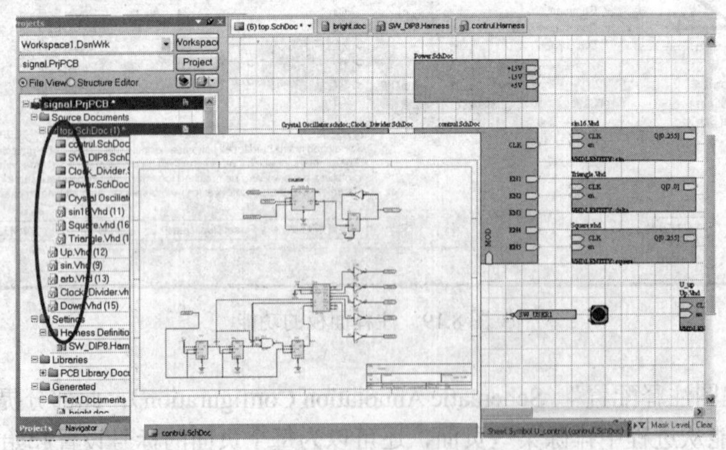

图 8.20　编译后显示树结构关系

8.2.5　导航查看

在复杂设计中，一个网络可能用在其他原理图的任何位置，导航指示提供了快速找到在另一个原理图上的网络。

1. 导航面板结构

在原理图编辑窗口右下方，选择 Design Compiler→“导航”（Navigator）命令，打开 Navigator 面板，可以查看层次设计网络的联通关系。面板分为四部分，如图 8.21 所示。

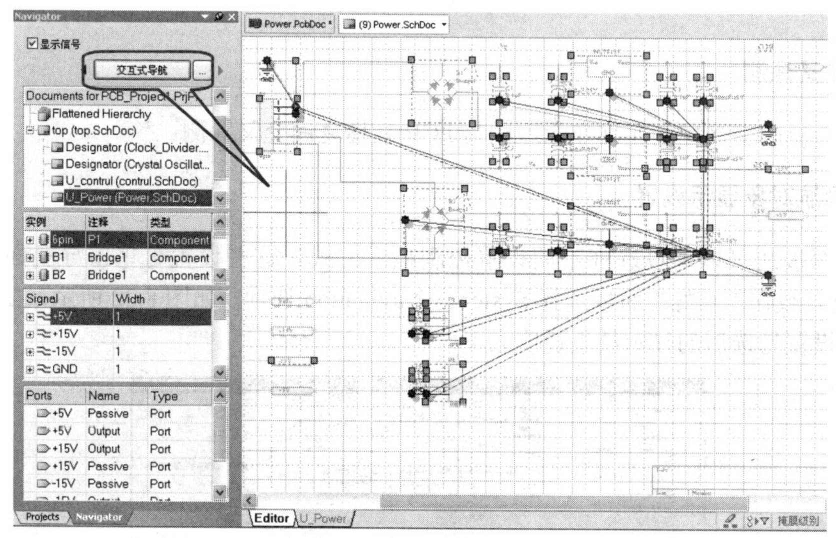

图 8.21　显示器件的网络关系

（1）Documents for …：用 3 种方式排列层次设计工程中的文档。

①　“已编译的图纸列表”（Compiled Schematic Documents）。

②　“平行层次结构”（Flattened Hierarchy）。

③　“结构树”（顶层文档名.SchDoc）。

（2）“实例”（Instance）：所选文档中的器件编号。

（3）“信号”（Signal）：勾选面板上方“显示信号”（Show Signal）复选框时此栏显示网络与总线上信号连接关系，否则只显示网络/总线图符。当导航对象是元件时，连接线是绿色的；当导航对象是网络时，连接线是红色的。并且实线表示物理连接关系，虚线表示逻辑连接关系。

（4）导航面板最下面的栏目显示与选择的对象有关。如果在 Documents for …栏选择图纸，此栏显示图纸中的“端口”；如果在“实例”栏选择某器件，此栏显示的是“器件引脚”（Components Pin）；若展开某元件再选中其中的引脚，则此栏将显示该引脚所在网络上所有“网络引脚”（Net Pins）的标识符等。这与在实例栏单击任何网络或总线的显示结果是一样的。

单击对象前的“+”号可以展开元件或网络，访问元件的所有“引脚”或所有“网络/引脚”（Net Pins）的标识符。

2. 空间导航

单击导航面板上部的“交互式导航”（Interactive Navigation）按钮，鼠标光标变为十字导航模式，可以用单击方式，在子图“端口”与顶层图表符的“图纸入口”之间切换观察，如图 8.21 所示，右击鼠标退出导航模式。

3. 层次导航

在“工具”栏中单击按钮可以在上下层之间查看子图纸端口和顶层图纸入口的对应情况。

4. 交叉探测

导航面板的交叉探测允许在原理图与 PCB 板图之间交叉探测。

5. 导航对象显示设置

导航面板还可以通过选择不同设置控制显示方式。这些设置可单击导航面板上部的“...”图标，或在“喜好”面板选择 System→Navigation 选项，如图 8.22 所示，在面板右侧中。各种设置勾选后的显示结果说明如下：

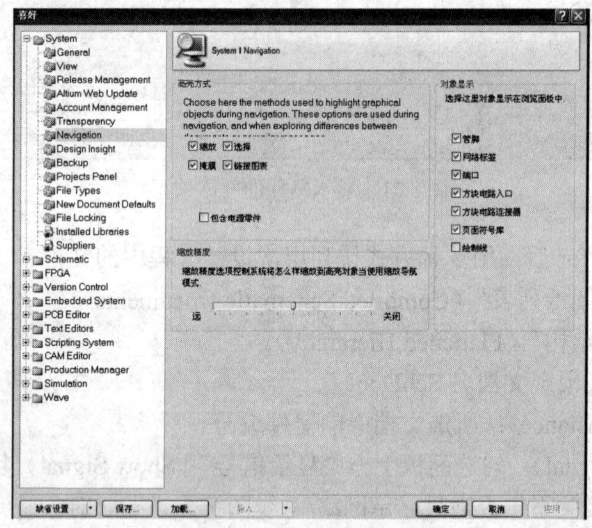

图 8.22　选择显示的设置

（1）“缩放”（Zooming）：显示对象会自动放大并置于主设计窗中心。

（2）“选择”（Selecting）：有关对象经过滤器自动选中并标明。

（3）“掩膜”（Masking）：选中对象以外的部分被遮掩，可通过编辑窗口右下方“掩膜级别”（Mask Level）调节遮掩对比度。

（4）“链接图表”（Connective Graph）：在主设计窗口激活的文档中显示对象之间的关系，如图 8.21 所示。

（5）“包含电源部件”（Include Power Parts）：将电源对象的连接关系也显示出来。

8.2.6　分层电路设计实例

本例设计一个数控分频电路。

如果直接用指示灯显示晶振时钟频率，则往往输出频率过高，指示灯闪烁太快以至于看上去指示灯似乎一直亮着。如 12MHz 的晶振频率，通过 8 位二进制数计数进位分频，最低也有 47kHz，完全无法看到指示灯闪烁效果。因此，需在时钟脉冲之后增加一个分频电路，进一步降低频率。

（1）建立一个工程，在顶层父文档 Counter.SchDoc 的图纸编辑窗选择“放置”→“图表符”命令；再选择“放置”→“添加图纸入口”命令，为图表符添加入口，并命名为 Clock_Divider。

（2）选中图表符，右击在弹出的快捷菜单中选择“图表符操作”→“产生图纸”命令，此时将在工程目录下出现一个与图表符同名称的 Clock_Divider.SchDoc 文档，该文档中自动出现两个输入、输出端口 CLK_REF 和 CLK_C 分别对应图表符模块的“图纸入口”。

（3）在 Clock_Divider.SchDoc 文档中设计分频电路，设计方法参见 3.2 节。

在集成库 FPGA Generic.IntLib 中选择 6 个“10 分频器 CDIV10DC50”信号发生器依次连接，整个电路为 $1/10^6$ 分频，信号占空比 50%。

（4）选择“工具”→“标注所有器件”命令，则各器件按放置次序被编号，如图 8.23 所示。

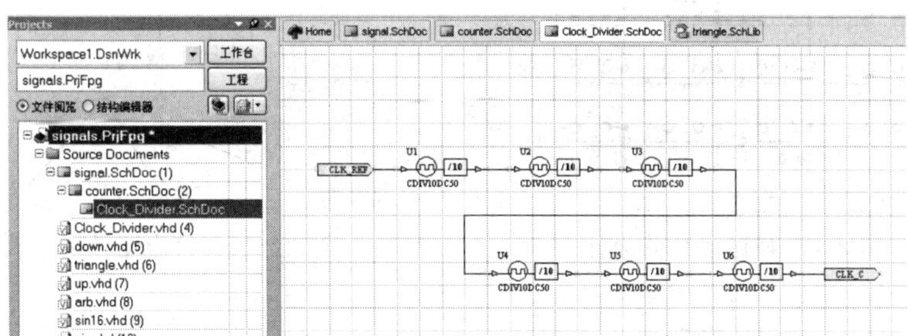

图 8.23　底层分频电路设计

（5）选择“文件”→“全部保存”（Save All）命令，图表符所代表的底层子文档默认路径与顶层父文档在同一文件夹中。

注意：在没有对工程进行编译之前，Clock_Divider.SchDoc 与 Counter.SchDoc 尚没有电气上的联系。对工程进行编译，则模块文档 Clock_Divider.SchDoc 成为上层父文档 Counter.SchDoc 的子文件。

8.3　多通道设计

8.3.1　多通道设计的概念

很多电路会包含有重复性的设计，比如一个部分要复制 32 次；或者 4 个相同的区域，每个区域中又包含 8 个相同的子区域。这样的设计如果只是简单地复制粘贴就显得很繁重，即便使用组群编辑工具也是非常单调的，而且容易出错。若随后不断地添加和修改，其工作量就会出现更加难以想象地繁重。Altium Designer 提供的多通道设计功能，只需关注重复设计中的单一对象，编辑修改只对单一对象进行操作，通过“项目再编译”可实现将变动传递给其他相同的对象。Altium Designer 不仅支持多通道设计，还允许进行嵌套设计。

例如“键盘按键”的设计可能会遇到改变每个按键的图形符号、给每个按键添加一个参数，或者将这个设计阵列从 4 × 4 扩展到 10 × 20 等问题，这时使用多通道设计方法会带来极大的方便。

图 8.24 的设计只有电阻和按键这两种器件，只需在一张子图纸符号中进行设计，并定义重复的表达式，则 Altium Designer 编译器会从单张图纸产生出多个副本。

一个电阻子图纸可以调用 4 次按键图纸组成一排，如图 8.25 所示。然后顶层图再调用 4 次电阻子图，画成 4 排。多通道再内嵌多通道，从而组成了矩阵连接。以后对这个设计中的按键或电阻属性做任何修改，只需操作一次；实现任何阵列的扩展只需要修改一下图纸符号里的重复表达式即可。

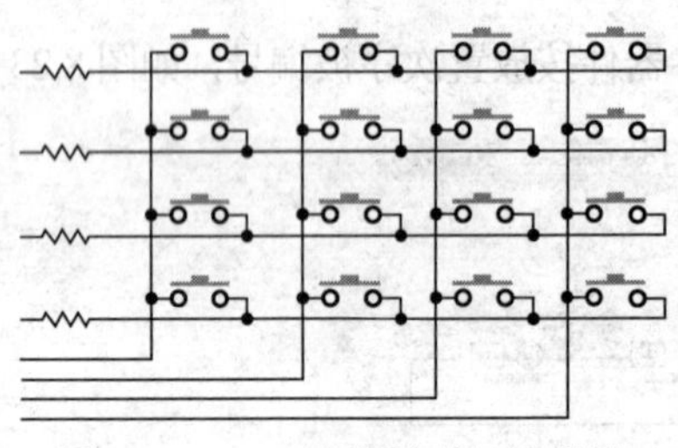

图 8.24 4 × 4 个按键的矩阵设计

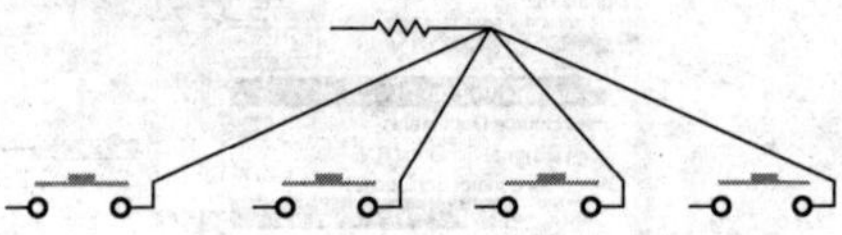

图 8.25 一个电阻调用 4 次按键

8.3.2 多通道连接

多通道设计中提供了两种图纸连接类型，以上例键盘设计实例说明这两种类型的不同。

1. 网络名共用

在 Altium Designer 的多通道设计中这是最简单的分配方法，直观地将底层图纸（Switch.Sch）的端口名与上层图表符图纸入口的名字匹配起来即可。

在按键设计图纸中，每个按键都通过 Res 端口与电阻直接连接，电阻是个通用网络，这意味着每一个按键通道的相同端口与母图（PB，1，4）上的单一结点关联。

2. 通道名唯一

按键子图纸上的端口 Col 只唯一地属于一个网络，使用复用表达式 Col[1..4]表示每条总线连接 4 个按键图纸，实现每个按键唯一的对外连接关系。由此信号可以任意地连到需要的独立结点上，或是通过端口连到更深一个层次的设计，如图 8.26 所示。

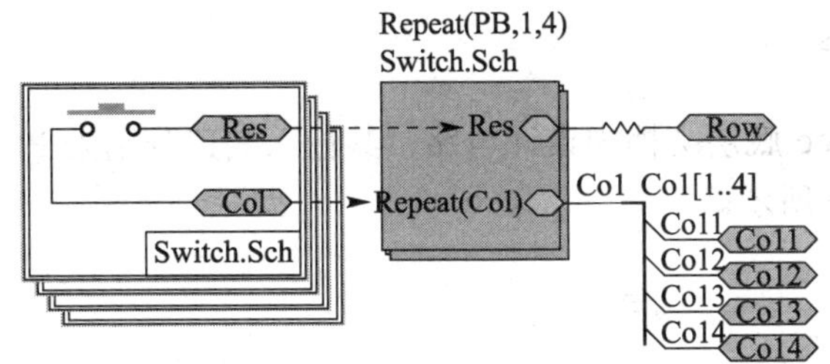

图 8.26　多通道设计的图纸连接关系

3. 顶层图纸调用

在本例的键盘设计中，顶层图纸进一步调用下层图纸，或直接调用底层端口，至此 Altium Designer 的连接结构构建了一个多通道工程，如图 8.27 所示。

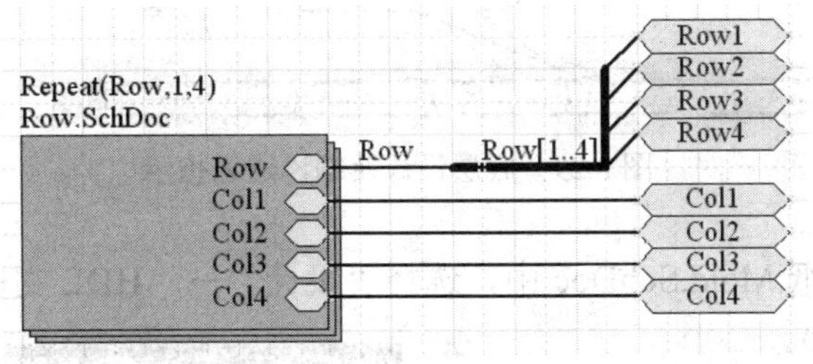

图 8.27　顶层图纸设计

8.3.3　多通道设计方法

多通道设计本质上是自下而上的设计方法，只是使用“重复”（Repeat）命令在上层的一个图表符中重复引用同一个底层设计图纸，并将它们的端口以总线形式并行引出的设计方式。

1. 多通道层次结构

建立一个 PCB 工程 Multichannel.PrjPCB，其中包含各层设计的原理图文件，本例中从顶层到底层原理图文件名为：Peak.SchDoc、Mold.SchDoc、Channel.SchDoc，如图 8.28 所示。

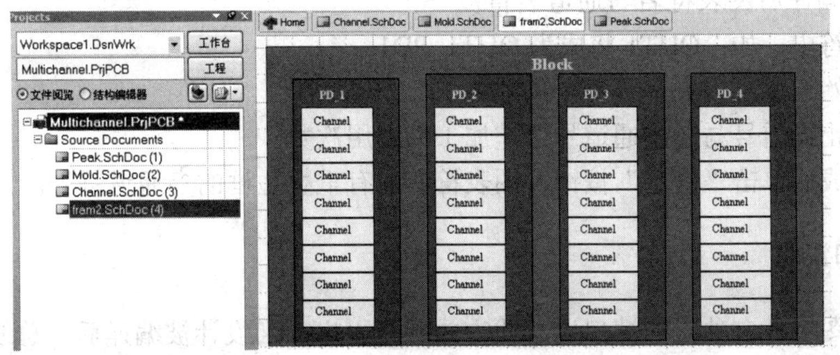

图 8.28　多通道层次结构

2. 重复调用命令

在 Channel.SchDoc 底层文档中设计电路，其输入端口分别为 PULSE 和 OFF，输出端口为 OUT，如图 8.29 所示。

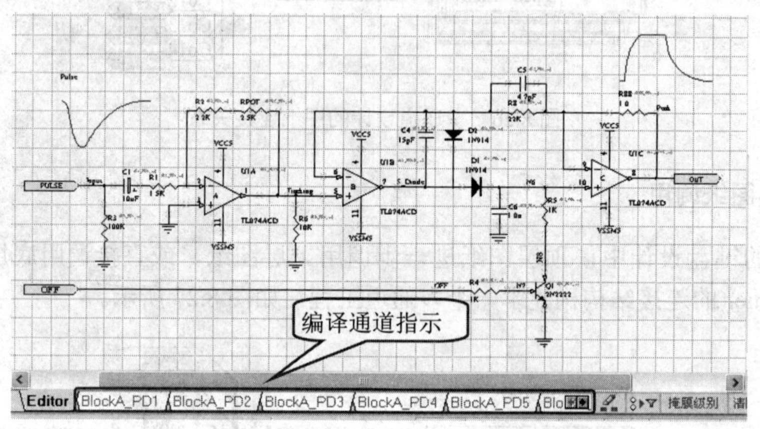

图 8.29　底层设计及编译通道指示

在上一层设计图纸 Mold.SchDoc 中，选择“设计”→“HDL 文件或图纸生成图表符”命令，放置图表符 PD。

双击图表符打开“方块（图纸）符号”（Sheet Symbol）面板，在“文件名”文本框中输入底层文件名，本例为 Channel.SchDoc。在“标识”文本框中输入重复调用底层文档的命令 Repeat（PD，1，8），该命令表示通过图表符 PD 将 Channel.SchDoc 原理图重复调用 8 次，如图 8.30 所示。调用命令格式为：

Repeat（图表符名，起始通道号，终止通道号）。

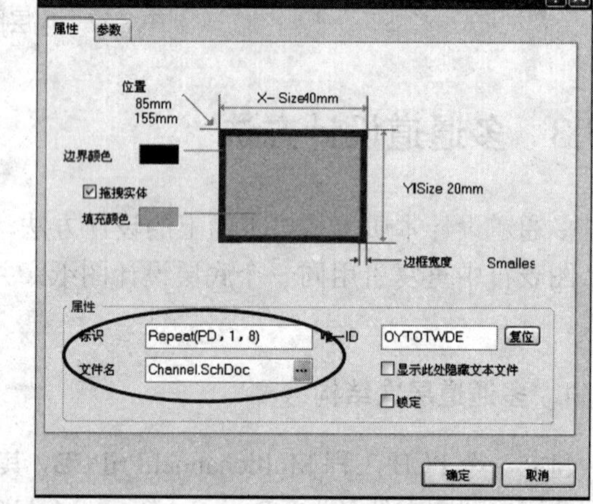

图 8.30　使用调用命令

命令说明如下：

（1）图表符名推荐使用短而简洁的名称。因为在编译后图表符名与通道名将被添加在标识符中，如：OUT1 将成为 OUT1_PD1。

（2）起始通道号为大于等于 1 的数。

（3）终止通道号与起始通道号之差加 1 为调用次数。

设置完成后单击“确定”按钮，图表符变成有重叠边框的多通道符号。

3. 端口说明

底层子图纸各自独立的端口以总线方式并行引出。当设计被编译后，总线会给每个通道分配独立的网络名，如图 8.31 所示中的 P1～P8。

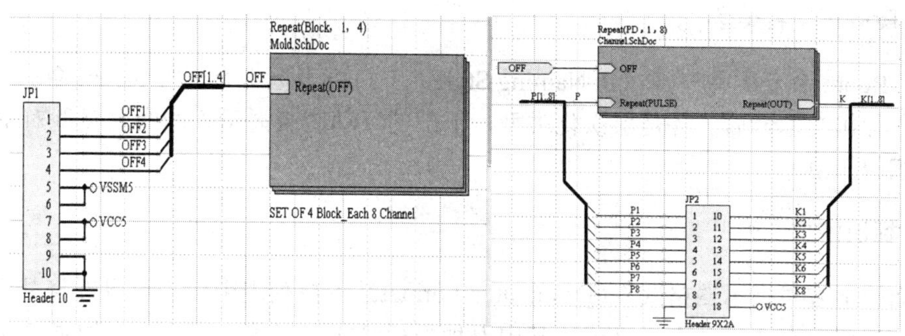

图 8.31　多通道层次与总线连接

同样方式在顶层原理图纸中放置一个图表符（Block），并在“方块符号”的文件名选择 Mold.SchDoc 图纸，在“标识”栏写出调用命令 Repeat（Block，1，4）。当编译工程后，总线为每个通道分配网络名。

8.3.4　设置 Room 命名

每个通道存在一张虚拟的图纸，编译器需为所有通道和内部组成器件生成唯一的名字，当 Altium Designer 执行 PCB 同步操作时，会给每个通道输出一个 Room。

原理图上单个逻辑元件映射到 PCB 上多个物理对象时需设置 Room 名和标识符，其逻辑标识符用于原理图上的元器件，而物理标识符则是对放到 PCB 设计板上的元器件所指派的。多通道原理图设计虽然复用通道内元件的标识符相同，但在 PCB 设计中，每个元件的物理标识符是唯一的。

定义方法：选择“工程”→“工程参数”（Project Options）命令，打开 Options for PCB Project *.PrjPCB 面板，单击 Multi-Channel 标签，在打开的选项卡中可指定 Room 和元件标识符名的格式，如图 8.32 所示。

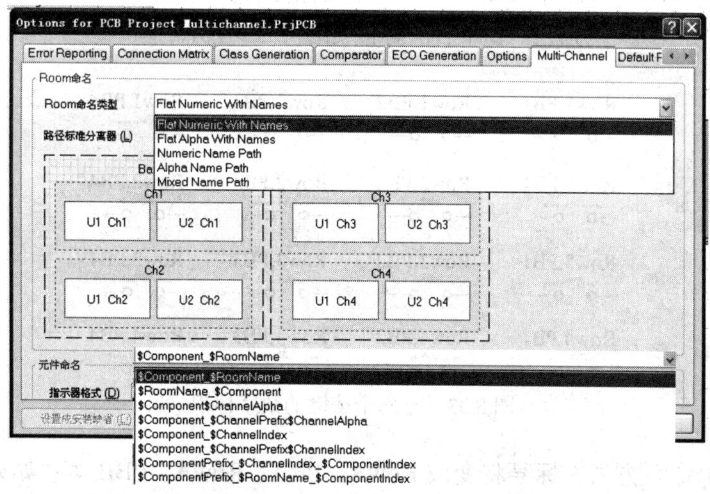

图 8.32　Room 与标识符命名设置

1. Room 命名类型

在“Room 命名类型”（Room Naming Style）下拉列表框中有五种 Room 命名类型，前两种是平行化类型，后三种是层次化类型，下部的互动图表显示不同命名类型对 Room 和器件标识的作用。

2. 标识格式

在面板下方“指示器格式”（Designator Format）下拉列表中用户可以选择其中的标识符格式。标识符有八种预定义格式，其中五种平行格式，三种分层格式。如果 Room 是平行化类型，元件标识符也是平行的，并从第一个通道开始按数字顺序命名元件标识符；如 Room 是层次化类型，则元件标识符也是层次化的，并将 Room 名称包含在标识符中。用户也可在标识格式栏中直接输入自定义格式。

元件标识符和通道标号格式包含字母（Alpha）、前缀（Prefix）和索引（Index）。其中有七个保留的关键字配合 Room 命名：

```
$ComponentAlpha、$ComponentPrefix、$ComponentIndex;
$ChannelAlpha、$ChannelPrefix、$ChannelIndex;
$RoomName。
```

在默认情况下$Component 和$RoomName 会自动生成命名。$Component 结合了$ComponentPrefix 和$ComponentIndex 的命名方式，比如标号为 U3A 的器件是由前缀 U 和索引 3A 组成。

同样$RoomName 也结合了通道的前缀和索引，但是准确的格式还取决于设计和所选的 Room 命名方式。如果设计中没有嵌套多通道，层次化类型命名就没有意义，只有数字（Numeric）和字母（Alpha）类型命名方式会影响$RoomName 的通道标记；但如果在设计中有嵌套多通道，使用分等级的 Room 命名方式在设计中会建立重复声明，对通道名冠以特殊的、多级的前缀。

例如在键盘矩阵的 16 个按键设计中，标识格式为“$RoomName”。若选择数字命名 Room 的方式，并用逗号分开，编译后的标注如图 8.33 所示。

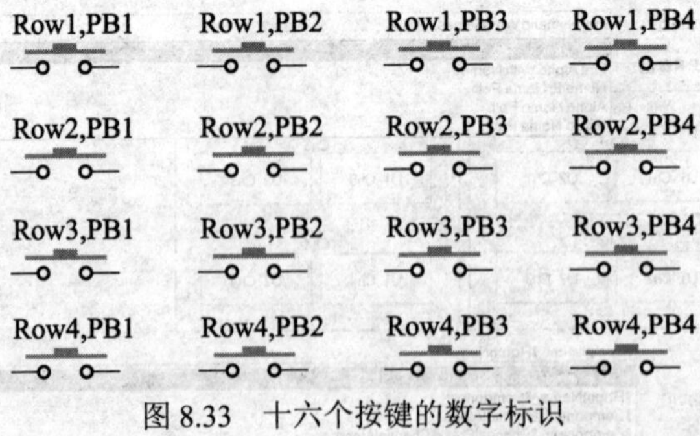

图 8.33　十六个按键的数字标识

如果用字母命名方式，标号将变成 RowA，PBA；RowA，PBB 等；如果用混合命名方式，将会是 RowA，PB1；RowA，PB2 等；如果选择单调方式，Row 通道参数将被忽略，标号将简单的从数字 PB1～PB16，或是字母 PBA～PBP。

实际上并不建议忽略通道参数，这个例子由于每个通道只有一个按键才可以这样做的。

多通道设计中如果标识字符太长，PCB 中很难布置它们的位置。在命名选项中用逻辑器件标号代替原始标号可以缩短名字的长度，如 C30_CIN1 将显示 C30，必要时需要在每个通道旁标明一个描述框。

在 PCB 编辑窗口中选择“设计”→“板参数选项”命令打开“板选项”面板，在“显示指示”（Designator Display）选项区域选择“逻辑标识符”（Display Logical Designators）或“物理标识符”（Display Physical Designators）两者之一。多通道设计中元件的逻辑标识符是唯一的物理标识，它们将在 PCB 及其他输出文件，如底片（Gerber）文件、“材料清单”（Bill Of Material，BOM）及打印输出形式中显示。

8.3.5 编译工程

选择“工程”→“编译工程”（Compile PCB Project）命令。编译后原理图编辑器窗口只显示一个页面，但窗口下方会显示每个通道的选择标签，标签名由最上层调用图表符名加下一层调用的图表符名及编号构成，如 BlockA_PD1、BlockA_PD2、……；BlockB_PD1、BlockB_PD2、……，各通道相同器件的编号按顺序排列，如图 8.29 所示。在其中任意一页的图纸中编辑修改电路设计，其他通道的图纸就会自动同步更新。

8.3.6 查看通道标识符

多通道标识符包括逻辑标识符和物理标识符。选择“工程”→“阅览管道”（View Channels）命令打开“工程元件”（Project Components）面板，可以在此详细查看器件标识符，如图 8.34 所示。其中第 1 列显示了多通道图纸的结构关系及元件的物理标识符；第 2 列是元件的参数值；其他列则是 PCB 设计中出现的各通道的器件标识。

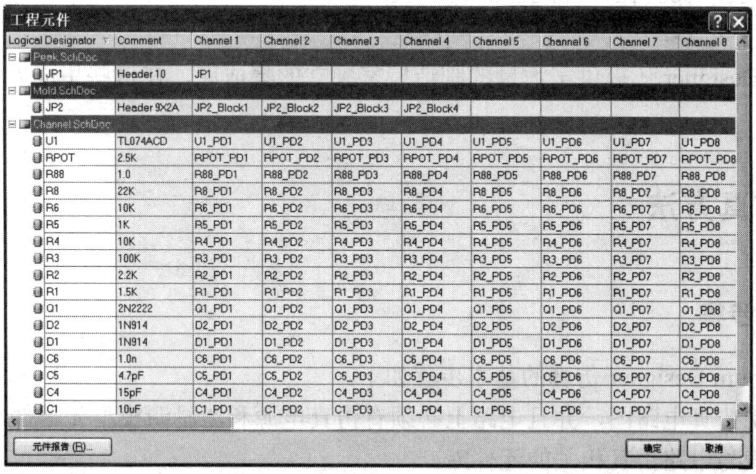

工程元件

Logical Designator	Comment	Channel 1	Channel 2	Channel 3	Channel 4	Channel 5	Channel 6	Channel 7	Channel 8
Peak.SchDoc									
JP1	Header 10	JP1							
Mold.SchDoc									
JP2	Header 9X2A	JP2_Block1	JP2_Block2	JP2_Block3	JP2_Block4				
Channel.SchDoc									
U1	TL074ACD	U1_PD1	U1_PD2	U1_PD3	U1_PD4	U1_PD5	U1_PD6	U1_PD7	U1_PD8
RPOT	2.5K	RPOT_PD1	RPOT_PD2	RPOT_PD3	RPOT_PD4	RPOT_PD5	RPOT_PD6	RPOT_PD7	RPOT_PD8
R88	1.0	R88_PD1	R88_PD2	R88_PD3	R88_PD4	R88_PD5	R88_PD6	R88_PD7	R88_PD8
R8	22K	R8_PD1	R8_PD2	R8_PD3	R8_PD4	R8_PD5	R8_PD6	R8_PD7	R8_PD8
R6	10K	R6_PD1	R6_PD2	R6_PD3	R6_PD4	R6_PD5	R6_PD6	R6_PD7	R6_PD8
R5	1K	R5_PD1	R5_PD2	R5_PD3	R5_PD4	R5_PD5	R5_PD6	R5_PD7	R5_PD8
R4	10K	R4_PD1	R4_PD2	R4_PD3	R4_PD4	R4_PD5	R4_PD6	R4_PD7	R4_PD8
R3	100K	R3_PD1	R3_PD2	R3_PD3	R3_PD4	R3_PD5	R3_PD6	R3_PD7	R3_PD8
R2	2.2K	R2_PD1	R2_PD2	R2_PD3	R2_PD4	R2_PD5	R2_PD6	R2_PD7	R2_PD8
R1	1.5K	R1_PD1	R1_PD2	R1_PD3	R1_PD4	R1_PD5	R1_PD6	R1_PD7	R1_PD8
Q1	2N2222	Q1_PD1	Q1_PD2	Q1_PD3	Q1_PD4	Q1_PD5	Q1_PD6	Q1_PD7	Q1_PD8
D2	1N914	D2_PD1	D2_PD2	D2_PD3	D2_PD4	D2_PD5	D2_PD6	D2_PD7	D2_PD8
D1	1N914	D1_PD1	D1_PD2	D1_PD3	D1_PD4	D1_PD5	D1_PD6	D1_PD7	D1_PD8
C6	1.0n	C6_PD1	C6_PD2	C6_PD3	C6_PD4	C6_PD5	C6_PD6	C6_PD7	C6_PD8
C5	4.7pF	C5_PD1	C5_PD2	C5_PD3	C5_PD4	C5_PD5	C5_PD6	C5_PD7	C5_PD8
C4	15pF	C4_PD1	C4_PD2	C4_PD3	C4_PD4	C4_PD5	C4_PD6	C4_PD7	C4_PD8
C1	10uF	C1_PD1	C1_PD2	C1_PD3	C1_PD4	C1_PD5	C1_PD6	C1_PD7	C1_PD8

元件报告 (R)...　确定　取消

图 8.34　工程元件列表

单击元件的逻辑标识符，对应元件会以突出居中方式显示在主设计窗口，但面板仍保持打开，可随意跳转到其他元件上。

单击面板下方的“元件报告”（Component Report）按钮，打开“报告预览”可以以电子表格文件*.xls 或*.pdf 格式输出文件并打印。

设计被编译后可通过 3.4 节的方法将设计转换为 PCB 设计。转换中会自动为每张原理图纸建立一组元件并置于一个 Room 中为布局做准备。详细设计方法见 9.3 节。

8.4 原理图仿真

8.4.1 Altium Designer 的仿真工具

“混合信号仿真”（Mixed-Signal Circuit Simulator）可以足够真实地反映电路特性，极其方便、快捷、经济地实现电路结构的优化设计，对缩短电子产品的开发周期，降低电子产品的开发费用，提高电子产品的综合性能，参与产品的市场竞争，都有着十分重要的意义。Altium Designer 的仿真工具有：

- 混合信号仿真；
- 仿真分析资源；
- 仿真分析类型；
- 数字仿真模型。

Altium Designer 提供了丰富的仿真分析资源。这些资源可以在...\Altium Designer \Library\Simulation 目录中找到。其中包括：

```
Simulation Source.IntLib
Simulation Transmission Line.IntLib
Simulation Math Function.IntLib
Simulation Special Function.IntLib
Simulation Pspice Function.IntLib
```

Altium Designer 还提供了大量的制造厂家独立的集成库，在这些集成库中提供了各种仿真模型。

8.4.2 仿真方法

1. 仿真步骤

使用 Altium Designer 仿真的基本步骤如下。

（1）绘制仿真电路图，并且电路上必须有仿真电源和激励源模型元器件。

（2）装载与电路仿真相关的元件库。

（3）设置仿真结点及电路的初始状态。

（4）对仿真电路原理图进行 ERC 检查，并纠正错误。

（5）设置仿真分析的参数。

（6）运行电路仿真并得到仿真结果。

（7）修改仿真参数或更换元器件，重复（4）～（7）的步骤，直至获得满意结果。

2. 设计仿真电路

要进行仿真的电路原理图中必须有仿真模型，本例以一个放大电路为例说明仿真实现过程。首先设计电路如图 8.35 所示，其中 Vin 是信号源的仿真模型。

3. 安装仿真元件库

选择“设计”→“浏览库”命令或单击图标，打开“可用库”面板。从“已安装”选项卡中确定是否安装了相应的库文件（见图 8.36）。这些文件在...\Altium Designer\Library\Simulation 目录中，后缀为*.IntLib，选择对象，单击“安装”按钮。

本例中所用到的仿真源及激励源都在 Simulation Sources.IntLib 集成库下，其他带有仿真模型的元器件可以由厂商提供。

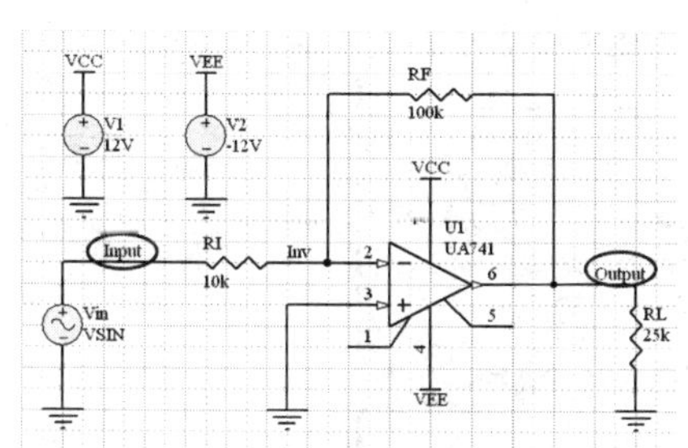

图 8.35　放大电路设计

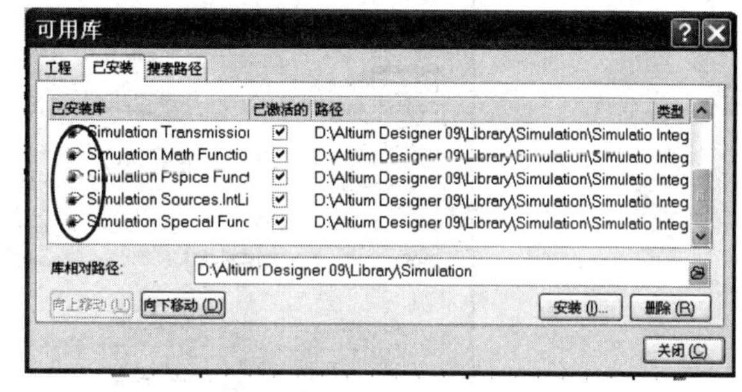

图 8.36　安装仿真库

4. 观察及修改仿真模型

在原理图编辑环境下，双击运放器件（U1），将在“元件属性”窗口的 Models for U1-UA741 选项区域中能够看到其仿真模型，如图 8.37 所示，选择“类型”下拉列表框中的 Simulation，就能够调出关于该器件的详细仿真模型描述 Sim Model 面板，如图 8.38 所示。

此外，用户还可以从外部导入仿真模型。方法是单击 Sim Model 面板的 Model Kind 标签，在打开的选项卡中选择 Full Path 单选按钮单击 Choose 按钮，选择所需的仿真模型*.ckt 文件导入。

如图 8.39 所示，打开 Port Map 选项卡，详细显示了该器件的原理图引脚和仿真模型中引脚之间的映射关系，用户还可以进行修改、设置。完成后单击“确定”按钮，返回到原理图编辑界面。

对于仿真源 V_{IN} 及工作电源 V1、V2，也需要设置其参数，步骤同上。单击图 8.38 中的 Parameter 标签，在打开的选项卡中根据电路的实际需求进行参数设置，如图 8.40 所示。

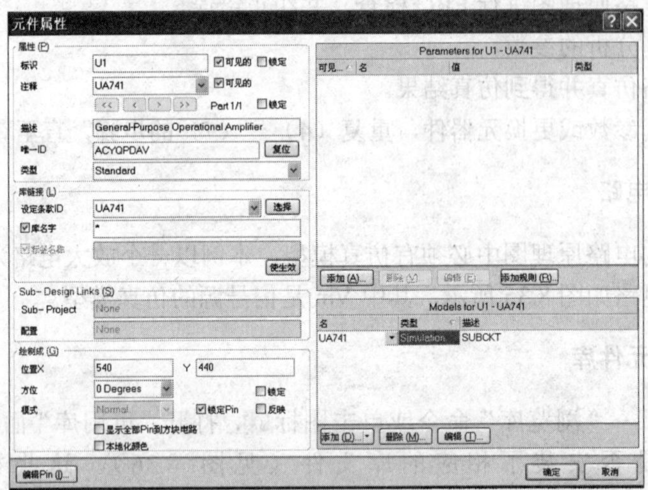

图 8.37 查看仿真模型

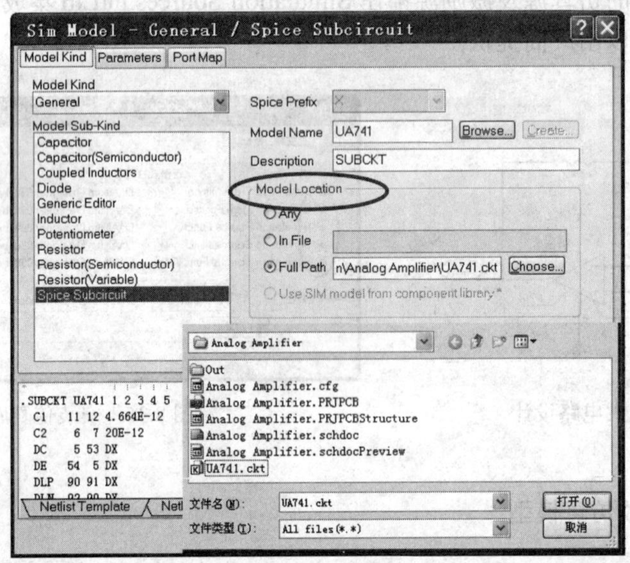

图 8.38 导入仿真模型

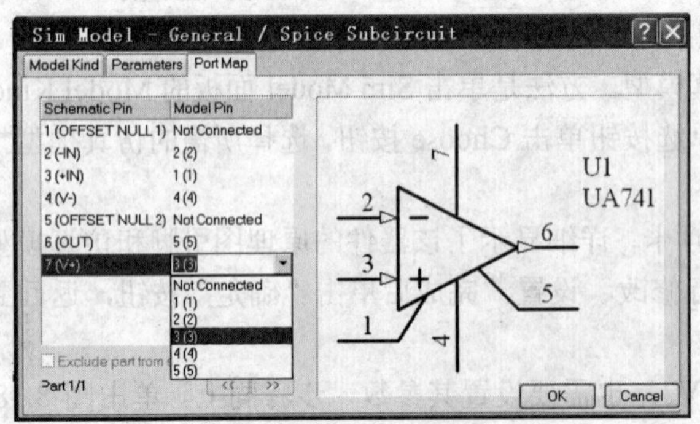

图 8.39 仿真模型与原理图引脚的映射

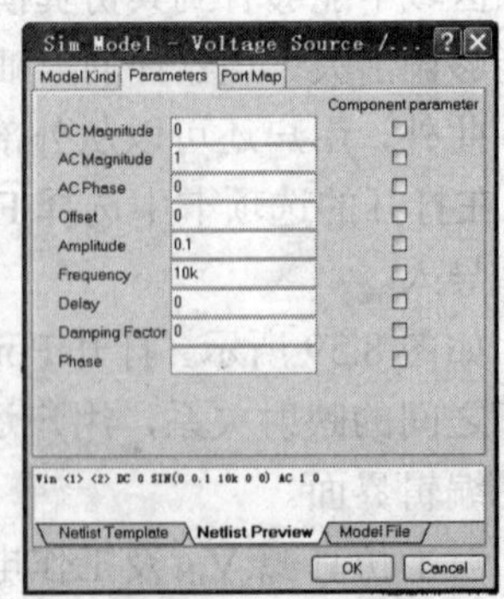

图 8.40 参数设置

5. 设置仿真结点

仿真模型设定好后，在电路原理图上测试点处添加网络标识，由此观察该结点的仿真结果。本例为观察放大电路的“输入”、“输出”端信号（见图8.35）。编译原理图文件，确认无误后保存工程文件。

6. 执行仿真

选择“设计”→“仿真”→Mixed Sim命令，进入仿真“分析设置”（Analyses Setup）面板，勾选所需要的分析方法的使能复选框以激活，如图8.41所示。其中，图8.41中勾选了四种分析类型，分别是静态工作点分析Operating Point Analysis、瞬时分析Transient Analysis、直流扫描分析DC Sweep Analysis和交流小信号分析AC Small Signal Analysis，选择相应的选项即可观察仿真后的结果。

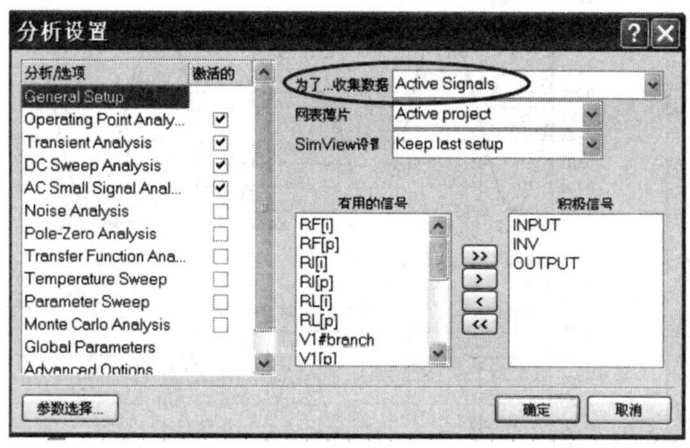

图8.41　分析方法设置

在面板左栏上方选择General Setup选项，面板右侧出现相应的界面。在“有用的信号”（Available Signals）列表框中选择需要观察的结点，单击 > 按钮将其导入“激活信号”（Active Signals）列表框中。设置完成后单击“确定”按钮，仿真输出的波形就是这些观察点的仿真结果。仿真波形窗口下方显示了相应的分析结果选项，单击窗口下方各个分析标签，可在窗口中出现对应的分析结果，如图8.42所示。

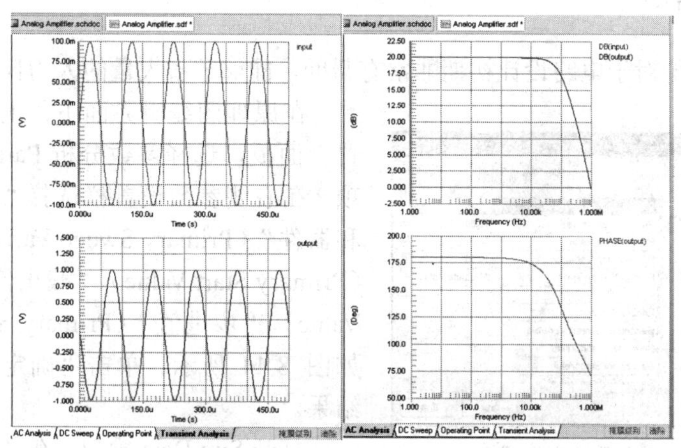

图8.42　放大电路的仿真波形

8.4.3　分析仿真数据

1. 波形分析

在仿真波形界面中，右击波形的名称，如 Input，在弹出的快捷菜单中选择 Cursor A 及 Cursor B 命令，将会在波形上出现两个标尺，拖动此标尺移动，在波形下方或窗口左下方可以看到测量点的详细数据。也可单击窗口左下角的 Sim Data 按钮，打开 Sim Data 面板，在此能观察到各个结点的波形分析结果，如图 8.43 所示。

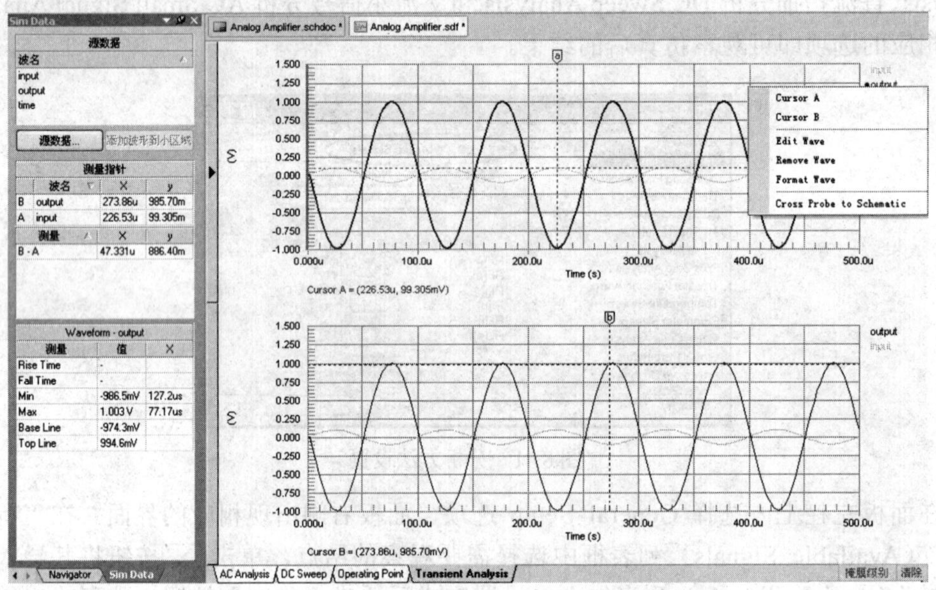

图 8.43　在 Sim Data 面板观察仿真结果

2. 参数分析

参数分析功能对于电路设计初期非常有帮助，能够节省大量的人力计算时间。

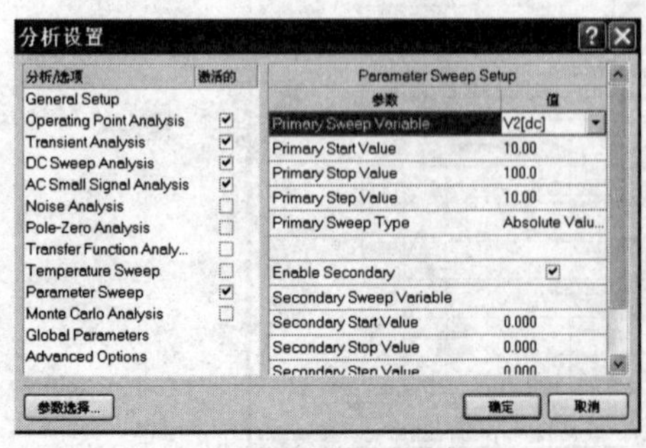

图 8.44　参数仿真设置

在原理图编辑界面下，重新进入“分析设置”面板，选择参数分析 Parameter Sweep 选项，在右侧参数设置栏选择“被扫描电路参数和器件”（Primary Sweep Variable）、“初始值”（Primary Start Value）、“截止值”（Primary Stop Value）、“步进值”（Primary Step Value）等，如图 8.44 所示。单击“确定”按钮显示仿真结果。

打开 Sim Data 窗口，在“源数据”（Source

Data）下双击 output_p01、…、output_p10，将它们导入到 Output 图表中，其各路波形显示如图 8.45 所示。

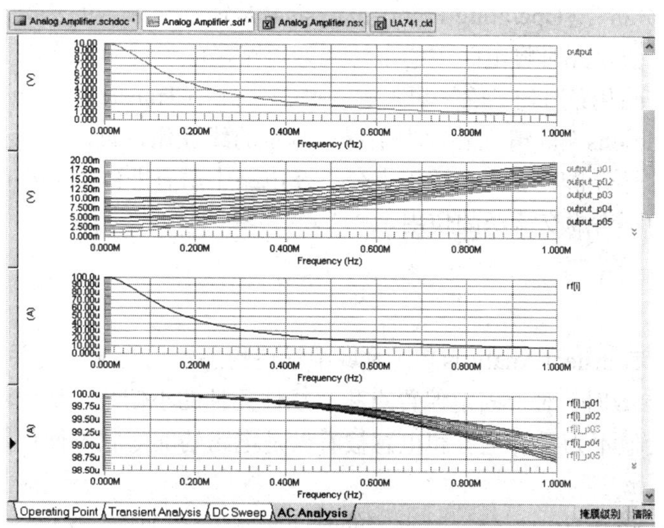

图 8.45　参数扫描仿真波形

单击 Output 波形所在的图表，使其处于激活状态。然后从中挑选符合要求的波形，在波形下方将会出现对应参数值。波形显示窗口上方的工具可以进行“添加波形”(Add Wave)、“移除波形”（Remove Wavc）和“编辑波形”（Edit Waveform）等操作，如图 8.46 所示。

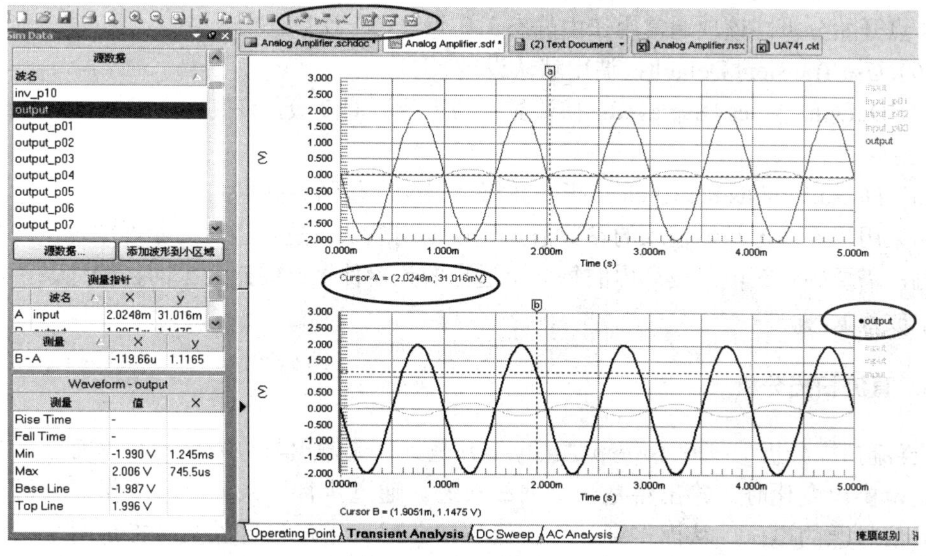

图 8.46　波形编辑操作

8.4.4　分析类型

Altium Designer 中允许的分析类型包括以下 12 种。

1. 直流工作点分析

“直流工作点分析”（Operating Point Analysis）是在直流偏置的情况下测定电路静态工作点的电压、电流值，此时将电路中的电感视为短路，电容视为开路。

在测定瞬态初始化条件时，除了已经在“瞬态分析”（Transient Analysis）中勾选了“使用 Use Initial Conditions”的情况外，为了保证测定的线性化，直流工作点分析将优先于瞬态分析、交流小信号分析、噪声和零极点分析及电路中所有非线性的小信号模型分析。在直流工作点分析中不考虑交流源的作用。

2. 瞬态分析

“瞬态分析”（Transient Analysis）在时域中描述瞬态输出与输入的关系。在未使能 Use Initial Conditions 参数时，对于固定偏置点和非线性元件的小信号参数的结点初始值也应考虑在内，因此初始值不为零的电容和电感被看做是电路的非零状态而保留下来。其各项设置说明如下。

（1）Transient Start Time：分析时设定的时间起始值（单位：秒）。

（2）Transient Stop Time：分析时设定的时间结束值（单位：秒）。

（3）Transient Step Time：分析时时间增量（步长）值。

（4）Transient Max Step Time：时间增量值的最大变化量；默认状态下，其值可以是 Transient Step Time 或（Transient Stop Time - Transient Start Time）/50。

（5）Use Initial Conditions：勾选此项后，瞬态分析将自原理图定义的初始化条件的直流工作点开始分析。该项通常用在由静态工作点开始一个瞬态分析中。

（6）Use Transient Default：调用默认设定。

（7）Default Cycles Displayed：默认显示的正弦波周期数，该值将由 Transient Step Time 决定。

（8）Default Points Per Cycle：正弦波每个周期内显示数据点的个数。

如果用户不确定具体输入的参数值，建议使用默认设置，当使用原理图定义的初始化条件时，需要确定在电路设计内的每一个适当的元器件上已经定义了的初始化条件，或在电路中放置 IC 元件。

3. 直流扫描分析

“直流扫描分析”（DC Sweep Analysis）是指直流输出与输入间的转移特性。当输入在一定范围内变化时，输出将是一个曲线轨迹。通过执行一系列直流工作点分析，修改选定的信号源的电压，从而得到一个直流传输曲线。用户也可以同时指定两个工作源。其中各项设置说明如下。

（1）Primary Source：电路中主电源的名称。

（2）Primary Start：主电源的起始电压值。

（3）Primary Stop：主电源的终止电压值。

（4）Primary Step：主电源在扫描范围内指定的增量值。

（5）Enable Secondary：在主电源基础上，执行对每个“次电源”值的扫描分析。

（6）Secondary Name：电路中次电源的名称。

（7）Secondary Start：次电源的起始电压值。

（8）Secondary Stop：次电源的终止电压值。

（9）Secondary Step：次电源在扫描范围内指定的增量值。

在直流扫描分析中必须设定一个主电源，而第二个电源为可选。通常主电源的扫描变量所覆盖的区间是内循环，次电源扫描区间是外循环。

4. 交流小信号分析

“交流小信号分析”（AC Small Signal Analysis）是在信号的一定频率范围内分析电路的响应。在进行交流分析之前，必须保证电路原理图设计中至少有一个交流信号源器件，用这个信号源去替代仿真期间的正弦波发生器。如果电路中包含非线性器件或元件，在分析频率响应之前应该得到此元器件的交流小信号参数。为此需在激励源的 AC Magnitude 参数属性域中设置一个大于零的值。各项设置说明如下。

（1）Start Frequency：正弦波的初始频率（单位：Hz）。

（2）Stop Frequency：正弦波的截至频率（单位：Hz）。

（3）Sweep Type：可决定测试点的分布方式。Linear 类型适用于带宽较窄的情况，全部测试点均匀线性地分布在测试范围内，从起始频率开始到终止频率的线性扫描。Decade 用于带宽特别宽的情况，测试点以 10 倍频的对数形式分布。Octave 常用于带宽较宽的情形，测试点以 2 的对数形式排列，频率以倍频程进行对数扫描。

（4）Test Points：在扫描范围内，依据选择的扫描类型，定义增量值。

（5）Total Test Point：显示全部测试点的数量。

用于扫描的正弦波的幅度和相位需要在 SIM 模型中指定。输入的“电压”（Volt）幅度值和“相位值”（角度 Degrees）不需输入单位值。设定交流量级为 1，将使输出变量显示相关度为 0dB。

5. 噪声分析

“噪声分析”（Noise Analysis）利用噪声谱密度，测量电阻和半导体器件的噪声影响，通常由 V/Hz 表征测量噪声值。电阻和半导体器件等都能产生不同类型的噪声，在噪声分析中，电容、电感和受控源视为无噪声元器件，噪声电平取决于频率。电路中每一个噪声源（电阻或晶体管）的噪声电平是将交流源各个频率的有效值相加计算得到的。各项设置说明如下。

（1）Output Noise：需要分析噪声的输出结点。

（2）Input Noise：叠加在输入端的噪声总量，将直接关系到输出端上的噪声值。

（3）Component Noise：电路中每个器件（包括电阻和半导体器件）的噪声乘以增益后在输出端得到的总和。

（4）Noise Sources：选择一个用于计算噪声的参考电源（独立电压源或独立电流源）。

（5）Start Frequency：指定起始频率。

（6）Stop Frequency：指定终止频率。

（7）Test Points：指定扫描的点数。

（8）Points Per Summary：指定计算噪声范围。在此区域中，输入“0”则只计算输入和输出噪声；若输入“1”则同时计算各个器件噪声。后者适用于用户想单独查看某个器件的噪声并进行相应的处理（比如某个器件的噪声较大，则考虑使用低噪声的器件替换）。

（9）Output Node：指定输出噪声结点。

（10）Reference Node：指定输出噪声参考结点，此结点一般为“地”（也即为“0”），如果设置的是其他结点，通过 $V_{Output\ Node}-V_{Reference\ Node}$ 得到总的输出噪声。

（11）Sweep Type：指定扫描类型，这些设置和交流分析相似。通常独立的电压源中需要指定 Noise Source 参数。

6. 零极点分析

“零极点”（Pole-Zero）稳定性分析是在单输入单输出的线性系统中，利用电路的小信号交流传递函数对极点或零点的计算。它将电路的直流工作点线性化并对所有非线性器件匹配小信号模型。传递函数可以是电压增益（输出与输入电压之比）或转移阻抗（输出电压与输入电流之比）中的任意一个。其中各项设置的说明如下。

（1）Input Node：正的输入结点。

（2）Input Reference Node：输入端的参考结点（默认值：0（GND））。

（3）Output Node：正的输出结点。

（4）Output Reference Node：输出端的参考结点（默认值：0（GND））。

（5）Transfer Function Type：设定交流小信号传递函数的类型；V_{output}/V_{input} 电压增益传递函数；V_{output}/I_{input} 转移阻抗传递函数；

（6）Analysis Type：可区分更精确的极点或零点分析。

零极点分析可用于对电阻、电容、电感、线性受控源、独立源、二极管、BJT 管、MOSFET 管和 JFET 管等的分析，但不支持传输线。对复杂的大规模电路设计进行零极点分析，需要耗费大量时间并可能不一定找到全部的极点和零点，因此将其拆分成部分电路再进行零极点分析将更有效。

7. 传递函数分析

“传递函数分析”（Transfer Function Analysis）将计算每个电压结点上的直流输入电阻、直流输出电阻和直流增益值。

（1）Source Name：指定小信号参考输入源。

（2）Reference Node：指定参考结点（默认值：0）。

利用传递函数分析可以计算整个电路中直流输入、输出电阻和直流增益的值。

8. 温度扫描

“温度扫描”（Temperature Sweep）是指在一定的温度范围内进行电路参数计算，用以确定电路的温度漂移等性能指标。

（1）Start Temperature：起始温度（单位：摄氏度℃）。

（2）Stop Temperature：截至温度（单位：摄氏度℃）。

（3）Step Temperature：在温度变化区域内温度递增量。

在温度扫描分析时，由于会产生大量的分析数据，因此需要将图 8.41 中“分析设置”面板的 General Setup 中“为...收集数据”（Collect Data for）选择为 Active Signals。

9. 参数扫描

“参数扫描”（Parameter Sweep）它可以与直流、交流或瞬态分析等分析类型配合使用，对电路所执行的分析进行参数扫描，对于研究电路参数变化对电路特性的影响提供了很大的方便。在分析功能上与蒙特卡罗分析和温度分析类似，它是按扫描变量对电路的所有分析参数扫描的，分析结果产生一个数据列表或一组曲线图。同时用户还可以设置第二个参数扫描分析，但参数扫描分析所收集的数据不包括子电路中的器件。

（1）Primary Sweep Variable：被扫描的电路参数或器件，利用下拉列表框设定，如图 8.44 所示。

（2）Primary Start Value：主扫描变量的初始值。

（3）Primary Stop Value：主扫描变量的截至值。

（4）Primary Step Value：主扫描变量的步长。

（5）Primary Sweep Type：设定步长的绝对值（Absdute Values）或相对值（Relative Valucs）。

（6）Enable Secondary：允许确定第二个扫描变量。

（7）Secondary Sweep Variable：第二个被扫描的电路参数或器件，利用下拉列表框设定。

（8）Secondary Start Value：第二个被扫描变量的初始值。

（9）Secondary Stop Value：第二个被扫描变量的截至值。

（10）Secondary Step Value：第二个被扫描变量的步长。

（11）Secondary Sweep Type：设定第二个扫描变量的步长的绝对值或相对值。

参数扫描至少应与标准分析类型中的一项同时执行，另外可以观察到不同的参数值所画出来不一样的曲线，曲线之间偏离的大小表明此参数对电路性能影响的程度。

10. 蒙特卡罗分析

“蒙特卡罗分析”（Monte Carlo Analysis）是一种统计模拟方法，它是在给定电路元器件参数容差为统计分布规律的情况下，用一组组伪随机数求得元器件参数的随机抽样序列，对这些随机抽样的电路进行直流扫描、直流工作点、传递函数、噪声、交流小信号和瞬态分析，并通过多次分析结果估算出电路性能的统计分布规律，蒙特卡罗分析可以进行最坏情况分析。

（1）Seed：该值是仿真中随机产生的。如果用随机数的不同序列执行一个仿真，需要改变该值（默认值：－1）。

（2）Distribution：容差分布参数。默认 Uniform 表示单调分布，在超过指定的容差范围后仍然保持单调变化；“高斯”（Gaussian）曲线分布（即 Bell-Shaped 铃形），定义中与指定容差有 ± 3 的差异；Worst Case 表示最坏情况，与单调分布类似，但却是容差范围内最差的点。

（3） Number of Runs：在指定容差范围内执行仿真，运用不同器件的数值（默认值：5）。

（4）Default Resistor Tolerance：电阻器件默认容差（默认值：10%）。

（5）Default Capacitor Tolerance：电容器件默认容差（默认值：10%）。

（6）Default Inductor Tolerance：电感器件默认容差（默认值：10%）。

（7）Default Transistor Tolerance：三极管器件默认容差（默认值：10%）。

（8）Default DC Source Tolerance：直流源默认容差（默认值：10%）。

（9）Default Digital Tp Tolerance：数字器件传输延时默认容差（默认值：10%），该容差将用于设定随机数发生器产生数值的间隔。对于一个定义值为 ValNom 的器件，其该容差区间为：ValNom－(Tolerance × ValNom)＜RANGE＜ValNom＋(Toleance×ValNom)。

11. 傅立叶分析

“傅立叶分析”（Fourier Analysis）是基于瞬态分析中最后一个周期的数据进行的。其中各项设置的说明如下。

（1）Enable Fourier：在仿真中执行傅立叶分析（默认值：Disable）。

（2）Fourier Fundamental Frequency：由正弦曲线叠加近似而来的周期信号频率值。

（3）Fourier Number of Harmonics：分析中的谐波数，每一个谐波均为基频的整数倍。

在执行傅立叶分析后，系统将自动创建一个*.sim 数据文件，文件中包含了关于每一个谐波的幅度和相位的详细信息。

12. 阻抗特性分析

阻抗特性分析将显示电路中无源网络任意两个端子间的阻抗特征，该分析没有独立的设置界面，通常只作为交流小信号分析中的一个部分。

阻抗测量将通过输入电源电压值除以输入电流值得到。要获得一个电路的阻抗特征图，需做如下设置。

（1）将测试端子间网络的电源设置为零，即电压源短路，电流源开路。

（2）断开端子外的所有负载。

（3）在两端子间连接电源。

8.4.5 创建仿真模型

在原理图符号库编辑模式下，执行“工具”→“XSPICE 模型向导”（XSpice Model Wizard）命令，打开“SPICE 模型向导”对话框，如图 8.47 所示。根据需要选择添加元件类型，如图 8.48 所示，依次进行设置，可生成仿真模型*.mdl 文件，完成后保存在适当路径。

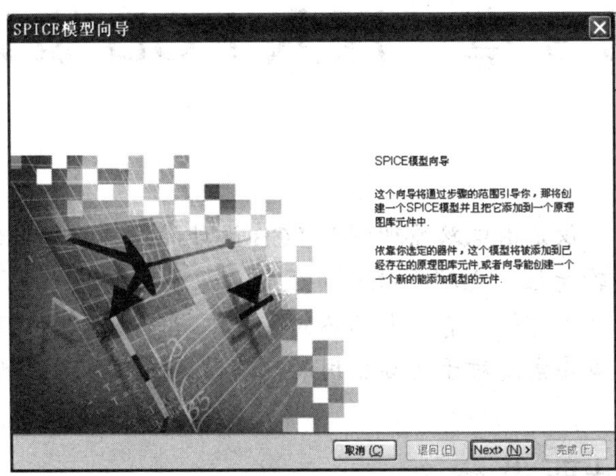

图 8.47　SPICE 模型向导工具

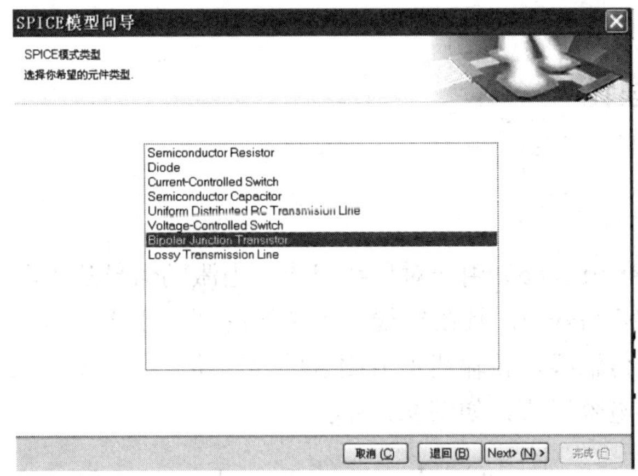

图 8.48　选择添加元件类型

第 9 章　深入 PCB 设计

本章摘要

实际的电路设计不仅是由电路原理图和 PCB 设计的正确性保证的，还有更多的因素要考虑，例如信号传输特性、电磁干扰与屏蔽等。基于同样的原理图设计而进行的不同的布线设计，其电气特性可能会有很大的不同。本章进一步讨论 PCB 设计中的更多技巧和提高设计水平的更多要素。对于实际应用的电路设计更有参考价值。

9.1　PCB 设计要求

9.1.1　传输线理论

1. 传输线概念

“传输线”（Transport Line）由一对导线组成，当激励信号从“源”（Source）端通过传输线传递到负载“端”（Port），且在导线上的传输时间大于电平跳变上升或下降时间的一半时，则该导线视为传输线。传输线形成闭合的“回路”（Loop）。传输线模型由串联电阻和电感、并联电阻和电容组成，如图 9.1 所示。

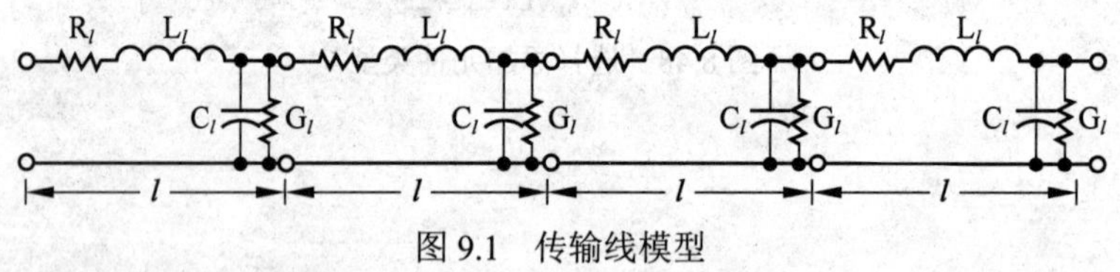

图 9.1　传输线模型

2. 反射分析

当激励源通过传输线发射一个信号时，信号的幅值取决于激励源电压（V_S）、激励源内阻抗（$Z_S=R_S+jX_S$）和传输线的特征阻抗（$Z_O=R_O+jX_O$），如图 9.2 所示。信号端口电压（V_i）的幅值决定于激励源内阻和线阻抗之间的分压：

$$V_i=\frac{Z_O}{Z_O+Z_S}V_S \tag{9.1}$$

为减小信号反射的影响，通常采用在传输线终端接一个负载阻抗 Z_t（$=R_t+jX_t$）。如果 Z_t 正好和 Z_O 相等，称为阻抗匹配，则 V_1 将保持直到信号源再次转变，这种情况下电压 V_1

是直流稳态值。如果 Z_t 与 Z_O 不匹配，则信号一部分将沿着传输线向信号源反射回去，如图 9.3 所示。反射系数（ρ）定义为给定结点上的“反射电压”（$V_{reflected}$）和“入射电压”（$V_{incident}$）的比值，反映了反射回去的信号大小。传输线终端的反射系数：

$$\rho = \frac{V_{reflected}}{V_{incident}} = \frac{Z_t - Z_O}{Z_t + Z_O} \tag{9.2}$$

在通讯线路中通常希望无反射波存在，当传输线终端阻抗 Z_t 与传输线特征阻抗 Z_O 相等时，反射系数为 0。$|\rho|=1$ 称为全反射，当 $Z_t=0$（短路）时反射系数为-1；当 $Z_t=\infty$（开路）时，反射系数为 1，但两种反射的相位不同。减少反射影响的终接方式有多种，每种方法优缺点比较见表 9.1。

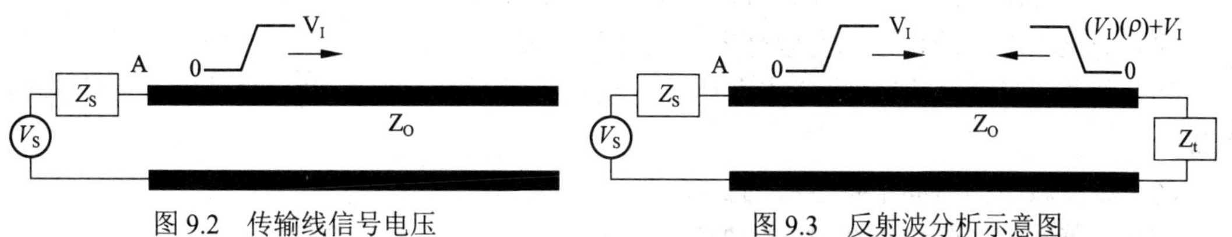

图 9.2　传输线信号电压　　图 9.3　反射波分析示意图

表 9.1　减少反射影响的方法比较

端接类型	信号延时	功耗	临界参数	特性
串接方式	显著	低	$R_S = R_O = R_O$	DC 噪声小
并接方式	很小	高	$R_t = R_O$	功耗大
Thevenin 方式	很小	高	$R_t = 2 \times R_O$	大功率 CMOS
二极管方式	很小	低	无	极限过冲，振铃
RC 方式	很小	中	$R_t = R_O$，$C = 20 \sim 600pF$	带宽阻碍

9.1.2　电磁干扰

1. 串扰因素

串扰是电磁耦合对信号的干扰作用，耦合又分为容性耦合和感性耦合两种。容性耦合是由于“干扰源”（Aggressor）上的电压变化在“被干扰”（Victim）对象上引起感应电流从而导致的电磁干扰；感性耦合则是由于干扰源上的电流变化产生的磁场在被干扰对象上引起感应电压而导致的电磁干扰。因此，信号在传输中会在相邻导体上引起容性耦合信号与感性耦合信号两类不同的噪声信号。影响串扰的因素如下。

（1）串扰的大小与传输线并行耦合的长度和间距有关，耦合长度越长，间距越小，串扰就越大。

（2）一对相邻导线，其间电流反向时产生的串扰要大于电流同向时产生的串扰。

（3）动态信号频率的增加，静态线上的串扰幅值也随之增加，频率越高，串扰幅值增加得越快。

（4）信号的上升/下降时间或边沿变化（上升沿和下降沿）越快，串扰越大。

（5）对于同一布线结构，当 PCB 板层之间的电介质层的厚度增大，串扰明显加大。

（6）对于同样厚度的电介质层，微带传输线的串扰要大于带状传输线的串扰。

（7）如果动态线和静态线端接电阻使阻抗匹配，能有效抑制串扰。

2. 减少串扰的方案

（1）将两条传输线之间的距离增大到规则允许的最大情况。

（2）在设计目标阻抗时应尽量使导体靠近“地”层，使得传输线可以紧密地与“地”层进行耦合，可以减少对临近信号线的干扰。

（3）对于要求高的网络（如系统时钟信号）在系统设计允许时可以使用差分线技术。

（4）如果相邻层的传输线有较严重的耦合存在时，走线应彼此正交。

（5）如果有可能，信号线应该设计成带状线或埋式微带线，以减少传输速度引起的串扰。

（6）尽量减少信号间平行走线的长度。

（7）妥善布局，防止布线时出现拥挤。

（8）尽量使用上升边沿慢的器件，但此方法容易产生负面影响。

9.1.3 电源分布系统

1. 信号平面

“电源分布系统”（Power Distribution System，PDS）中，当电源、地层之间存在足够大的去耦电容时，其交流阻抗极小，电源中的交流分量对地短路，与地层可视为同一电位，统称为“平面”（Plane）。平面为电流回路提供最低阻抗回路，其 Z_{PDS} 阻抗计算如下：

$$Z_{PDS} = \frac{\text{电源电压} \times \text{允许电压波动的比率}(\%) \div 100}{\text{需要的电流}} \tag{9.3}$$

2. PDS 设计目标

（1）PDS 必须为电路提供稳定的、无噪声的工作电压和电流。PDS 设计中要考虑为逻辑电路提供低阻抗的接地连接和低阻抗的电源连接；为电源和地提供低交流阻抗的通路。

（2）为数字信号提供可靠的电压参考。在接地参考点间由于存在着公共通路阻抗 Z_{PSW}，而产生一个电位差 V_N，如图 9.4 所示。要尽量减小其影响，保证参考电位唯一。阻抗 Z_{PSW} 表达式：

$$Z_{PSW} = R_{ES} + j\omega L_{ES} \tag{9.4}$$

其中：

R_{ES}——电源分布系统的寄生电阻。低频或直流情况下造成参考点电位差的主要原因；

L_{ES}——电源分布系统的寄生电感。高频情况下将产生参考点电位差，其幅度远大于寄生电阻的影响。

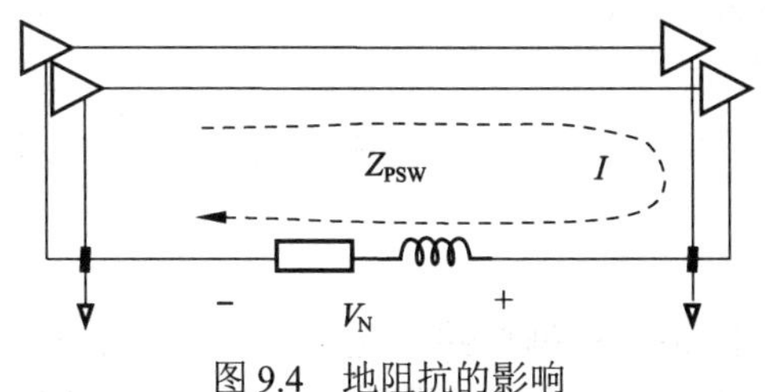

图 9.4　地阻抗的影响

3. PDS 设计规则

PDS 对于每一个电路设计都应被视为独立的、相互隔离的，以保证噪声不能通过 PDS 耦合到其他电路。设计中要注意以下几点问题。

（1）电源、地平面（线）之间应具有尽可能小的交流阻抗。

（2）PDS 必须为信号提供无干扰的回路。

（3）电源、地平面应同时具备空间电场的屏蔽作用。

（4）尽可能采用平面设计，或保持电源和地线尽可能短和宽，避免“梳状”地线。

（5）“背靠背”的电源和地层设计，具有最小的 PDS 阻抗，并具备高频去耦作用，能有效抑制高频噪声。

（6）在数模混合设计中配置足够大的、均匀分布的去耦电容，并为数字电路和模拟电路分别提供独立的 PDS。

（7）在不同逻辑电平、不同噪声容限的混合电路（如：TTL、ECL 等）设计中，应为它们分别提供独立的 PDS。

（8）不同的电源、地层应相对隔离，不要直接叠压。

4. 典型的 PDS 设计

在高速数字设计中典型的 PDS 设计如图 9.5 所示，其频率范围 1Hz～1GHz，测试阻抗 2mΩ。

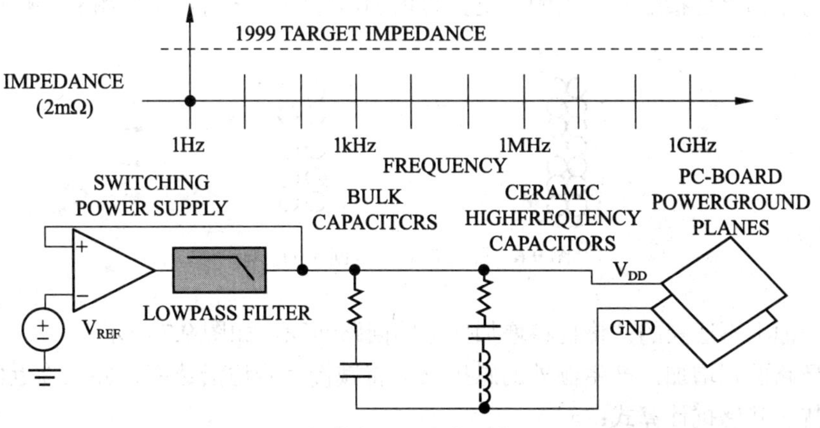

图 9.5　高频数字设计中典型的 PDS 设计

9.1.4　电流回路

1. 回路电流

电流流经的路径称为回路。根据电路理论，路径的阻抗越小电流分流越大。在具有“电源-地层”平面的 PCB 结构中，通常在信号线下方的电源或地平面阻抗最小，该回流信号电流与源信号电流大小相同。其密度为：

$$i_{(D)}=\frac{I_0}{\pi\times H}\times\frac{1}{1+(D/H)^2}\qquad(9.5)$$

其中：

$i_{(D)}$——观测点的回路电流密度，单位：A/mm^2；

I_0——信号总电流，单位：A；

H——信号线到参考平面的距离，单位：m；

D——测试点到信号线中心轴的垂直距离，单位：m。

2. 回路面积

信号通路构成了一个闭合回路。随着环路面积的增大，将产生更多的差模辐射噪声，且更易受外界干扰的影响。差模电场强度为：

$$E=\frac{2.6\times(A\times I_L\times f^2)}{H}\mu V/m\qquad(9.6)$$

其中：

A——环路面积，单位：cm^2；

I_L——环路电流，单位：A；

f——信号频率，单位：Hz；

H——测试点到电场中心的距离，单位：m。

在参考平面上连接器不适当的隔离盘将增加信号的回路面积，如图 9.6 所示。

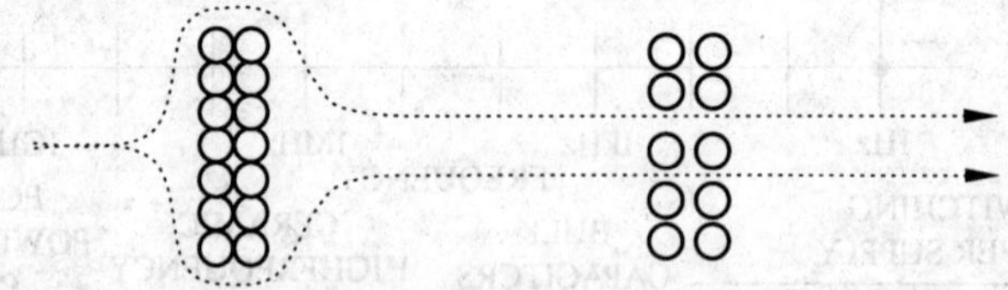

图 9.6　隔离盘对信号回路的影响

参考平面上不适当的开槽也将增加信号的回路面积，如图 9.7 所示。

信号环路面积增加，产生额外的感抗 L，将减慢信号边沿速率，并在临近信号线上产生互感串扰。其感抗计算式：

$$L=5\mu D\ln\left(\frac{D}{W}\right)nH\qquad(9.7)$$

其中：

D——测试点到信号线中心轴的垂直距离，单位：m；

W——两相邻信号线中心轴的垂直距离，单位：m。

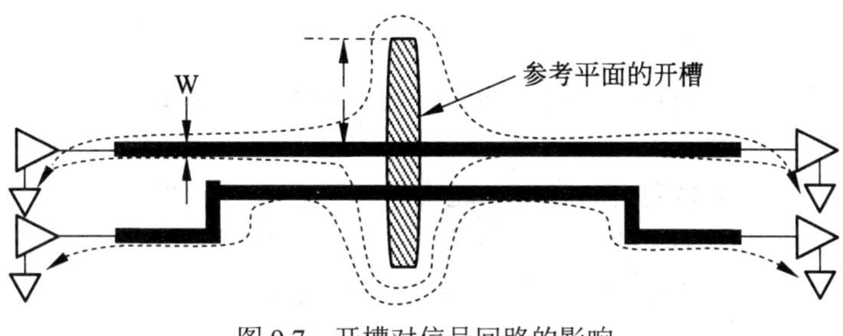

图 9.7　开槽对信号回路的影响

9.1.5　层叠结构设计

1. 叠层结构

叠层结构的设计主要考虑以下因素。

（1）PDS 稳定、噪声低、交流阻抗小。

（2）传输线布线结构。

（3）传输线特性阻抗。

（4）串扰噪声抑制。

（5）空间电磁干扰的吸收和屏蔽。

（6）结构对称，防止变形。

2. 在高速数字设计中的一般规则

（1）信号层数 = 电源层数 + 地层数。

（2）电源层和地层尽可能成对设计，其中至少有一对是“背靠背”设计。

（3）采用带状线结构，关键信号传输应采用对称带状线。

9.1.6　去耦措施

1. 去耦作用

实现去耦作用的方法是降低电源分布系统中的交流阻抗，消除高频开关电路产生的能量，为电路提供稳定的直流电压、电流。

2. 去耦电容位置

通常去耦电容置于时钟电路附近、输入/输出连接处、大功耗电路附近以及远离电源馈入点的位置。

3. 去耦电容选择

（1）低频大容量“体电容”（Bulk）。通常选用大容量钽电容，其电压额定值一般为电路额定工作电压的 2 倍以上。

（2）高频去耦电容。高频去耦电容的阻抗必须小于 Z_{PSW}，自谐振频率大于需抑制的时钟谐波频率，提供电路瞬态工作能量。

（3）多层陶瓷片式电容的材料选择。通常使用的材料有三种：NP0、X7R、Z5U。其中 X7R 是去耦应用的最佳选择，其介电常数介于 NP0 和 Z5U 之间。X7R 的温度和电压系数相对于 NP0 较差，但相对于 Z5U 较好；具有较高的寄生电阻 R_{ES}，相同的封装下，电容值的范围比 NP0 宽。

（4）表面贴装电容要考虑它们的布局和布线。不同的布局，产生的寄生电感的数值相差很大，应采用较大的过孔，电容焊盘到过孔的引线应尽可能短和宽。

（5）多层 PCB 中的平面电容。多层 PCB 中直接相邻“背靠背”的电源和地平面构成了一个具有最小交流阻抗的平面电容，具有最好的高频特性。

9.1.7 地电平抖动

1. 地电平抖动原因

“地电平抖动”（Ground Bounce，GB）的原因是，信号电平变化时在容性负载 C_L 上产生了电流变化，经寄生电感 L_{ES} 而产生地电平抖动电压 V_{GB}，其波形如图 9.8 所示。

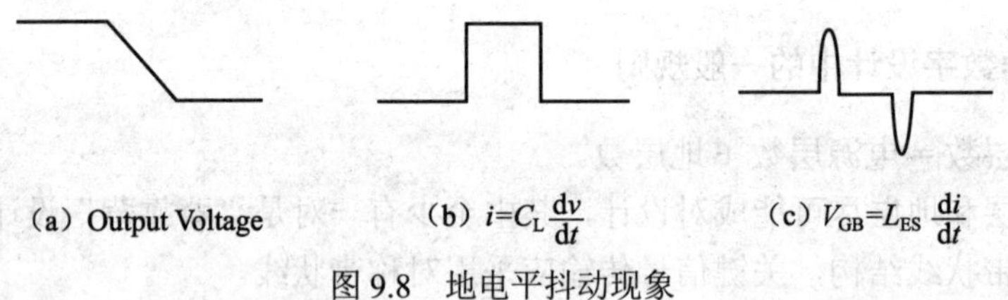

图 9.8 地电平抖动现象

2. 抑制 GB 的一般方法

（1）采用较小的封装形式。

（2）适当选择电源、地的数目并合理布局。

（3）减小输出电压摆幅。

（4）限制同时、同相转换状态的输出单元数目。

（5）增加传输线的特性阻抗。

（6）减少容性负载。

（7）在输出端串接阻尼电阻。

9.2　布局布线

9.2.1　布局

器件布局要考虑到电源散热、电磁干扰、信号走向、控制方便、替换容易、整体美观等多种因素，一般设计中理想的器件布局如图 9.9 所示。元器件合理的布局为布通走线奠定基础，但在自动布线之前还需做些准备。

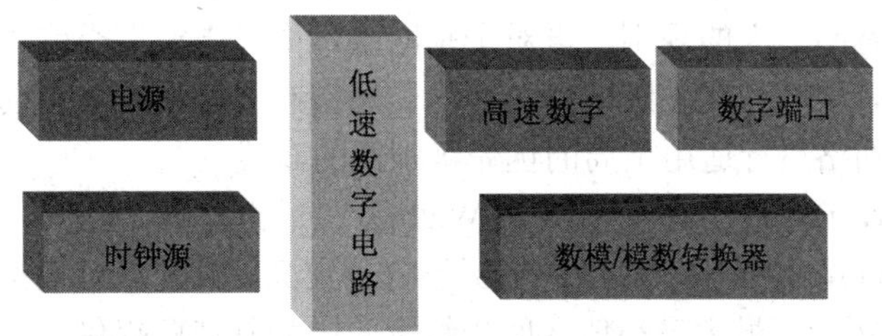

图 9.9　电路设计布局图

9.2.2　定义设计规则

为保证布通率和布线合理性及外观简洁，需首先定义设计规则。在 PCB 编辑窗中，选择“设计”→“规则”命令，打开“PCB 规则及约束编辑器”面板，如图 9.10 所示。面板左侧的目录树显示了 10 个类别的设计规则。单击任何规则类别名称前的“+”符号，会打开它下一级规则目录，并同时在右边栏中显示约束和辖域。选中某规则类别右击，在弹出的快捷菜单中可添加“新规则”（New）、“删除规则”（Delete）、“导入”（Import）和“导出”（Export）规则。

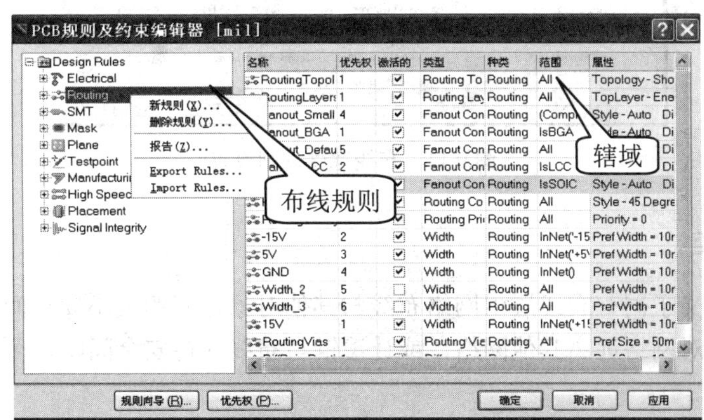

图 9.10　PCB 规则设置

1. 约束

约束是对设计对象的要求和限制，如果下级目录有两个以上规则，按“优先权”（Priority）级别选择，当第一种情况无法执行时，系统会自动选择第二种规则执行。

2. 辖域

辖域是指某规则适用的范围，可以对整个板子适用，或对某些网络适用。

3. 布线宽度

在“布线”（Routing）前需定义所有布线的“宽度”规则和安全距离约束。通常采取定义一个适合“所有网络”的规则，再对个别网络，如“电源”类或“地”网络添加独立的规则，并使之具有更高的优先级别。在对这类网络布线时系统首先选择优先级别高的布线规则，再对其他网络进行适用全局的优先级别低的布线。

走线宽度可以设定“最小宽度”（Min Width）、“最大宽度”（Max Width）和“首选宽度”（Preferred Width），并且可以对不同的板层分别定义。设计者可根据需要在走线区域酌情选择，如图 9.11 所示。最大最小值之间的线宽范围为制造商提供了布线的容限值，允许根据加工精度调整。例如，电源线宽度典型值为 0.4mm，按不同 PCB 生产商的生产工艺设置，甚至可以到 0.2mm，在可能情况下应尽量加粗。

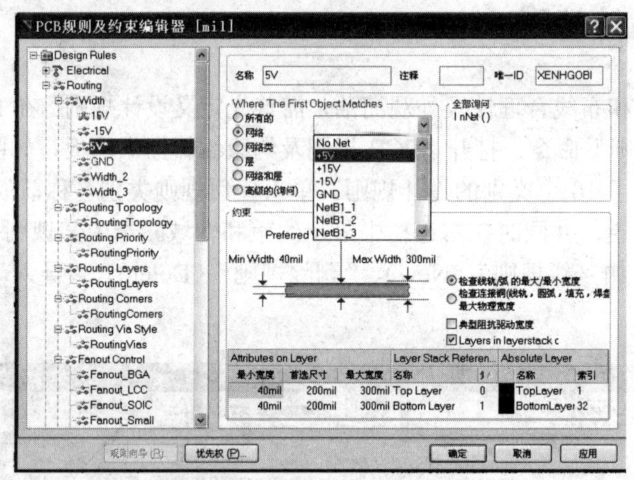

图 9.11　布线宽度规则设置

4. 安全间距

安全间距定义了同一布线层中网络布线与其他对象之间的最小安全间距。设计时为使得高压网和差分对网络远离其他网络，或让覆铜与布线保持安全间距，可设置为优先级别较高的安全间距。

5. 板层

选择“设计”→“层叠管理”（Layer Stack Manager）命令打开“层堆栈管理器”面板，

在此可对布线层（也即信号层）添加或设定位置，如图 4.23 所示。

9.2.3　交互式布线

交互式布线工具包括跟踪光标确定布线路径、单击放置布线、推开布线障碍或绕行、自动跟踪现有连接等。选择“放置”→Interactive Routing 命令进入交互布线模式。

1. 手动布线

进入交互式布线模式后，光标会变成十字准线。单击走线起点，光标呈悬浮状态，光标移动轨迹作为线路引导，布线器会根据设定的规则和约束沿十字光标所走路径布线，如图 9.12 所示。关于走线模式使用快捷键的几点说明如下。

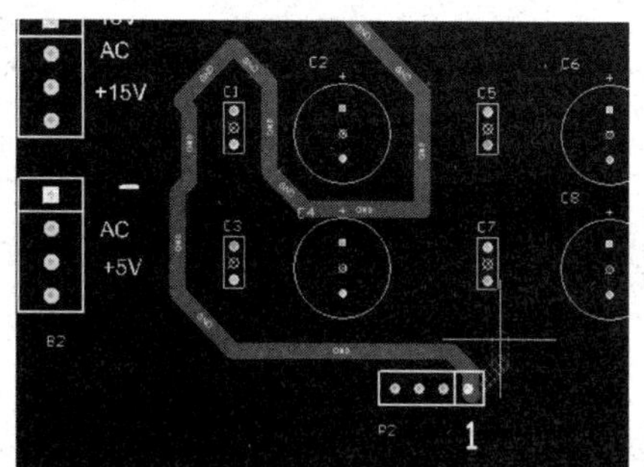

图 9.12　交互式走线图示

（1）在没有障碍的区域布线，布线器会以最短长度的方法布线。

（2）单击鼠标或按 Enter 键，在光标当前位置放置线路。

（3）右击鼠标或按 Esc 键，结束放置一段线。

（4）再次右击退出放置线模式。

（5）按 Back Space（退格）键，撤销前一步放线。

（6）按 1 键可在“最后放置的线段是否有效”之间切换。

（7）按 2 键在走线上添加一个过孔，不改变走线层。

（8）按 3 键可在“线的最大、首选、最小宽度”之间切换。

（9）按 4 键循环切换过孔尺寸。

2. 半自动布线

（1）焊盘引导布线。在交互布线模式中，使用 Ctrl+单击要布线的焊盘，就能自动完成与该焊盘相关联的网络布线。在使用“全部自动布线”不能完成的情况下，这个方法非常有效。但要注意，布线的起始点和结束点需在同一板层内，且布线遵循设计规则。

（2）预知性布线。PCB 编辑器的交互式布线模式附带预知性布线功能。当有障碍物时，布线端点不再保持附在光标上，而是黏着在鼠标接近的一个现有障碍（当解决冲突模式选择在遇到障碍时停止的选项）。该功能允许迅速并准确地对下一线段预知布线，并阻止违反任何安全间距的约束。

3. 布线冲突裁决

在已放置的器件、焊盘、过孔之间走线常会遇到各种障碍，妨碍布线的通过；另外布线还希望疏密均匀、美观整洁，为此有时需要处理布线冲突的问题。

在“喜好”面板中选择 PCB Editor→Interactive Routing 选项，可设置“布线冲突裁决”（Routing Conflict Resolution）方案，如图 9.13 所示。

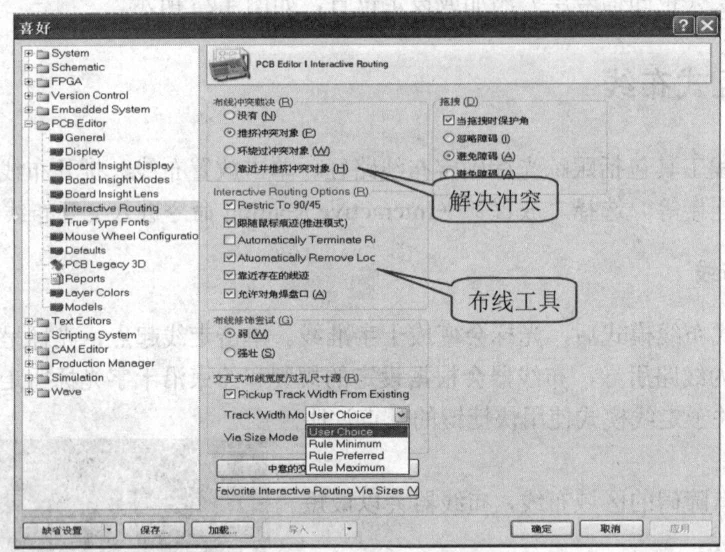

图 9.13 交互布线工具设置

常用的处理布线冲突的方法如下。

（1）“忽略冲突对象”（None）：此模式直接根据光标走向布线，任何障碍都不会阻止布线，但冲突部分由高亮显示。

（2）“推挤冲突对象”（Push Conflicting Objects）：推挤障碍的模式。此模式根据光标走向推挤其他对象，如走线、过孔等，但不推挤放置的元器件。如冲突对象不能被移动或移动后仍然无法放置走线，则线路将贴近最近的冲突对象并显示阻碍标志，如图 9.14 所示。

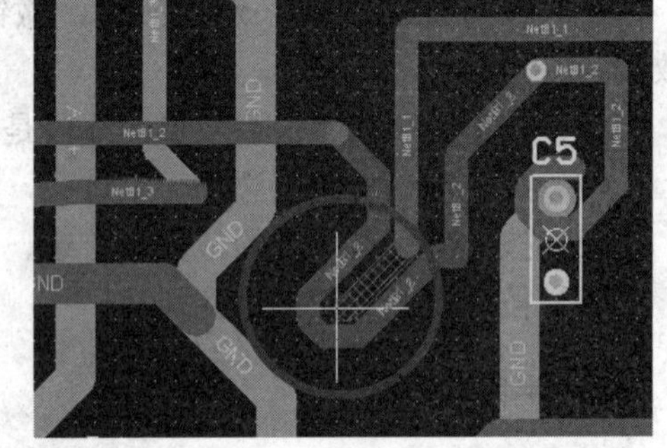

图 9.14 推挤走线示意图

（3）“环绕冲突对象”（Walkaround Conflicting Object）：紧贴环绕障碍物模式。此方法有两种紧贴障碍模式：

- 最短长度：试图以最短的线路绕过障碍；
- 最大紧贴：绕障布线时保持线路紧贴障碍对象。

可由快捷键 Shift + H 在两种紧贴模式中切换。

如冲突对象不能被绕行，布线器将在最近障碍处停止布线。或有可能会跳过障碍，由出现预览的新路线到达目标。

（4）“紧贴并推挤冲突对象”（Hug And Push Conflicting Object）：环绕并推挤障碍的模式。该模式是环绕功能和推挤功能的结合。布线跟随鼠标走向绕开障碍物，当仍旧发生冲突时推开障碍物。如仍无法走线，布线器将自动紧贴最近的障碍并显示阻塞标志。固定的对象一般的是焊盘，或一些锁定的对象，如导线和过孔。

忽略冲突、推挤冲突、环绕冲突等冲突裁决可在布线状态由快捷键 Shift + R 在各种模式间切换，在编辑窗口下方状态栏可查看当前模式。

4. 拖曳

保持角度的多线路拖曳。在图 9.13 右上方“拖曳”（Dragging）区域勾选“当拖曳时保护角”（Preserve Angle When Dragging）复选框，可使被拖曳的线段与相邻线路的角度保持不变。也可按住 Shift 键选择一组线段同时进行拖曳。用户可通过 Shift + R 循环切换拖曳过程中的障碍冲突处理方法。该功能还允许从一个焊盘（或过孔）的一端到另一端在布线层跳跃。

拖曳过程中会增加一些线段以保证线路的布线质量。

5. 高效布线

Altium Designer 还有一些选项可提高布线效率，如图 9.13 所示中 Interactive Routing Options 区域各项说明如下。

（1）Restrict to 90/45：在交互式布线状态按 Shift+Space 组合键时，共有 5 种布线的角度模式循环切换。勾选此项仅限制在 90° 或 45° 角之间切换。

（2）Automatically Terminate Routing：勾选此项当布线到目标焊盘时会自动结束放线，进而可以点选其他焊盘继续布线而不用右击鼠标释放布线。

（3）Automatically Remove Loops：勾选此项对两点间产生重复布线时，会被自动删除重复的布线。

（4）“靠近存在的线迹”（Hug Existing Traces）：勾选此项，布线将跟随鼠标并找到环绕障碍的路径，另外还包含环绕现有布线路径的功能。

6. 添加过孔和切换板层

（1）过孔。在交互式布线状态中可添加过孔，但在产生冲突的位置不能添加（除忽略障碍物模式）。过孔属性规则选择“设计”→“规则”命令在“PCB 规则及约束编辑器”面板中选择 Routing→Routing Via Style 选项进行设置。

（2）添加过孔不切换板层。在布线模式按 2 键，将在光标当前位置添加一个过孔，但布线板层不变。

（3）添加过孔并切换板层。在布线模式按小键盘区*或+添加一个过孔并切换到下一个信号层；按-键则添加一个过孔并切换到上一个信号层。但只能在允许布线层中切换。

（4）添加扇出过孔。按小键盘区/键可连续放置大量过孔，本功能用于需要扇出端口的器件布线场合，可快速放置过孔。

（5）在图 9.13 页面中可选择过孔尺寸 Via Size Mode 为 User Choice、Rule Minimum、Rule Preferred 或 Rule Maximum。单击 Favorite Interactive Routing Via Sizes 按钮，在打开“偏好的交互式过孔尺寸”面板中可设计过孔参数。

（6）板层切换。在多层板中布线时，通过按 L 键可将当前线路切换到另一信号层上。

7. 调整线路长度

在布线过程中，有时考虑信号时序等特殊因素需要精确控制线路长度。交互式长度调整允许根据可用空间改变走线弯度，插入“允许调整”及优化操作等动态控制网络长度的方法，并会依照规则避开障碍物。

选择“设计”→“规则”命令在“PCB 规则及约束编辑器”中选择 High Speed→Length 选项来添加新规则，并对其进行设置。

选择“工具”→“网络等长”命令对走线折叠形状、长度进行设置。这里有三种类型选择：“线斜接”（Mitered With Lines）、“弧斜接”（Mitered With Arcs）及“圆弧走线”（Rounded），如图 9.15 所示。当使用线斜接和弧斜接风格时，要准确定义振幅高度和间隙宽度。

由“网络等长调节”（Interactive Length Tuning）或在布线模式下按 Tab 键打开 Net 面板，依据设置走线。按快捷键 Shift + A 进入线路长度调整模式，此时线路随光标路径呈曲折形走线。按 Shift + G 组合键显示长度调整标尺，如图 9.16 所示。

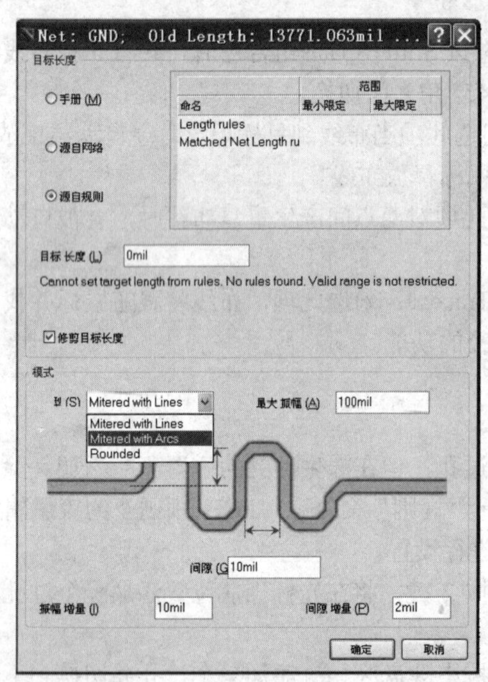

图 9.15　设置走线折叠参数

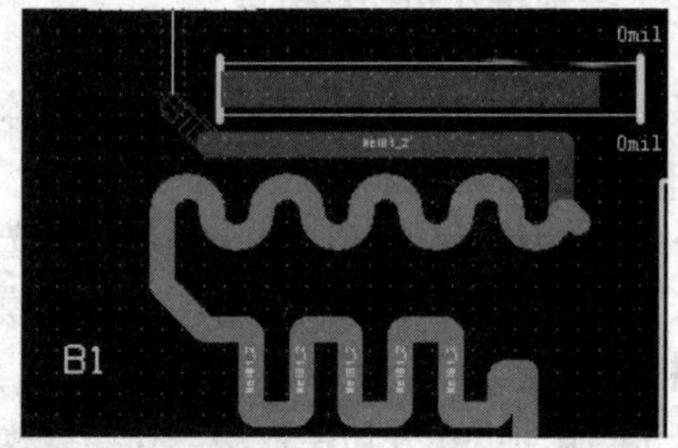

图 9.16　折叠走线与长度标尺

光标左端数据指示该网络原始长度，右端数据指示目标长度，中间进度条表示被调整的目标网络当前的走线长度。走线到达需要的适当长度时，单击关闭长度调节工具。

当调整好线路长度后，建议锁定线路，以免在布线推挤障碍物模式下改变其长度。选择“编辑”→“选中”（Select）→“网络”命令，选中要锁定的网络，再按 F11 键打开 PCB Inspector 面板，勾选“锁定”复选框。

8. 更改线宽度

（1）设置约束规则。在图 9.13 页面中线宽的约束模式 Track Width Mold 栏，下拉列表中可选 User Choice、Rule Minimum、Rule Preferred 或 Rule Maximum 选项。

（2）使用预定义的线宽。在布线状态，按 Shift + W 组合键打开“选择线宽”（Choose Width）面板，可在预定义线宽中进行选择，如图 9.17 所示。但注意选择线宽依然受线宽设计规则保护，如选择超出约束的最大、最小值范围，软件自动将当前线宽调整为符合约束规则的最大、最小值。

预定线宽可以在图 9.13 页面中设置，单击下方“中意的交互式线宽”（Favorite Interactive Routing Width）打开“中意的交互式线宽”面板，可进行添加、删除和编辑等操作，如图 9.18 所示。

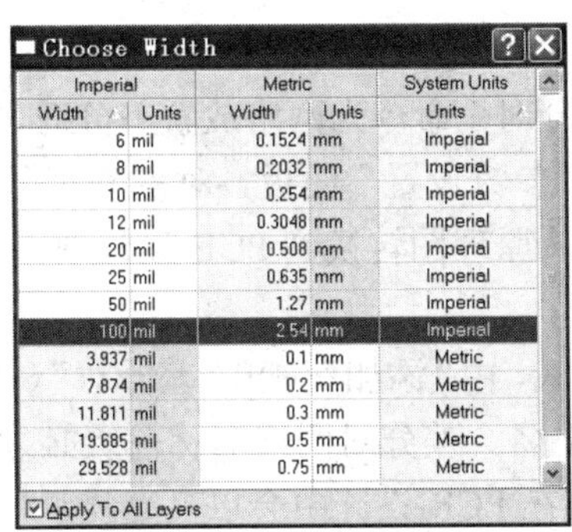

Imperial		Metric		System Units
Width	Units	Width	Units	Units
6	mil	0.1524	mm	Imperial
8	mil	0.2032	mm	Imperial
10	mil	0.254	mm	Imperial
12	mil	0.3048	mm	Imperial
20	mil	0.508	mm	Imperial
25	mil	0.635	mm	Imperial
50	mil	1.27	mm	Imperial
100	mil	2.54	mm	Imperial
3.937	mil	0.1	mm	Metric
7.874	mil	0.2	mm	Metric
11.811	mil	0.3	mm	Metric
19.685	mil	0.5	mm	Metric
29.528	mil	0.75	mm	Metric

图 9.17 预定义线宽选择

英制		公制		系统单位
宽度	单位	宽度	单位	单位
5	mil	0.127	mm	Imperial
6	mil	0.1524	mm	Imperial
8	mil	0.2032	mm	Imperial
10	mil	0.254	mm	Imperial
12	mil	0.3048	mm	Imperial
20	mil	0.508	mm	Imperial
25	mil	0.635	mm	Imperial
50	mil	1.27	mm	Imperial
100	mil	2.54	mm	Imperial
3.937	mil	0.1	mm	Metric
7.874	mil	0.2	mm	Metric
11.811	mil	0.3	mm	Metric
19.685	mil	0.5	mm	Metric
29.528	mil	0.75	mm	Metric
39.37	mil	1	mm	Metric

图 9.18 预定义线宽

（3）使用未定义的线宽。

（4）拾取现存线宽。如在图 9.13 下方勾选 Pickup Track Width From Existing 复选框，布线中断后再次布线时，软件自动将线宽切换到布线起点的线宽。要在现存线路中拾取线宽，在交互布线模式下按 Insert 键；当前活动布线层上的对象具有较高的优先级。若要临时阻止对现存线宽的拾取，可按下 Shift 键后进行布线。

9. 处理已布线路

（1）环路移除。对已经布线的路径再重新布线时，新、旧线路将构成一个环路，在放置新路径后右击鼠标或按 Esc 键退出布线命令，则原来的旧线路包括其上的过孔自动被消除。

注意：自动移除闭合回路可以在 PCB 面板中双击网络访问“网络属性”来改变设置。

（2）保存已有线路。有时需对已有网络保存，这时单击原网络名称，即可不被移除。

9.2.4 差分对布线

1. 差分对特点

“差分对”（Differential Pair）走线中的信号方向相反，在一对差分线上的耦合系数越大，对外产生的电磁干扰（EMI）越小。因此“信号线对”多采用差分对布线。差分信号设计要求注意以下几点。

（1）两条差分信号线的输入阻抗相等，且等于接收端的特征阻抗。

（2）两条差分信号线等长，但长度之差在 500mil（12.5mm）内是允许的。

（3）信号线长在逻辑器件的容限范围内。

（4）布线时差分对线保持相同走线模式，即使绕过障碍也保证长度相互匹配。

（5）两条差分线在保证输入阻抗相等情况下，可切换板层进行布线。

2. 定义差分对

1）原理图中定义差分对

在原理图中，选择“放置”→“指示”→“差分对”命令为网络放置差分对，如图 9.19 所示。放置差分对后，双击差分图标，打开“参数设置”面板，对差分对名称及 True 进行配置。当原理图设计与 PCB 同步时，差分对从原理图转换到 PCB 设计中。

2）PCB 板图中定义差分对

打开 PCB 面板选择 Differential Pairs Editor 模式，由“添加”弹出“差分对”（Differential Pairs）对话框，确定一对差分对，选择正、负网络名。差分对网络名称前缀必须相同，后缀以“_P”和“_N”标注。当选择了某个差分对，在 PCB 设计中会以高亮显示，如图 9.20 所示。

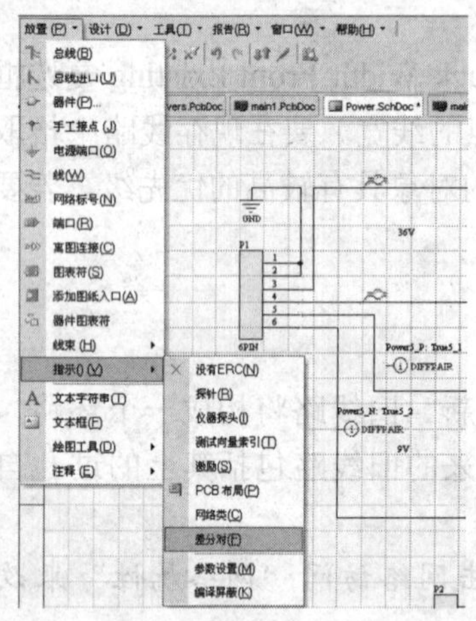

图 9.19 设置差分对

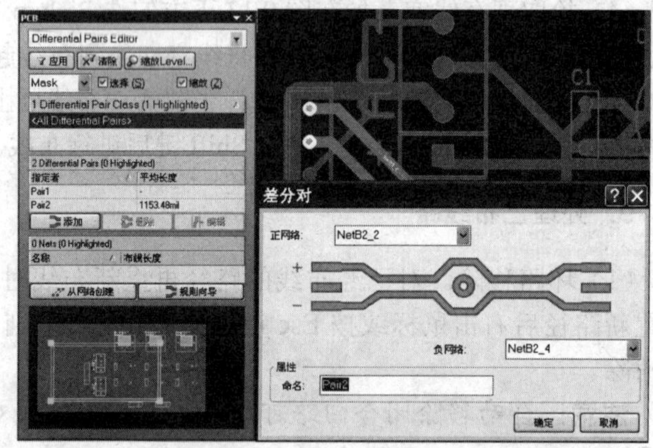

图 9.20 设置差分对

3）差分对规则向导

在 PCB 面板单击“差分对规则向导”（Rule Wizard）按钮，按步骤依次设置参数，可定义差分对，如图 9.21 所示。

3. 差分对设计规则

与差分对有关的规则设置由选择“设计”→“规则”命令打开“PCB 规则及约束编辑

器”设定。其中主要有以下几个方面。

（1）Routing\Differential Pairs Routing：定义差分网络的间距和“解耦”（Uncoupled）长度。解耦长度大于最大捕获栅格设置时，成对走线将失去耦合。

（2）Routing\Width：定义差分对线宽，线宽可以是实际物理宽度或用户定义的特征阻抗自动计算而得。

（3）Electrical\Clearance：定义各个器件的安全间距，包括与网络、焊盘等的距离。

上述规则辖域都应设置为适用于差分对网络 In Differential Pairs。可通过选择“高级的询问”（Advanced）打开“询问构建器”（Query Builder）进行编辑，如图 9.22 所示。

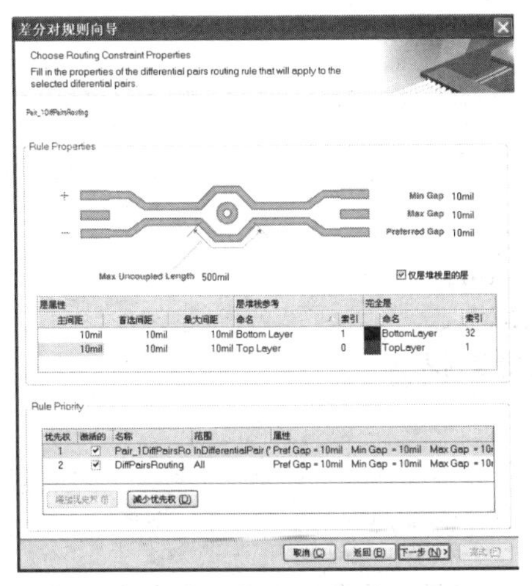

图 9.21　“差分对规则向导”面板

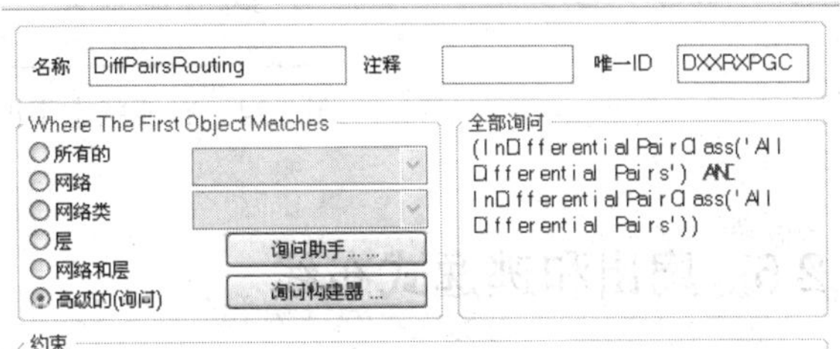

图 9.22　差分对辖域设置

4. 差分对布线

差分对布线是交互式布线的扩充，可同时对配对的连接进行布线。选择“放置”→Interactive Differential Pair Routing 命令后，用出现的十字光标单击差分对任一个网络开始布线，如图 9.23 所示。

差分对布线的一些快捷键与交互式布线相同。

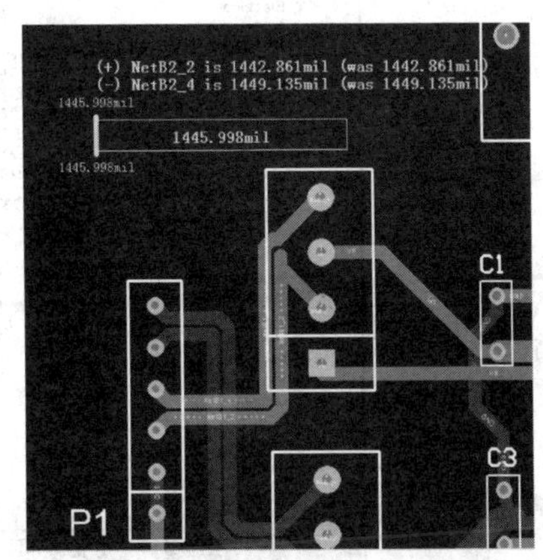

图 9.23　差分布线与长度查看

5. 差分对长度控制

选择“工具”→“差分对网络等长调节”命令，可查看和控制差分对的长度。该功能具有不同选项，可通过增加蛇形线路对差分对线路的期望长度和容限值进行实时调整，如图 9.23 所示。长度调整好后，建议将线路锁定。

在差分对布线状态下，按“～”键显示布线可用的快捷键，如图 9.24 所示。

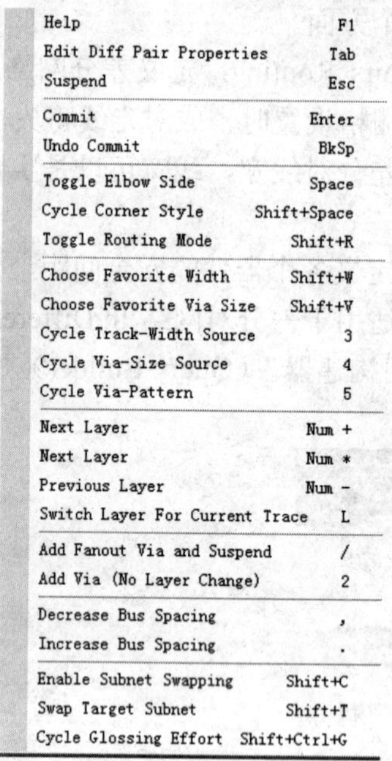

图 9.24 布线状态下的快捷键列表

9.2.5 扇出和逃逸式布线

Altium Designer 具有高性能的表面贴装元器件扇出工具，并支持 BGA 逃逸式布线。逃逸式布线引擎可自动将器件内部焊盘通过一小段线引至器件边缘，使得布线更容易。

首先选择“设计”→“规则”命令，打开“PCB 规则及约束编辑器”面板，选择 Routing→Fanout Control→Fanout_BGA 选项，在面板右侧的“扇出选项”区域中进行设置，如图 9.25 所示。

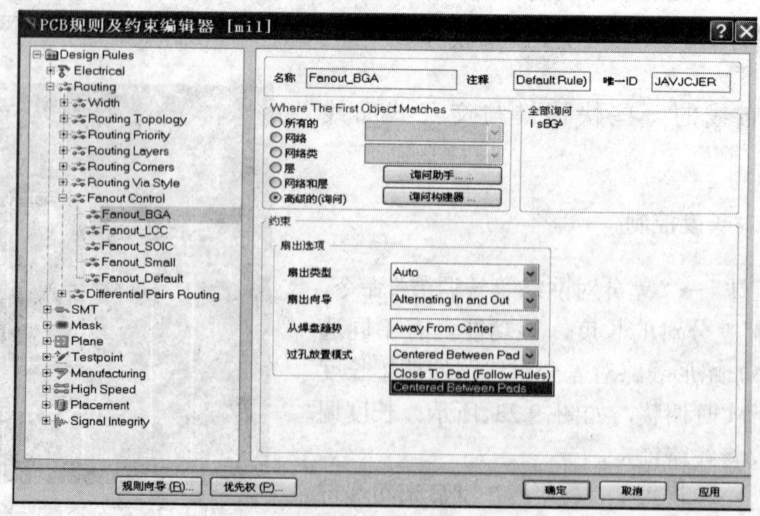

图 9.25 扇出选项设置

在框定 BGA 器件后，选择“自动布线”→“扇出”（Fanout）→“器件”命令，在“扇出选项”面板中适当选择后确定，如图 9.26 所示软件会依照设计规则扇出。扇出前后的比较如图 9.27 所示。

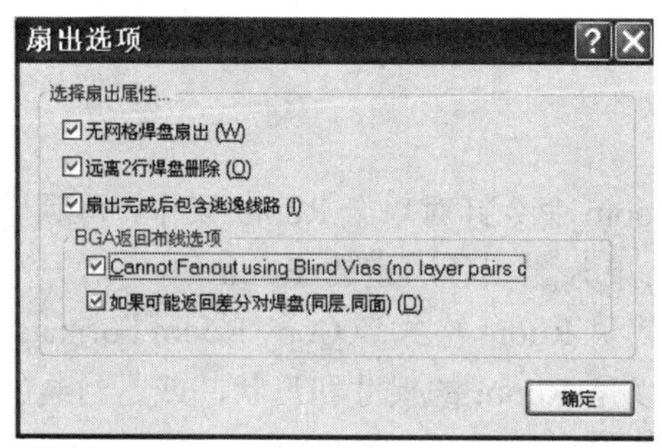

图 9.26　“扇出选项”面板

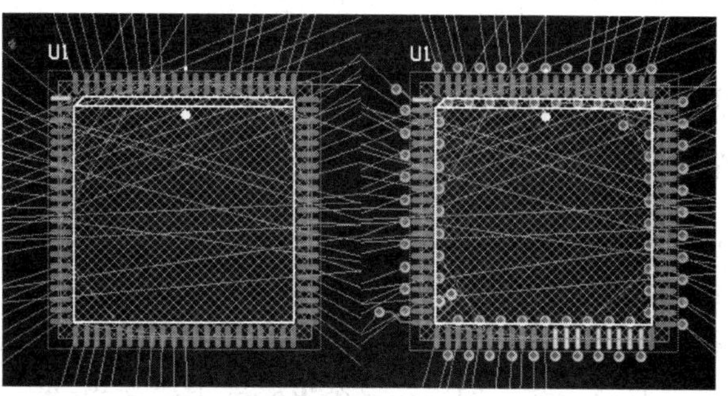

图 9.27　左图扇出前，右图扇出后

9.2.6　部分自动布线

选择“自动布线”→“区域”（Area）命令，在 PCB 图中某区域进行框选后，系统会对这个区域自动进行布线。

9.2.7　总线布线

用鼠标框选一组焊盘，选择“放置”→Interactive Multi-Routing 命令，出现十字光标，单击所选焊盘之一拖曳出一组线，对多条线同时进行布线，即“总线布线”。拖曳走线期间反复按小键盘中“+”、“-”或“*”、“/”键可变换总线的间距，并出现一组过孔，可在不同层间切换。总线布线可以起始于线段，如图 9.28 所示，也可起始于焊盘，如图 9.29 所示。

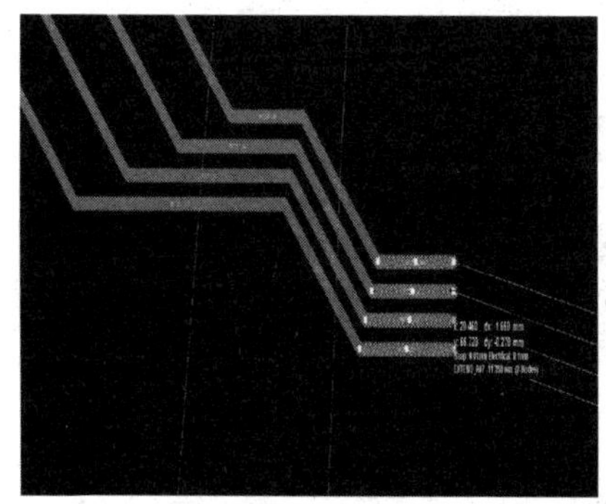

图 9.28　起始于线段的总线布线

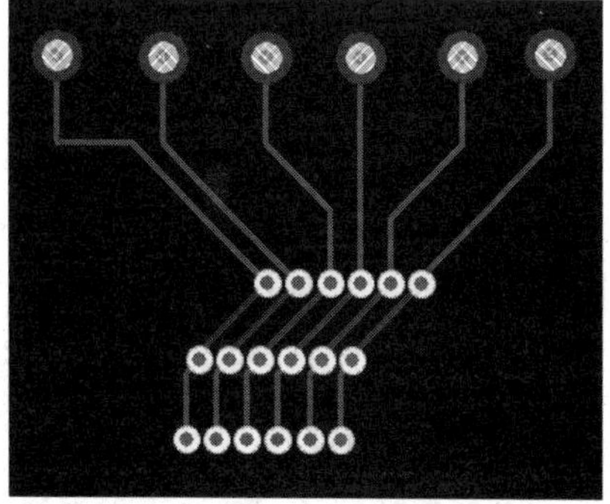

图 9.29　起始于焊盘的总线布线

总线布线自动按照一定间距进行布线，按 Tab 键打开“总线布线”（Interactive Routing）面板，可设定“布线冲突裁决”（Routing Conflict Resolution）、“总线间距”（Bus Spacing）、“线宽与过孔尺寸”（Interactive Routing Width/Via Size Source）等参数。

9.3 多通道设计

9.3.1 多通道 PCB 复制

在多通道设计的布线中，执行“自动布线”→Room 命令针对单个 Room 操作，再利用强大的 Room 工具，通过选择和全局编辑将操作结果分配在各通道的 Room 上。对一个 Room 布局并走线后，选择“设计”→“Rooms”→“拷贝 Room 格式”（Copy Room Formats）命令将模式复制到另一个 Room 中。复制的内容可以是 Room 的尺寸和形状，或是封装的管理甚至布线。如果在一个 Room 上改变设计，只需将变化通过“拷贝 Room 格式”再复制到其他 Room 上更新即可，如图 9.30 所示。

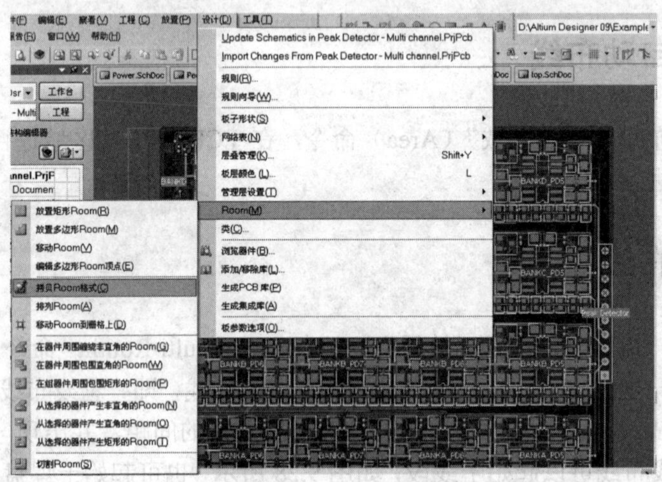

图 9.30 Room 布局走线

9.3.2 Room 设计实例

PCB 编辑器中在“设计（D）”→“Room（M）”子菜单项中添加了更多的 PCB 设计工具，如图 9.31 所示。如使用“移动 Room”（Move）命令，再按 L 键，Room 就会被移动到电路板的另一面去，并且移动之后整个 Room 器件位置、布线都完好无损。

1. 设计多通道原理图

根据 8.3 节的方法设计一个多通道工程 Mixer.PrjPcb，如图 9.32 所示。

2. 生成 PCB

将设计原理图转换为 PCB 设计图，如图 9.33 所示。之后只需对一个 Room 进行 PCB 设计即可。

图 9.31　Room 的选项

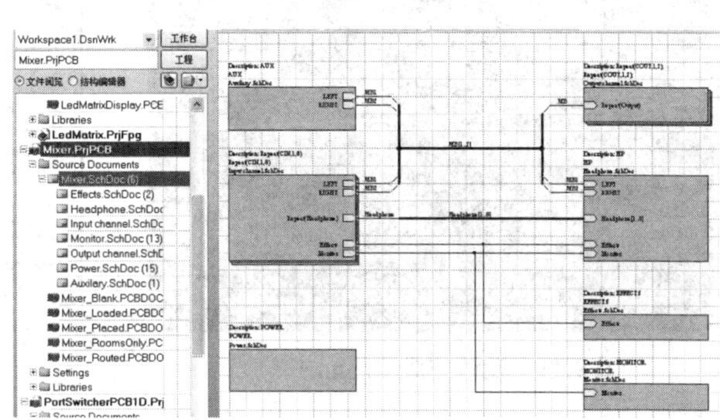

图 9.32　多通道设计原理图例

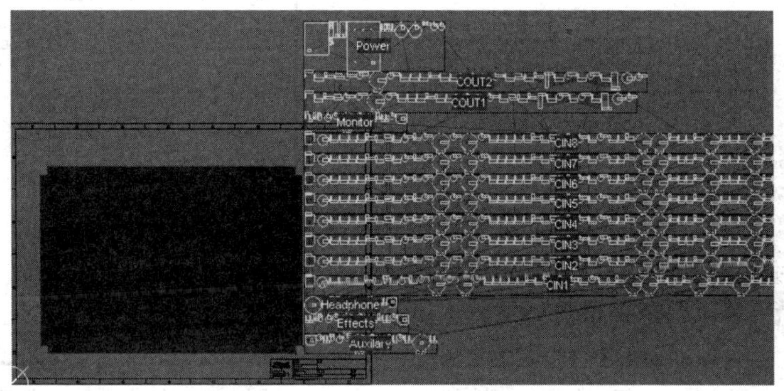

图 9.33　多通道设计的 PCB 转换

3. 布局布线

在板上划分区域并设计 Channel_1 电路，其方法同 4.3 节，如图 9.34 所示。

4. 复制 Room

首先选择 Channel_1 模式，选择“设计”→“Rooms”→“拷贝 Room 格式”命令，单击 Channel_1 模式并拖曳至其他通道区域中。此时会打开“确认通道格式复制”（Confirm Channel Format Copy）面板，这里可以复制源 Room 的组件放置、通道网络、外形尺寸等对象，并可勾选目标通道，决定复制位置，如图 9.35 所示。确定后，软件会告知更新器件总数和通道数，图 9.36 中表示复制了 3 个通道，共 153 个器件。

5. 锁定

设计完成后还要对 Room 进行锁定，方法是双击 Room 区域，在 Edit Room Definition 面板勾选“空间锁定”及“组件锁定”复选框，如图 9.37 所示。

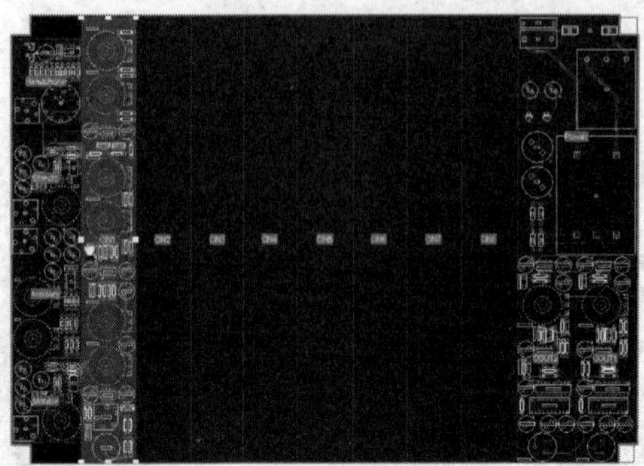

图 9.34 设计完成 Channel _1

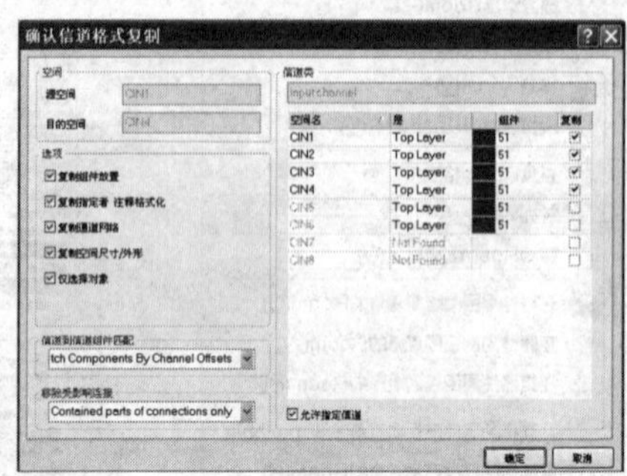

图 9.35 选择复制内容

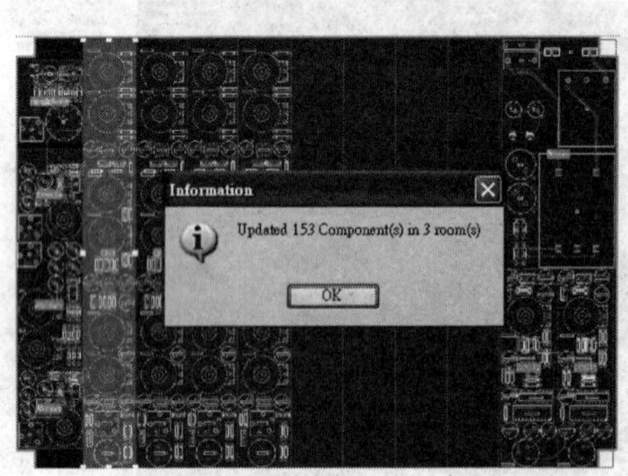

图 9.36 复制信息

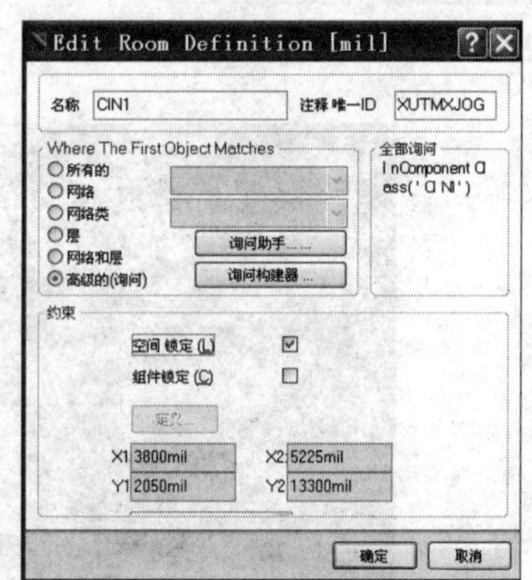

图 9.37 锁定 Room 空间位置

9.4 敷铜处理

9.4.1 敷铜

敷铜就是在信号层上的一个区域覆盖铜皮，通常连接到一个网络，并覆盖到已存在的对象上，如走线或焊盘。敷铜与其他铜皮对象之间需要保持一定的间距（在规则中设定）。敷铜可以是任何形状的封闭区，敷铜只可以对放置在信号层的对象进行。敷铜有以下两种类型。

1. 实心敷铜

“实心敷铜”（Solid Pour）是针对大面积、多边形区域对象创建的。其优势是在 PCB 的 Gerber 文件和 CAM 的 ODB ++文件中存储的数据较少；另外，区域对象边界有尖锐的角时也可以更好的填充空间其他的对象。

2. 网格敷铜

“网格敷铜”（Hatched Pour）是针对走线和弧设置的。其优势是 CAM 处理软件不需要知道敷铜形状的定义。

9.4.2　放置敷铜

选择“放置”→“多边形敷铜”命令，或单击窗口图标。打开“多边形敷铜”面板，在此设置敷铜的参数，如图 9.38 所示。这里共有实心 Solid（Copper Region）、网格 Hatched（Tracks/Arcs）和周边 None（Outlines Only）三种不同的敷铜类型。参数设置好后，单击“确定”按钮，返回到工作区内绘制敷铜区。

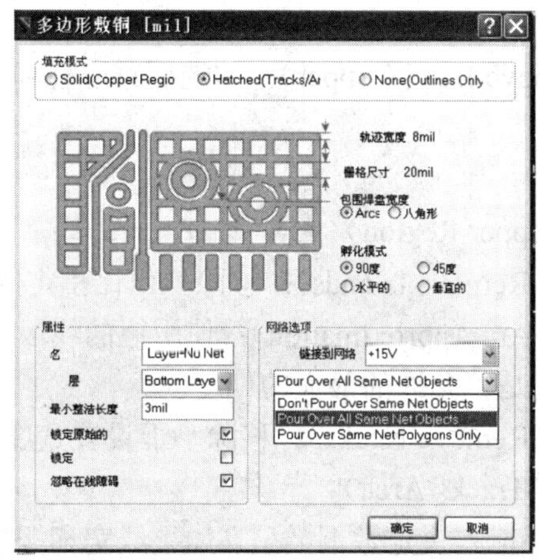

图 9.38　敷铜参数设置

9.4.3　敷铜参数说明

对“多边形敷铜”面板中的各项设置说明如下。

1. 属性（Properties）

（1）“名称”：定义敷铜，作为敷铜类的一个元素，用做 In Named Polygon 查询高亮和范围规则等。

（2）“层”：选择敷铜放置的信号层。

（3）“最小初始长度”（Min Primitive Length）：在敷铜时如果线段或圆弧小于这个设定，将不放置敷铜。

（4）“锁定原始的”（Lock Primitives）：如果不勾选，孤立的对象（如：走线或弧）会被删除。

（5）“锁定”：如果勾选此项，工作区的敷铜被固定，将无法移动和操作图形；否则，敷铜可以任意移动。当尝试手动移动敷铜时会出现警告信息“目标锁定，继续？”（Object is locked，Continue?），当选择“继续”（Continue）后，可以移动敷铜，移动后锁定属性仍然有效。

（6）“忽略在线冲突”（Ignore On-Line Violations）：勾选此项可对敷过铜的 PCB 文件用“设计规则检测”实时检测；不选择此项可加快软件运行速度，尤其是在自动化电气规则中检查复杂的敷铜时。

2. 网络选项（Net Options）

（1）“连接到网络”（Connect to Net）：选择与敷铜区连接的网络。

注意：如选择敷铜与某网络正确连接上，其颜色与该网络颜色相同，且标注出网络名；否则敷铜颜色与该网络的颜色不同（颜色由规则中设定）。

（2）“敷铜覆盖选项”（Pour Over options）：选择已有的敷铜区或敷铜区中已有的走线是否要被新的敷铜区覆盖。

（3）“移除死铜”（Remove Dead Copper）：勾选后移除任何没有网络连接的敷铜。

3. 敷铜设置

1）实心敷铜 Solid（Copper Region）

（1）“移除孤立的铜”（Remove Islands）：移除任何比指定的区域小的敷铜。

（2）“圆弧的近似值”（Arc Approximation）：使用短的线段包围已有的曲面形状（如焊盘）进行实心铺铜。此设置是可允许的最大的偏差值。

（3）“去掉狭窄部分”（Remove Necks）：移除小于设置宽度的狭窄部分敷铜。

2）网格敷铜 Hatched（Tracks/Area）

（1）“线宽”（Track Width）：决定敷铜类型，如果线宽和栅格的尺寸相当，就相当于实心敷铜；如果线宽比栅格尺寸小，就是网格敷铜。

（2）“栅格大小”（Grid Size）：敷铜走线网络之间的间隔。

（3）“焊盘外围形状”（Surround Pads With）：有“八角形”和“圆弧形”。

3）“敷铜模式”（Hatch Mode）

（1）“90 度网格”（90-Degree Hatch）：网格敷铜以水平和垂直线段构成。

（2）“45 度网格”（45-Degree Hatch）：网格敷铜以 45 度和 135 度线段构成。

（3）“垂直网格”（Vertical Hatch）：敷铜全部由垂直线段组成。

（4）“水平网格”（Horizontal Hatch）：敷铜全部由水平线段组成。

为了增加信号的稳定性，在敷铜上可以放置“过孔”，且过孔自动与所在敷铜连接。

9.4.4　编辑敷铜

如果需要更改已经放置的敷铜，可在敷铜处双击，或者选择“编辑”→“改变”（Change）命令，然后在已敷铜皮上单击。显示出“多边形敷铜”对话框，在这个对话框中更改参数，确定后，会提示“重新敷铜?”，选择“Yes”或“No”确定是否改变参数。

1. 移动敷铜

“移动敷铜”需单击敷铜并按住鼠标拖动到新的位置，当放开鼠标时，会提示是否重新敷铜。

2. 删除敷铜

“删除敷铜”选择敷铜区，用 Delete 键可直接删除敷铜区。

3. 加大敷铜间距

“加大敷铜间距”（Pouring a Polygon with a Larger Clearance），有时希望某块敷铜比标准走线间距更大些，为此要增加新的、优先级更高的、间距更大的设计规则。

4. 改变敷铜的尺寸

“改变敷铜的尺寸”（Reshaping a Polygon Pour）通过单击敷铜区框边的“手柄”或中间点并拖曳它们到新的位置来更改尺寸。

5. 改变敷铜区的形状

在敷铜区域右击鼠标，在弹出的快捷菜单中选择“多边形操作”（Polygon Actions）→“移动顶点”（Move Vertices）命令，将出现的十字光标单击一个顶点，拖曳光标到新的位置，再释放光标，右击鼠标退出，并确认重建敷铜新的形状，如图 9.39 所示。

6. 转变敷铜类型

执行“工具”→“多边形填充”（Polygon Pours）→“转换网格多边形到实心多边形”（Convert Polygons to Solid）命令，将选择的网格敷铜转换为实心敷铜，并可以通过撤销命令撤销转换。

注意：此命令将网格敷铜转换为实心敷铜会引起尺寸不一致，对话框的选项允许原来的网格扩大一倍，使输出大小匹配，如图 9.40 所示。

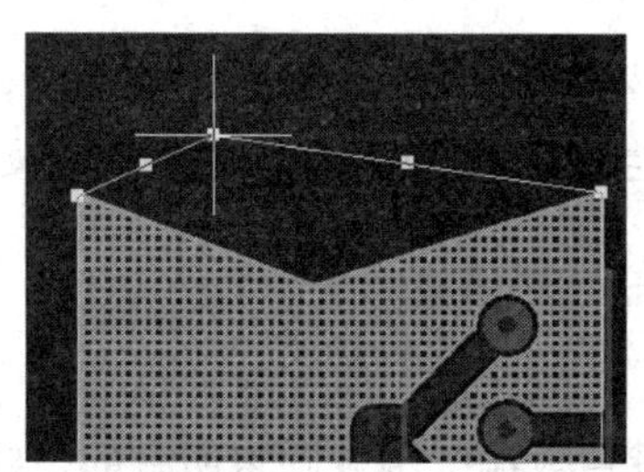

图 9.39 移动敷铜顶点

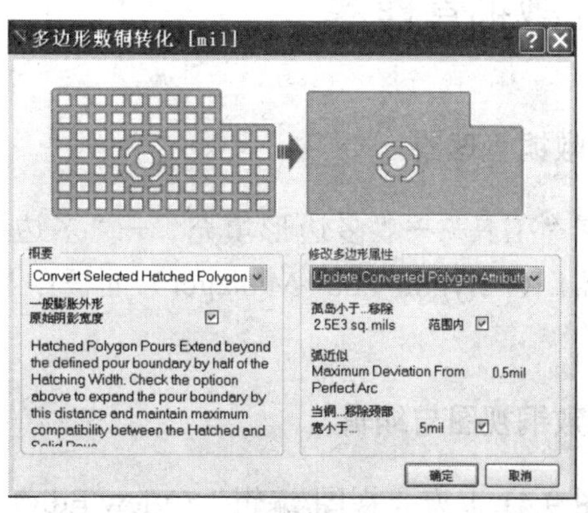

图 9.40 敷铜类型转变

9.4.5 多边形填充挖空

执行“放置”→“多边形填充挖空”（Polygon Pour Cutout）命令，或单击图标，鼠标变为十字形，在敷铜区，可在实心敷铜中进行多边形挖空。但要经过确定“重新敷铜?”后才能生效。

9.4.6 切断敷铜区

执行“放置”→“切断多边形填充区”（Slice Polygon Pour）命令敷铜的多边形区域变亮，其余对象变暗，光标变成十字。选取一个切断的起点，只要移动光标到所需要的位置，单击或是按 Enter 键，可将一个多边形平面切割成为两个或是更多的单独的敷铜区域。

在处于切断敷铜模式（与线段放置模式相似，因此可使用线段放置快捷键），只要移动光标单击或按 Enter 键，确定一系列的切断敷铜区形状的顶点。当定义完切断区的形状后，按 Esc 键退出，Confirm 对话框会出现提示原敷铜被分为几块新的铜皮，单击 Yes 按钮，出现进一步对话框，提示“确认重新敷铜”。

注意：此命令只适用于实心敷铜。

9.4.7 隐藏敷铜

敷铜后有时需要对敷铜区范围内的设计线路进行修改，此时可以采取隐藏敷铜。在当前的设计中选择“工具”→“多边形填充”（Polygon Pours）→Shelve n Polygons 命令（这里的 n 是在设计中已有的敷铜数）隐藏敷铜区。对线路修改完成后，通过返回 Restore n Shelved Polygons 命令（这里的 n 是当前隐藏的敷铜个数）恢复隐藏的敷铜，再经过“重新填充所有的多边形”（Repour All Polygon），这样避免了重新敷铜的麻烦。

9.4.8 敷铜管理器

1. 敷铜管理器

选择“工具”→“多边形填充”→“多边形管理器”（Polygon Manager）命令，在“敷铜管理器”（Polygon Pour Manager）面板中显示了当前 PCB 文档所有的敷铜，如图 9.41 所示。

2. 敷铜视图与编辑

在图 9.41 上方“视图/编辑”（View/Edit）栏可设置敷铜范围规则将所有的敷铜区包括在一个类里。还可进行：

- 敷铜命名和重命名；

- 设置敷铜区次序；
- 完成重新敷铜或是对选择的敷铜区进行隐藏；
- 添加敷铜区连接的模式和清除设计规则；
- 对选择的敷铜添加敷铜类型。

3. 敷铜排序

"敷铜排序"（Pour Order）允许上、下移动重新安排敷铜的顺序。当一个敷铜完全在另外一个敷铜区域内时，敷铜的排序非常重要，一般按从最小到最大排序敷铜。"自动产生"按钮是从小的敷铜区域到大的敷铜区域一层一层地敷。

最后执行"工具"→"设计规则检查"命令，运行 DRC 无误，确定电路板没有任何问题后重新保存工程设计。

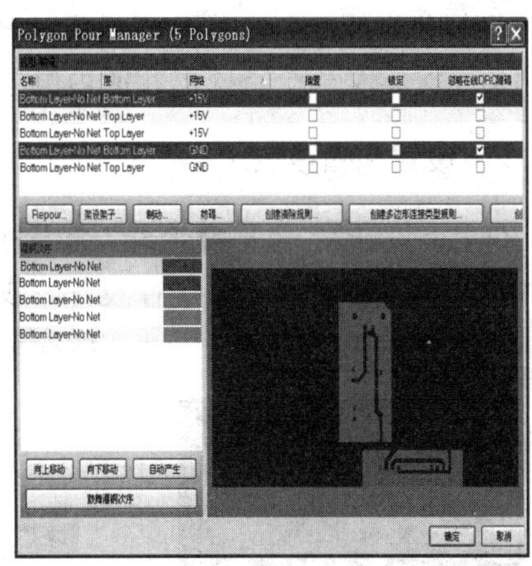

图 9.41　敷铜管理器

9.5　内电层分割

内电层分割是在内电层板上划分不同的电气属性孤立的封闭区域，每个区域包含在分割线内的该层网络上的所有引脚。由于电源层由负片构成，这些区域的边界线是没有铜皮的。在板层设计中将电源层与相邻网络分开，各内电层区域可由不同的网络共享。当内电层分割完成后，系统会自动分析、确定各个划分的区域。

通常将焊盘数量最多的网络分配给内电层，其他网络分配给另外的区域，相互用过孔连接。PCB 上焊盘数量最多的网络，通过内电层使同一网络焊盘连接起来，不需要在信号层通过走线连接在一起，这可大大减少布线设计的工作量。否则焊盘之间将有大量连接线。

分割的电源层完全支持设计规则检查，但在信号完整性分析中，它们不作为一个完整的铜皮。

因为无法定义描述每个区域的分割线，在 CAM Editor 提取的网表不支持 Altium Designer 模式内电层分割。

9.5.1　定义内电层分割

1. 分割内电层

定义内电层分割的方法是由"放置"→"走线"命令，在内电层上画一个封闭包围线，一旦用线、弧线、走线和敷铜区包围了一个孤立的封闭区，右击退出布线模式后，就创建了一个新的内电层分割。用鼠标单击会高亮显示，表明分割区被正确定义，如图 9.42 所示。

电源层可被划分为任意多数量的独立区域，在已经划分的区域里，还可以进行多次分割。划分的过程就像是切割或分割板层，并生成另外的板层。也可直接在内电层区域画一条线将其分为两部分，只要创建了封闭形状闭合回路，就可成为两个单独的内电层。还可以用填充区定义一个特殊形状的内电层。

2. 设置间隔线宽

选择“设计”→“层叠管理”命令打开“层堆栈管理器”面板，双击内层（Internal Plane）对“障碍物”（Pullback）进行设置，或在放置线过程中按 Tab 键，显示 Line Constraints 对话框，改变间隔线的宽度，此宽度决定了划分区域间的安全距离，如图 9.43 所示。

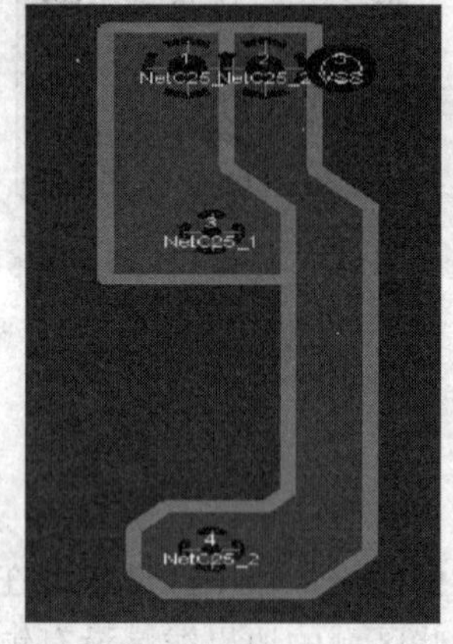

图 9.42　内电层平面分割

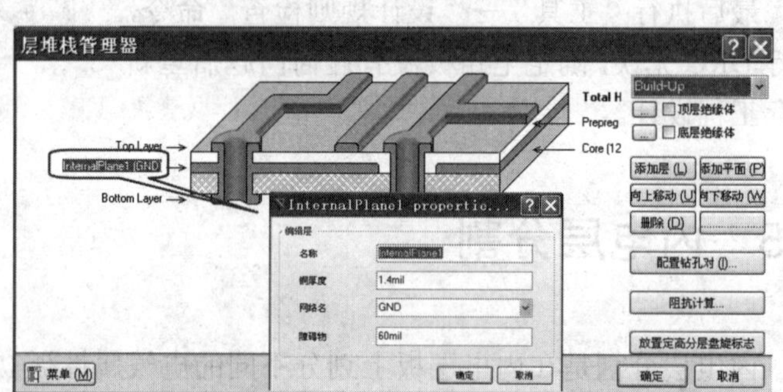

图 9.43　内电层板的设置

9.5.2　在设计中使用内电层分割

1. 定义所属层

单击已有的分割区域，在出现的对话框中定义该区所属层，软件会用不同颜色区别不同的层。

2. 重新定义层

通过选择“工具”→“分离平面”（Split Planes）命令，可重新计算和绘制当前层 Rebuild Split Planes on Current Layer 或所有内电层 Rebuild Split Planes on All Layers。在 PCB 面板中选择 Split Plane Editor 选项可以查看各层的信息，如图 9.44 所示。

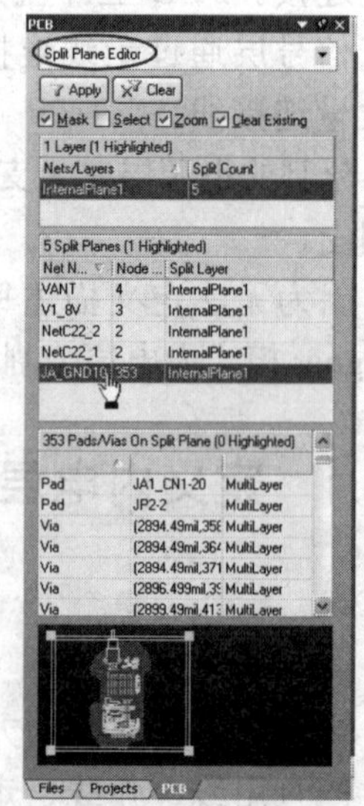

图 9.44　查看内电层分割信息

3. 删除分割区域

删除组成边界的对象即可实现删除分割区域。

9.5.3　显示层结构

1. 选择层显示

打开 PCB 面板选择 Split Plane Editor 选项，显示所有内电层特征参数和过孔数。也可通过图 4.19“视图配置”面板关掉无关层，如：禁止布线层、多层、使用的机械层和内电层，只显示最少数量的层。

2. 选择网显示

由“查看”→“连接”（Connections）→“全部隐藏”（Hide All）命令可隐藏所有连接线；选择“显示网络”（Show Net）命令再显示孤立的网络。

在 PCB 面板选择 Nets 选项，双击一个网络名称显示“编辑网络”（Edit Net）对话框，在分割的电路板上对每个网络可设置不同的颜色属性，如图 9.45 所示。

3. 焊盘显示

为了显示所有与网络相连的焊盘，在 PCB 面板上选择 Hole Size Editor 选项可查看各类焊盘，而网络被屏蔽，如图 9.46 所示。

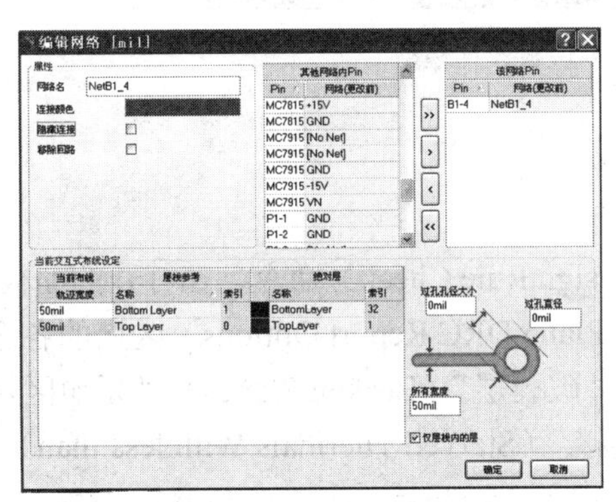

图 9.45　编辑网络设置

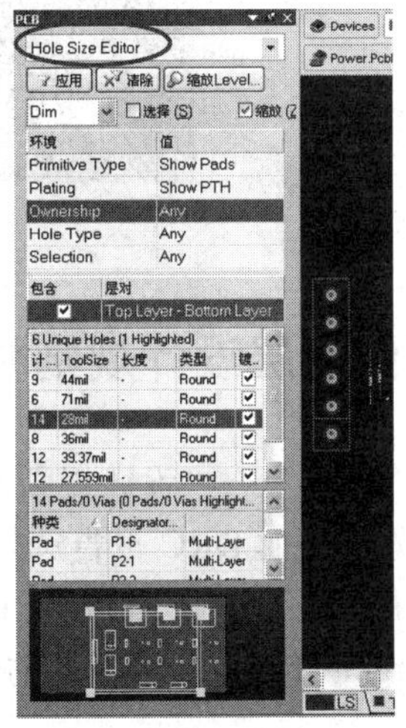

图 9.46　显示焊盘的选择

4. 显示 3D 层结构

为了在 3D 中显示电路板、量取板子的厚度和“层-层”之间的垂直距离，在图 4.19“视图配置”面板的左上方，“选择 PCB 视图配置”（View Configurations）种类为 3D，则在右栏“物理材料”（Physical Materials）中可进行 3D 可视化配置，如图 9.47 所示。或使用“工具”→Legacy Tools→“3D 显示”命令也可显示 PCB 的 3D 视图，便于观察电路板的物理结构，包括空间范围和热焊盘连接，如图 9.48 所示。

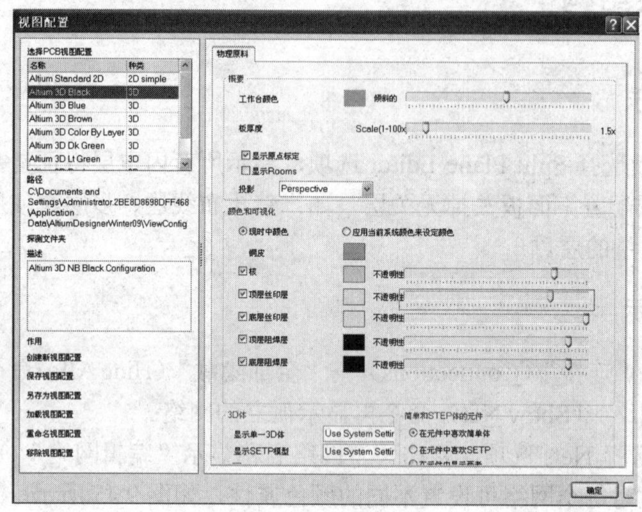

图 9.47　“视图配置”面板

图 9.48　多块板设计模型

9.5.4　内电层设计规则检测

选择“工具”→“设计规则检查”（Design Rule Check）命令，在打开的面板中，勾选右下方“分离平面 DRC 报告选项”（Split Plane DRC Report Options）区域的各个复选框，如图 9.49 所示。运行 DRC 后可批量检测“破裂层”（Broken Planes）、“死铜区域”（Dead Copper Larger Than）及“不足的热焊盘连接”（Starved Thermals With less than）并输出结果报告。

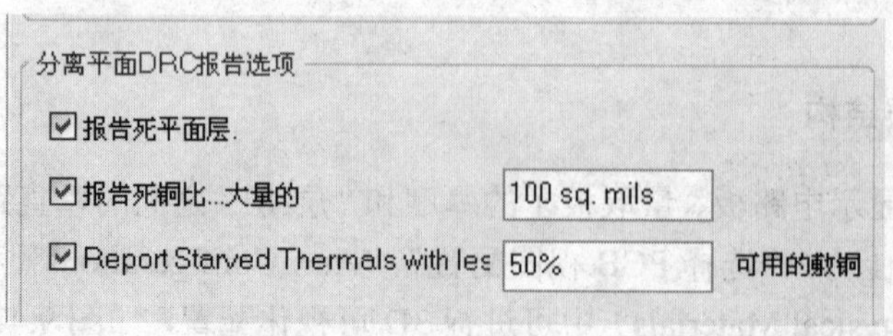

图 9.49　内电层检测选择

1. 破裂层

内电层网络不封闭或连接器跨越了分割平面而没有与其他部分有电气连接的错误，如图 9.50 所示浅色区域。

2. 死铜区域

死铜是指分割后没连接到网络的铜皮部分并与原先的层也没有电气连接，如图 9.51 所浅色区域。

图 9.50　破裂的内电层显示

图 9.51　死铜区域显示

3. 不足的热焊盘连接

热焊盘是连接板层的铜皮，用于板层散热。当表面铜皮贯穿连接到板层变为无效区时，热焊盘会变得不足。这个规则还检查表面的热焊盘（不仅是贯穿）避免超出热焊盘边界的无效区，如图 9.52 所示浅色区域。

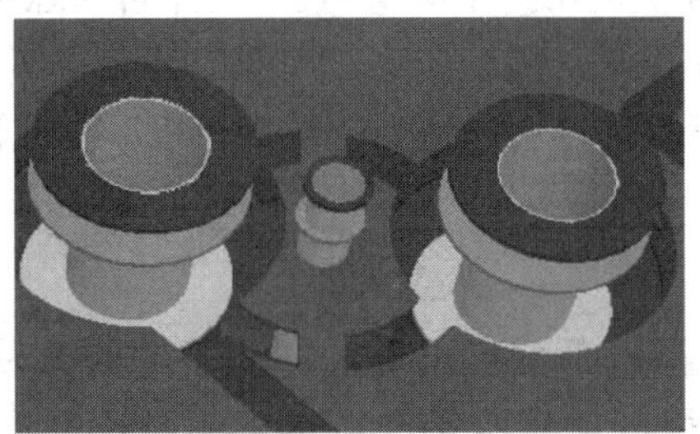

图 9.52　热焊盘不足显示

9.6　信号完整性分析

随着逻辑转换和时钟速度的提高，对信号的质量要求更高。信号完整性是指在传输线上信号具有所必须达到的电压电平数值。“信号完整性”（Signal Integrity，SI）分析工具能够提供精确的仿真模型并分析布局状况，主要包括分析串扰、反射、过冲与下冲、振荡、信号延迟等，其结果显示在波形分析仪上，并可以直接进行测量。

9.6.1 分析对象

1. 反射

“反射”（Reflection）是指信号在传输线上的回波现象。在高频信号的 PCB 设计中导线等效为传输线，按照电磁波传输理论，如果源端与负载端具有相同的阻抗，就不会产生反射。如果反射信号很强，叠加在原信号上，很可能改变原信号的逻辑状态，导致传输数据错误。一般布线的几何形状、线端接、布线策略、经过连接器的传输及电源平面的不连续等因素均会导致反射现象。

2. 串扰

“串扰”（Crosstalk）是相邻两条信号线之间的互感和互容不必要的耦合引起线路上的噪声，又分为感性串扰和容性串扰，分别引发耦合电压和耦合电流。当信号的边沿跳变时间小于 1ns 时，就应该考虑串扰问题。如果传输线上有交变的信号电流通过，会产生交变的磁场，处于磁场中的相邻的传输线会感应出信号电压。一般 PCB 板层的参数、信号线间距、驱动端和接收端的电气特性及信号线的端接方式对串扰都有一定的影响。

3. 过冲和下冲

“过冲”（Overshoot）是由于信号切换速度过快以及上面提到的反射所引起的信号跳变，使信号超过了设定峰值或谷值的第一个峰值电压。“下冲”（Undershoot）是指下一个谷值或峰值。过分地过冲能够使保护二极管击穿，严重的还会损坏器件；过分的下冲还能够引起时钟或数据错误。它们可以通过增加适当的端接予以减少或消除。

4. 振铃

“振铃”（Ringing）是指电平反复出现过冲和下冲的振荡现象。信号的振荡是由传输线上分布的电感和电容引起的接收端与源端的阻抗不匹配而出现反射等多种因素引起的，通常发生在逻辑电平门限附近，电平振荡多次跨越逻辑电平门限会导致电路逻辑功能紊乱。振荡可以通过适当的端接或是改变 PCB 参数予以减小，但是不可能完全消除。

5. 信号延迟

数字电路中只能按照规定的时序接收数据，过长的信号“延迟”（Delay）可能导致时序和功能的混乱，特别是在高速时钟频率下，信号在器件之间的传输时间以及同步时间就会缩短，驱动过载、走线过长都会引起延时。设计中必须考虑满足所有门的“延迟时间”（t_d）、“建立时间”（t_{on}）和“保持时间”（t_s）。

9.6.2　分析过程

1. 分析准备

不论是在原理图或在 PCB 环境下，进行信号完整性分析的设计文件必须保存在“工程”中，若处在 Free Document 中则不能运行信号完整性分析。进行信号完整性分析的设计电路需具备：

- 仿真电路中至少有一块集成电路；
- SI 的分析对象必须为 4 层或 4 层以上的 PCB 板；
- 在层堆栈设置板层的厚度、Core 等参数；
- 在规则中设定信号激励源及电源和地网络；
- 器件具有仿真 IBIS 模型；
- 电源平面必须连续。

Altium Designer 的信号完整性分析包含布线前（即原理图设计阶段）及布线后（PCB 版图设计阶段）两部分，基于快速反射和串扰模型，采用成熟可靠的传输线计算方法以及 IO 缓冲宏模型 IBIS（Input/Output Buffer Information Specification）进行仿真，从而能够产生准确的仿真结果。

2. 布线前分析

用户在原理图环境下对阻抗特征进行计算并对潜在的反射进行信号完整性分析，可发现阻抗不匹配等问题。用户如对项目 PCB 版图设计进行 SI 仿真分析，首先必须在项目工程中建立相关的原理图设计。

首先建立一个工程项目，用户通过在原理图编辑环境下选择“放置”→“指示”→“PCB 布局”（PCB Layout）命令，对原理图中网络定义规则约束。系统将采用在 SI Setup Option 对话框中设置的传输线平均线长和特征阻抗值建立仿真模型，仿真器根据信号完整性规则约束（如激励源和电源网络等）直接对原理图设计进行 SI 仿真分析。在原理图编辑环境中选择“工具”→“信号完整性”命令，运行仿真。

3. 布线后分析

用户在 PCB 版图进行 SI 分析与原理图运行 SI 分析将得到相同的结果。在布线后的 PCB 版图上可以完成更全面的信号完整性分析，这里以图形的方式对传输线阻抗、信号反射和信号间串扰等多种设计中存在的信号完整性问题进行分析，而且还利用规则检查发现信号完整性问题，同时 Altium Designer 还提供一些有效的终端选项选择最好的解决方案。

当建立了必要的仿真模型后，在 PCB 编辑环境中选择“工具”→“信号完整性”命令，或单击按钮运行仿真。

当遇到某个原理图元器件符号未放置在 PCB 版图设计中时，用户可以利用器件关联功能进行检测。在 PCB 版图设计 SI 分析中，未布线的网络将采用“曼哈顿”（Manhattan）长度算法计算引脚间的传输线长度。

9.6.3 分析实例

下面以工程 4 Port Serial Interface.Prjpcb 为例说明信号完整性分析的方法。

1. 建立链接关系

设计中至少有一块集成电路，如图 9.53 所示。首先在工程的原理图与 PCB 版图之间建立器件连接关系。在 PCB 编辑窗口，选择“工程”→“器件连接”（Component Links）命令或单击按钮，打开 Edit Component Links between Schematic Document[4 Port…]面板，如图 9.54 所示。将左栏原理图与 PCB 版图中“不匹配的器件”（Un-Matched Components）添加到右边框中，之后单击“执行更新”按钮。

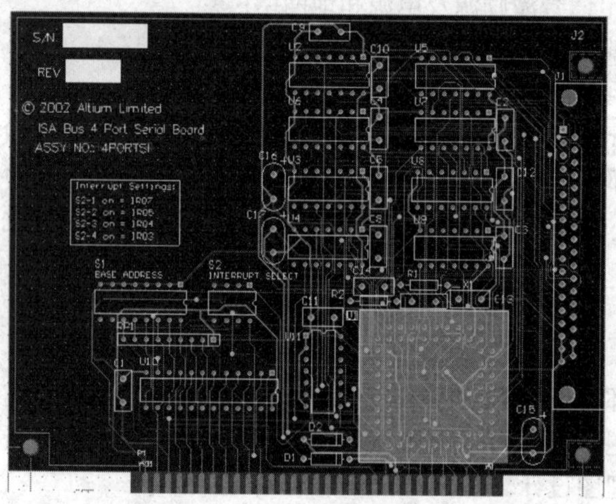

图 9.53 一个 PCB 设计实例

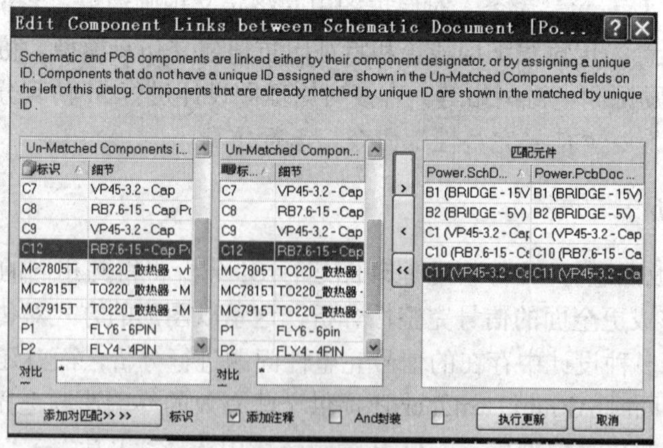

图 9.54 器件连接匹配编辑

2. 设置板层

在 PCB 编辑环境，选择“设计”→“层叠管理”（Layer Stack Manage）命令，在“层堆栈管理器”面板中配置相应的层，由于用 SI 分析必须为 4 层或 4 层以上的 PCB 板，因而此例设计中增加 2 个内电层，并分别赋值 VCC 和 GND。然后选择“阻抗计算”（Impedance Calculation）命令，在“阻抗公式编辑器”中配置相应参数，本例为默认值，如图 9.55 所示。

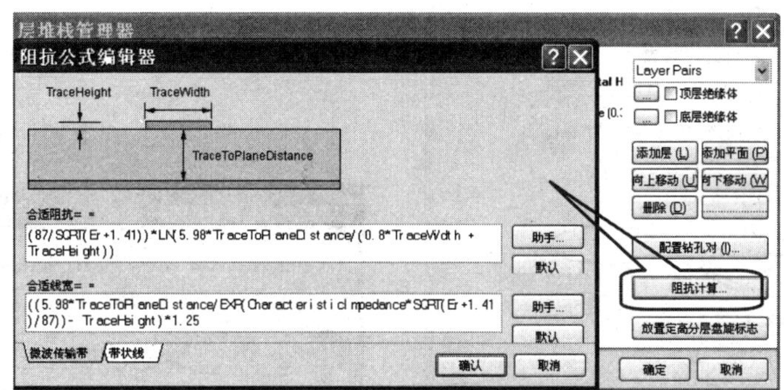

图 9.55　阻抗设置

3. 设置规则

选择“设计”→“规则”命令，在“PCB 规则及约束编辑器”面板中选择 Signal Integrity→Signal Stimulus 选项进行设置。

（1）在信号激励 Signal Stimulus 右击选择“新规则”命令，在新出现的 Signal Stimulus 界面下设置相应的参数，本例为默认值，如图 9.56 所示。

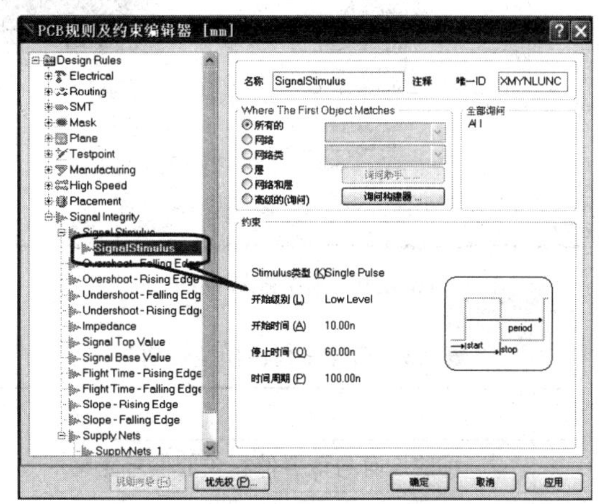

图 9.56　完整性分析的规则设置

（2）在电源和地网络（Supply Net），右击选择“新规则”命令，将“电压”（Voltage）设置为“0”和“5”。其余的参数按实际需要进行设置，最后单击“确定”按钮，如图 9.57 所示。

4. 配置分析模型

1）模型状态

在编辑窗选择“工具”→“信号完整性”（Signal Integrity）命令，在弹出的窗口中，如

图 9.58 所示，选择“指定模型”（Model Assignments）命令，进入到模型配置的界面，如图 9.59 所示。在图中能够看到每个器件所对应的信号完整性模型以及相应的“状态”（Status），这些状态的解释见表 9.2。

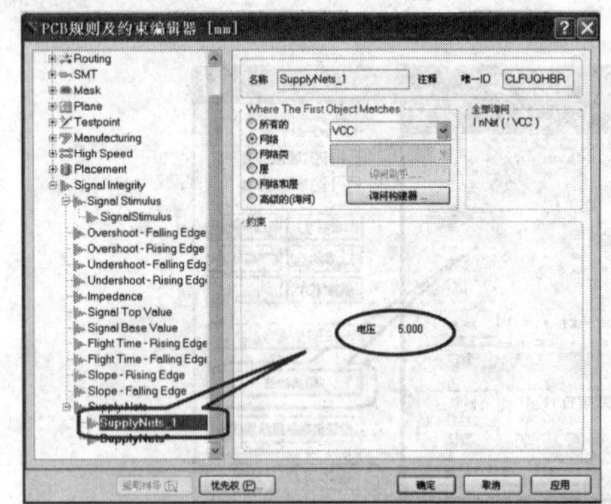

图 9.57　电源网络设置

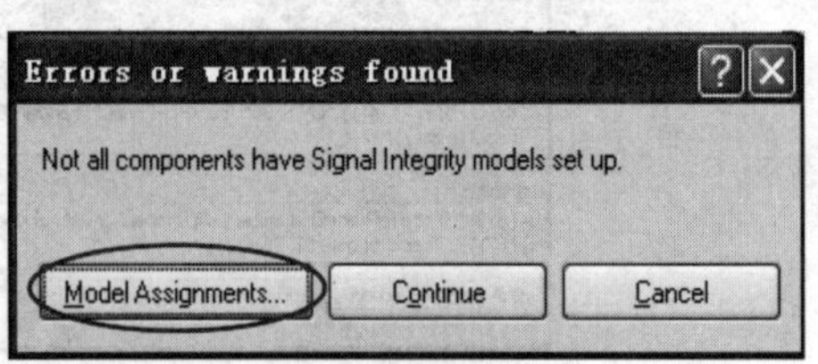

图 9.58　选择模型

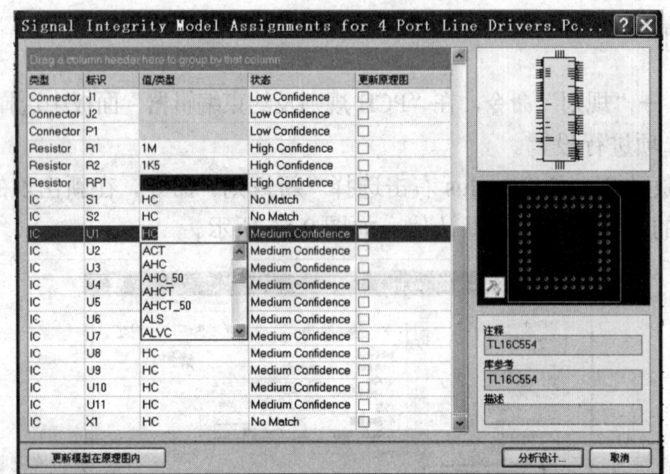

图 9.59　模型配置界面

表 9.2　信号完整性模型说明

状　态	说　明
No match	目前没有与该器件相关的信号完整性分析模型，需人为指定。
Low Confidence	系统自动为该器件指定了一种模型，但置信度较低。
Medium Confidence	系统自动为该器件指定了一种模型，置信度中等。
High Confidence	系统自动为该器件指定了一种模型，置信度较高。
Model Found	与器件相关的模型已经存在。
User ModiFied	用户修改了模型的有关参数。
Model Added	用户创建了新的模型。

2）配置器件模型的步骤

（1）双击需编辑模型的器件（如：U1）“状态”栏，弹出 Signal Integrity Model 窗口，如图 9.60 所示。

（2）在 Type 选项中选择器件的种类。

（3）在 Technology 选项中选择器件的工艺类型。

（4）单击 Import IBIS 按钮，由外部导入从器件厂商那里得到与器件相关的 IBIS 模型。

模型设置完成后单击 OK 按钮退出。

在图 9.59 面板中单击左下角的“更新模型在原理图内”（Update Models in Schematic）按钮，将配置后的模型更新到原理图中。

5. 信号完整性分析

单击图 9.59 右下角的“分析设计”（Analyze Design）按钮，在弹出的窗口中保留默认值，如图 9.61 所示。再单击“分析设计”按钮，系统开始进行分析。

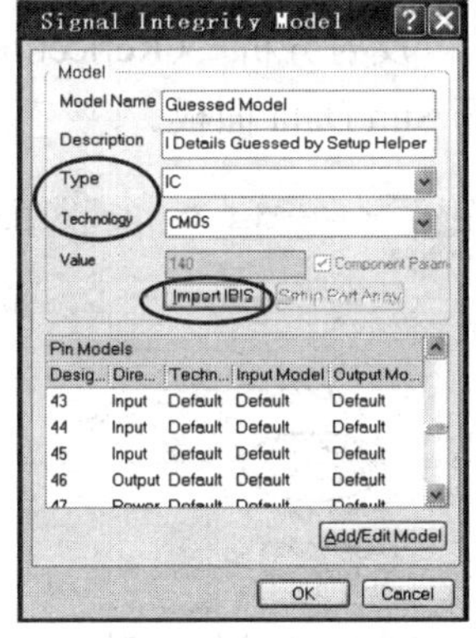

图 9.60　编辑信号模型

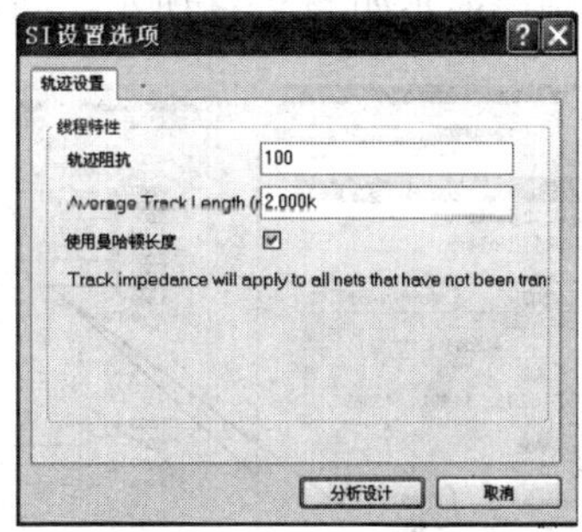

图 9.61　分析设置

分析结果显示在“信号完整性”面板左边的“网络”状态栏中，如图 9.62 所示。此面板左侧显示网络是否通过了相应的规则检查（如过冲幅度等）；右侧则以图形的方式显示过冲和串扰结果。

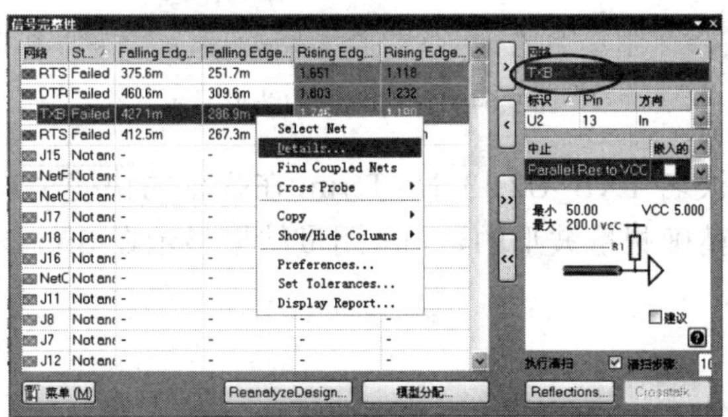

图 9.62　分析结果显示

右击左侧某个网络如 TXB，在弹出的快捷菜单中选择 Details...命令，在弹出的对话框中可以看到针对此网络分析的详细信息，如图 9.63 所示。

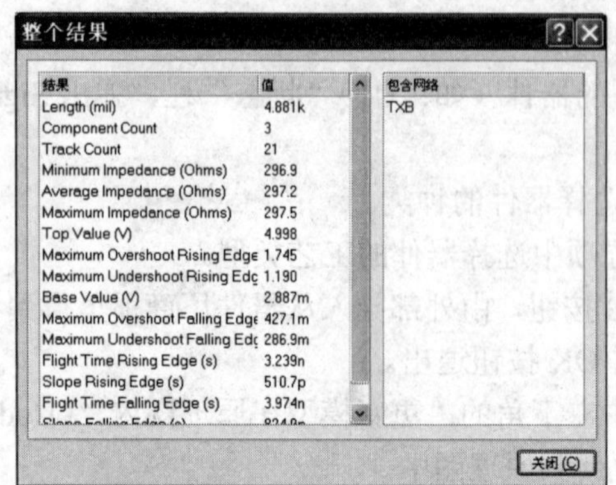

图 9.63 详细结果显示

6. 反射分析

用图形的方式观察反射分析结果更加直观。在图 9.62 中双击需要分析的网络 TXB，将其导入到窗口的右上方“网络”栏中。单击右下角的“反射分析”（Reflections）按钮，反射分析的波形结果显示如图 9.64 所示，同时自动打开 Sim Data 面板。

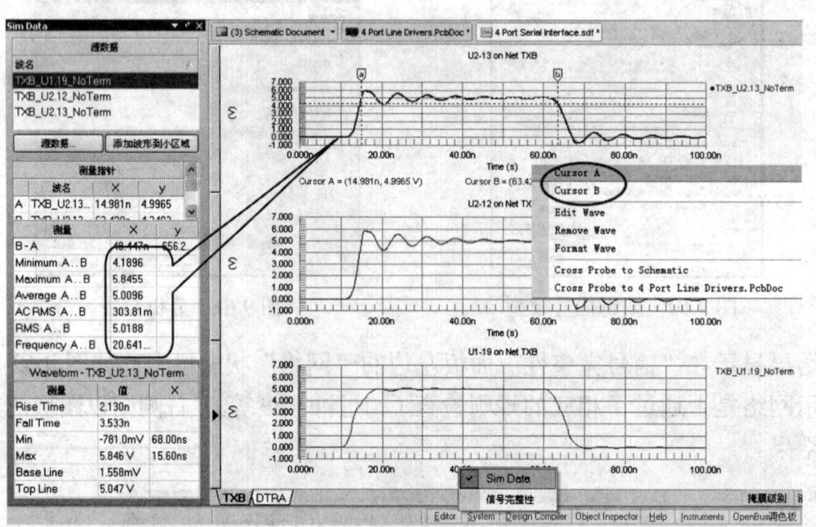

图 9.64 反射分析的波形显示

右击波形右方的波名 TXB_U2.13_No Term，在弹出的快捷菜单中选择光标 Cursor A 或 Cursor B 命令，可精确测量波形的数值。测量结果显示在 Sim Data 面板中，如图 9.64 所示。

7. 串扰分析

在图 9.62 界面中双击网络 RTSB 将其也导入到右上方面板中，然后右击 RTSB，将其设置为被干扰源 Set Victim，右击 TXB，设置为干扰源 Set Aggressor，单击右下方的串扰分析 Crosstalk 按钮，就会得到串扰分析波形，如图 9.65 所示。

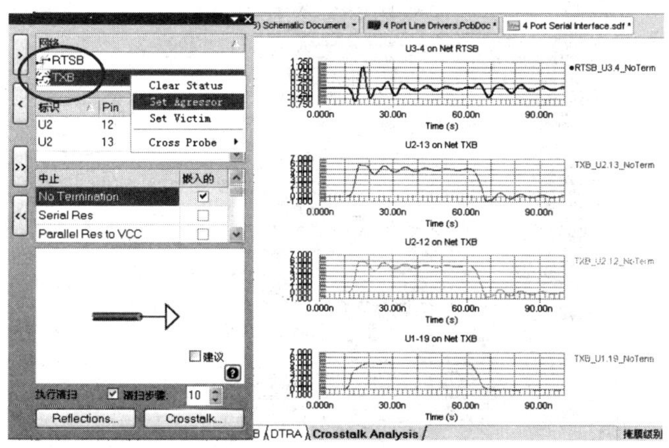

图 9.65　串扰分析波形

9.6.4　修改设计

分析过程只是对已有设计的测试，如果通过分析结果需要修改电路设计，改善设计性能，需返回到图 9.62 界面中。通过窗口右栏下方给出的几种端接策略可减小反射或串扰所带来的影响。

选择“串联电阻”(Serial Res)，将“最小”(Min) 和“最大”(Max) 分别设置为 25 和 125，勾选“执行扫描”(Perform Sweep) 复选框，在“清扫步骤”(Sweep Steps) 中填入“10”，如图 9.66 所示。单击“反射分析”(Reflections) 按钮，将会得到如图 9.67 的扫描分析波形。选择一个满足需求的波形，同时也能够看到此波形所对应的电阻值，最后根据此阻值选择一个电阻串接在 PCB 设计中相应的网络上即可减少反射作用的影响。改善后的波形如图 9.68 所示。

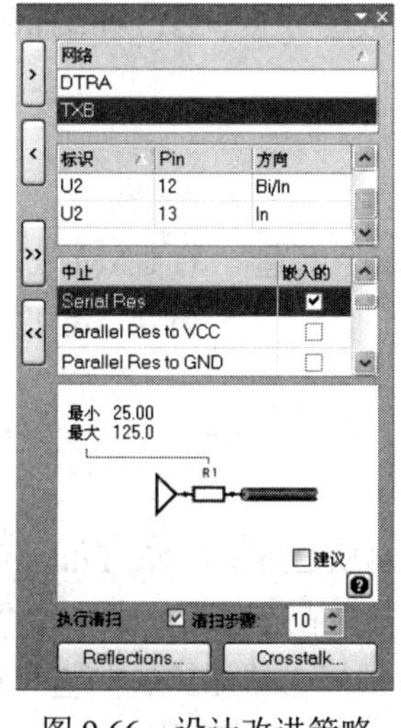

图 9.66　设计改进策略

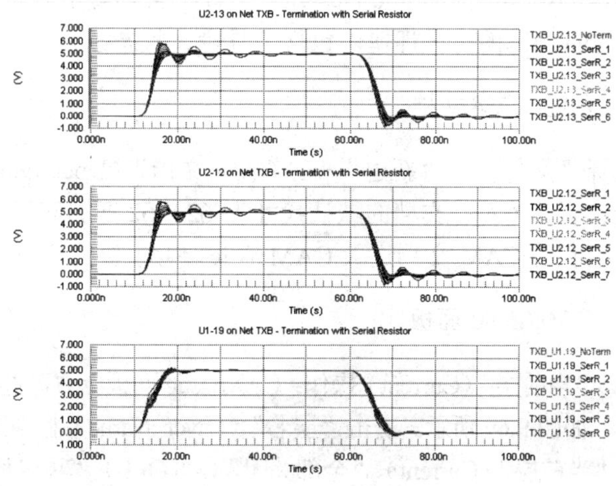

图 9.67　扫描分析波形

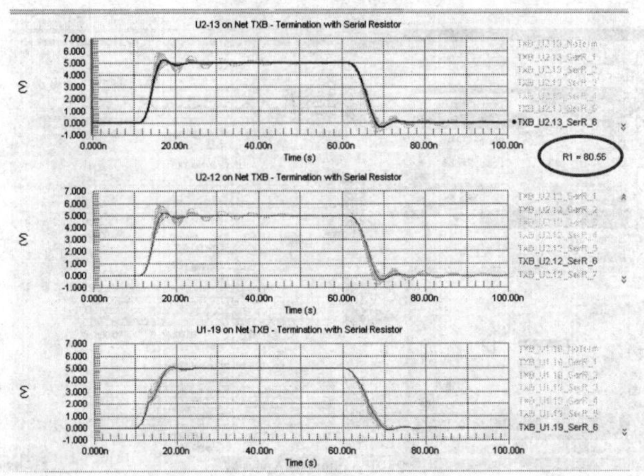

图 9.68 最佳结果及匹配电阻

9.7 CAM 设计

“计算机辅助制造”（Computer Aided Manufacturing，CAM）设计用于 PCB 制版加工工序，也是电子产品的设计及制造过程中最关键的环节。CAMtastic 可以支持 CAM 编辑及钻孔编辑（NC Editor）两种编辑模式，在 Altium Designer 中可以完成 ODB++/IPC-D356 网表文件的导入/导出、孔径匹配、精密数据校验、高级版面化、扩展的 NC Drill/Rout 功能，并支持直接输出 Altium Designer PCB 格式等多项功能。有效地保证了输出胶片及机器格式的数据正确性，从而减少了设计错误并加快了产品的上市周期。

9.7.1 CAMtastic 基础

CAMtastic 用于 Altium Designer 设计平台环境下对 CAM 数据分析、修改和编辑，本节介绍 CAMtastic 的运行环境，包括工具栏、状态条和工作区。

1. 创建 CAM 文档

选择“文件”→“新建”→“CAM 文档”（Document）命令新建一个 CAM 文档，图标为；新建 CAM 文档的默认尺寸为 62 × 62 平方英寸（约 1.55 × 1.55m²）。也可直接打开一个已有的 CAM 文档进入 CAMtastic 环境。

2. CAMtastic 面板

（1）“当前层”（Current）操作：CAMtastic 面板上方可选择 CAM Editor 及 NC Editor 两种编辑模式，如图 9.69 所示。右击“层名”（Layer Name）栏中的对象，在下拉菜单中选择“打开”（ON）、“当前层”（Current）、“全部关闭”（All OFF）、“更名”（Rename）、“添加层”（Add Layer）等操作，可对选择的 CAM 或所在层的“钻孔图”（NC）进行各种编辑、校对和修改。

（2）“信息询问”（Information Query）：可以显示选择对象的信息。

3. CAM 全局编辑环境

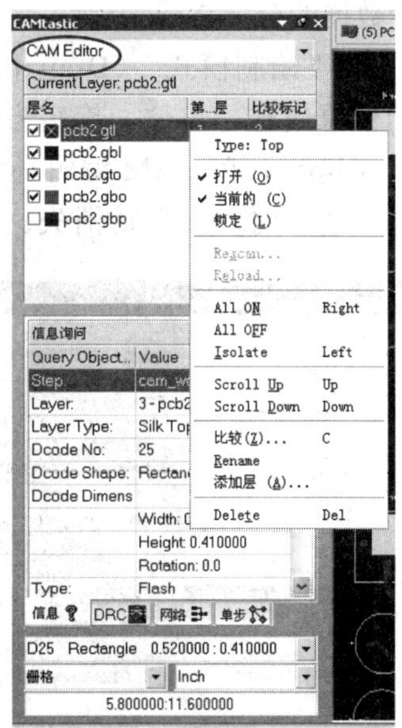

图 9.69　CAMtastic 面板

利用窗口菜单中的工具栏命令，可迅速执行各种功能。

打开“喜好”面板通过 CAM Editor 可设置 CAM 的全局属性及信息查询。

（1）“一般项”（General）如图 9.70 所示。其中勾选“自动重复运行”（Auto Repeat Functions）复选框，在编辑 CAM 文件时设定命令重复；“显示孔径列表用 MILS”（Display Aperture List in MILS）用 MILS 设定孔径单位；“对象跳转”（Object Snap within pickbox）在指定的区域内移动对象（模糊模式）。

（2）“导入/导出”（Import/Export）如图 9.71 所示。在 CAM 编辑环境中设置，包括默认状态下 CAM 文件导入/导出的参数，如文件格式、GERBER 数据、单位、零数据抑制、敷铜类型及自动优化导出 Gerber、Drill 数据等。

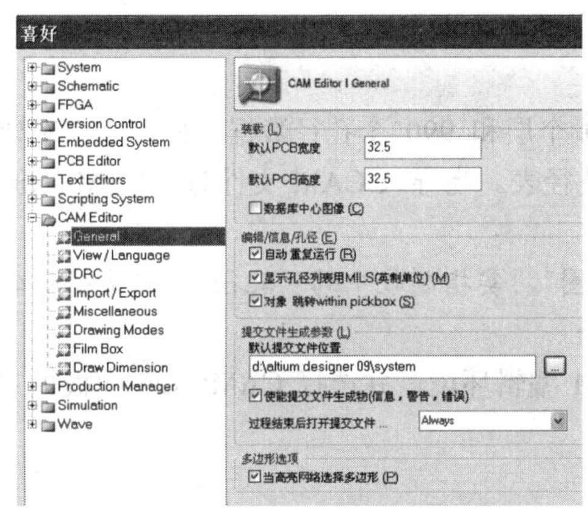

图 9.70　全局 CAM 设置

图 9.71　CAM 导入/导出设置

Gerber Import/Export 指定默认状态下导入/导出 Gerber 文件的参数；CAM 编辑工具支持包括 RS-274-X、RS-274-D、Fire9000 三种常规的 CAM 格式。

勾选“阻止注释”（Suppress Comments）复选框可在输出的 Gerber 中删除 G04 命令（该项仅用于 CAMtastic）。

（3）“混合项”（Miscellaneous）如图 9.72 所示。在“文件扩展名”（File Extensions）区别列出系统可识别的文件扩展名；其中包括 Gerber 文件、孔径数据文件、钻孔数据文件、HPGL 数据文件及网表数据文件等。“快速加载”（Quick Load）区域中可设置最大导入 CAM

版图的尺寸并勾选导入文件类型；“定制孔径精度”（Custom Aperture Accuracy）可自定义孔径数据的分辨格式。

（4）“绘制模式”（Drawing Modes）属性设置包括栅格显示（Grid On/Off）、尺寸、移动对象模式、单位、旋转方向和绘制模式，如图 9.73 所示。模式栏内勾选“显示位置”（Blips），在 CAM 编辑环境下，单击鼠标，将会显示临时定位符号“+”，当屏幕刷新（滚动）时，会自动消失。

图 9.72 混合项设置

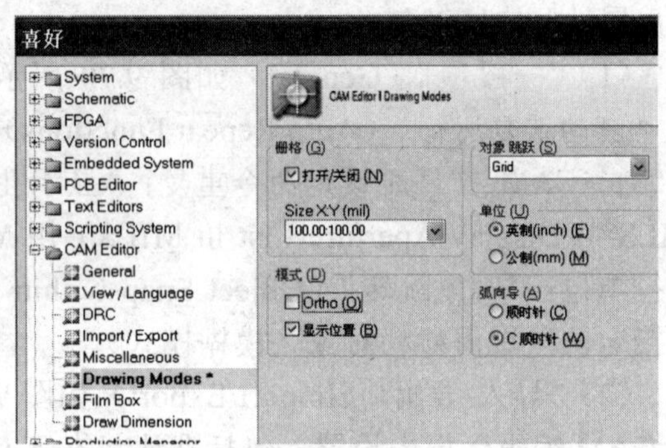

图 9.73 绘图模式设置

9.7.2 CAM 绘图与编辑

1. 孔径与层

CAMtastic 在单个设计项目中最多支持 50 个层和 990 个孔径数据。任何一个新建的 CAM 文档都带一个空白的层表和一个空白的孔径表。当导入 CAM 文件时，CAMtastic 将会自动检测并填充层及孔径信息。

注意：Aperture 在软件中有时被译为“光圈”，实指制版中的“孔径”，本文根据软件中出现的名称两者混用。

首先创建一个新的 CAM 文档，进入 CAM 编辑环境，并选择 CAMtastic 面板模式为 CAM Editor。

1）孔径向导

在新建 CAM 文档中，孔径列表是空白的，需定义一些孔径数据。

由 CAM 编辑窗菜单中选择“表格”（Tables）→“光圈列表向导”（Aperture List Wizard）命令，打开“孔径向导”（Aperture Wizard）面板，定义一个孔径向导名称，并保存为*.awr 文档，“关闭”该面板，如图 9.74 所示。

2）孔径设置

选择“表格”→“光圈”（Apertures）命令打开空白“编辑孔径”（Editor Apertures）面板，如图 9.75 所示。

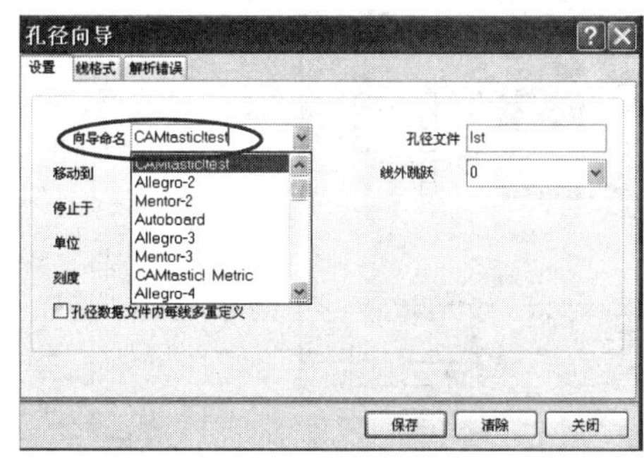

图 9.74　定义孔径向导名

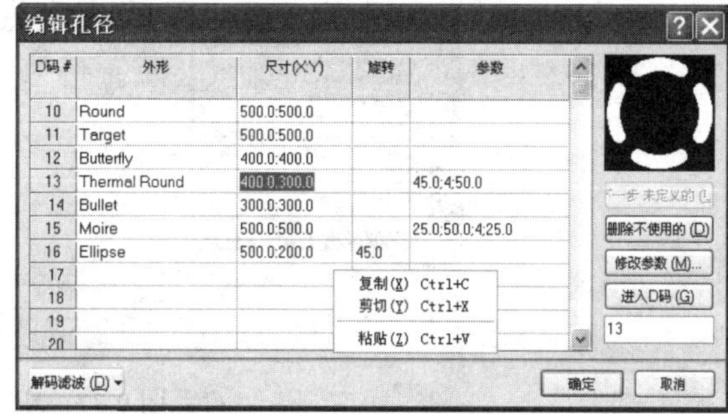

图 9.75　孔径编辑

每个光圈由“D 码”（Dcode）唯一编号，通常 D00～D09 是为特定的一些图片预留的，第一个光圈编号从 D10 开始，最多到 D9999。在输入新的代码时不需在代码前添加字符“D”。D 码定义包含四个参数：

① “外形”（Shape）：光圈形状有“圆形”（Round）、“环形”（Donut）、“八角形”（Octagon）、“菱形”（Diamond）、“椭圆形”（Ellipse）、“蝶形”（Butterfly）、“锥形体”（Bullet）、“网纹”（moire）及“方形”（Square）等多种形状，如图 9.76 所示。

② “尺寸”（Size）：单位由光圈向导设定为 mils、inch 和 mm。

③ “旋转”（Rotation）：旋转角度可直接输入任何数值。

④ “参数”（Parameters）：孔径参数根据不同形状的光圈会自行出现，双击该栏可进行设置。

光圈的颜色与所在层颜色相同，改变层颜色，光圈色随之而变。

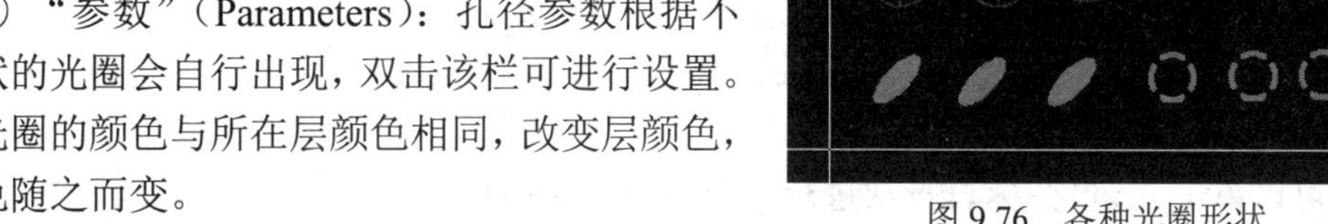

图 9.76　各种光圈形状

3）层

对于新建 CAM 文档，选择“表格”→“层”命令，打开“层表格”（Layers Table）对话框，自动出现一个“新层”（new_layer），如图 9.77 所示。该层也同时出现在 CAMtastic 面板中，右击面板中的“层”名，在弹出快捷菜单中选择 Add Layer 命令，将会出现“输入值”（Enter Value）对话框，在输入文本框中输入新建层的名称。多次重复，完成新建多层的操作。

双击层名，或右击层名，在弹出的快捷菜单中选择“当前的”（Current）命令，此时该层的色块上出现“×”，表示当前激活的层。见图 9.77 的 pcb2.gtl 图标☒。双击层色块可更改颜色。

完成新建光圈和层后，就可以开始绘制 CAM 设计文件了。

2. 绘图与编辑

CAM 文档绘制就是绘制一个 PCB 板的边框，将光圈放置在指定的层中。

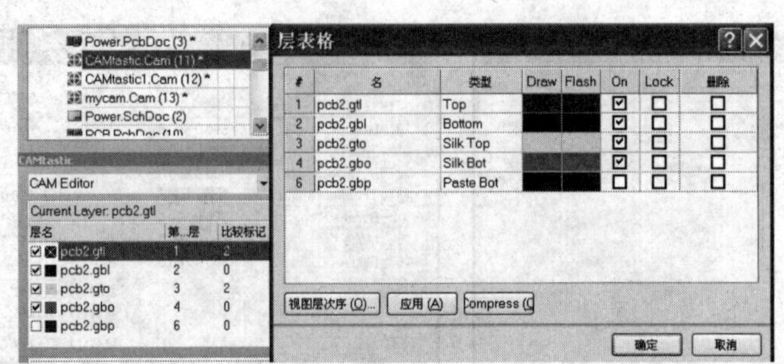

图 9.77　新建层

（1）绘制板框：在新建的*.CAM 文档编辑窗中，打开 CAMtastic 面板并选择 CAM Editor 模式，选择“放置”→“线”命令，用通常的方法在 PCB 板上画出板框图。

（2）选择层：在 CAMtastic 面板中，双击层，使其成为“当前层”。

（3）放置光圈：通常将单个放置的光圈称为“曝光点”（Flash），图标为⊕。首先在图 9.75 中定义光圈，并在该图右下方选择光圈的 DCord 值，单击“确定”按钮后退出。在*.Cam 文档编辑窗中选择“放置”→Flash 命令，实现光圈放置。右击退出放置状态，完成对 Flash 的绘制。

若要删除光圈，需选择“编辑”→“清除”命令，鼠标光标成为“□”形，选择要删除的对象，使被选中对象呈白色，再右击即可删除。

（4）精确定位：绘制 CAM 图特别要注意设计中的 X，Y 坐标信息，调整栅格的尺寸，精确地放置线段和 Flash。选择“分析”（Analysis）→“查询”（Query）或“测量”（Measure）命令，对绘制结果进行精确定位。

还可以单击 Array 图标批次进行多个相同 Flash 对象的放置。

在 CAM 编辑窗绘制一个 CAM 板，放置多个 Flash 的示例如图 9.78 所示。

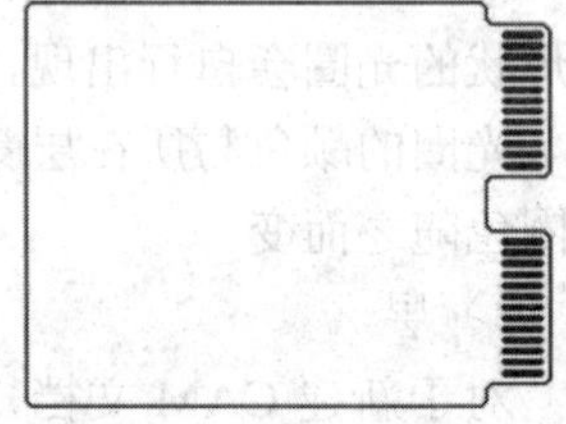

图 9.78　绘制 PCB 板框

9.7.3　导入与导出

实际上更多的时候是采取导入 CAM 文件进行设计和编辑的。CAMtastic 支持所有主流 CAM 设计文件的导入/导出，例如底片 Gerber 文件和 AutoCAD 文件等。

1. Gerber 文件的导入

1）参数设置

在 CAM 编辑环境下，选择“文件”→“设置”（Setup）命令，选择子菜单中的“通常”（General）或“导入/导出”命令，进入“喜好”面板，完成导入 Gerber 文件的全局参数设置，包括文件格式、单位、数据格式等，如图 9.70 所示和图 9.71 所示。

2）导入 Gerber 文件

在 CAM 编辑环境下，选择“文件”→“导入”（Import）命令，或单击 Gerber 图标，打开“输入 Gerber 选项”（Import Gerber Options）对话框，如图 9.79 所示。在此用户可以指定导入的 Gerber 文件的类型（如：*.Cam 或*.apr）、数据格式等参数；还可勾选“自动探测 Gerber 格式”（Auto Detect Gerber Formats），由系统自动检测导入 Gerber 文件的格式。

当导入 Gerber 文件光圈定义为 RS-274-D 格式，需要用户在“孔径文件”（Aperture File）输入栏中指定光圈数据文件的路径，然后在“孔径向导规则”（Aperture Wizard Rule）中选择由系统自动识别产生光圈数据的工具。

选择需要导入的 Gerber 文件，如 4 Port Serial Interface.GPT。CAMtastic 支持单个或多个文件导入功能。

3）快速加载 Gerber 文件

CAMtastic 提供批次导入多个 Gerber 文件的快速加载功能。选择“导入”→“快速加载”命令，或单击图标，可将同一目录内的所有 Gerber 文件一次导入到当前的设计工程中。

2. 导出 Gerber 文件

在 CAM 编辑环境下，选择“文件”→“导出”命令，或单击 Gerber 图标，将 Gerber 文件导出成为各层独立的 Gerber 文件，如图 9.80 所示。其中勾选“使用弧（G75）”是用于老式绘图机的选项；“使用单步，重复代码”（Use Step&Repeat Code），在进行拼板和板面化的时候，利用制板边框代替显示实际的制板图；“分离合成层到单独文件”（Separate Composite Layers to Individual Files）为单层输出 Gerber 文件。

图 9.79　输入 Gerber 文件

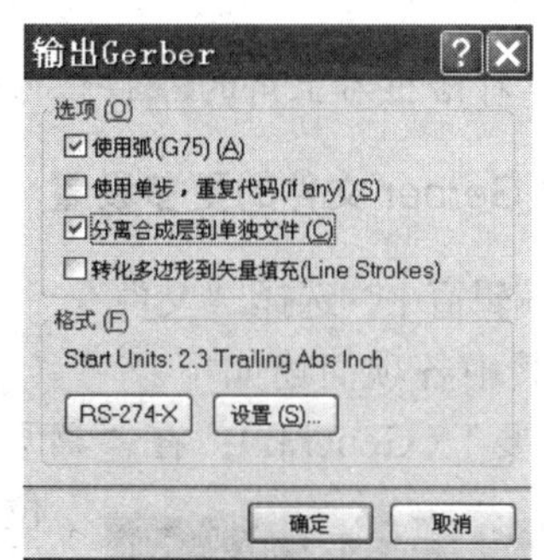

图 9.80　输出 Gerber 文件

由 CAMtastic 软件产生的 Gerber 文件各层文档的扩展名命名及含义，见表 9.3。

表 9.3　Gerber 文件各层文档扩展名及含义

扩展名类型	含　义
GPL	顶层主要的焊盘
GTL	顶信号层
GTO	顶丝印层

续表

扩展名类型	含　义
GTP	顶层锡膏层（锡膏层为所有不被阻焊剂覆盖的无孔的地方，如表贴焊盘，喷锡带等）
GTS	顶层阻焊层（阻焊层为板面所有不被阻焊剂覆盖的地方）
G1，G2 等	中间信号层 1，中间信号层 2 等
GBL	底信号层
GBO	底丝印层
GBP	底层锡膏层
GBS	底层阻焊层
GD1，GD2 等	基于在钻孔对管理对话框中，钻孔对定义的顺序排列钻孔绘制信息
GG1，GG2 等	基于在钻孔对管理对话框中，钻孔对定义的顺序排列钻孔向导信息
GKO	禁止布线层
GM1，GM2 等	机械加工层 1，机械加工层 2 等
GP1，GP2 等	内部平面层 1，内部平面层 2 等
GPB	底层主要的焊盘
P01，P02 等	Gerber 面板 1，Gerber 面板 2 等
APR	当设置为嵌入式光圈（RS274X）时的光圈定义文件
APT	当未设置为嵌入式光圈（RS274X）时的光圈定义文件

另外，还生成在 PCB 文件中定义的设计规则约束文件*.rul 及 Gerber 全局报告文件*.rep。

注意：单对话框右上角的?按钮可查找相关参数的含义。

3. 输出 Gerber 文件的更多设置

在 PCB 编辑窗中，选择“文件”→“制造输出”→Gerber Files 命令，打开“Gerber 设置”面板。其中各项简述如下。

（1）“概要”（General)：在“概要”中，可以指定全局设置输出 Gerber 文件的“单位”（Units）为公制或英制；“格式”（Format）定义可设置相关数据的精度，为 PCB 加工指定对象放置的精度，如图 9.81 所示。其中，2∶3 表示 1mil 的分辨率；2∶4 表示 0.1mil 的分辨率；2∶5 表示 0.01mil 的分辨率。如果设计中对象放置的网格为 1mil，在输出 Gerber 文件时应将格式设置小于 1mil。

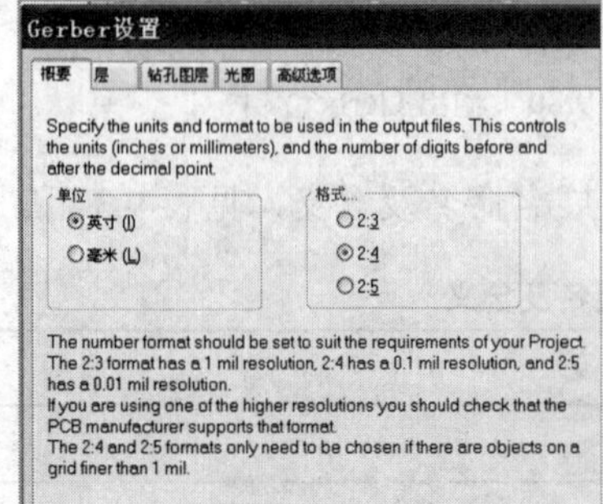

图 9.81　全局设置

注意：此数据可以和制板商协商，通常只有在输出对象需要控制在 1mil 的网格内时，才选用 2∶4 或 2∶5 的格式。

（2）“层”设置：如图 9.82 所示。左边列表栏中可选择要输出产生 Gerber 文件的层；可指定任何层的“映射层”；还可以选择绘制设定层的机械加工层。勾选“包括未连接的中间层焊盘”（Include unconnected mid-layer pads）表示不与中间信号层上孤立的焊盘连接在一起，该功能仅限于包含了中间信号层的 PCB 文件输出 Gerber 时有作用。

（3）“钻孔图层”（Drill Drawing）：如图 9.83 所示。绘制钻孔设置可以指定哪些“层对”需要绘制钻孔；指定各种钻孔绘制符号的类型和尺寸大小；以及是否需要建立映射区。

图 9.82 层设置面板

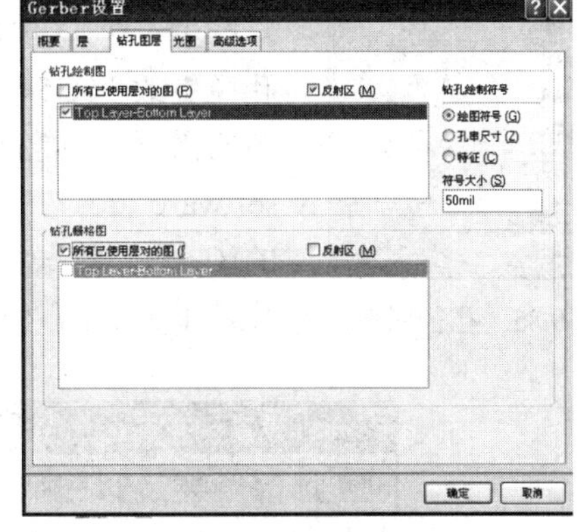

图 9.83 层设置面板

用户可以选择自动或指定绘制“钻孔对”图，在生成的钻孔表格的左下角会出现字符.Legend，通常钻孔表格是不可见的。利用钻孔对图可以知道钻孔的尺寸大小。绘制钻孔向导可标出 PCB 上每个钻空的位置。

（4）“光圈”（Apertures）设置：如图 9.84 所示。当勾选了“嵌入的孔径（RS-274-X）”复选框，系统将会自动为输出的 Gerber 文件产生一个特定的光圈信息列表并根据 RS-274-X 标准将光圈嵌入在 Gerber 文件中。因此不必担心是否当前的光圈列表中已经包含了所有必要的光圈信息。如不勾选此项，自行在孔径列表内创建、编辑或添加符合要求的光圈表。

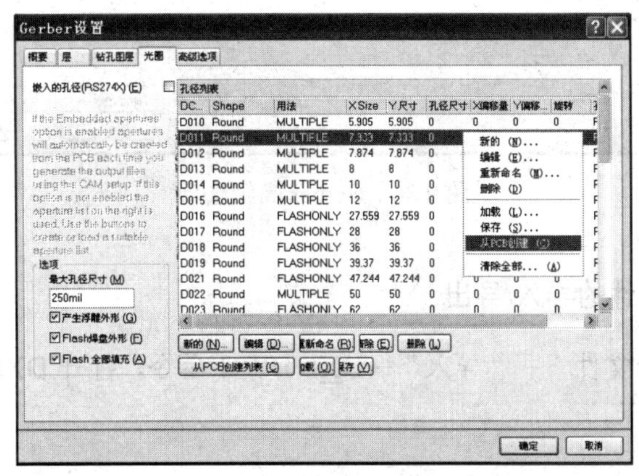

图 9.84 光圈列表

当单击“新的”按钮添加新的光圈时，出现 DCode 对话框，在输入新光圈的 D 码后，会出现“孔径”（Aperture）对话框，如图 9.85 所示。可在此编辑光圈的属性。

图 9.85　孔径属性

（5）“高级选项”：如图 9.86 所示。在“胶片规则”（Film Size）中定义输出胶片的尺寸，为输出 Gerber 设置一个合适的数值；对拼板板面化时需要预留的区域至少应为“边界尺寸”（Border）值的两倍。“孔径匹配公差”（Aperture Matching Tolerances）设置相邻两个光圈的差值大小。“批量模式”（Batch Mode）中选择每层独立产生一个输出文件，亦或在一层上同时绘制所有层。勾选“G54 孔径更改”（G54 on aperture change）主要为了满足早期制板绘图设备的需要，当绘图机不能绘制圆弧时，需勾选“使用软件弧”（Use software arcs）。勾选“胶片中心”（Center on film）复选框，产生的 Gerber 数据将自动定位在胶片的中央。另外还可以设置输出图片是未分类的“光栅”（raster）或分类的“矢量”（vector）类型。

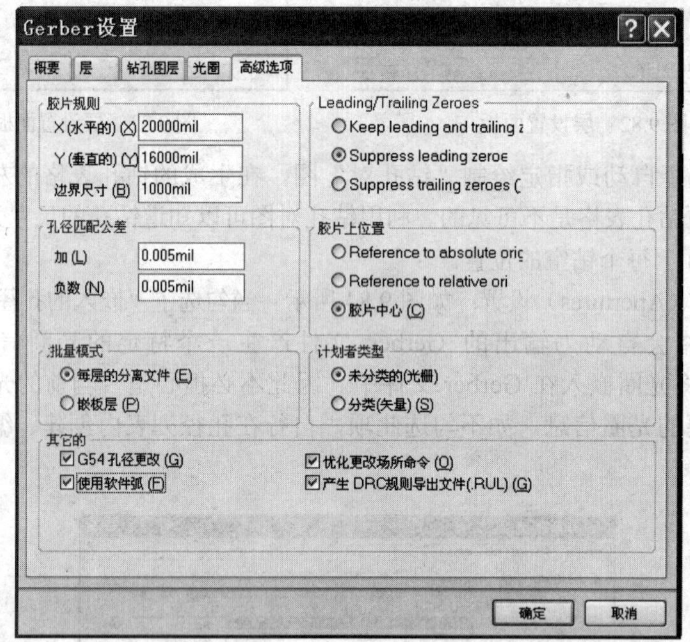

图 9.86　Gerber 高级选项

4. DXF/DWG 文件的导入/导出

（1）导入：选择“文件”→“导入”→DXF/DWG 命令，打开 DXF/DWG Import Wizard 对话框，如图 9.87 所示。

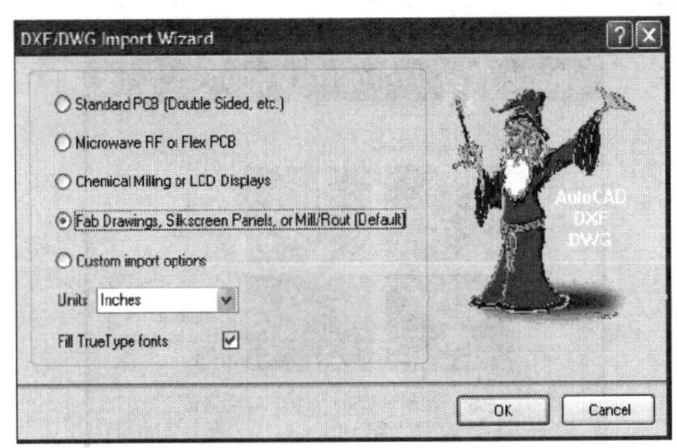

图 9.87　导入 DXF/DWG 文件向导

（2）导出：CAMtastic 允许将任何 Gerber 文档转换成 AutoCAD 的 DXF 文件。选择“文件”→“导出”命令，或单击 DXF 图标，打开“输出 DXF/DWG”面板，如图 9.88 所示。在“选择 DXF 输出层”(Select Layers for DXF Output）的列表中，系统将设计中所有的层都列举出来，用户可以选择需导出的层。

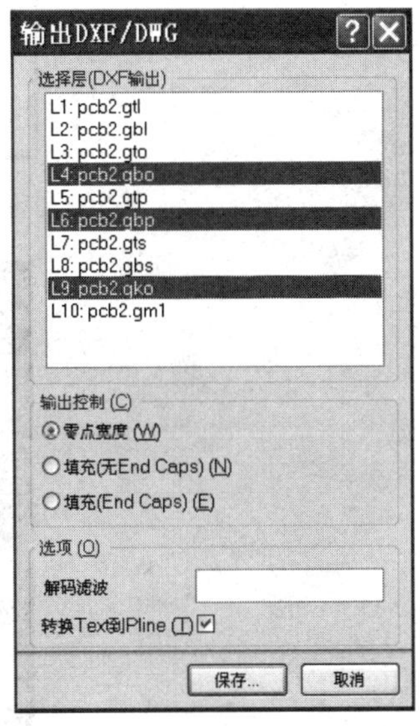

图 9.88　导出 DXF/DWG 文件

9.7.4　多层合成

多层合成可清除一个层实体或区域，然后将其他图像合成产生另一个复杂的设计形状。CAMtastic 提供“自动”和“人工”两种多层合成操作模式。选择“编辑”→“合成层”(Composite Layers）命令，再选择：“自动生成合成”（Auto-Create Composite）；人工“建立合成”（Build Composite)；“分解合成”（Explode Composite）及“修改合成”（Modify Composite）等功能。

9.7.5　PCB 拼板

有时需要对工程设计的 PCB 板做多次复制，为减少文件保存量，可以用拼板方式实现。

在工程建立一个新的 PCB 文档，在编辑面板中选择“放置”→“内嵌板阵列”(Embedded Board Array）命令，打开“嵌入板阵列”面板，在此选择嵌入的 PCB 文档和设置拼板数量，如图 9.89 所示。确定后返回编辑窗，以设置的拼板阵列为整体放置，如图 9.90 所示。

再选择“设计”→“板子形状”→“重新定义板子外形”命令为拼板绘制外形。进而可通过“文件”→“制造输出”→Gerber Files 命令生成*.Cam 文档。单击编辑窗右下方 CAMtastic 按钮，打开 CAMtastic 面板，可以选择查看面板的 Gerber 文件，如图 9.91 所示。

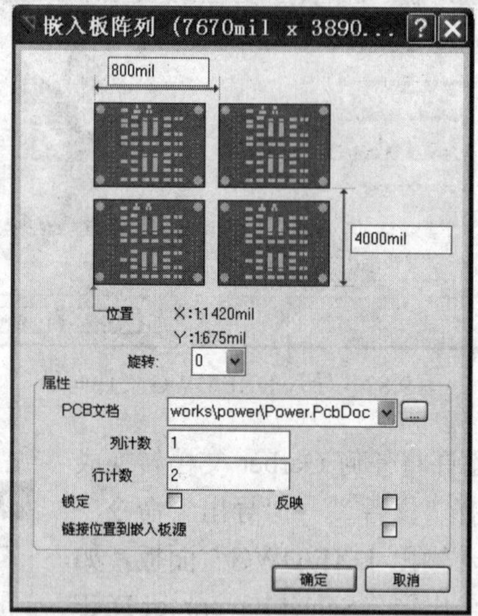

图 9.89 选择拼板数量与文档

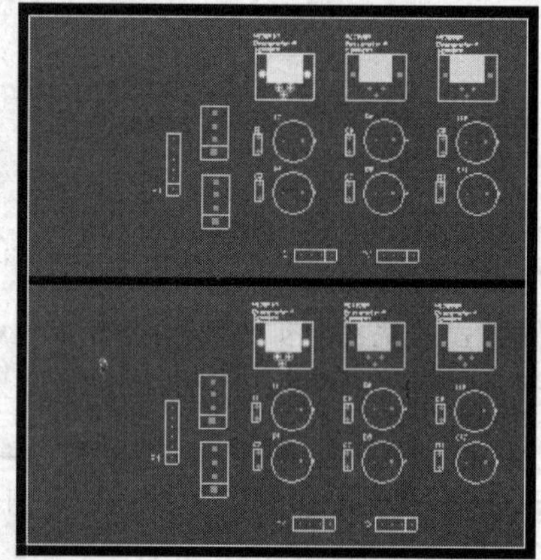

图 9.90 生成两块 PCB 设计板

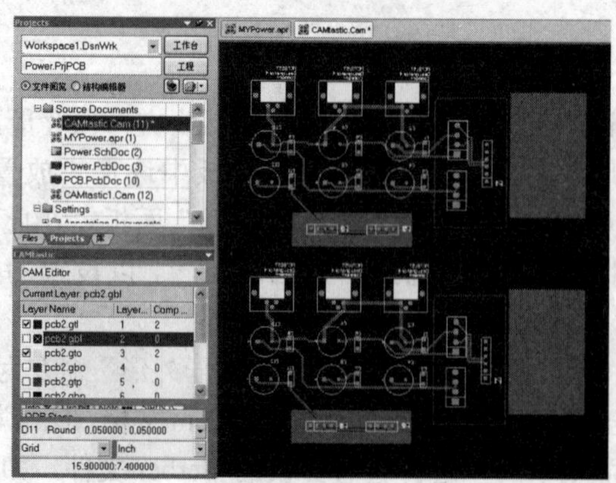

图 9.91 拼板文件的制造输出文件

第 10 章　高级 FPGA 设计

本章摘要

本章结合实际的硬件开发工具，将 FPGA 的设计方法在器件上得以实现，完成综合设计的全过程。其中包括内部 IP 核的概念、外设调用、复杂设计及综合、硬件开发装置运用以及虚拟仪器仿真，是 Altium Designer 的资源整体运用完整过程。

学习 FPGA 设计需要具备 C 语言或汇编语言的基础，这里只是借用，不做详细讨论，另外，需要配置相应的硬件开发装置才能最后完成设计并实现。

10.1　OpenBus 设计

“开放总线”（OpenBus）系统是一种使用总线实现整个系统内在逻辑功能模块连接的设计方式，此方法使用户快速地装配一个功能系统。设计者只需关注上层关键元件间的互联关系，OpenBus 便会自动配置底层的细节，可简化流程，提升效率。

OpenBus 系统包括：

- OpenBus 系统开发环境；
- 自动配置的 FPGA 项目工程；
- 处理器“设备软件框架”（Device Software Framework，DSF）；
- 在设计中使用 NanoBoard 和一些高级的外部设备，如：“复合视频采集板卡”（Composite video capture）、“触摸液晶显示屏”（Touchscreen TFT display）等。

10.1.1　创建 OpenBus 系统

1. 创建 OpenBus 文档

在创建 OpenBus 系统之前首先需建立一个 FPGA 工程（后缀为*.PrjFpg），并在 FPGA 工程里新建一张最顶层的原理图（*.SchDoc）文档。从 FPGA 到 PCB 之间的综合和同步必须通过最顶层的原理图来实现。

选择“文件”→“新建”→“公共/开放总线系统文件”（OpenBus System Document）命令，在设计窗口建立一个名为*.OpenBus 的空白文档，图标为，将其适当命名并保存在工程文件目录下。

注意：软件中文翻译中常将“开放总线”译为“公共总线”，文中更推荐使用“开放总线”。

2. 放置 OpenBus 元件

在编辑窗右下方单击“OpenBus 调色板”按钮打开 OpenBus Palette 面板就能看到在 OpenBus 设计中所使用的元件，如图 10.1 所示。

在 OpenBus Palette 面板按照“连接器”（Connectors）、“处理器”（Processors）、“内存”（Memories）和“外设”（Peripherals）加以分类。每个分类栏通过和按钮展开或隐藏。

在 OpenBus 面板里单击所需的元件，选中的元件会随着鼠标移动。这时可用 Space 键旋转元件，或单击 X 键、Y 键使元件按 X 轴或 Y 轴做镜像翻转。将鼠标移到合适的位置，单击放置 OpenBus 元件，如此继续放置其他器件。

双击器件进入器件配置面板，双击文本，或按 F2 键进入编辑文本模式，可编辑 OpenBus 元件名。

3. 连接 OpenBus 元件

元件图标上粉色表明主端口，浅蓝色表明从端口，连线上的箭头指明数据流方向，连接线只能在单个主、从端口间互连。

选择“放置”→“连接开放总线端口”（Link OpenBus Ports）命令或者在工具条上单击图标。用鼠标单击主端口作为起点，被控制的从端口作为终点连线。若删除连线，单击想要移除的连线，按 Delete 键删除。

4. 互连器和仲裁器

连接线只能完成单个主、从设备间的互连，OpenBus 提供“互连器”（Interconnect）和“仲裁器”（Arbiter）可实现多个器件间的互连。

（1）“互连器”有一个从端口和多个主端口。这使得连接到从端口的主设备通过互连器主端口可控制多个从设备，如图 10.2（a）所示。

（2）“仲裁器”有一个主端口，多个从端口，能够实现多个主设备对单个从设备的控制（如多个控制器访问同一内存），如图 10.2（b）所示。仲裁器控制着主设备间的并发数据访问，可通过配置仲裁器的选项设置仲裁机制。

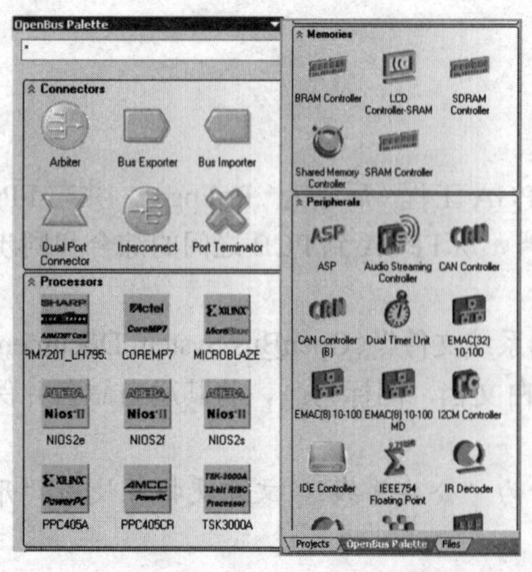

图 10.1　OpenBus 元件图例

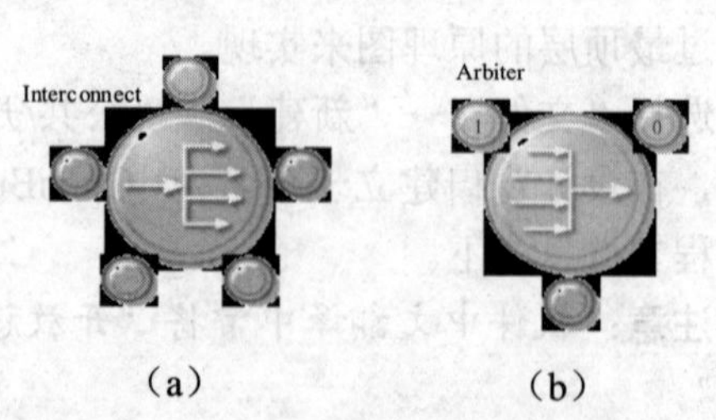

图 10.2　互连器和仲裁器

（3）仲裁器和互连器增加端口。选择“放置”→“添加开放总线端口”（Add OpenBus Port）命令或在工具条上单击图标。移动鼠标到要增加端口的元件上，单击后添加新的端口。但互联器只能添加主端口，仲裁器则只能添加从端口。右击或者按 Esc 键退出放置端口模式。

（4）调整互连器和仲裁器端口的位置。单击端口按住鼠标左键不放，移动端口在合适位置后放开左键。

（5）若移除端口，只需选中要移除的端口，按 Delete 键移除。

注意：互联器至少保留“一主一从”两个端口不能删除；仲裁器则至少保留“一主两从”三个端口不能删除。

（6）最后完成一个 OpenBus 设计，保存为*.OpenBus 文件，如图 10.3 所示。

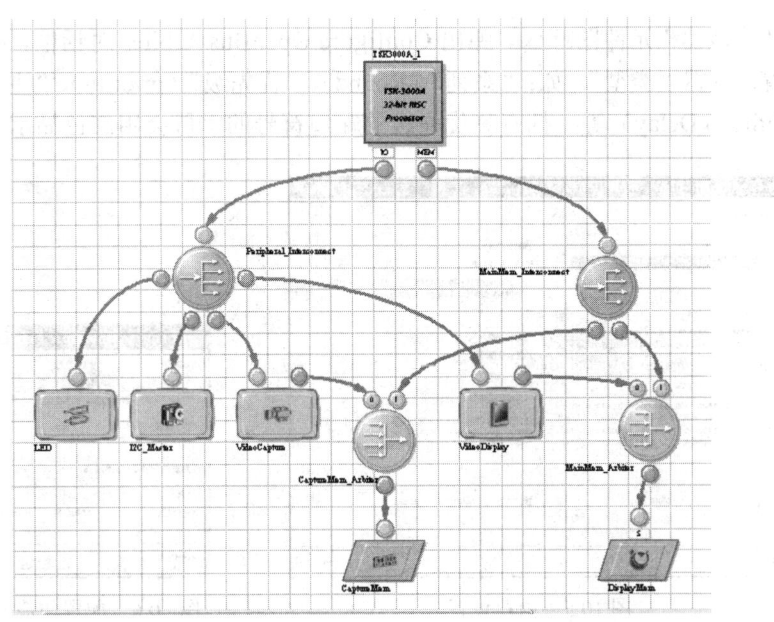

图 10.3　一个 OpenBus 设计图例

10.1.2　配置 OpenBus

大部分 OpenBus 元件都可以直接转化成原理图设计方式所使用的 FPGA 库文件中对应的图形符号，但有时还需进行针对性的配置。对 OpenBus 元件配置，如同为器件添加封装，在 OpenBus 转换为原理图设计中是必要的。在配置时双击 OpenBus 元件，或选中器件后右击，从表单中选择 Configure ...打开配置 OpenBus 面板。

1. 配置 IO 端口元件

双击“端口”（Port IO）元件图标，在 Configure OpenBus Port IO 对话框里进行设置，如图 10.4 所示。

图 10.4　IO 端口配置

（1）“端口类型”（Kind）：“输入/输出”、“三态”（Tristate）和“输出”。

（2）“总线宽度”（Bus Width）：“8 位”、“16 位”和“32 位”。

2. 配置内存控制器

双击“内存”（Memories）元件图标，在弹出的 Configure OpenBus ... Controller 面板中进行设置。其中“...”表示有多种内存，如：BRAM、SDRAM、SRAM 等，如图 10.5 所示。面板设置包括存储器类型、内存大小、内存字宽、读时钟周期、写时钟周期、接口类型等设置。

3. 配置仲裁器

双击“仲裁器”元件图标，弹出 Configure OpenBus Arbiter 对话框，如图 10.6 所示。在此可设置仲裁器“类型”，如：“系列”（Round）、“优先级”（priority）、“主处理器无延时”（Master With No Delay）等。拥有高优先级的端口符号的字母会用红色显示。

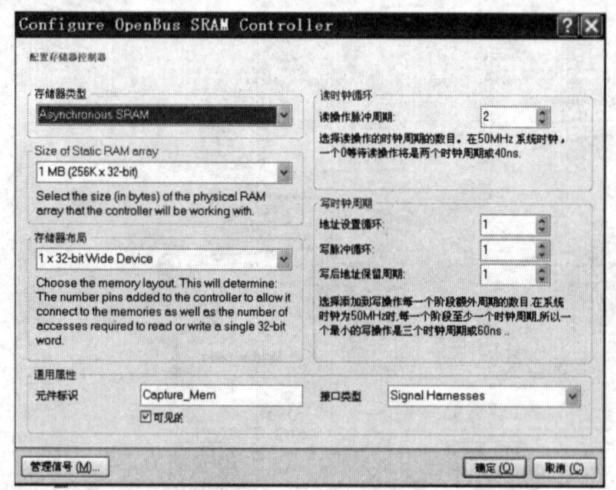

图 10.5 内存设置

图 10.6 配置仲裁器元件

4. 配置处理器

双击“处理器”（Processors）图标，如图 10.7 所示。本例为 TSK3000 元件，在 Configure OpenBus TSK3000A 对话框里设置如下：

- 在右上角的下拉列表中设置处理器型号为 TSK3000；
- 设置“内部处理器存储器”（Internal Processor Memory）为 8 K Bytes（2K×32-Bit Words）；
- “乘/除单元”（MDU）设置为“硬件乘除法器”（Hardware MDU）；
- ❽片上调试系统”选项设置为 Include JTAG-Based On-Chip Debug System 和 Disable Breakpoints on Hard Reset，单击“确定”按钮保存设置。

如果出现图 10.8 的消息框，提示需在顶层原理图中添加相关 JTAG（见本节后续内容），单击 OK 按钮继续。

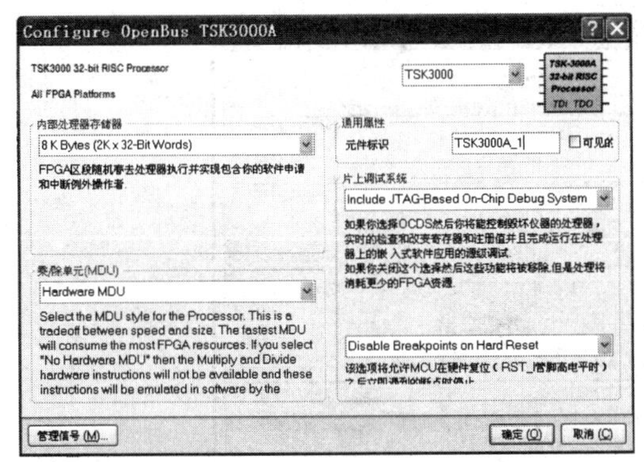

图 10.7　处理器配置

图 10.8　提示消息框

其他元件的配置方法相似，这里就不一一详述了。

10.1.3　管理内存映射

用 OpenBus 总线设计的最大好处就是可以自动管理系统的内存映射。OpenBus 智能化为每个外设和内存控制器自动分配内存控制空间，使所有的外围设备和存储设备占据 32 位内存空间，其中涵盖 4GB 的系统空间。在多数情况下这些内存配置是满足要求的，但在某些情况下可能需要手动编辑内存分配。

1. 使用互连器配置内存

通常互连器将探测每一个连接的设备和设置对存储器的要求，并自动更新内存映射。双击互连器图标，从 Configure OpenBus Interconnect 对话框中编辑内存映射的互连组件配置，如图 10.9 所示。互连配置信息会自动将内存映射传递到处理器上。

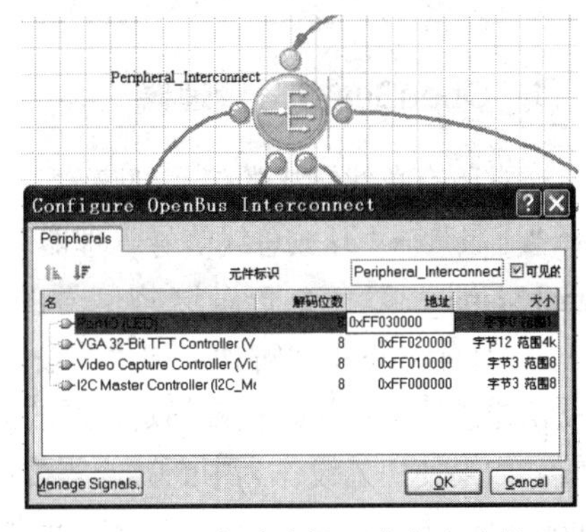

图 10.9　查看编辑互连内存映射

2. 在处理器内部配置内存

在 OpenBus 文件内部，还可以通过处理器内存管理和外设配置框对内存进行集中管理。右击“处理器”，在弹出的快捷菜单中选择“配置处理器存储器”（Configure Processor Memory）命令，让外设和内存管理器在处理器内存中定位。也可在对话框通过手动方式编辑内存映射图，如图 10.10 所示。

在图 10.10 下方勾选 C 语言实文件（C Header File）复选框，在工程编译时会生成一个 Hardware.h 头文件。这个头文件会自动添加到任何与项目链接的嵌入式工程，并可以提供“宏”来定义内存中每一个外设和内存器件。

单击下方的 Configure Peripherals 按钮，进入“配置处理器外围设备”（Configure Peripherals）的配置界面。单击“配置应用内存”按钮，导入外设的内存映射图，可保证所有在 OpenBus 中做的任何变动都将更新到嵌入式工程中。

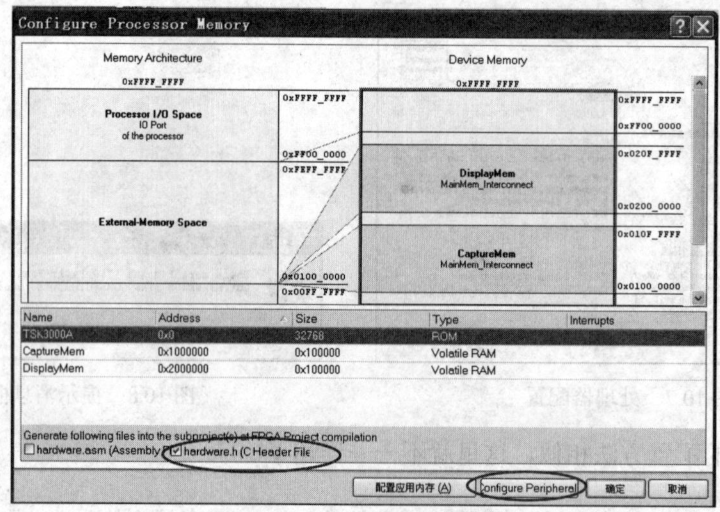

图 10.10　配置内存

10.1.4 与原理图链接

现在虽然已经完成了一个 OpenBus 文件的绘制和配置等工作，但还需要将该文件与 FPGA 工程的顶层原理图（*.SchDoc）文档链接起来才能实现电路功能。

1. OpenBus 信号管理器

通常所有总线链接的信号都隐藏在 OpenBus 文件中，但其中一些信号需要显示。可以通过选择“工具”→“开放总线信号管理器”（OpenBus Signal Manager）命令查看这些信号的列表，如图 10.11 所示。图中“时钟”和“重设”（Resets）两项在通常情况下初始设置都是合适的，选择默认配置。如果使用外设作为中断源，需要在“中断”（Interrupts）栏中进行设置，在该对话框中，可以为主处理器用到的中断通道分配“中断”。如果不需要中断，则使用初始化设置（Not Connected）。

图 10.11　OpenBus 信号管理器

在“外部链接概要”（External Connection Summary）标签中列出的信号不能直接进行编辑，对话框中列出的所有信号会在父原理图中显示。这些信号按器件分组，以便控制、辨识和定位不同信号的来源。例如当一个 OpenBus 文件链接到父原理图，一些来自特定图表符的信号不会立即显示出来，但在这个对话框中却能找到这些信号描述。

单击图 10.9 右下方的“信号管理”（Manage Signals）也可打开“信号管理器”面板。

2. OpenBus 文件创建图表符

将 OpenBus 文件链接到父原理图需首先在父原理图上创建一个图表符。

打开父原理图文档（*.SchDoc），选择“设计”→“HDL 文件或图纸生成图表符”（Create Sheet Symbol From Sheet or HDL）命令，在 Choose Document to Place 对话框中选择*.OpenBus 文档。此时出现一个图表符并包含了信号管理器中的信号端口的图纸入口。

通常在图表符左边是输入端口，右边是输出端口，可以通过一些步骤将这些端口拆开，以便与外设及 NanoBoard 开发板链接，如图 10.12 所示。

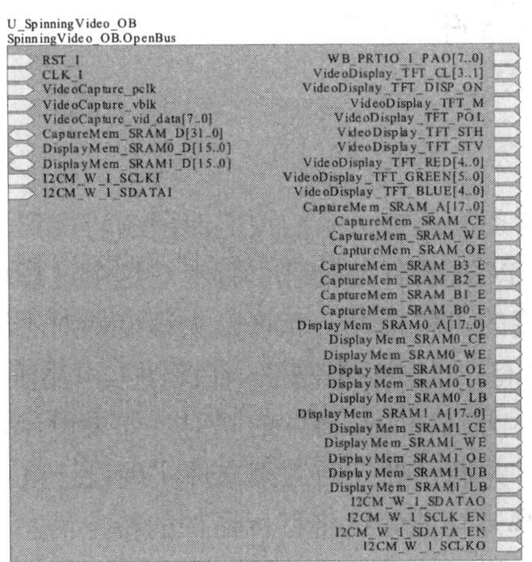

图 10.12　OpenBus 文档的图表符

10.1.5　顶层原理图设计

为完成顶层原理图设计，还需放置一些器件并适当连接端口与外设的布线。参见 3.2 节的设计方法，选用一些库元件实现设计。完成原理图的连线后，选择“工具”→“静态注释”（Annotate Schematics Quietly）命令为每个器件设置一个特定的标号。一个包含 OpenBus 的 FPGA 工程顶层电路图设计*.SchDoc，如图 10.13 所示。

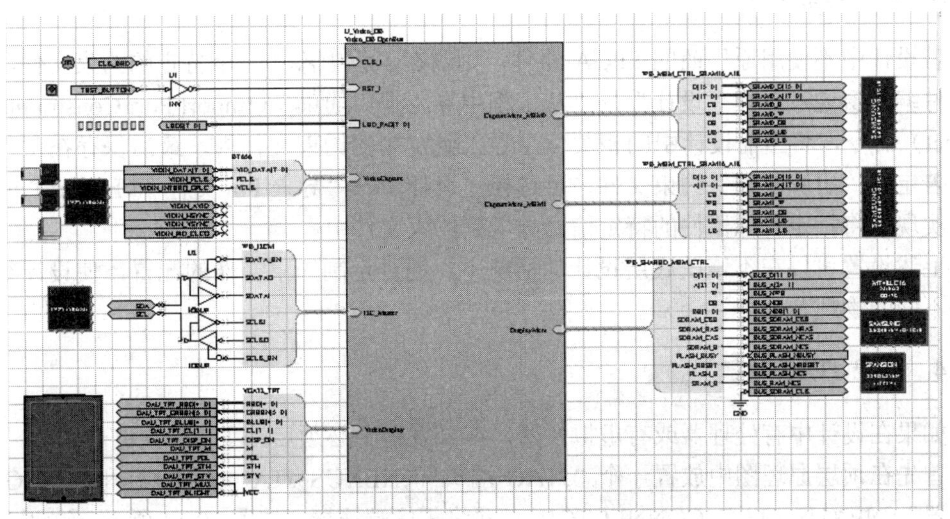
图 10.13　完成设计的顶层原理图

最后选择“工程”→Compile FPGA Project .PrjFpg 命令编译工程，并修正编译及布线错误。编译通过后，OpenBus 文档就成为顶层原理图的子文档。最后保存设计。

到此，工程的软件设计已经完成，为保证 FPGA 设计能与板载资源匹配，还需为 FPGA 设计建立约束文件，如定义 FPGA 引脚、配置 FPGA 子板资源的连接关系等。

10.1.6 绑定设计到器件

1. 重新绑定

若要使上述创建的包含所有连接关系的顶层原理图转换到 FPGA 器件内部，必须将原理图上的端口映射到实际 FPGA 器件的物理引脚上。这个过程称为“绑定设计到器件”。

在系统中的设计有高度的可移植性，允许最大程度地对不同的器件及板卡环境进行重构。每个 FPGA 设计工程都有一个顶层电路图，在此图上可精确指定每个端口对应的 FPGA 引脚，但这无法定位多个不同的 FPGA 器件的映射。如果设计目标对象独立于 FPGA 原厂商，需另行配置约束文件，并通过独立的约束文件实现设计可移植性。

Altium Designer 重新绑定功能允许将目标器件的特定信息从顶层原理图移走，并植入定制的约束文件中，通过重新配置，用以实现设计与目标器件重新绑定。

2. 使用约束文件

若设计中使用原厂商的 FPGA 器件，可以在激活约束文件的编辑窗中，选择“设计”→“添加或修改约束”（Add/Modify Constraint）→“器件”命令，打开“选择物理设备”（Choose Physical Devices）面板，如图 5.6 所示。其中厂家软件支持的器件显示引脚数值等信息，软件不支持的器件以字符“-”表示。选择添加所需的相关目标器件的约束文件，并保存在当前项目工程的目录下，详见 5.2 节。

3. 定制约束文件

若设计中不使用原厂商的 FPGA 器件，则需在工程中添加一个特定的约束文件，在约束文件编辑窗通过选择“设计”→“从工程中导入端口约束”（Import Port Constraints from Project）命令，将当前设计中的相关信息导入到定制的约束文件内，最后保存在工程目录下。若定制“引脚分配”约束文件，可选择“设计”→“导入 Pin 文件”（Import Pin File）命令实现，将指定目标器件的特定信息导入到约束文件中。

上述设置可以在不修改底层设计的情况下，通过定制约束文件的配置，使设计结果移植到不同的物理芯片中。

4. 分配 JTAG 软链

如果在设计中有处理器或有虚拟仪器，在开发板上必须启动 JTAG 软链。

首先在顶层原理图中放置一个“JTAG 端口”（NEXUS_JTAG_PORT）和“JTAG 软链连接器”（NEXUS_JTAG_CONNECTOR），并将相应端连接，如图 10.14 所示。这两个器件安装在…\Altium Designer\Library\Fpga 路径下的集成库 FPGA Generic.IntLib 和 FPGA

NB2DSK01 Port-Plugin.IntLib 中。

在 FPGA 设计项目的顶层原理图中已经定义了所有端口对应的物理引脚，但目标器件的引脚（假设为 P202～P205）必须与顶层原理图上的端口连接，在编译项目时对顶层原理图进行检查，所有连接到端口的网络都已经默认连接到 FPGA 引脚上。

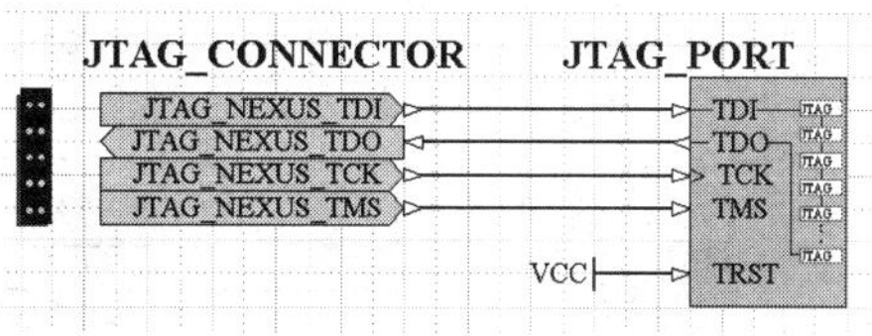

图 10.14　JTAG 软链连接方式

本例定制一个分配引脚的约束文件。通过在约束编辑中选择“设计”→“从工程中导入端口约束”命令，快速添加端口分配。此时顶层原理图中每个端口都被添加了记录，但引脚号尚未被分配。约束文件有关部分如下：

```
Record=Constraint | TargetKind=Port | TargetId=JTAG_NEXUS_TCK
Record=Constraint | TargetKind=Port | TargetId=JTAG_NEXUS_TDI
Record=Constraint | TargetKind=Port | TargetId=JTAG_NEXUS_TDO
Record=Constraint | TargetKind=Port | TargetId=JTAG_NEXUS_TMS
```

另外，也可以通过手动定义添加必需的 FPGA_PINNUM 约束端口的记录，分配一个端口到 FPGA 引脚。例如，手动定义 JTAG 软链信号到器件的 P202～P205 引脚，约束文件如下：

```
; ..............................................................................
; NEXUS JTAG Soft-Device Chain Connections
; ..............................................................................
Record=Constraint|TargetKind=Port|TargetId=JTAG_NEXUS_TCK
|FPGA_PINNUM=P202
Record=Constraint|TargetKind=Port|TargetId=JTAG_NEXUS_TDI
|FPGA_PINNUM=P203
Record=Constraint|TargetKind=Port|TargetId=JTAG_NEXUS_TDO
|FPGA_PINNUM=P204
Record=Constraint|TargetKind=Port|TargetId=JTAG_NEXUS_TCK
|FPGA_PINNUM=P205
```

定制 JTAG 软链的时钟信号 JTAG_NEXUS_TCK 的 FPGA 时钟资源，可以设置约束文件为：

```
Record=Constraint|TargetKind=Port|TargetId=JTAG_NEXUS_TCK|FPGA_CLOCK=True
```

若做进一步约束，可以定义分配给这个信号的频率为：

```
Record=Constraint|TargetKind=Port
|TargetId=JTAG_NEXUS_TCK|FPGA_CLOCK_Frequency=50MHz
```

10.2　嵌入式设计

10.2.1　DSF 介绍

Altium Designer 的嵌入式工程中增加了一种新的“设备软件框架”（Device Software Framework，DSF），用来简化嵌入式应用的开发，如图 10.15 所示。在最新的 Altium Designer

版本中所有嵌入式的示例工程都升级为使用 DSF 软件架构。尽管 DSF 完成了大部分嵌入式开发中的物理层工作，但仍然可以直接控制处理器的中断。

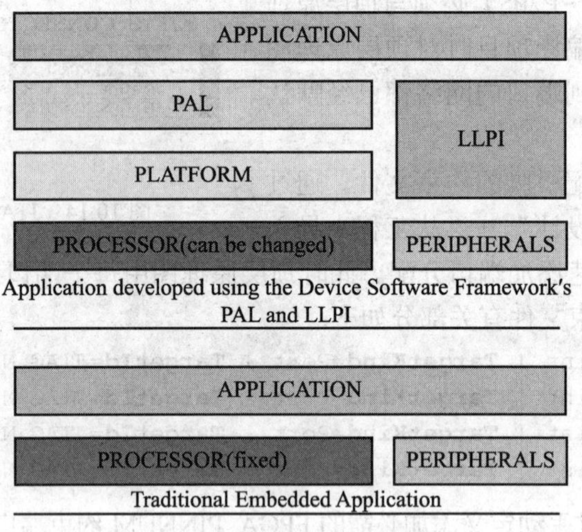

图 10.15 DSF 处理器

DSF 处理器抽象层（PAL）大大简化了嵌入式应用开发，非常方便地将不同的应用移植到 Altium Designer 支持的所有目标处理器上，包括嵌入式支持的内核和 32 位微处理器（MCU），与传统的嵌入式应用软件相比，底层 FPGA 外设接口（LLPI）层与其驱动程序代码紧密联系，DSF 上的应用软件几乎免移植。

10.2.2 建立嵌入式工程

1. 嵌入式设计

Altium Designer 中使用 TASKING 嵌入式软件工具为目标器件编写、编译、汇编和连接应用程序。

2. 创建嵌入式工程

选择“文件”→“新建”→“工程”→“嵌入式”（Embedded Project）命令，建立一个嵌入式工程（*.PrjEmb），嵌入式工程的图标为▯，将工程保存为适当名称。

3. 添加源代码文件

在新创建的嵌入式工程中会生成一个空的文件夹，选择“文件”→“新建”→“C 源代码文档”（C Source Document）命令，或右击嵌入式工程名，在弹出的快捷菜单中选择“给工程添加新的”（Add New to Project）命令，为工程添加或建立相关的源文件，如“C 源文件”（*.C）、“头文件”（*.H）或“汇编文件”（*.asm）等，将新建的文档重新命名并保存。

10.2.3 连接嵌入式工程

嵌入式工程既可独立开发，也可将其在目标处理器上运行。Altium Designer 可以为包含嵌入式工程的 FPGA 工程连接一个嵌入式处理器。首先确定在 FPGA 的工程中包含一个目标处理器（如：TSK3000A）；然后选择 Project 面板下的“结构编辑器”（Structure Editor）模式，拖动“嵌入式工程”（*.PrjEmb）到处理器名称 TSK3000A 上，此时处理器呈蓝色高亮显示，表明将嵌入工程链接到了处理器中，即是“嵌入”到 FPGA 工程中，如图 10.16 所示。同样可以在单选“结构编辑器”模式下将嵌入式工程拖曳出处理器，与 FPGA 工程分离。但如果编译了 FPGA 工程，就不能这样将嵌入工程移出 FPGA 了。

将工程面板转换到“文件阅览”（File View）模式，此时看到*.PrjEmb 已成为*.PrjFpg 的一个子工程，并在嵌入式工程中增加了一个新的头文件*.h，这是由 FPGA 工程汇编时添加到嵌入式工程中的。

图 10.16　链接嵌入式工程

图 10.17　源代码编辑窗

10.2.4 代码文件

嵌入式工程已链接到硬件平台上，下面进行代码文件编写。

1. 头文件

打开*.h 文件，可见器件内存定义内容如下：

```
#define Base_VideoCapture  0xFF010000
#define Size_VideoCapture  0x00000008
```

2. 源代码

打开*.C 文件输入源代码。这里可以使用“工具”菜单中的命令对语句语法进行修饰，如图 10.17 所示。

将文件编写完成后需进行源代码编译，编译通过后再下载到 TSK3000 处理器，在开发平台上运行。

10.2.5 编译与调试嵌入式工程

1. 选择设备

右击嵌入式工程名，在弹出的快捷菜单中选择“工程参数”（Project Options）命令，打开“嵌入式参数”（Options for Embedded Project *.PrjEmb）面板，在“编译选项”（Compiler Options）选项卡下展开 C Complier 目录，对项目各项进行全面设置；展开 Processor 目录，指定所需器件，如图 10.18 所示。用户可直接选择厂商的器件，也可选择通用器件，选择通用器件时需要手动指定目标处理器。

2. 编译工程

设置完成后，选择“工程”→Compile Embedded Project *.PrjEmb 命令，TASKING 将进行编译、汇编、连接和定位嵌入式项目中被修改后的文件，并输出“完全项目”文件。可通过编辑窗口右下方 System→“输出”查看。

3. 调试工具

在源文件（*.C）窗口选择“调试”（Debug）→“运行”（Run）命令可以运行仿真器，或设置断点“单步进入”（Step Into）或“跨越”（Step Over）方式进行调试，如图 10.19 所示。

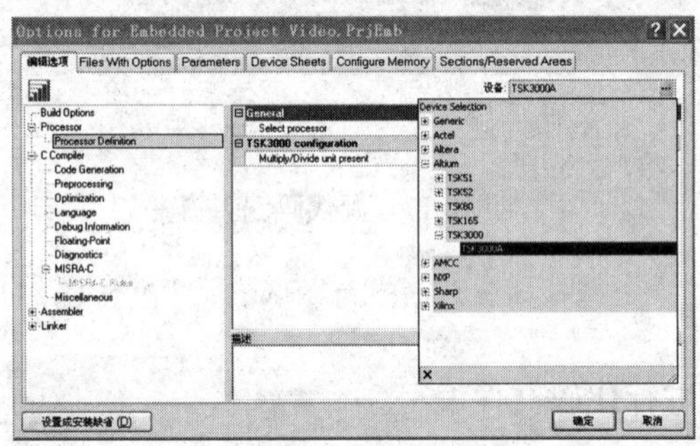

图 10.18 选择目标器件

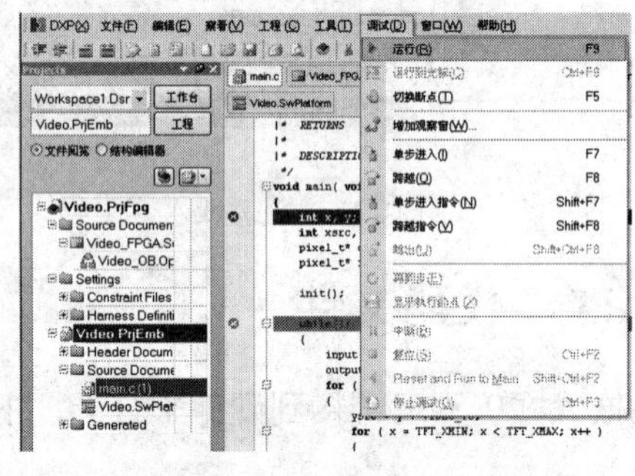

图 10.19 调试工具及使用

1）设置断点

单击代码行左方的空白处，出现红色⊗标记行，表明此处插入断点；再次单击⊗取消断点。在断点处右击，可设置绿色⊗标记行的“暂停”（Disable Breakpoint）或改变“断点属性”。

2）监视运行

在激活的 C 文件编辑窗选择“查看”→“工作区面板”（Workspace Panels）→“嵌入式”（Embedded）命令，在子菜单项中可以“评估”（Evaluate）、“监视”（Watches）及进行“代码资源管理”，如图 10.20 所示。

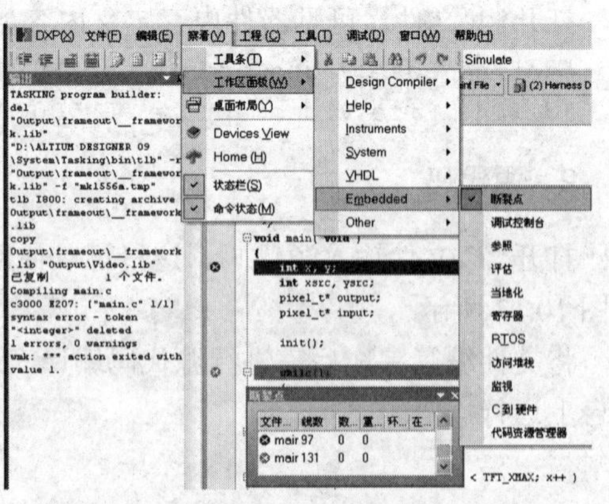

图 10.20 调试监视

此选项也可通过主窗口右下方单击“嵌入式”标签打开“嵌入式”选项卡。选择 System→“输出”命令，可查看嵌入式工程的输出。

10.2.6　嵌入式设计实例

本例建立一个完整的应用程序，该程序运行能够从摄像头捕获图像，并将其显示在 NanoBoard 的 TFT 屏幕上。

1. 定义内存区域

创建一个嵌入式工程 VideoSpin.PrjEmb，为“视频捕获系统”（Video_Capture）和“显示程序”（Display）定义内存区域。

（1）在嵌入式工程的编辑器菜单中选择“工程”→“工程参数”命令，或右击*.PrjEmb 工程名称，在弹出的快捷菜单中选择 Project Options 命令，打开 Options for Embedded Project Video.PrjEmb 面板。

（2）单击 Configure Memory 标签，在打开的选项卡中查看 CaptureMem 和 DisplayMem 的数据接口，如图 10.21 所示。

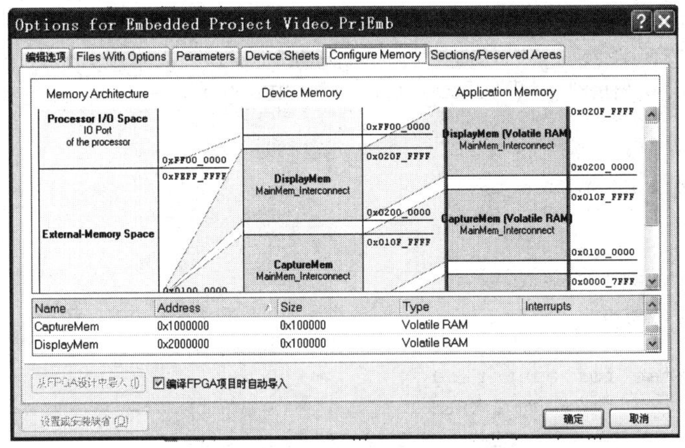

图 10.21　设置内存区域

（3）单击 Sections/Reserved Areas 标签，在打开的选项卡中分别设置“片段名”和“位置”（Location），创建“视频捕获”（Video_Capture）缓存和“显示程序”缓存各自的存储段识别标签，如图 10.22 所示。

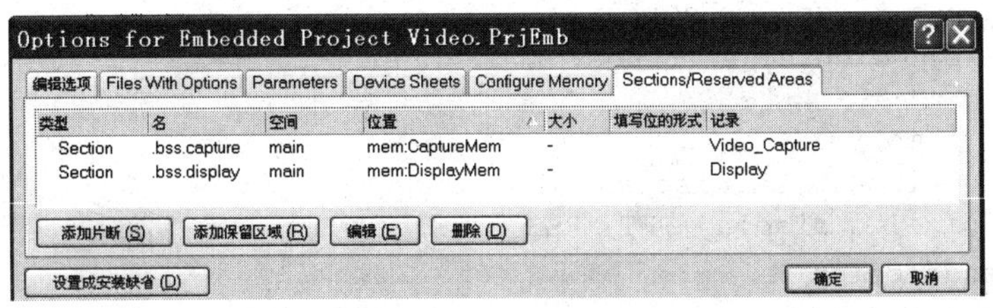

图 10.22　内存设置

2. 编写程序

在 Main.C 文件中编写完整的“视频捕捉”和“显示”源代码如下。

```
#define DSF_IMPLEMENT
#include <dsf_system.h>

bt656_context_t capture_settings;
vga_context_t display_settings;

//Resolution of raw video input, for PAL-B/G
#define PALWIDTH            720
#define PALHEIGHT           580 // 625
#define VIDEOWIDTH          450
#define VIDEOHEIGHT         450
#define VIDEO_BUFFER_SIZE  (VIDEOWIDTH * VIDEOHEIGHT * sizeof (pixel_t))
//Video: defines for centering
#define VIDEO_X0    (VIDEOWIDTH / 2)
#define VIDEO_XMIN  (VIDEO_X0 - VIDEOWIDTH)
#define VIDEO_XMAX (VIDEOWIDTH - VIDEO_X0)

#define VIDEO_Y0    (VIDEOHEIGHT / 2)
#define VIDEO_YMIN  (VIDEO_Y0 - VIDEOHEIGHT)
#define VIDEO_YMAX  (VIDEOHEIGHT - VIDEO_Y0)

//TFT type
typedef uint16_t pixel_t;

//Resolution of TFT
#define TFT_XRES   240
#define TFT_YRES   320

//TFT: defines for centering
#define TFT_X0      (TFT_XRES / 2)
#define TFT_XMIN    (TFT_X0 - TFT_XRES)
#define TFT_XMAX    (TFT_XRES - TFT_X0)

#define TFT_Y0  (TFT_YRES / 2)
#define TFT_YMIN    (TFT_Y0 - TFT_YRES)
#define TFT_YMAX    (TFT_YRES - TFT_Y0)

bt656_context_t capture_settings;
vga_context_t display_settings;

//Display memory
#pragma section .bss=.display
volatile pixel_t display[TFT_XRES * TFT_YRES];
#pragma endsection
//Capture memory
#pragma section .bss=.capture
volatile pixel_t capture[VIDEO_BUFFER_SIZE];
```

```
#pragma endsection

#define PI  3.141592654

#define LEDS        (* (unsigned char*) Base_WB_PRTIO_1)

void main (void)
{
   uint32_t line;
   uint32_t pixel;
   pixel_t* inpixel;
   pixel_t* outpixel;
   uint8_t count = 0;

   //Main Processor clock rate
   __clocks_per_sec = 50000000; //Assuming we run at 50 MHz

   //Initialize TFT display
   vga16_init (& display_settings, Base_VideoDisplay, (uintptr_t) display,
CLOCKS_PER_SEC, VGA16_TFT) ;

   /* I2C */
   i2c_init (Base_I2CM_W_1) ;

   //Initialize video capture
   bt656_init (& capture_settings, Base_VideoCapture, Base_I2CM_W_1, (void
*) capture, VIDEO_BUFFER_SIZE, BT656_RGB16, BT656_COMP1) ;
   bt656_set_linesize (&capture_settings, VIDEOWIDTH) ;
   bt656_set_scale (&capture_settings, 1, 1) ;
   bt656_set_framerate (&capture_settings, 1) ;
   bt656_set_crop ( &capture_settings, ( PALWIDTH - VIDEOWIDTH ) / 2,
(PALHEIGHT - VIDEOHEIGHT) / 2, (PALWIDTH - VIDEOWIDTH) / 2, (PALHEIGHT -
VIDEOHEIGHT) / 2) ;
   bt656_set_buffer(&capture_settings, (uint32_t *) capture, VIDEO_BUFFER_
SIZE) ;
   bt656_set_mode (&capture_settings, BT656_RUN) ;

   While (1)
   {
    outpixel = display;
    for (line = 0; line < TFT_YRES; line++)
    {
          for (pixel = 0; pixel < TFT_XRES; pixel++)
              {
              *outpixel = capture[(pixel + (VIDEOWIDTH-TFT_XRES)/2) + ((line
 + (VIDEOHEIGHT-TFT_YRES) /2) * VIDEOWIDTH) ];
              outpixel++;
              }
```

```
        }
        LEDS = count++;
    }
}
```

3. 与外设连接

实例中尽管使用了一些高级的外围设备，但由于在 Altium Designer FPGA 设计中使用了 DSF 避开了底层接口的处理，更专注开发高级控制程序，从而使这些外设使用起来非常简单。

图 10.23 嵌入式设计执行效果显示

Spinning Video.PrjFpg 和 VideoSpin.PrjEmb 工程设计在 NanoBoard 硬件平台上运行只能看到固定的图像，如图 10.23 所示。而快速缩放、旋转的视频图像开发工程中，将有示例进一步展示 Altium Designer 强大的功能，这里不做详述。

10.3 FPGA 设计在线调试

10.3.1 JTAG

1. JTAG 定义

JTAG 是“联合测试行为组”Joint Test Action Group 的缩写，它是一种国际标准测试协议，与 IEEE 11410.1 兼容，主要用于芯片内部测试及对系统进行仿真、调试。JTAG 技术是一种嵌入式调试技术，基本原理是在芯片内部封装了一个专门的“测试访问口”（Test Access Port�，TAP）电路，通过专用的 JTAG 测试工具对内部结点进行测试。现多数高级器件如 DSP、FPGA 等都支持 JTAG 协议。

JTAG IEEE 11410.1 标准是嵌有内部虚拟仪器的 FPGA 芯片与 Altium Designer 嵌入式处理器软核间的接口通信协议，NEXUS 5001 标准是所有基于该协议进行调试的器件与主机间的通信协议，这些器件支持下面所有虚拟仪器及处理器。当设计电路在目标芯片中执行时，支持 NEXUS 协议的所有器件自动通过 JTAG 软链在 FPGA 内部连接而不是与外部连接。

2. JTAG 功能

常用的 JTAG 大致分两类功能：一类用于测试芯片的电气特性，检测芯片是否有问题；另一类用于纠错（Debug）。一般支持 JTAG 的 CPU 内都包含了这两个模块。

一个包含有 JTAG Debug 接口模块的 CPU，只要时钟正常，就可以通过 JTAG 接口访问 CPU 的内部寄存器和挂在 CPU 总线上的设备，如 FLASH、RAM、SOC（如：4510B、44Box、AT91M 系列）内置模块的寄存器，以及 UART、Timers、GPIO 等寄存器。

如果使用 JTAG 接口，相关的寄存器可能还处在上电值，甚至是错误值，RAM 不能正常工作，所以下载必然会失败。若要正常使用，先要设置 RAM。例如下载程序到外接的 RAM，需参照片上系统（System On Chip，SOC）数据表（SOC Data Sheet）的寄存器说明，设置 RAM 的基地址、总线宽度、访问速度等。有的 SOC 还需要重新映射（Remap）才能正常工作。运行“固化程序”（Firmware）时，这些设置由 Firmware 的初始化程序完成。在 ADW 中，可以在主控窗口（Console）通过 Let 命令设置；在 AXD 中，可以在 Console 窗口通过 Set 命令设置。

JTAG 测试允许多个器件通过 JTAG 接口串联在一起，形成一个 JTAG 链，能实现对各个器件分别测试。

JTAG 接口还常用于实现“在线编程”（In-System Programmable�，ISP），即先将器件固定到电路板上，再用 JTAG 编程，由此改变传统生产流程中先对芯片预编程，再装到板上的调试方法，从而避免调试中器件不断插拔带来的不便。JTAG 接口可对 FLASH 及“可编程的系统器件”（Programmable System Device，PSD）内部的所有部件进行编程。

但要发挥 JTAG 接口的功能，还需要软件的配合。具体实现的功能则由具体的软件决定。

3. JTAG 接口

目前大多数比较复杂的器件都支持 JTAG 协议，如：ARM、DSP、FPGA 器件等。标准的 JTAG 接口是 4 线，分别为：“测试模式选择”（TMS）、“测试时钟”（TCK）、“测试数据输入”（TDI）和“测试数据输出”（TDO）。

目前常用的 JTAG 接口的连接有两种标准，即 14 针接口和 20 针接口，其定义如下：

14 针 JTAG 接口定义引脚名称描述，见表 10.1；20 针 JTAG 接口定义引脚名称描述，见表 10.2。

表 10.1　14 针 JTAG 接口定义

引脚号（Pin）	功 能 说 明
1、13	接电源 VCC
2、4、6、8、10、14	接地 GND
3	测试系统复位信号 nTRST
5	测试数据串行输入 TDI
7	测试模式选择 TMS
9	测试时钟 TCK
11	测试数据串行输出 TDO
12	未连接 NC

表10.2 20针JTAG接口定义

引脚号（Pin）	功 能 说 明
1	接目标板参考电压 VT_{REF}
2	接电源VCC
3	测试系统复位信号nTRST
4、6、8、10、12、14、16、18、20	接地GND
5	测试数据串行输入TDI
7	测试模式选择TMS
9	测试时钟TCK
11	测试时钟返回信号RTCK
13	测试数据串行输出TDO
15	目标系统复位信号nRESET
17、19	未连接NC

10.3.2 与NanoBoard交互

虽然Altium Designer的嵌入式设备NanoBoard不断研发出新的升级版，但基本功能有相同之处。本节以NanoBoard2为例说明软硬件交互运用在开发过程中的方法。NanoBoard2具有一系列的外围设备及强大的扩展功能，可适应多种嵌入式应用设计。对于开发者而言掌握设备的全局资源固然重要，但并非必需。这里介绍一些主要的、常用到的部件和它们的工作方式。

1. 嵌入式智能设计硬件平台

NanoBoard2（或NB2）是实现嵌入式智能设计的硬件平台，支持可重构的硬件验证。该验证平台结合 Altium Designer 组成了可进行实时设计的 Live Design“创新平台”（Innovation Station），在此设计者可进行 FPGA 以及嵌入式软件的设计、调试及验证。NanoBoard2通过可插拔的FPGA子板支持独立于各FPGA厂商的设计，设计成果可选择下载到不同的芯片中；NanoBoard2周围的可插拔的外设板可以按照设计者的需要进行配置，实现可重构的硬件验证平台的功能。

2. NanoBoard2通信通道

NanoBoard2有3个主要的通信通道。由“硬件视图”（Devices View）可对整个通信流程有所了解。

1）NanoTalk链

NanoTalk是Altium公司独立开发的通信协议，通过NanoBoard2开发板上的10pin JTAG通信接口实现多个设备之间的通信。

2）JTAG硬链

JTAG 硬链是能够将多个物理设备连接起来的一系列的通信通道，通过将上位机的

TDO 接口与下位机的 TDI 接口相连，就可以将整个系统设备连接起来。

JTAG 硬链可以通过 User Board A 和 User Board B 的连接器从 NanoBoard2 延伸出来，但用户板的 TDI、TDO 链必须与 NanoBoard2 的 JTAG 链相连形成完整的通信通道。

3）JTAG 软链

JTAG 软链是一个分立的 JTAG 通道，它实现 FPGA 设计中所集成的嵌入式设备的通信。此链接并没有与物理设备直接连在一起，而是与 FPGA 设备中的软件或者可下载的工具连接到一起，故称为软链。

3. NanoBoard 控制器

（1）时钟设定。通过双击如图 5.10 所示“硬件视图”中的 NanoBoard2 图标，打开 NanoBoard2 控制面板，如图 10.24 所示。

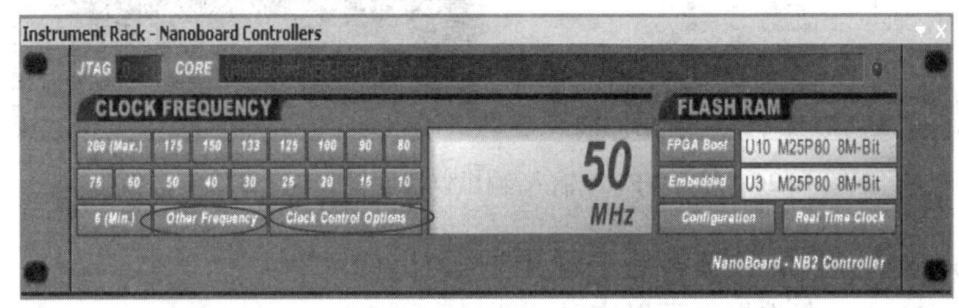

图 10.24　NanoBoard 控制器工具面板

面板中显示的是提供给 NanoBoard2 的 CLK_BRD 引脚的时钟频率。NanoBoard2 时钟系统使用了一个连续可编程的时钟源（ICS307-02），能够生成 6Hz～200MHz 的时钟频率。通过单击 Other Frequency 按钮，可选择一个非标准的时钟频率。通过 Clock Control Options 按钮可对 IC 时钟控制寄存器进行高级访问。

（2）使用探头观察运行。如果在设计中 DIP 开关相连的总线上放置一个探针（见图 8.3），当 NanoBoard2 上的 DIP 开关发生变化的时候，可观察到探针值的变化。

4. 在线查看 FPGA IO

在 JTAG 硬件链中双击设备图标可以打开对应的仪器面板，如图 10.25 所示。

图 10.25　硬件设备仪器面板

单击图中 JTAG Viewer Panel 按钮可弹出 JTAG 查看面板，如图 10.26 所示。在此设计者能够通过设备的引脚实时查看信号的流向，在检查 PCB 上外部电路电平信号是否正确地输入或输出到 FPGA 芯片中时，此功能非常有用。

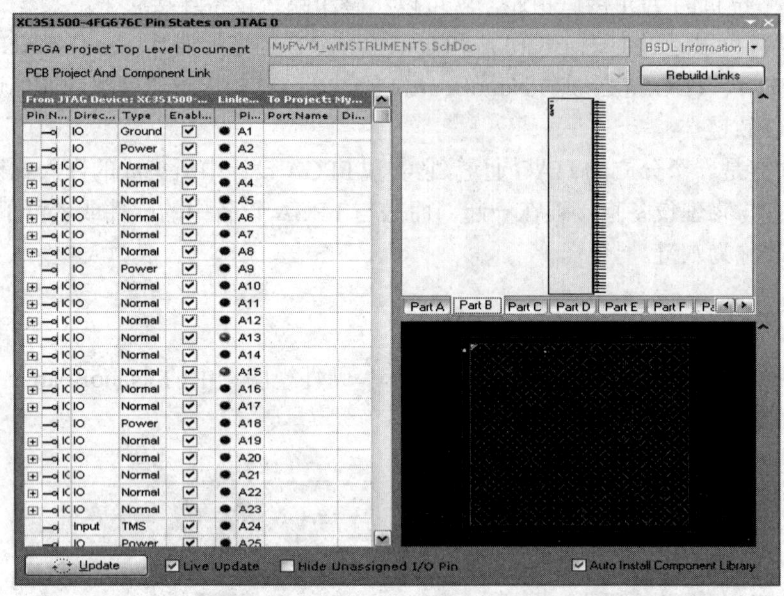

图 10.26　显示 FPGA 输入/输出仪器面板和 JTAG 查看面板

单击 Update 图标，仪器会锁定显示信号的信息。

勾选 Live Update 复选框，可以实时更新显示。

勾选 Hide Unassigned IO Pin 复选框，可以隐藏没有定义的引脚。

通过右上角 BSDL Information 的子菜单项，可以访问 Altium Designer 未知的设备。此时需具有设备生产商所提供的 BSDL 文件支持。

在 JTAG 硬件链上的所有设备（包括使用者开发板上与 JTAG 硬件链所连接的设备），FPGA 的输入/输出仪器面板都是可用的。

10.3.3　总线连接

通常许多工程师和设计者都已经拥有第三方 FPGA 开发板或是客户自己定制的开发板，Altium Designer 对这些开发板提供三种接口连接方式，支持第三方开发板在计算机上运行软件。

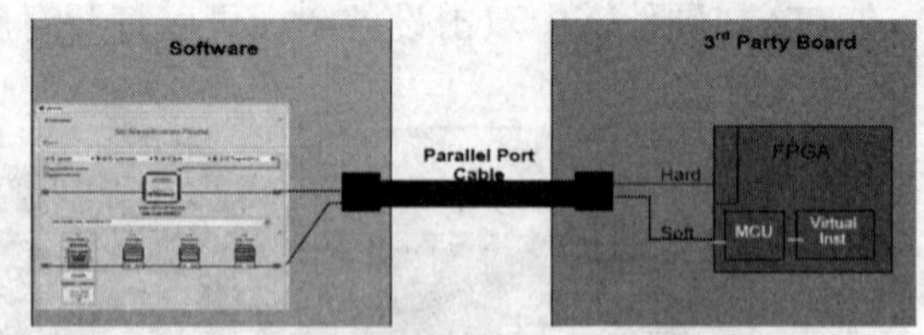

图 10.27　并行端口直接连接方式

1. 直接连接

直接使用并口线连接开发板和 PC 运行软件，如图 10.27 所示。

2. 使用适配器

使用 JTAG 适配器连接第三方板卡，如图 10.28 所示。其中并口插座 A 与计算机并口连接，10pin JTAG 插头 B 连接第三方的 PCB 板卡上。

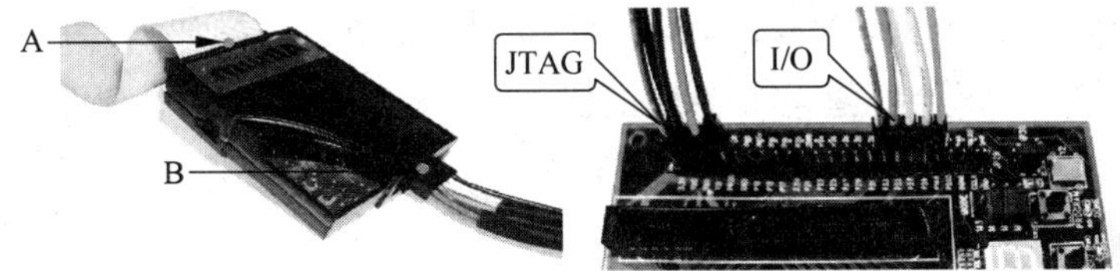

图 10.28　JTAG 适配器连接方式

插头 B 的接口说明如下：

通过查阅第三方 PCB 板技术文档，将标号为 GND、HARD_TDI、HARD_TDO、HARD_TCK 和 HARD_TMS 这五个 JTAG 引脚连接到目标板的 JTAG 接口上；标号为 SOFT_TDI、SOFT_TDO、SOFT_TCK 和 SOFT_TMS 四根线连接到 FPGA 目标板上边的 IO 端口；标号为 CONNECT 的线可以悬空不连接。

3. 利用接口板

利用 NanoBoard2 上一个板级连接口间接连接第三方的开发板在计算机上运行软件，如图 10.29 所示。

注意：从并口直接发送 JTAG 信号的电压为 5V，如果物理器件供电电压是 2.5V，此时需另外配置电源。

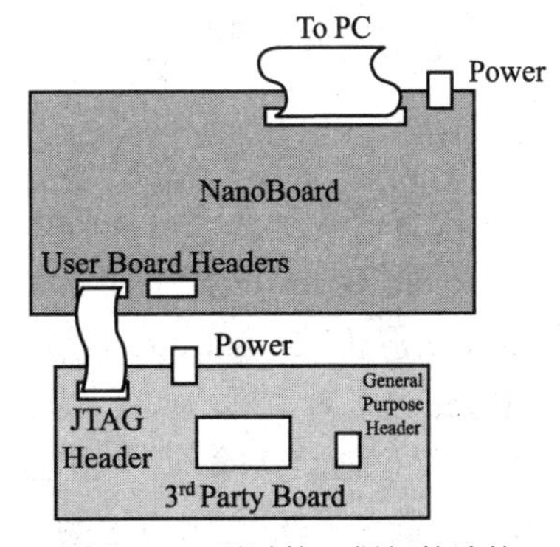

图 10.29　通过接口板间接连接

10.3.4　虚拟仪器

虚拟仪器是集成到 FPGA 设计中的嵌入式工具，用于配合开发板资源深入观察 FPGA 芯片内部的执行状况，但不能直接由软件执行操作，使用这些工具能够使片上调试更为便利。

内置的虚拟仪器安装在“...\Altium Designer\Library\Fpga\FPGA Instruments.IntLib”集成库中，其中包括“数字 IO”（DIGITAL_IO）、“时钟发生器”（CLKGEN）、“逻辑分析仪”（LAX）、“拨动开关”（CROSSPOINT_SWITCH）、“定制仪器”（CUSTOM_INSTRUMENT）、“频率计”（FRQCNT2）及“接口表盘”（TERMINAL），如图 10.30 所示。

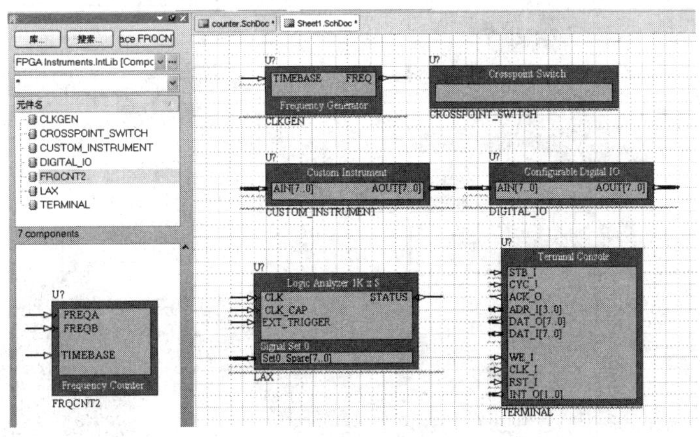

图 10.30　虚拟仪器组件

通过这些虚拟仪器可直接观察电路的执行过程和结果，使硬件工具有了软件可见性，并且能使开发者很快地找到一些容易忽略的错误。所有这些虚拟仪器都认可 IEEE 11410.1（JTAG）接口标准和 NEXUS5001 通信协议并通过 JTAG 软链连接。

使用这些虚拟仪器时将其视作“器件”调出放置在原理图中，适当设置并连线。当所设计的电路编译下载到 FPGA 目标芯片中执行时，支持 Nexus 协议的器件自动会通过 JTAG 在 FPGA 内部连接，使用 JTAG 可进行 FPGA 引脚的监控。下面逐一介绍 Altium Designer 的虚拟仪器设置方式。

1. CLKGEN

“时钟/频率发生器”（Frequency Generator）输出占空比 50%以及设定频率的方波。

2. DIGITAL_IO

“可配置的数字 IO”（Configurable Digital IO）用于监测输入、输出数字端口信号状态，可以支持 8 位或 16 位信号的输入、输出。右击 DIGITAL_IO 选项，在弹出的快捷菜单中选择“配置…”（Configure …（DIGITAL_IO））命令，打开“数字 IO 配置”（Digital IO Configuration）对话框，如图 10.31 所示。

面板中仪器默认输入、输出信号为 8 位总线，其“显示类型”（Style）分别有“指示灯”（LEDs）、“数字”（Numeric）、“数码管”（LED Digitals）、“进度条”（Bar）以及“滑键”（Slider）几种方式。“颜色”（Colour）可设置为“红”（Red）、“绿”（Green）、“橙”（Orange）、“黑”（Black）及“混合”（Mixed）色。“根”（Root）可选择为“二、八、十、十六进制”。如不需某信号，可单击“删除”按钮，将其删除。

3. FRQCNT2

“频率计”（Frequency Counter）可用于查看在“时基”（TIMEBASE）频率作用下两路频率（FREQA、FREQB）的变化情况。本例将电路板上的时钟信号“CLK_REF”作为“时基”（TIMEBASE），分频模块的输出 CLK_C 接入 FREQA，数控频率 CP 接入 FREQB。“频率计”（FRQCNT2）连接如图 10.32 所示，其中图表符的底层分频电路如图 8.23 所示。

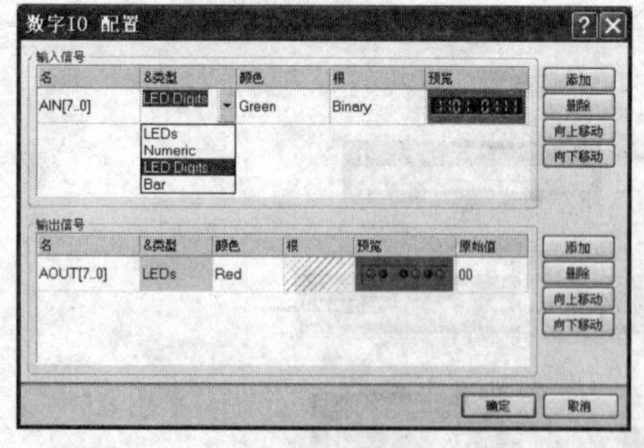

图 10.31　选择输入、输出显示方式

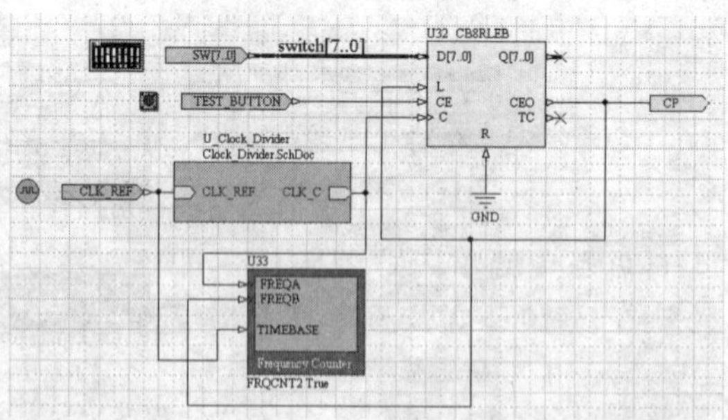

图 10.32　频率计连接

4. LAX

“可配置逻辑分析仪”（Configurable Logic Analyzer）模块是一个多功能的配置工具，

能够用于监测和激励电路中多个结点的多种状态，并用数字方式或者波形方式显示结果。右击 LAX 选项，在弹出的快捷菜单中选择“配置”（Configure ...），可以对“捕捉宽度”（Capture Width）、“存储大小”（Memory Size）和“信号设置”（Signal Sets）进行选择，如图 10.33 所示。

通过“添加设置信号”（Add Signal Set）、“设置宽度”及“类型”等操作，用户可以同时捕捉 8 位、16 位、32 位或者 64 位信号，捕捉状态根据捕捉内存的大小定义。当使用 FPGA 内部内存器资源时，内存的大小有 1KB、2KB、4KB 不等。逻辑分析仪也可以使用外存储器，这需要与 FPGA 内存或者 NanoBoard 内存连接。可配置的逻辑分析仪允许捕获宽度自动调整，适合所有信号需要的设置。配置示例见图 10.34。

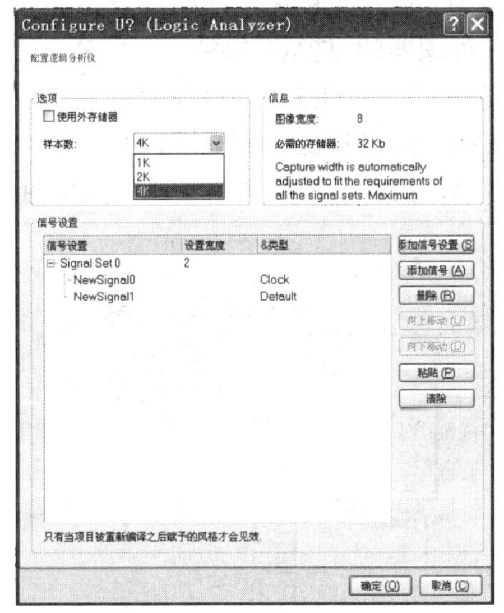

图 10.33　LAX 配置面板

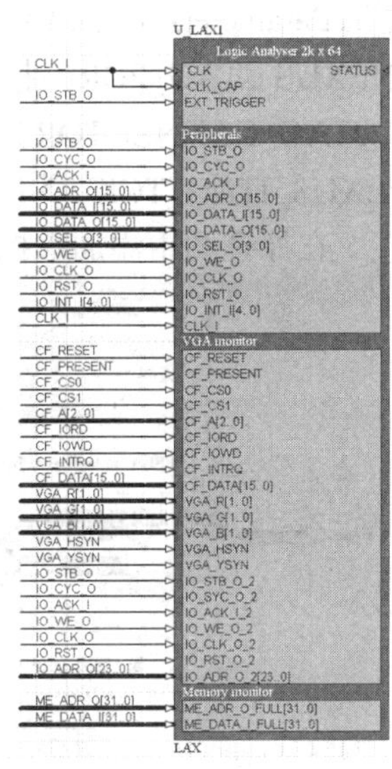

图 10.34　LAX 配置示例

5. CUSTOM_INSTRUMENT

“定制仪器”（CUSTOM_INSTRUMENT）可在“布局”选项卡中选择左下方图例，并摆放在右边区域，可根据用户喜好和需求自行设计仪表盘风格，如图 10.35 所示。

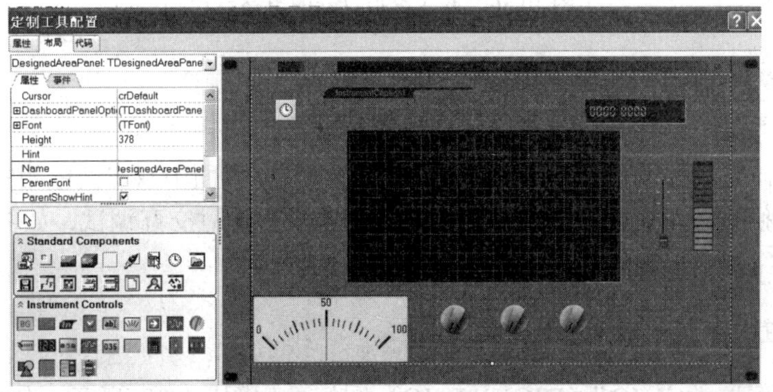

图 10.35　用户自己设计的仪表盘外观

6. CROSSPOINT_SWITCH

“拨动开关”（CROSSPOINT_SWITCH）面板，可对连接点进行设置。

7. TERMINAL

TERMINAL 是“接线盘”（Terminal Console）工具。

8. 设置虚拟仪器

将虚拟仪器在设计中正确连接后，双击各虚拟仪器的图符，打开“元件属性”对话框，将“参数”（Parameters for ...）中的 NEXUS_JTAG_DEVICE 区域设置为 True，则该仪器方能通过 NEXUS_JTAG_PORT 接口连接到嵌入处理器的 JTAG 软链中，并通过“连接器”（NEXUS_JTAG_CONNECTOR）使 JTAG 软链信号 NEXUS_JTAG_TDI、NEXUS_JTAG_TDO、NEXUS_JTAG_TCK、NEXUS_JTAG_TMS 与开发板的 4 个引脚 TDI、TDO、TCK、TMS 连接。在原理图中添加虚拟仪器，添加 JTAG 接口及连接器的设计示例见图 10.36。

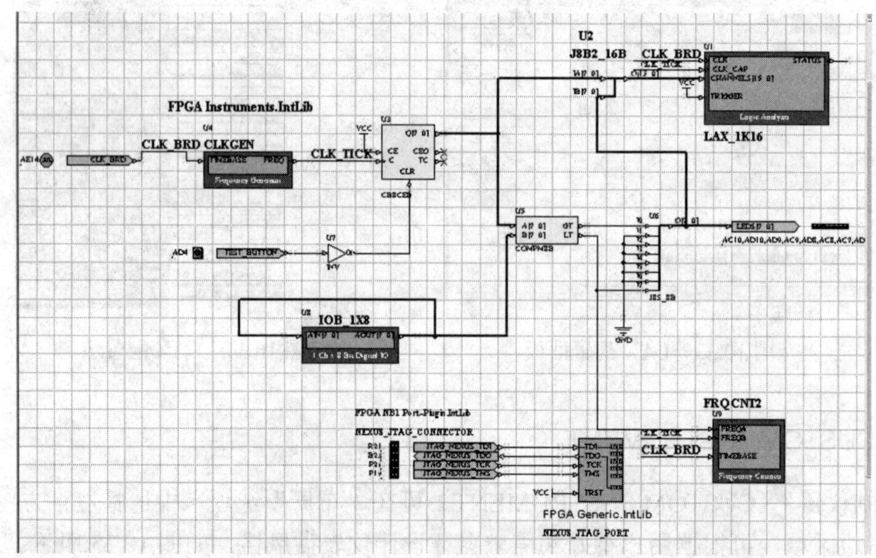

图 10.36 嵌入虚拟仪器的电路设计

10.3.5 片上调试

当系统设计完成并编程下载之后，在 Devices View 界面中双击其中相关的设备图标，可以对每个单独的嵌入式虚拟设备进行访问，实现设计实时交互调试，如图 10.37 所示。下面简单地介绍图中出现的嵌入式虚拟仪器的工作方式。

1. 可配置数字 IO

双击“可配置数字 IO”（DIGITAL_IO）图标，如图 10.38 所示。仪器面板“输入”

（INPUTS）栏的每个 LED 表示一个输入位，且 8 位或 16 位的组表示一个“十六进制”（HEX）值。单击“输出”显示相应的位，可各自独立地设置或清零。若在输入数值域内输入一个新的 HEX 值，可修改整个“字节”（Byte）或“位”。单击>>按钮可将当前的输入值传送到输出。单击下部的 Synchronize 按钮可实现输入、输出同步。

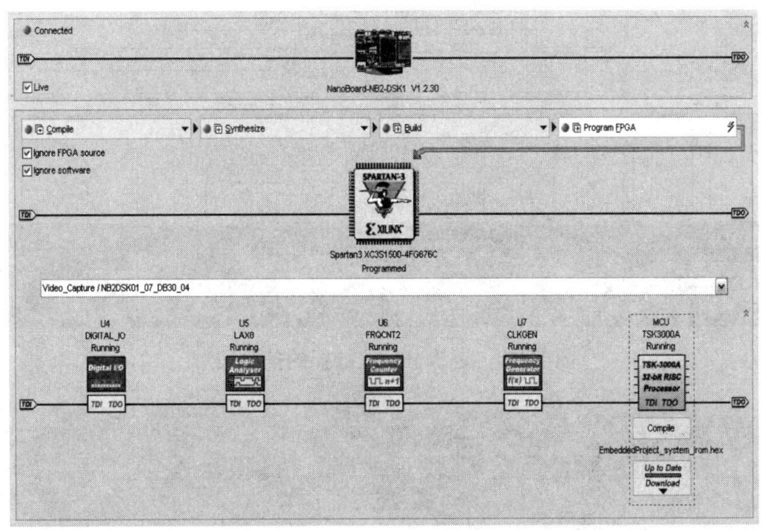

图 10.37　系统调试连接界面

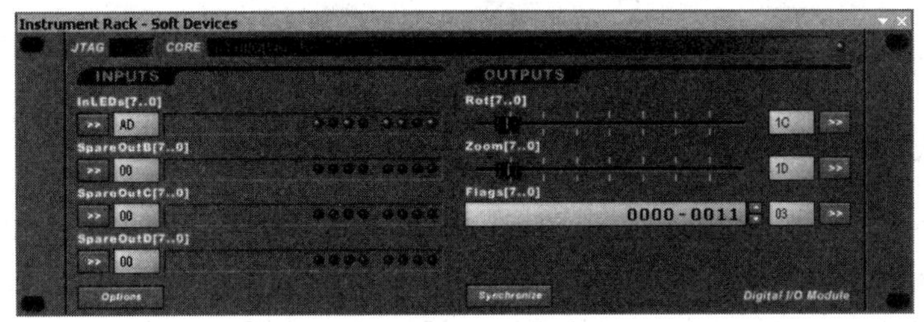

图 10.38　配置输入数值的面板

2. 逻辑分析仪

双击“逻辑分析仪”（LAX8）图标，如图 10.39 所示。其捕捉结果以两种模式在仪表面板中显示，一种是“数字信号”（Digital Waves）模式，另一种是“模拟信号”（Analog Waves）模式，模拟信号模式下逻辑分析仪将信号的数值以电压形式显示出来。电压的范围从 0V 到允许的最大计数电压，测量的默认值为 3.3V。

通过键盘上的 Page Up 和 Page Down 键可以对信号波形进行放大和缩小。

单击逻辑分析仪运行界面工具栏中的图标，打开或关闭“持续捕捉”（Start Continuous Capture），可在“连续显示”模式和“孤立显示”模式之间切换。

3. 频率计数器

双击“频率计数器”（FRQCNT2）图标，仪器面板见图 10.40。FRQCNT2 具有双重输入的计数器，它分别用频率模式、周期模式、脉冲模式显示被测信号的特征。

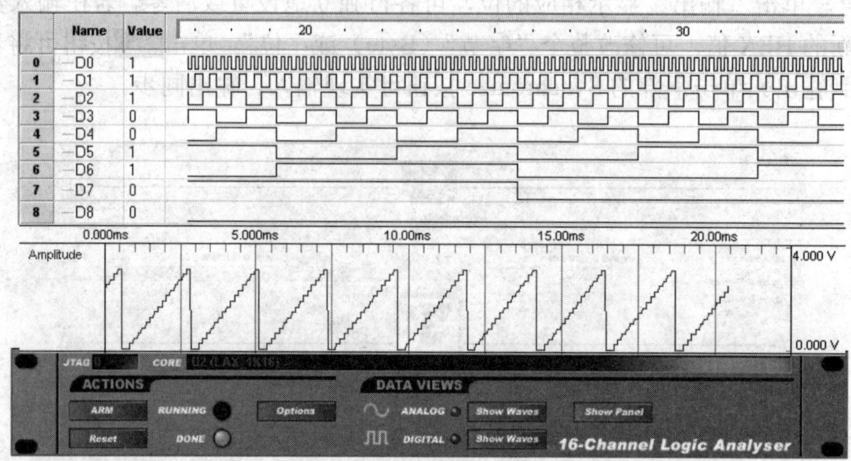

图 10.39　逻辑分析仪捕捉的信号波形

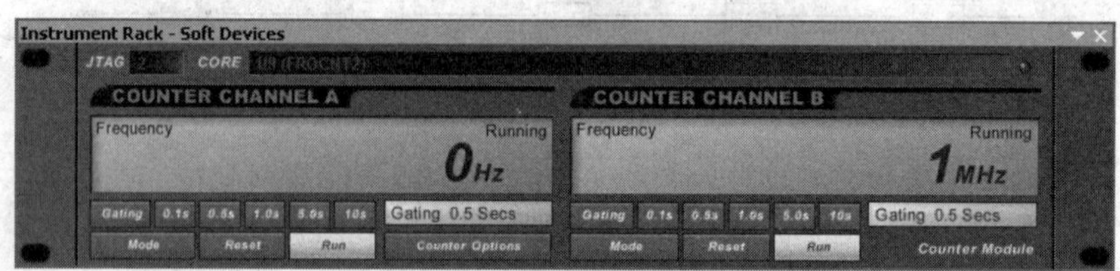

图 10.40　频率计数器的使用

4. 时钟发生器

双击“时钟发生器”（CLKGEN）图标，显示仪器面板见图 10.41。单击相应的按钮可以选择预设的频率；单击 Other Frequency 按钮，可以输入自定义的频率。若时钟发生器没有输出，则显示器就会显示 ERROR 的字样；根据出现的提示，单击 Run 按钮打开频率发生器，产生一个输出频率。

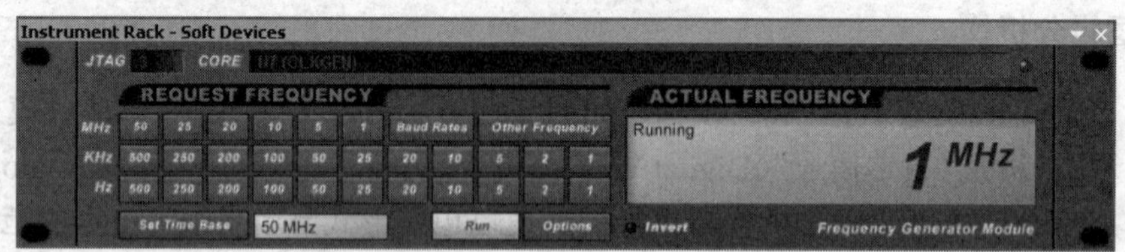

图 10.41　时钟发生器的调试面板

5. 效果概要

选择窗口下方“链接内核元件”（Nexus Core Components）选项，打开“效果概要”（Result Summary）对话框，可进一步查看运行状况，如图 10.42 所示。

所有设置均满意后，选择“编译”→“下载”（Download）命令。

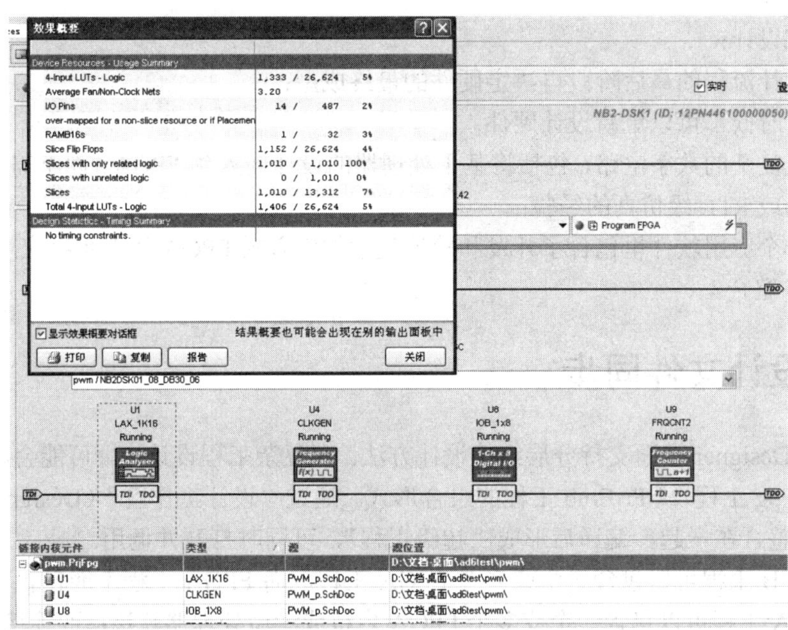

图 10.42　效果概要

10.3.6　LiveDesign

LiveDesign 是一种基于在可编程的物理硬件空间里进行的集成化电子系统设计方法。从设计流程的开始阶段，就容许在实际的硬件上实时地运行实际的软件。通常的电子系统设计流程中，需在设计初期就完成硬件的设计，将制作的硬件平台提供给软件开发和测试使用。LiveDesign 能够在一个可再配置的硬件平台上开发系统，在“概念”和“实际”电路中反复转换，从“固定的”硬件中解放出来。一旦电路实现之后，可对其进行交互式的检测、分析和调试。由于设计是在一个 FPGA 器件上实现的，在仿真环境下可以快速多次重复更新设计。

Altium 以 NanoBoard 开发板为基础提供了一个可再配置的平台，用可更换器件的子板方式，支持多种目标器件，实现一个多功能的开发平台。

Altium 的设计系统内有可以直接使用的基于 FPGA 的元件，如处理器内核和外围设备、通用逻辑模块、基于 FPGA 的虚拟仪器，这一切所构成的数字系统都支持 LiveDesign。当设计结果下载到开发板上或指定的 LiveDesign-enabled 硬件上时，系统通过串行的 JTAG 链接和设计中的处理器内核和虚拟仪器进行通信，针对支持处理器的软件开发工具链集成到硬件开发环境。这对系统硬件和软件设计提供了一个交互式的、可灵活配置的开发环境。

LiveDesign 的优势：

- 基于全面集成的设计、实现、测试环境，从而减少开发成本，缩短产品上市时间；
- 在整个开发过程中“实时地”与设计交流；
- 同一时间并行地设计硬件和软件；
- 使用基于 FPGA 上的虚拟仪器，进行如同在实际原型上才可以做到的检测、分析和调试设计；

- 在设计流程的最后阶段再决定硬件的最终成型；
- 任何时候都可以更新设计硬件；
- 集成复杂的数字电路，包括将基于处理器的设计嵌入到 FPGA，而不需要拥有 HDL 编码或 RTL 级仿真的经验；
- 在一个应用软件里包含了开发和验证复杂的嵌入式 FPGA 片上系统应用，并与目标 PCB 整合。

10.4　设计文件同步

Altium Designer 全面支持分层级的设计方法。在复杂工程设计中，可能会用到*.PrjPcb 工程、*.PrjFpg 工程及*.PrjEmb 工程的组合形式。通过“设计工作区”（Design Workspace）将多个工程整合在一起，编译后形成“超级工程”，可同时打开并调用。

一个 PCB 工程可以包含一个或多个 FPGA 工程，而 FPGA 工程不能包含 PCB 工程；但一个 FPGA 工程可以包含一个或多个 FPGA 内核或者微处理器软核；而连接的嵌入式工程则包含了在每个软核上执行的软件，如图 10.43 所示。

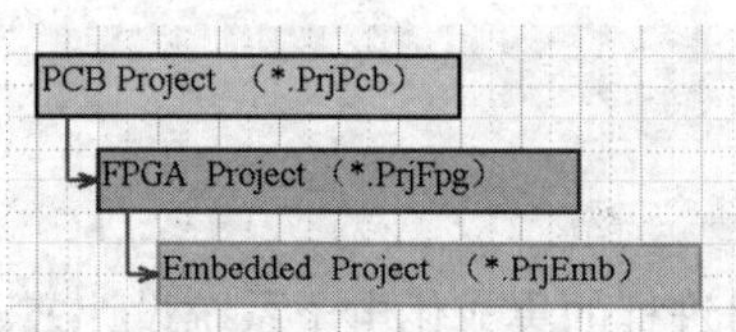

图 10.43　包含多个工程的设计结构

如果一个设计已经在 NanoBoard 上成功运行，那么从基于 FPGA 的工程到基于 PCB 的工程的移植可以使用“FPGA 到 PCB 工程向导”（FPGA to PCB Project Wizard）实现。这种方法自动链接两个工程并使二者功能同步，工程同步保证了设计的改变在 PCB 文件和 FPGA 工程之间以一种可控的方式进行。

10.4.1　从 FPGA 到 PCB 设计

本例将以 Video.PrjFpg FPGA 工程与 Video.PrjPcb PCB 工程同步为例说明使用向导同步的方法。

首先确认 FPAG 工程包含有*.Constraint 约束文件，打开 FPGA 工程中的一张原理图文件（Video_FPGA.SchDoc），选择“工具”→“FPGA 到 PCB 工程向导”（FPGA To PCB Project Wizard）命令。

依向导步骤进行如下。

（1）“选择 FPGA 配置”（Select the FPGA Configuration）：选择“使用现有配置”（Use Existing Configuration）单选按钮，在配置栏中选择约束文件 NB2DSK01_08_DB30_06_Board Mappin，不勾选“配置不受约束端口”（Assign Unconstrained Ports）复选框，如图 10.44 所示。

（2）“配置 PCB 工程”（Configure the PCB Project）：指定 PCB 工程文件名为 Video.PrjPcb，如图 10.45 所示。

（3）“配置主图纸”（Configure the Main Sheet）：令“主文件名”（Main Sheet File Name）为 Main.SchDoc，此文档将置于 PCB 工程的底层，包含 FPGA 设计文件及诸多端口，适当

设置其他选项，如图 10.46 所示。

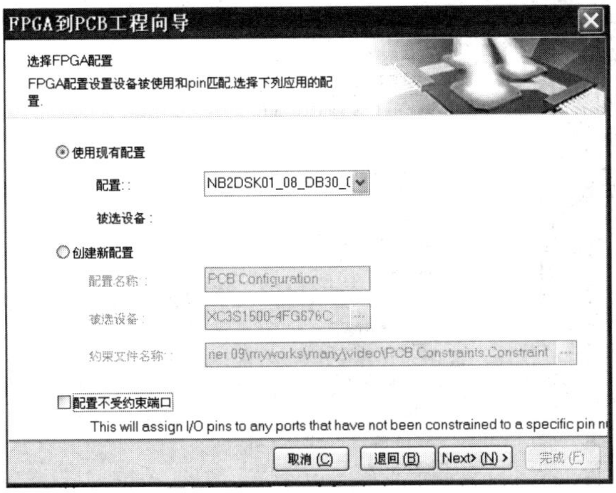

FPGA到PCB工程向导
选择FPGA配置
FPGA配置设置设备被使用和pin匹配,选择下列应用的配置.
使用现有配置
配置::　NB2DSK01_08_DB30_(
被选设备：
创建新配置
配置名称：　PCB Configuration
被选设备：　XC3S1500-4FG676C
约束文件名称：　ner 09\myworks\many\video\PCB Constraints.Constraint
配置不受约束端口
This will assign I/O pins to any ports that have not been constrained to a specific pin n
取消 (C)　退回 (B)　Next> (N) >　完成 (F)

图 10.44　选择 FPGA 配置

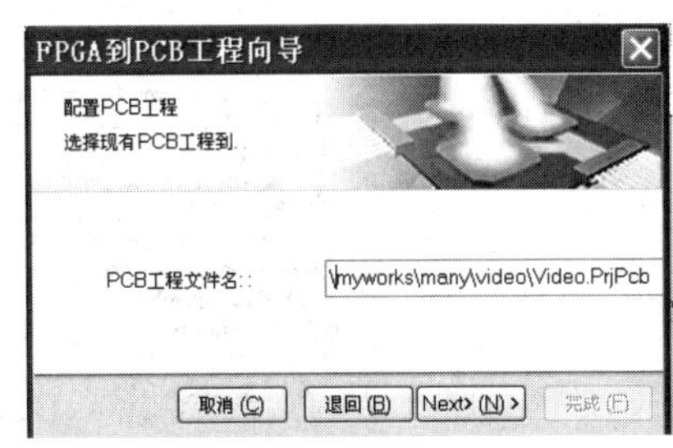

图 10.45　配置 PCB 工程

（4）“创建 Sheet 符号”（Create Sheet Symbol）：勾选“创建 Sheet 符号”复选框并命名为 Top.SchDoc，此文档将作为顶层图纸，如图 10.47 所示。最后单击“完成”按钮，并按提示依次保存在相同路径中。

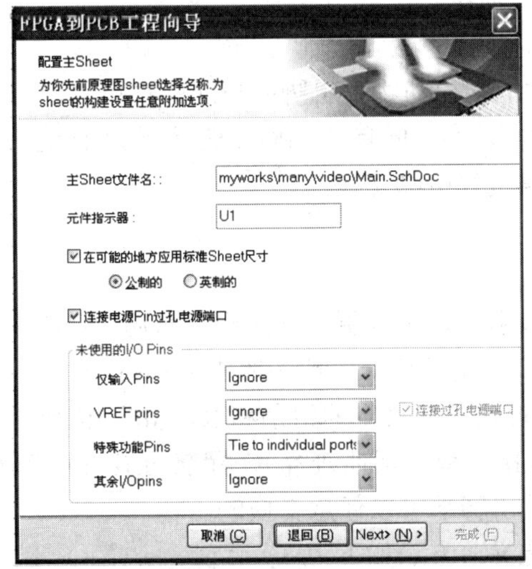

图 10.46　底层图纸选择

图 10.47　创建图纸符号

此时在 Project 面板中出现一个 Video.PrjPcb 工程并包含两个原理图文档，可以根据需要进行修改、保存。但这时还不能直接看到 FPGA 工程与 PCB 工程的链接，需对 PCB 工程进行编译后，编译器会自动改变工程结构显示，如图 10.48 所示。最后保存工程。

通过 FPGA to PCB Project Wizard 向导，在 PCB 工程中分别创建了两个文档：

- Main.SchDoc 文档包含了 FPGA 设计及端口标志，并把相应的引脚链接到端口上；
- Top.SchDoc 文档包含了一个原理图图表符，其图纸入口对应着底层 Main.SchDoc 文档中定义的所有端口的信息。

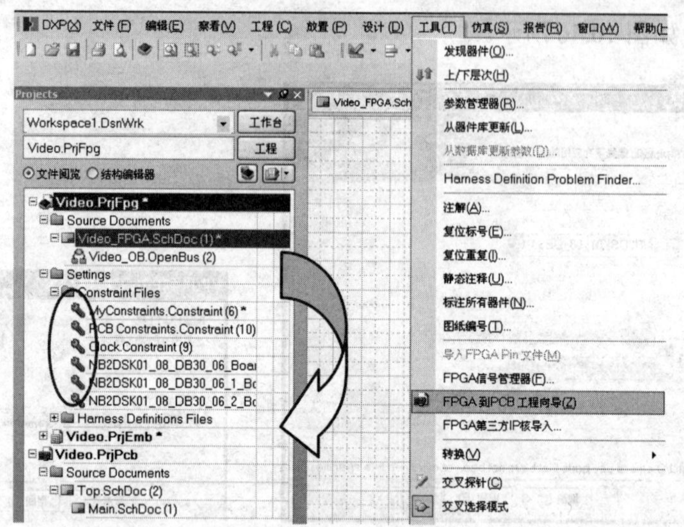

图 10.48 FPGA 到 PCB 更新

链接两个文档的端口是逻辑意义上的端口而不是物理意义上的端口，这种抽象使得在 Main.SchDoc 文档上执行引脚交换不会影响到 Top.SchDoc 文档的连接关系。

10.4.2 引脚交换同步

在约束文件中既可以手工定义 FPGA 器件的端口与物理引脚的分配，也可以由布局布线工具进行分配，然后将这些分配导入到约束文件中。但有时 FPGA 放置在 PCB 上，通常需要改变引脚分配来优化 PCB 的走线，这就需进行引脚交换。

1. 组交换

理论上所有 FPGA 的 IO 引脚都可以进行交换，以获得更合理的走线布局，但有些引脚附加了特殊功能（如：时钟引脚、配置引脚、V_{REF} 引脚等），一般按照它们的特殊功能使用。另外，一些设置的限制条件会使引脚交换过程遵循先前设定的组别和 IO 标准。因此，在进行引脚交换之前，首先需要设置特定交换组的 ID（或者其他兼容 IO 标准的组别），在相同 ID 组别中的引脚才能相互交换，而不是所有的引脚都可以任意交换的。

组交换可以在电路原理图或者 PCB 级别定义，方法如下。

1）在原理图中设置引脚交换组

执行“工具”→“配置引脚交换”（Configure Pin Swapping）命令，弹出“组件配置交换信息”（Configure Swapping Information In Components）对话框，列出设计中所有的元器件及引脚数，如图 10.49 所示。

单击左下方“配置组件”（Configure Component）按钮，或在列表中双击元件进入 Configure Pin Swapping For …对话框选择交换组元件，如图 10.50 所示。

将器件上每一个 IO 引脚分配到适当的交换组中，所有具有相同 ID 的交换组引脚可以互相交换。也可以手工在“交换组”（Swap Group ID）区域直接编辑组标签，右击器件，根据引脚属性分配交换组。

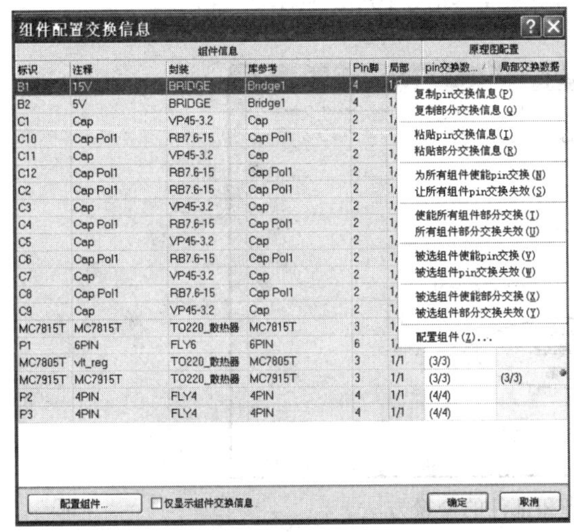

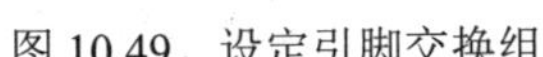
图 10.49　设定引脚交换组

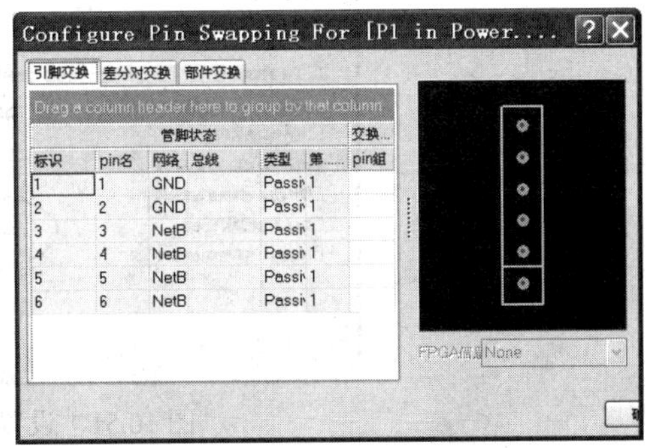

图 10.50　引脚交换设置

2）在 PCB 中设置交换组

在 PCB 窗口选择“工具”→“引脚/部件交换”（Pin/Part Swapping）→“配置”命令，打开“组件配置交换信息”对话框，选择交换组的方法同上。

2. 引脚交换

对于一个指定的设计有时需要分配各引脚的编号，或由于更换 FPGA 器件使得引脚连接关系不再适合，这类情况下常需要进行引脚交换。

1）引脚交换操作

（1）需从新的引脚拷贝重要的属性，如引脚的电气类型或其他属性。

（2）需在该引脚上添加、重命名或者移除网络标签，并在 FPGA 器件原理图采用 FPGA To PCB Project Wizard 或类似的操作自动生成的情况下有效。

2）在原理图级实现引脚交换的方法

选择“工程”→“工程参数”命令，打开 Options For PCB 面板，打开 Option 选项卡进行设置，如图 10.51 所示。勾选“添加/删除网络标号”（Adding/Removing Net-Labels）复选框，可通过移动被交换引脚上的网络标号来反映在引脚交换过程中所做出的改变，而电路图符号则可以不用更改。勾选“改变原理图引脚”（Changing Schematic Pins），允许根据 PCB 层级上引脚交换的情况来移动电路图符号上的引脚。

如果同时勾选两项，Altium Designer 默认为交换网络标签，如果该网络上没有网络标签，则将交换电路图符号上的引脚。在这两种方法中，电路原理图中实际电路连接关系不会改变，改变的只是它的连通性。

3. 元件的引脚/部件交换

Altium Designer 只会将有引脚交换特定允许使能标记的器件进行引脚交换，因此定义了交换组之后，还需在 PCB 模式下选中每一个需要交换引脚的元件，双击打开其元器件属性面板，然后在“交换选项”（Swapping Options）中勾选“使能引脚交换”（Enable Pin Swaps）复选框方能在自动布线过程中实现必要的引脚交换，如图 10.52 所示。

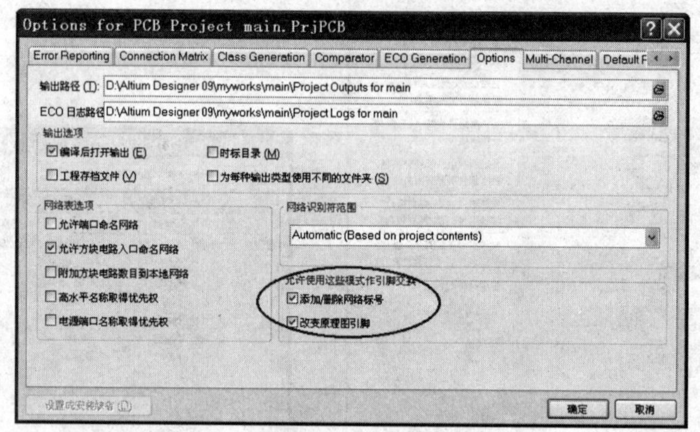

图 10.51　设置引脚和部件的交换方法

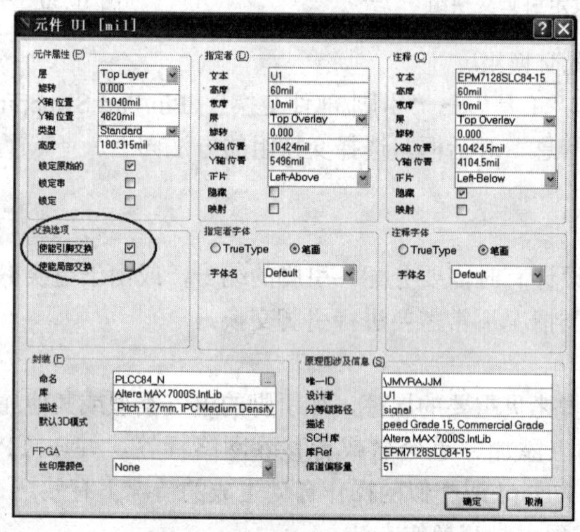

图 10.52　允许元件的引脚交换

4. 交换操作

定义了交换组 ID 和勾选了“使能引脚交换”复选框后，就可以进行实际的引脚交换了。在当前的 PCB 文件中，选择“工具”→“引脚/部件交换”命令，然后选择一种方法进行引脚交换。

“自动网络/引脚优化器”（Automatic Net/Pin Optimizer）功能不仅限于 FPGA 器件，还可用于文件中所有的元件上。引脚交换器遵循先前设定的引脚交换组 ID 设置，尝试寻找最有利于布线的引脚分配。这个过程分为两步：第一步是快速单程优化，尽量减少交叉线数目和连接线长度；第二步是迭代优化过程，进行多路径优化，这一步是可选的。随着器件的数目和复杂性增加，优化过程的时间也会急剧增加。

从图 10.53 和图 10.54 这两个 PCB 截图可以看出，自动引脚交换工具可以很大程度地优化布线。

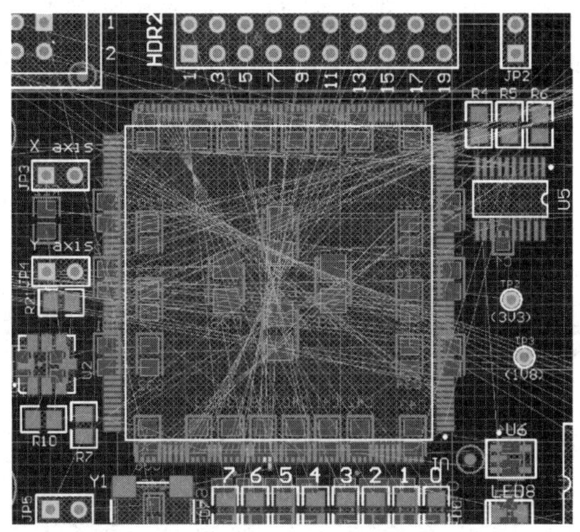

图 10.53　引脚交换之前的飞线

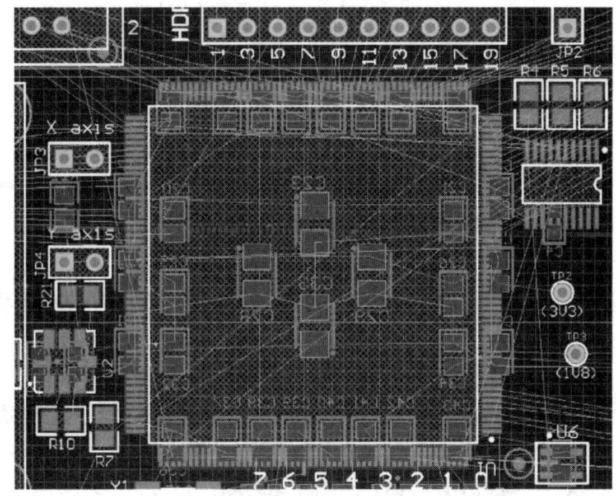

图 10.54　引脚交换之后被解开的飞线

在实际设计中，可以先进行自动引脚交换，再用交互式交换对不合适的网络、引脚进行微调。“交互式引脚/网络交换”（Interactive Pin/Net Swapping）也遵循先前设定的引脚交换组 ID，可进行多次单独的引脚交换。

如果设计中有些 FPGA 器件是相互链接的（例如，多通道中 U1_X1 和 U1_X2），当采用交互式引脚交换工具时会弹出一个警告对话框，那么对这些器件需要同时优化。而手工引脚交换只能在 U1_X1 上进行。

10.4.3 从 PCB 到 FPGA 同步

1. PCB 与 FPGA 同步

选择“设计”→Update …命令将 PCB 更新之后，在 PCB 上执行引脚交换的变更还需反映到 FPGA 工程及其他相关文档中，从而使 FPGA 与 PCB 两个工程保持同步。

在 FPGA 项目编辑窗中，由“工程”→“FPGA 工作区图”命令打开 FPGA Workspace Map 面板，会看到原来的 FPGA 工程电路图链接已经过期（失效链接线为红色，有效链接线为绿色），如图 10.55 所示。这时必须在“器件”视图（见图 5.12）中重新执行“构建”（Build）阶段的 Place and Route。这是因为之前引脚交换信息只是在约束文件中更新，现在需要将它应用到物理上的实际 FPGA 器件中。重新运行 Place and Route 确保新的引脚交换信息下载到 FPGA 中。

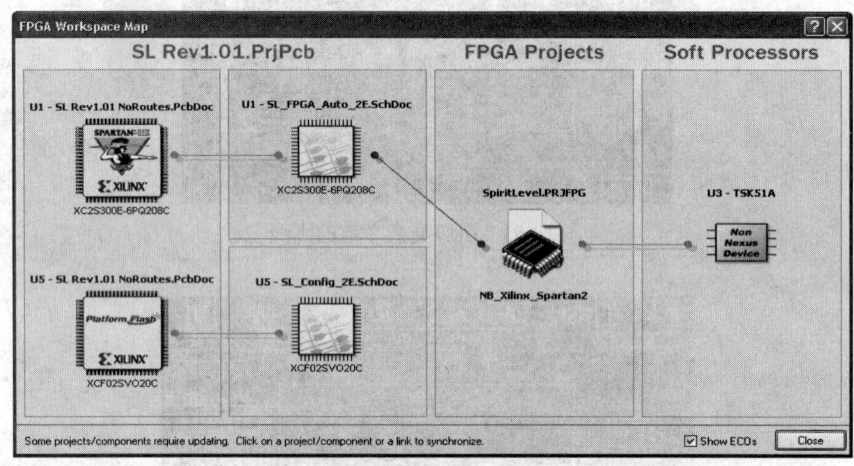

图 10.55 查看 FPGA 的链接状况

单击图 10.55 的红色链接会弹出“同步化”（Synchronize）对话框，其中被交换的引脚以红色高亮显示，如图 10.56 所示。

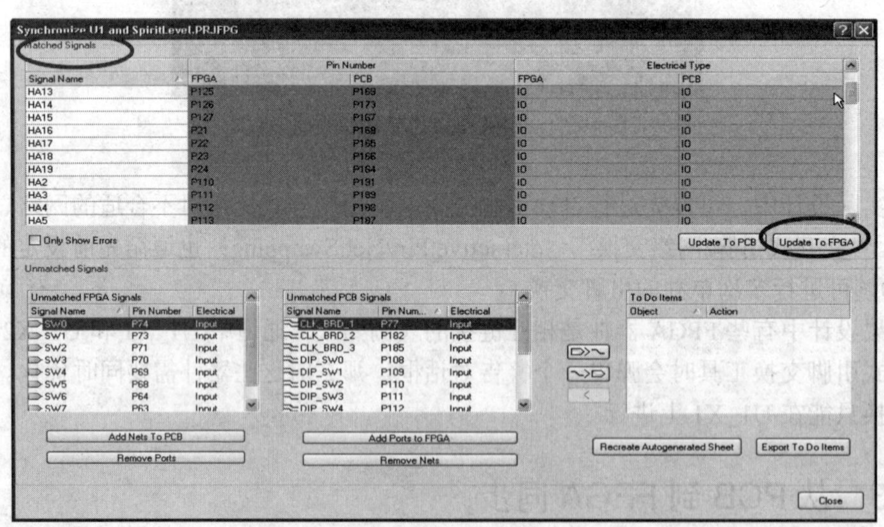

图 10.56 在 FPGA 工程中的引脚变更

单击 Update To FPGA 按钮，在出现的“工程更改顺序”（Engineering Change Orders，ECO）对话框面板中列出一系列要更改的参数，执行“生效更改”（Vendor Change）命令后单击 Close 按钮。这个更改会使变更的参数加载到 FPGA 工程特定的约束文件中，并产生 ECO 报表。

上述步骤尽管已经实现了从 PCB 工程到 FPGA 工程的同步更改，但在 FPGA Workspace Map 面板并没有显示设计完全同步。这是由于 PCB 工程中的 FPGA 信号被重命名为不同的网络名称，以及 PCB 设计中包含了 FPGA 层级没有描述的链接。这并非是两个设计文件在功能上有所不同，而是在当前执行过程中，两个设计还有些与功能无关的差别。

若 FPGA 已更新并与 PCB 完全同步，没有差异，在图 10.56 的 Matched Signals 列表中都显示绿色，同时在图 10.55 中的链接也会显示为绿色。

2. FPGA 工程的引脚交换

在打开相应的约束文件后，执行“设计”→“导入 Pin 文件”（Import Pin File）命令，打开*.ucf 文件。在“约束编辑器参数”面板中适当设置，将约束文件的改变反映到 PCB 工程中去，所有改变将显示在 FPGA Workspace Map 面板中。

第 11 章　资源调用与定制

本章摘要

在更多的设计中，可能会用到公共数据和早期的设计资源；作为独特的设计往往也会体现更特别的公司或个人的风格。本章介绍资源调用与定制，其中包括公共数据库调用、早期设计文件的转换以及资源定制等内容。为了满足更多的需要，本章还介绍了如何使用公司各种资源的网络工具和途径。

11.1　公共数据库

11.1.1　数据库简介

公共数据库是指数据库软件（如 Access、SQL Server 等）生成的各种包含元器件信息的表格文件。Altium Design 通过创建和使用关联数据库*.DBLib 文件，可直接从公共数据库调取元器件并通过连接库（*.DBLink）文件与公共数据库保持同步更新，使当前设计文件中的元器件参数与器件库中元器件资料变更一致。当 Libraries 面板加载了关联数据库后，相当一个数据库浏览器，可由此选取元件。

Altium Designer 提供两个用于连接公共数据库的文件，一是关联数据“库文件”（*.DBLib）；二是数据库“链接文件”（*.DBLink）。

1. 关联数据库

关联数据库（*.DBLib）文件定义了电路设计原理图元件和公共数据库中相匹配记录之间的联系。匹配记录由单个关键字段（如某个器件号）或多个关键字段（如 where 从句）来建立。这种方式将元件的符号、模型和参数信息作为外部数据库（Access 或 Excel 等文件）保存，而原理图的器件库（*.Schlib）文件则仅仅定义了元件的符号。在关联数据库中选择元件后，通过相关字段定义的映射，元件模型和参数信息会随之建立。这些参数通过连接文件与外部数据库保持同步匹配联系。这种方式用于“多数据库记录对应一个元件”的模式，即调用一个元件可检索到多条记录参数。

关联数据库通常采用面向库的模式配置*.DBLib 文件，只需作为 Libraries 面板的可用元件库使用，例如，在公共数据库中建立一个所有电阻详细资料的文件或所有电容详细资料的文件，不需添加到工程项目中。这样可在任何设计中从公共数据库记录中有效检索元件信息，动态获取元件。

2. 数据库链接

数据库链接（*.DBLink）文件通过关键字段定义原理图元件和关联数据库记录之间的匹配关系。元件的模型参数预先定义为库元件的一部分，之后将连接文件添加到 PCB 项目或封装库中，可确保元件信息与关键字段内容同步。此方法用于“一个数据库对应一个元件”的模式，即数据库中元件不会重复出现。

设计者在使用数据库放置一个器件时，Altium Designer 软件通过数据库接口链接到公共数据库并读取与这个元器件相关的所有列表。读取到元器件的各种模型信息并加载到设计中，同时也将其他相关信息，如采购信息和库存信息等也加载到元器件的属性中。

由于数据库形式固定了元器件各种模型之间的对应关系，所以实现了设计元件库的统一管理。如果数据库来源于公司的 PDM/ERP 系统，就可以实现 Altium Designer 电子开发平台与 PDM/ERP 系统在器件库的集成。

完整数据库驱动的器件信息系统 DBLIB 为每个集成库元件添加了与数据库的接口链接，可以实现远程调用数据库信息。SVNDBLIB 在 DBLIB 的基础上，将元器件各种模型信息添加到 PDM/ERP 系统的版本控制流程，使 Altium Designer 的电子设计平台集成到 PDM/ERP 系统中，更加确保了设计元件库的安全性和统一管理。

在设计中实时查看数据库中各种元器件的采购信息和库存信息，为设计人员与采购人员之间建立了双向沟通的桥梁。避免了由于元器件的采购周期太长、采购差错、研发产品成本超过预算、大量长期不用的元器件占据库存管理的资源等原因造成的研发延期和浪费现象。

11.1.2　创建关联数据库

1. 建立关联数据库

选择“文件”→“新建”→“库”→“数据库”(Database Library）命令，建立一个新的*.DBLib 文件，图标为，将它适当命名并保存在指定路径中。

在*.DBLib 库文件窗口，通过选择“工具”→“从集成库导入”(Import From Integrated Library）命令，可实现“从集成库到数据库转换”快速建立一个 Access 数据库文件，如图 11.1 所示。

2. 链接外部数据库

目前使用的数据库管理系统可以链接任何“目标链接和嵌入数据库”(Object Linking and Embedding Database，OLE DB）支持的数据库，可以通过“开放数据库互连”(Open Database Connectivity，ODBC）接口（ActiveX Data Object，ADO）实现对数据库资源的访问。OLE DB 提供的信息被指定为连接字符串的组成部分。当关联数据库文件被成功链接到所需外部数据库后，表格和映射数据才会显示在编辑器主窗口，如图 11.2 所示。

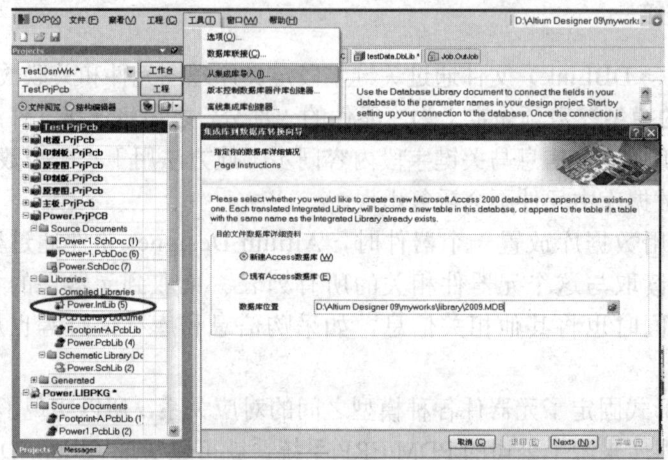

图 11.1　元件集成库生成关联数据库

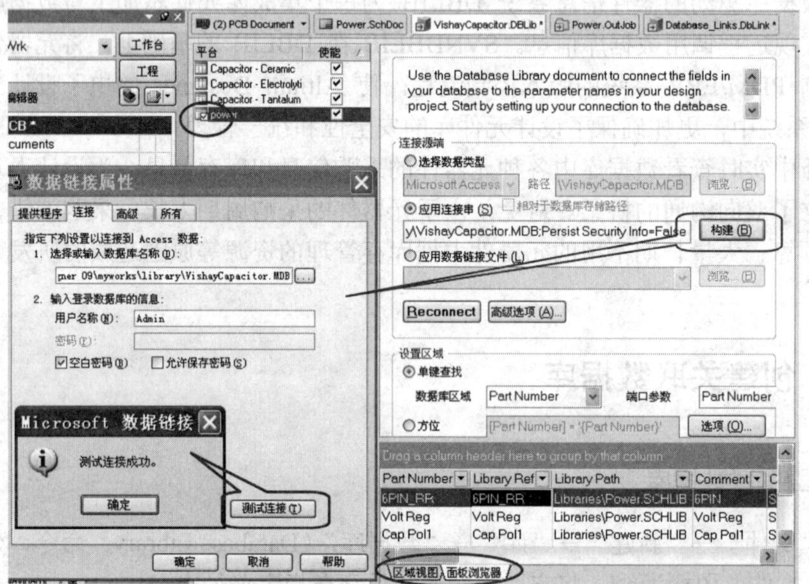

图 11.2　数据类型选择与连接

当使用微软 Access 或 SQL Server 软件建立目标数据库文件后，在“连接源端”（Source of Connection）区域选择“选择数据类型”（Select Database Type）单选按钮，提供了快速建立连接字符串的方法。外部数据库类型有 Microsoft Access 和 Microsoft Excel，单击“浏览”（Browse）按钮选择数据库路径，可选择的数据文件有*.mdb 和*.xls 类型，相应路径自动检索并显示在“路径”栏中。

如没有安装数据库 Access 或 SQL Server 软件，用户需要自行建立连接字符串。选择“应用连接串”（Use Connection String）单选按钮，单击“构建”按钮，打开“数据链接属性”（Data Link Properties）对话框，在此进行选择和连接，如图 11.2 所示。其中在“提供程序”（Provider）中选择 Microsoft Jet 4.0 或 OLE DB 供应商等，再在“连接”（Connection）选项卡的相应处输入数据库名，如 Access 数据库文件（*.mdb），然后单击“测试连接”（Test Connection）按钮。连接通过后关联数据库成为随处可调用的可用数据库。

更多的设置请单击“高级”按钮，或在“所有”选项区域中按需设置。

如果连接的数据源是由 Microsoft 公司的“数据链接文件”（Microsoft Data Link File）（*.udl）描述的，可以选择“应用数据链接文件”（Use Data Link File）单选按钮，单击“浏览”按钮指定需要的数据连接文件。

连接一个数据库后若改变连接设定，需“重新连接”（Reconnect）。

成功初始化连接并保存关联数据库后，每次打开数据文件后都会自动连接。

3. 关联数据库列表

关联数据库连接外部数据库后，库文件（*.DBLib）窗口左边“平台”（Table）显示关联数据库页面，图标为。对于 ODBC 最多可连接 64 张表。勾选“使能”（Enable）复选框，使列表成为关联数据库的一部分，则该列表会以独立的库文件实体出现。当前激活的表格图标为，其所有数据显示在窗口下方“面板浏览器”（Table Browser）中，如图 11.2 所示。这是个不可编辑的表格副本，允许用户在不进入外部数据库的情况下快速参阅其内容。

当关联数据库文件被添加到集成库列表中时，库文件列表中会出现很多的列表文件，表示为“库文件名-表格名”，每个“表”以独立的“库”的形式显示，可以在其中方便调用元件，如图 11.3 所示。

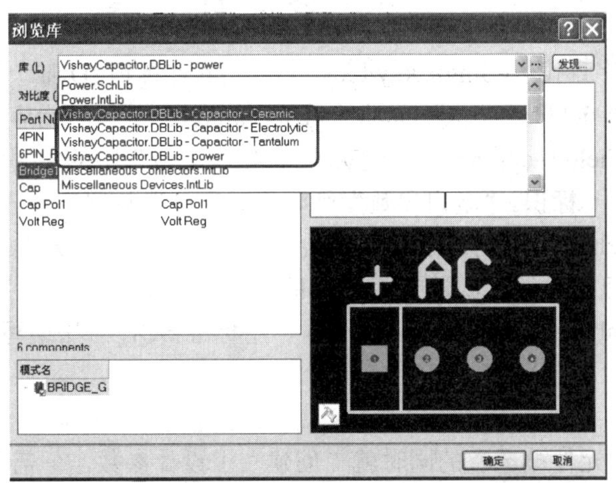

图 11.3　使用关联数据库选取元件

4. 数据库链接文件

在原理图编辑主窗口，选择“文件”→“新建”→“数据库链接文件”（Database Link File）命令，建立一个新的数据库链接文件（*.DbLink）。该文件编辑界面与关联库文件（*.DbLib）相似，但在“设置区域”（Field Settings）部分有些差别。

11.1.3　使用数据库

1. 设置匹配条件

在*.DBLib 主窗口的“设置区域”允许用户定义匹配条件，如图 11.4 所示。

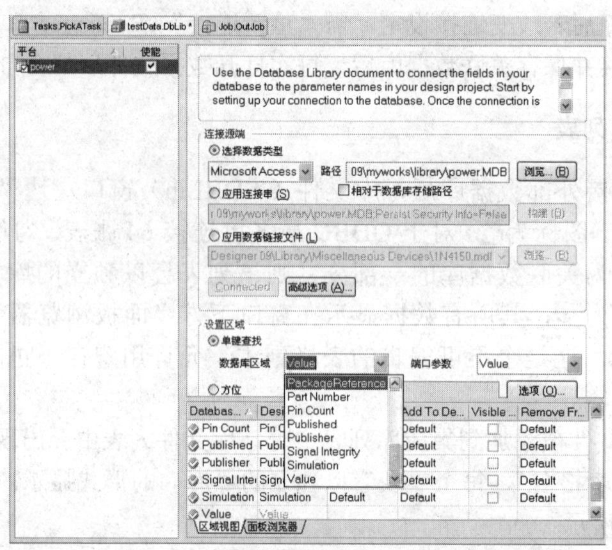

图 11.4　设置匹配条件

（1）“单个关键字查找”（Single key lookup）：当器件标识 ID 唯一时，选中此项则“数据库区域”（Batabase field）和“端口参数”（Part parameter）区域内容相同。选中的关键字段在“区域视图”（Field Mappings）中变灰。“数据库区域”中的关键字段是已激活的外部数据库元件表格的唯一标识。“端口参数”则简单对应被选数据库字段。

（2）“方位”（Where）从句：当匹配参数不唯一时，使用“方位”从句可指定多个关键字匹配，实现原理图元件到源数据库记录的连接。这需要单击“高级选项”按钮打开“数据库连接”（Database Connection）对话框，用标准 SQL 语法编写字段。

2. 区域视图

关联数据库中的元件被选取的同时就“创建”了设计参数，但需由关联数据库指定的映射和更新信息决定其是否真正被添加。在数据库编辑器主窗口“区域视图”（Field Mappings）中，各列指定了映射和更新选项，如图 11.5 所示。

（1）“数据库区域名”（Database Field Name）：是关联数据库当前表格的所有域名。

（2）“设计参数”（Design Parameter）：有方括号的项表示字段映射一个特定模型符号，无方括号的项表示字段映射设计参数。

（3）“更新”（Update Values）：决定是否更新，一般设为“默认”（Default）。

（4）“添加到设计”（Add To Design）：是否将源数据库的值添加到设计中。

（5）“添加可见”（Visible On Add）：添加的参数是否在原理图元件中可见。

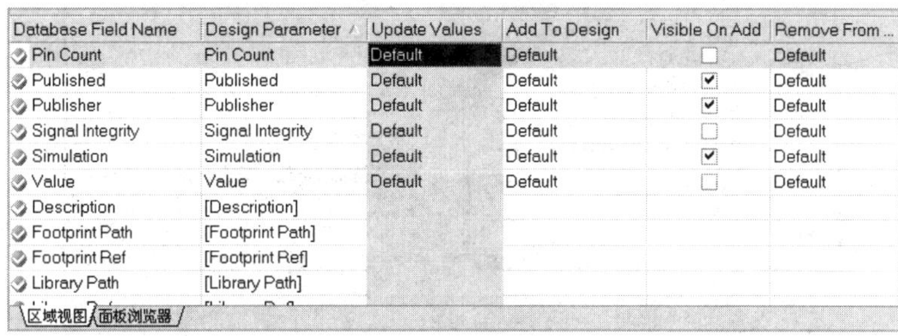
Database Field Name	Design Parameter	Update Values	Add To Design	Visible On Add	Remove From ...
Pin Count	Pin Count	Default	Default	☐	Default
Published	Published	Default	Default	☑	Default
Publisher	Publisher	Default	Default	☑	Default
Signal Integrity	Signal Integrity	Default	Default	☐	Default
Simulation	Simulation	Default	Default	☑	Default
Value	Value	Default	Default	☐	Default
Description	[Description]				
Footprint Path	[Footprint Path]				
Footprint Ref	[Footprint Ref]				
Library Path	[Library Path]				

图 11.5　区域视图内容

（6）“从设计移除”（Remove From Design）：是否将源数据库的值从设计中删除。

上述操作只有“更新”后才能生效。

3. 调用元件

用户在关联数据库文件中定义了映射和更新选项后，保存*.DBLib 文件，就可通过文件绝对路径或相对路径进行搜索和安装，其用法同集成库文件的用法完全相同，如图 11.6 所示。

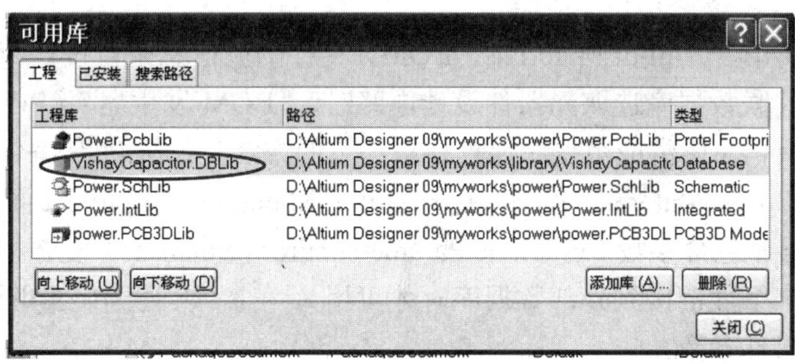

图 11.6　调用数据库

使用数据库元件设计时，当双击放置在设计图纸中的元件打开“元件属性”对话框时，面板中增加了“库链接”（Library Link）选项区域，如图 11.7 所示。

1）区域显示的信息

（1）“库名字”（Library Name）：父关联数据库名（如：*.DBLib）。

（2）“标签名称”（Table Name）：数据库表格名称（如：power）。

（3）“设定条款 ID”（Design Item）：物理元件的值（如：Volt Reg），这是关联数据库文件设定的关键域。

2）数据库运行

当从关联数据库中选取元件时，数据库进行如下行为：

- 数据库记录中对应的原理图符号被激活；
- 数据库映射与任一被引用的引脚、PCB3D 及仿真模型链接；

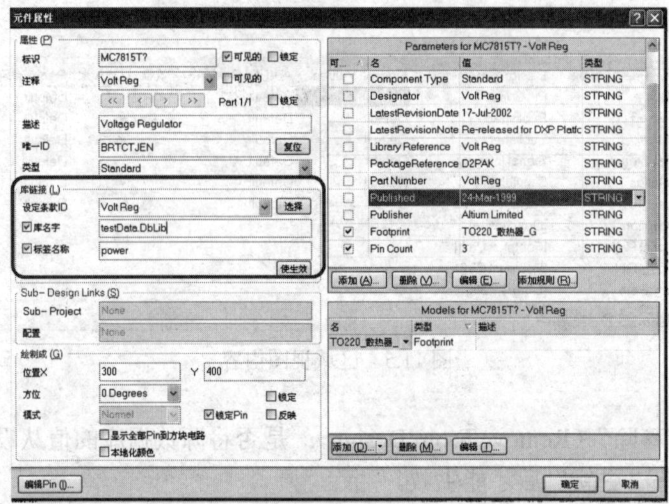

图 11.7　关联数据库在元件属性中的显示

● DBLib 文件指定的设计参数被加载到元器件中，与相关的 Add To Design 更新设置保持一致。

4. 关联数据库信息添加到材料清单

输出“材料清单”（Bill of Materials，BOM）文件的源信息来自设计中放置组件的参数信息，但如果从关联数据库选取元器件设计电路时，“BOM 发生器”（BOM Generator）能摘录库文件的所有信息。生成数据库元件材料清单的方法是：从 PCB 编辑窗口中选择“报告”（Report）→Bill of Materials 命令，打开 Bill of Materials For project 面板，如图 11.8 所示。勾选“从数据库包含参数”（Include Parameters From Database）复选框（该选项只有在设计中至少有一个组件链接到外部数据库时才可用）。在参数列表中，图标用来区分链接外部数据库中的组件参数。

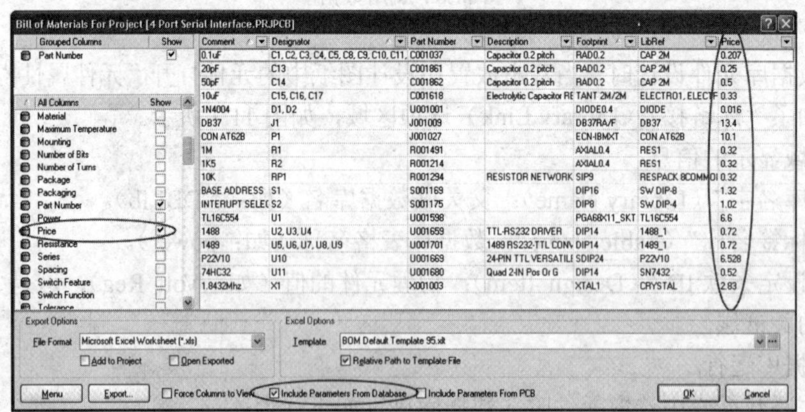

图 11.8　关联数据库生成材料清单

11.1.4　关联库文件与链接文件同步更新

使用关键字域参数将设计电路的元器件信息与公共数据库记录之间建立联系，在打开设计文件时，能够即时得到公共数据库中元器件参数变化信息，两者之间同步更新。这样在库存器件参数、数量发生变更时，设计师可方便地调用最新器件资料而不必修改自己的设计图纸。

在原理图编辑窗口，执行“工具”→“从数据库更新参数”（Update Parameters From Database）命令，此时所选取的元件参数通过数据库连接被检索。当元件参数与数据库关联字段一致时，选择“创建 Log”复选框，单击“确定”按钮后，弹出信息对话框指出“被选择器件与数据库无差异”（There are no differences between the selected components and the database），如图 11.9 所示。

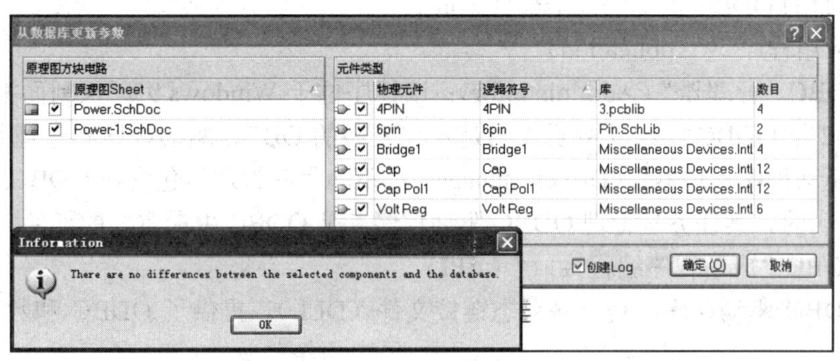

图 11.9　从数据库更新参数

选择“工具”→“从库中更新”（Update From Libraries）命令，可实现全部更新，包括参数、模型及原理图符号绘图属性，如图 11.10 所示。

图 11.10　从器件库更新全部

11.1.5　有关数据库

1. 开放数据库互连

“开放数据库互连”（Open Database Connectivity，ODBC）是微软公司“开放服务结构”（Windows Open Services Architecture，WOSA）中有关数据库的一个组成部分，它建立了一组规范，并提供了一组对数据库访问的标准“应用程序编程接口”（API）。这些 API 利用 SQL 完成大部分任务。ODBC 本身也提供了对 SQL 语言的支持。

基于 ODBC 的应用程序对数据库的操作不依赖任何 DBMS，所有的数据库操作由对应的 ODBC 驱动程序完成。即不论是 FoxPro、Access、MYSQL 或 Oracle 数据库，均可用 ODBC 的 API 进行访问。ODBC 的最大优势是能以统一的方式处理所有的数据库。

一个完整的 ODBC 由下列几个部件组成。

（1）“应用程序”（Application）。

（2）ODBC“管理器”（Administrator）：该程序位于 Windows 95“控制面板”（Control Panel）的 32 位 ODBC 内，其主要作用是管理安装的 ODBC 驱动程序和管理数据源。

（3）“驱动程序管理器”（Driver Manager）：驱动程序管理器包含在 ODBC32.DLL 中，对用户是透明的。其任务是管理 ODBC 驱动程序，是 ODBC 中最重要的部件。

（4）ODBC“应用程序编程接口”（API）。

（5）ODBC 驱动程序：是一些动态链接文件（DLL），提供了 ODBC 和数据库之间的接口。

（6）数据源：数据源包含了数据库位置和数据库类型等信息，实际上是一种数据连接的抽象。

2. 目标链接和嵌入数据库

“目标链接和嵌入数据库”（Object Linking and Embedding Database，OLE DB）是微软通向不同的数据源的低级应用程序接口。OLE DB 不仅支持标准数据接口 ODBC 的结构化“查询语言”（SQL）能力，还可以面向其他非 SQL 数据类型，是一个基于 COM（Component Object Model）的数据存储对象，能提供对所有类型的数据的操作，甚至能在离线的情况下存取数据。

OLE DB 中的对象主要包括数据源对象、阶段对象、命令对象和行为组对象。使用 OLE DB 的应用程序会用到如下的请求序列：

初始化 OLE→连接到数据源→发出命令→处理结果→释放数据源对象并停止初始化 OLE。

OLE DB 位于 ODBC 层与 ADO 之间，ADO 是位于 OLE DB 之上的应用程序，ADO 调用先被送到 OLE DB，然后再交由 ODBC 处理。

要打开如 Access 数据库中的数据，必须通过 ADO.NET 利用 OLE DB 来取得数据。这是因为 OLE DB 是一种开放式的标准，与多种数据源相通，并且设计成 COM（Component Object Model）对象的格式，凡是以 COM 的格式所编制的组件，皆可让其他程序或组件调用。因此了解 OLE DB 是很有必要的。

OLE DB 最主要有三个部分组成。

1）数据提供者

凡通过 OLE DB 提供数据者，就是“数据提供者”（Data Providers）。例如 SQL Server 数据库中的数据表，或文件名为*.mdb 的 Access 数据库档案等都是数据提供者。

OLE DB 将传统的数据库系统划分为多个逻辑组件，这些组件之间相对独立又相互通信。这种组件模型中的各个部分被视为数据提供者，提供的组件小到普通的文本文件、大到主机上的复杂数据库或电子邮件存储，有的文档将这些软件组件的开发商也视为数据提供者。

2）数据使用者

凡使用 OLE DB 提供数据的程序或组件，使用 ADO 的应用程序或网页的都是 OLE DB 的“数据使用者”（Data Consumers）。

3）服务组件

数据“服务组件”（Service Components）可以执行数据提供者以及数据使用者之间数据传递的工作，数据使用者向数据提供者要求数据时，是通过 OLE DB 服务组件的查询处理器执行查询，而查询到的结果则由指针引擎来管理。

3. SVNDBLIB

SVNDBLIB 是一种新型的 DBLIB，它与 DBLIB 的区别是将模型文件纳入版本控制管理，更加严格地控制了设计元件库的来源。

完整数据库驱动的器件信息系统 DBLIB 可将指定的元器件模型文件存放在任何地方。虽然严格的数据库管理能够保障元器件模型信息的正确性，但是由于模型文件没有被很好地保护，会带来很大的设计风险。同时这样的方案无法避免工程师使用 DBLIB 以外的设计元件库。

SVNDBLIB 把元器件的模型文件纳入版本控制管理，有效地保障了设计元件库的安全性，大大降低了设计风险。这个方案还可以方便地将器件管理纳入到 PDM/ERP 系统中，不仅完整地保护了设计元件库，同时也有效避免了设计工程师使用外部设计元件库的可能。

为了实现 SVNDBLIB 将所有元器件的模型文件纳入版本控制管理，首先需要将现有的器件库分解，每个元器件的每个模型生成一个单独的库文件。这样版本控制就可以有效地追溯每个元器件的每个模型的任意修改。目前 PTC 公司推出的一套集成应用软件“Windchill 系统”对每个元器件的每个模型都是以单独文件的方式进行管理。这种库管理方式更容易实现与 Windchill 系统集成。Altium Designer 软件自带的库分解器可以很方便的生成每个器件单独文件的形式。

另外，为了更好地实现与 PDM/ERP 系统的集成和有效管理设计元件库，需要进行相关的二次开发，提供库“管理员接口”界面和“使用工程师接口”界面。库管理员接口界面主要是帮助库管理员管理每个元器件的每个模型；使用工程师接口界面则帮助工程师查找元器件，并从 PDM/ERP 系统中检出该元器件模型，放置在设计中。

Altium 公司提供软件 SDK 开发包，可以有效地支持二次开发工作。

11.2 FPGA 预综合原理图 IP 元件

11.2.1 处理器内核

1. IP 元件

FPGA 预综合原理图元件类似于预制好的 PCB 元件，如同原理图符号添加了 PCB 封装，FPGA 原理图符号连接到一个预综合的 Edif 模型并用于实现设计。

在软件的器件库中包含有大量预综合的 FPGA 器件，如图 11.11 所示。其中包括处理器、外设元件、通用的逻辑功能器件等，还包括虚拟仪器、安装在 NanoBoard 开发板上的物理外设器件，并且能和 FPGA 器件上的 PIN 连接。通过放置和连接这些原理图元件或通过编写 VHDL 代码，完成系统硬件设计。

在元件库列表中选择器件并按下 F1 键即可得到预综合 FPGA 器件的帮助文件。

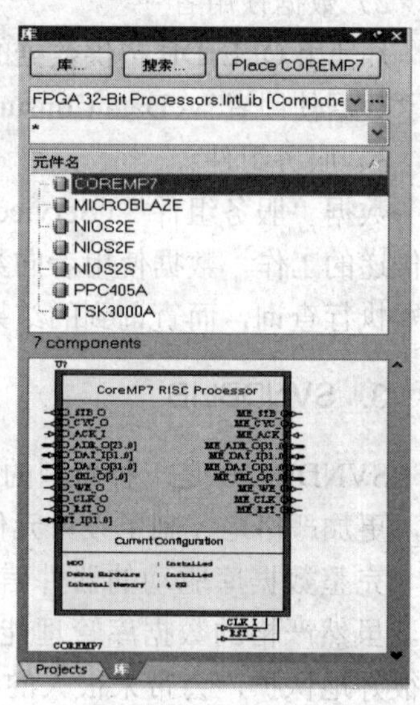

图 11.11 软核库文件

2. 处理器和嵌入式软件工具

（1）在…\Altium Designer\Library\Fpga\FPGA 32-bit Processors.IntLib 库中的软核处理器支持以下情况：

- MICROOBLAZE；
- PPC405A：可用于 Virtex FPGAs 的嵌入式 PowerPC 内核；
- NIOS2 系列；
- TSK3000A：32-bit RISC 处理器等。

（2）开发工具支持的嵌入式处理器如下：

- Actel CoreMP7 软处理器核，适用于 Actel 的器件并要求得到授权许可；
- Altera Nios II 软处理器核，适用于 Altera 的器件并要求得到授权许可；
- Xilinx MicroBlaze 软处理器核，适用于 Xilinx 的器件并且要求得到授权许可；
- Xilinx Virtex-2 处理器，基于 PowerPC 405 内核；
- AMCC PowerPC 405 部分处理器族；
- ARM7、ARM9、ARM9E 和 ARM10E 族，支持 Sharp BlueStreak 部分处理器族；
- LPC2100、LPC2200、LPC2300 和 LPC2800 ARM7，基于 NXP 部分处理器。

11.2.2 外围设备

目前 NanoBoard 开发板上的硬件资源集成了很多的外设模块，在 FPGA 设计中使用这些现成的模块可以减少外设模块的设计时间，外围设备元件的库路径为...\Altium Designer\Library\Fpga\FPGA Peripherals.IntLib。

桌面型 NanoBoard FPGA 开发板上的硬件资源可以使用集成库...\Altium Designer\Library\Fpga\FPGA NB2DSK01 Port-Plugin.IntLib。

11.2.3 通用元件

通用元件的库路径为...\Altium Designer\Library\Fpga\FPGA Generic.IntLib。库中包含了设计中要用到的各种接口逻辑器件、各种宽度的 Pin 器件、Bus 器件、广泛的逻辑功能器件、管理合并、分割、重命名总线的总线连接器以及上拉、下拉器件，从而简化了复杂的总线布线工作。其中对通用元件库的元件命名和可用元件的完整清单请参考文档...\Altium Designer\Help\CR0118 FPGA Generic Library Guide.pdf。查找元件库时可以使用通配符号（如“?”或“*”）过滤搜索。

11.3 Protel 99 SE 文件转换为 Altium Designer 文件

从 1998 年 Protel 99 SE 占据了设计电路板的主导地位，广大用户使用它设计电路板积累了大量资料。但在项目管理方面，Protel 99 SE 的各个版本都是以 DDB 的形式管理的，而 Altium Designer 采用的是以项目工程为基础的管理方式，这使得项目中的设计文档的复用性更强，文件损坏的风险降低。Altium Designer 对于之前版本的 Protel 99 SE 是向下兼容的，因此，原来 Protel 99 SE 的用户若要转向 Altium Designer 进行设计，只需将 Protel 99 SE 的设计文件以及库文件导入到 Altium Designer 中即可。

Altium Designer 可将以下类型的版本文件导入到设计工程，引导用户完成设计。

（1）Protel 99 SE 设计数据库。

（2）Cadence Allegro 设计文件。

（3）CircuitMaker 2000 原理图和元器件库。

（4）DxDesigner 设计和元器件库。

（5）P-CAD 设计和元器件库。

（6）OrCAD 设计和元器件库。

（7）OrCAD CIS Configuration 文件和元器件库。

（8）PADS ASCII PCB 设计和元器件库。

本节将介绍如何将 Protel 99 SE 创建的文件转换到 Altium Designer，从而利用 Altium Designer 诸多优势进行管理、开发。

11.3.1 Protel 99 SE 与 Altium Designer 格式

Protel 99 SE 将所有设计文件存入到一个 DDB 文件中，而软件能够通过 DDB 对工程相关的文件进行分类分组。

Altium Designer 则将所有设计文件存放在硬盘中，为用户提供可控和可视化操作，并且引入工程的概念。其中除了脚本工程外，其他工程都绑定了单一的实现工具。例如PCB 工程包括所有 PCB 设计相关的资源；FPGA 工程则具备全部 FPGA 工具。工程文件以 ASCII 码文件形式存储工程信息，包括工程内部文件链接、输出设备、编译设置、错误检测设置等。

在工程层面上 Altium Designer 使用“设计工作区”将相关工程整合在一起。因此，用户可以对所有相关工程使用一个设计工作区，将其中所有电路板集成在一个产品中。

11.3.2 导入 Protel 99 SE 设计文件

1. 导入操作

导入 Protel 99 SE 的 DDB 文件时，首先将 DDB 文件拷贝到指定文件夹中，文件结构将在硬盘中重建，如图 11.12 所示。

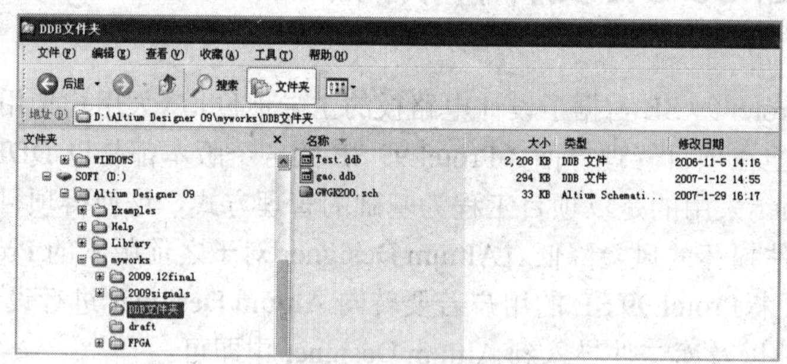

图 11.12 将 Protel 99 SE 文件复制到 DDB 文件夹

当第一次用 Altium Designer 打开早期的电路设计文件时，Altium Designer 软件会自动弹出“导入向导”（Import Wizard）对话框，或者由选择“文件”→“导入向导”命令，帮助用户完成文件格式转换。

根据导入向导的提示单击“下一步”按钮，在打开的对话框中选择文件类型“99 SE DDB Files”，继续执行下一步。向导提示需关闭 Altium Designer 中已打开的文件、工程以及工作区，单击 Yes 按钮，如图 11.13 所示。

添加要导入的“文件夹”（Folders）和“文件”，继续单击“下一步”按钮，如图 11.14 所示。

选择文件存放路径，将导入的 99 SE 文件存放于此。

选择“锁住所有自动链”单选按钮，锁住原文件的链接关系，如图 11.15 所示。

2. 创建 Altium Designer 工程

弹出提示信息对话框“为每个 DDB 文件创建一个 Altium Designer 工程”（Create one Altium Designer project for each DDB）或“为每个 DDB 文件夹创建一个 Altium Designer

工程”（Create one Altium Designer project for each DDB Folder）单选按钮，根据项目的需要选择，如图 11.16 所示。

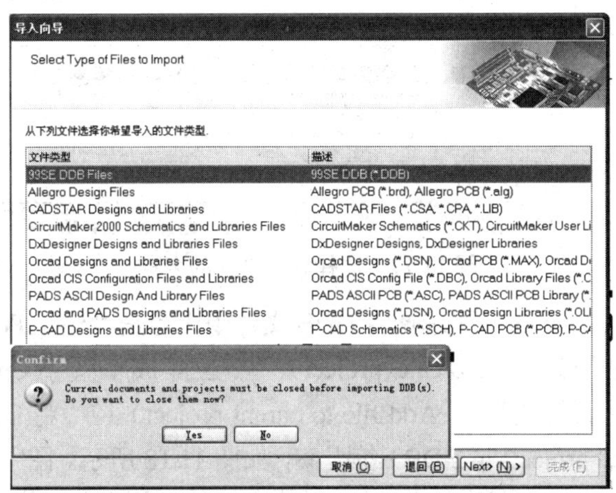

图 11.13　选择文件类型关闭已打开文件

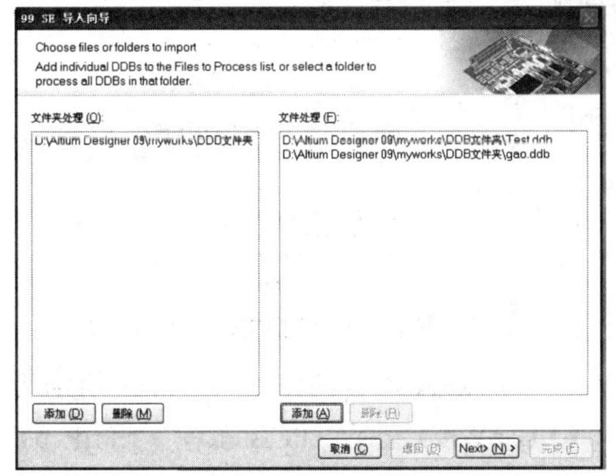

图 11.14　选择文件夹及文件

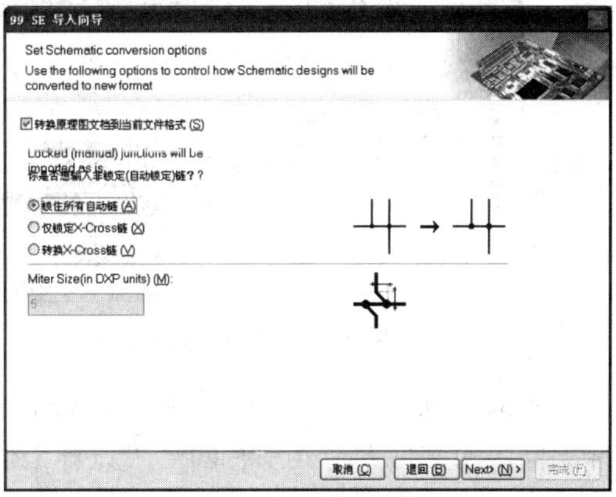

图 11.15　锁定原文件的连接

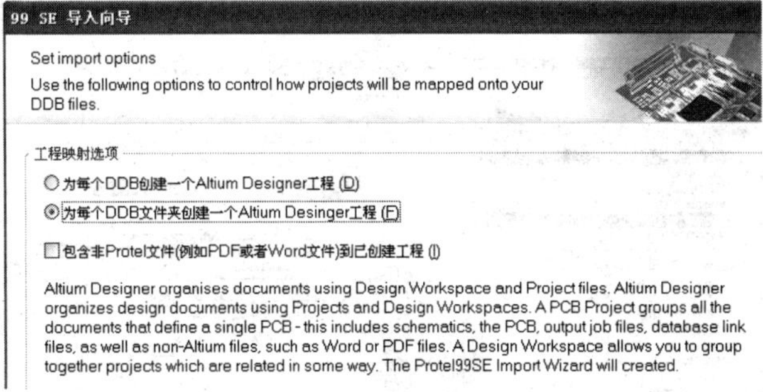

图 11.16　选择创建工程

勾选要导入的文件名，如图 11.17 所示。

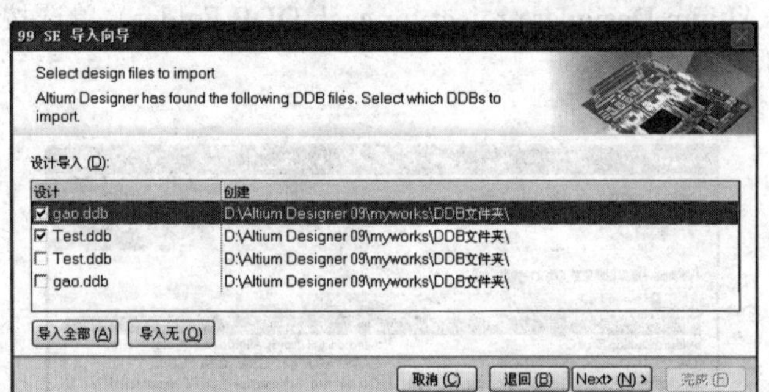

图 11.17　选择导入设计的名称

在 Review Project Creation 界面选择将 DDB 文件中内容是“建立 PCB 工程”（Create PCB project）、“不建立工程”（Do not create project）、“建立集成库包”（Create Integrated Library package）、“为当前工程添加文件”（Add file to parent project）或“将 DDB 中文件添加到所有工程中”（Add files to all projects in DDB）等方案，如图 11.18 所示。图中指定文件导入的格式，转换结果显示在图 11.19 中。最后转换完成，转换文档信息显示在“信息”面板中。

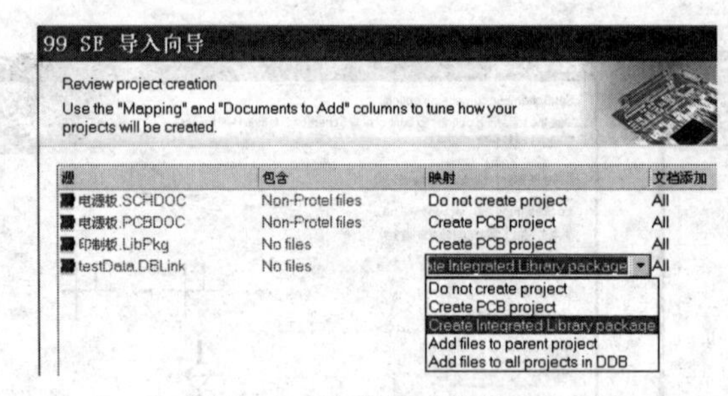

图 11.18　选择是否建立工程

图 11.19　转换文件数量及类型

本例中单击“完成”按钮后，在输出路径文件夹 mywork 中自动建立一个与原 DDB 文件夹同名的文件夹，其中有四个“设计工作台”（*.DsnWrk）、两个 PCB 工程（*.PrjPcb）和一个集成库程序包（*.LibPkg）。

如果转换的文件需要重新组织到指定的工程中，选择单击、拖曳的方法将文件从一个工程移到另一个工程中。也可以用删除、添加等方法整理工程中的文件，如图 11.20 所示。

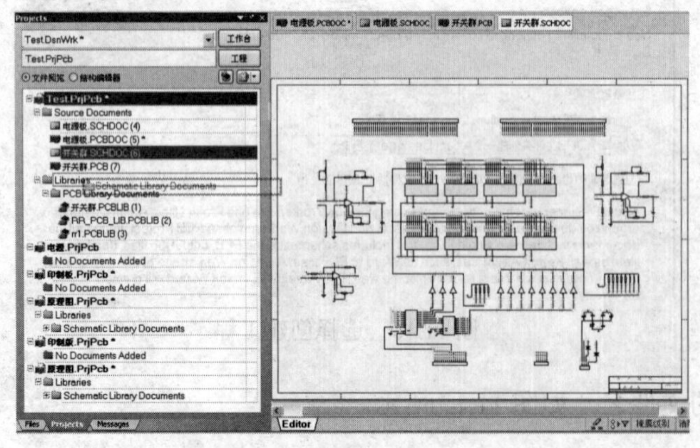

图 11.20　整理工程中的文件

11.3.3　文件格式转换

由于 Altium Desiger 与 99 SE 文件格式不同，在保存设计工程时系统会询问是否需要转换格式，选择被推荐操作的单选按钮，如图 11.21 所示。

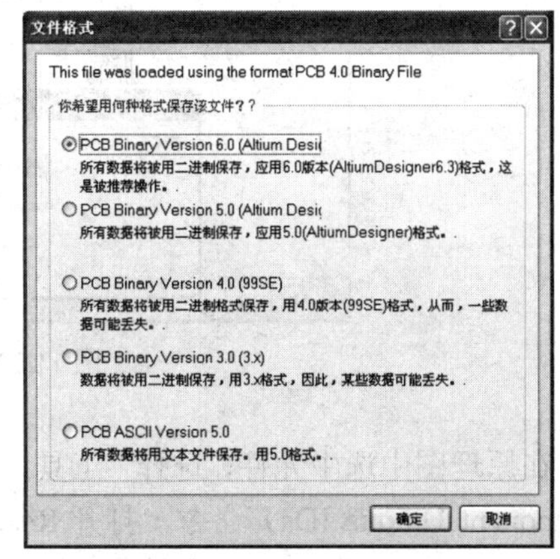

图 11.21　选择被推荐操作方式

Protel 99 SE 格式转换后，元器件及设计方法在 Altium Designer 中的改进如下：

- 元器件支持无限制参数个数，并具备虚拟浏览 PCB 封装功能；
- 可在工程生成的报表中加入参数，并同样可与数据表或 Web URL 链接；
- 属于工程的所有器件可自动获得，并支持模型“搜索路径”(Search Path)；
- 连接唯一 ID 值。

11.3.4　转换后的设置

1. 板型设定

板形定义了 PCB 板的物理边界，并给出内电层分割线的轮廓。早期版本电路对板形没有要求，用户可通过 PCB 界面选择“设计”→“板子形状”命令的方法定义板形。

2. 内电层分割

内电层在制作板子时是负片影像，分割线则在板卡边缘和各平面间的敷铜区。为防止制作时板卡边缘短路，分割线不能直接在内电层上编辑，但可以用板形设定方法重新设置板形。内电层分割线必须为闭合区域。

更新 99 SE 分割内电层的简单方法是添加新的内电层，然后在设定区域设计新的内电层。最后通过双击每层区域或由“工具”→“分离板层”(Split Planes) 命令检查每层区域的网络设置是否正确。

在 PCB 编辑界面选择“设计”→“层叠管理”命令，打开“层堆栈管理器”面板可以改变分割线距离，如图 11.22 所示。

3. 建立唯一 ID 连接

唯一 ID 值使得原理图元件与 PCB 元件保持对应关联。当导入 99 SE 文件后，所有原理图与 PCB 图中的联系消失了，需重新建立唯一 ID 连接。

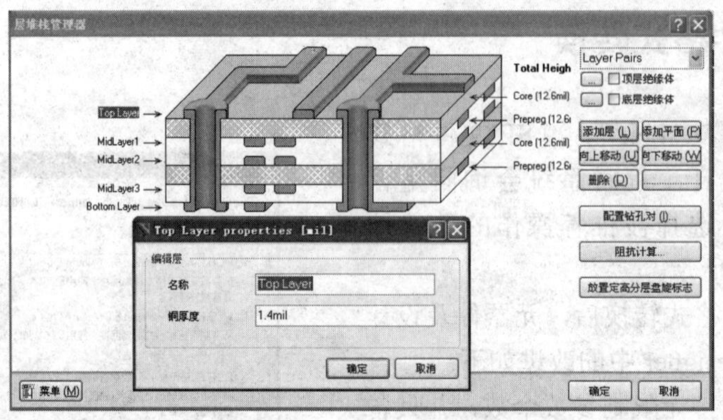

图 11.22　改变内电层分割

在原理图中选中元件，选择“工具”→“转换”（Convert）→“复位器件唯一 ID”（Reset Component Unique IDs）命令，打开 Reset Part/Sheet Symbol Unique IDs 对话框，选择文档范围，如图 11.23 所示。

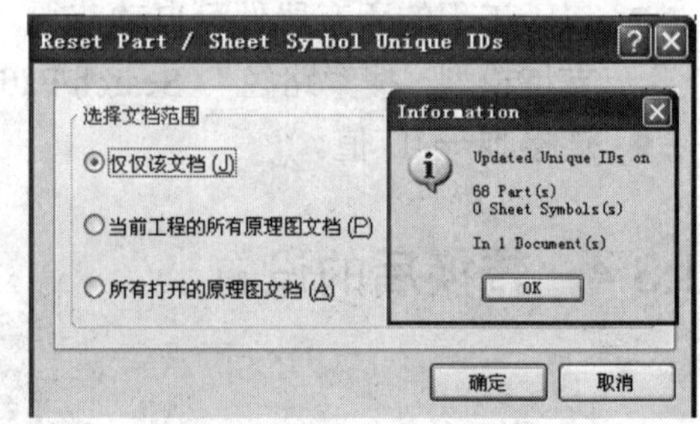

图 11.23　选择文档范围

然后在对应的 PCB 文档中，选择“工具”→“转换”→“从选中的器件生成联合”命令匹配元器件；此时 PCB 中对应的器件也被选中。再选择“工程”→“器件连接”（Component Links）命令来匹配封装，如图 11.24 所示。最后在“原理图文件与 PCB 文件连接编辑”（Edit Component Links between Schematic Document and PCB Document）面板中单击“执行更新”按钮，如图 11.25 所示。此时 99 SE 数据库完全同步更新。

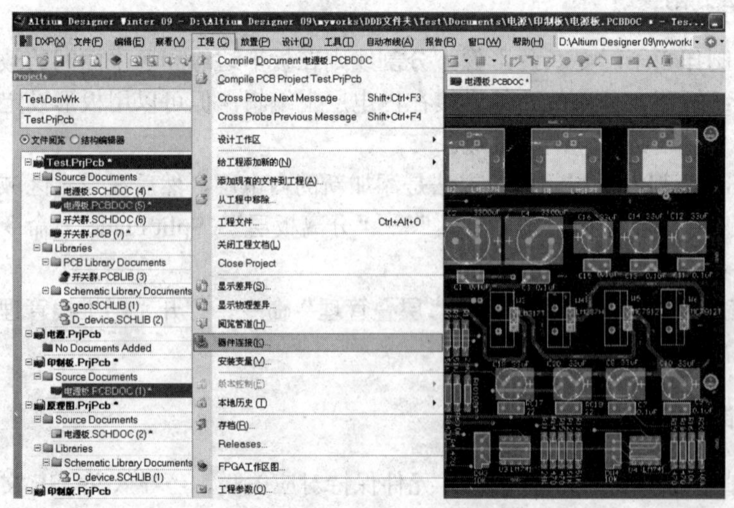

图 11.24　选择相应的 PCB 器件

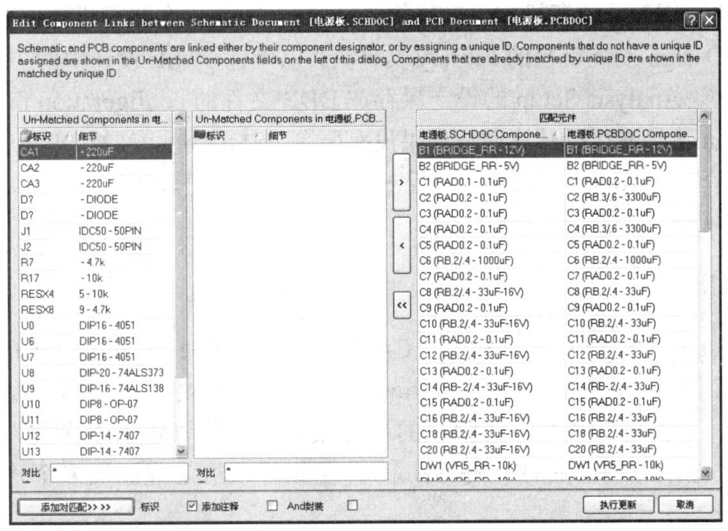

图 11.25　更新原理图与 PCB 图的连接关系

4. 网络标识辖域

在 Altium Design 中打开 Protel 格式的文件时，除了辖域以外，其他设计规则都可正确导入。辖域设置可通过选择“工程”→“工程参数”命令，打开“工程执行”（Options for PCB Project...）面板，在其中的 Options 选项卡下“网络识别符范围”（Net Identifier Scope）选项区域设置“自动运行”默认值。对一个既无外接端口又无图表符的设计工程，网络标识辖域设置是面向全局的；若工程设计之间只有端口连接关系，则网络标识辖域只对端口是全局设置；若工程中还包含图表符，网络标识辖域会设置到层次结构图纸入口和端口中。

如果用户不希望采取默认设置，可设置新的工程，这时辖域与工程内容无关。

5. 设计规则辖域

Altium Design 的 PCB 设计规则辖域采用条件检索方式，通过一系列对话框、标签及下拉列表选项，并可精确定义。

对 PCB 规则，有些旧版本的 Protel 文件不允许焊盘设置跨越阻焊区，转换中这需要对旧版本设计添加焊膏或阻焊扩展规则并绑定单个焊盘。“导入向导”会检测到用户设计中所有相关规则，并转化为焊盘设置。同时导入向导创建新的规则用于断开过孔与内电层的连接，而某些早期 Protel 版本不支持过孔与内电层的连接。

6. 仿真模型及配置

在 Protel 99 SE 中仿真模型都保存在安装过程提供的 Simulation Models.ddb 中。为使 99 SE 仿真在 Altium Design 正常工作，需从 99 SE 仿真模型数据库中导出所有文件夹和模型到 Altium Design 安装文件夹的 Library\Sim 目录中。而 Altium Design 则将仿真模型编译成集成库文件，其中包括元器件符号、封装以及其他与元件连接的模型。当导入包含仿真模型的 99 SE 原理图时，仿真模型自动转换为 Altium Design 全路径模型位置区域，此时总能包括 Altium Design 安装路径的 Library 文件夹，以确保 99 SE 设计中的仿真能顺利运行。

在 99 SE 中，Analysis Setup 的设定保存在 DDB 文件的 configuration file（*.cfg）中，当 Altium Design 第一次运行仿真时，如果没有配置具体的仿真参数，99 SE 会搜索*.cfg 文件。当用户保存新的 Altium Design 工程时，仿真设置将会写到工程文件中，且旧的*.cfg 文件会失效。

7. 设计输出

Altium Design 不能识别 99 SE 的“CAM 管理”（CAM Manager）的（*.cam）文件和“打印配置”（Power Print Configuration）的（*.ppc）文件，需另外配置输出。通过选择“文件”→“新建”命令，在弹出的快捷菜单中选择“输出工作文件”（Output Job File）命令给工程添加输出文件（*.OutJob）。在此可以给工程添加多个输出文件，包括配置打印等。

Altium Designer 软件还可以直接打开 99 SE 原理图文档。

11.3.5 Altium Designer 文件转换为 Protel 99 SE

Altium Designer 设计文件在 PCB 界面下，使用“保存为”命令，在保存类型中选择 PCB 4.0 Binary File（*.pcb）选项，将 Altium Designer 中设计的文档保存成 Version 4.0 99 SE 格式，即可在 Protel 99 SE 软件中打开、编辑 Altium Designer 设计文件，如图 11.26 所示。

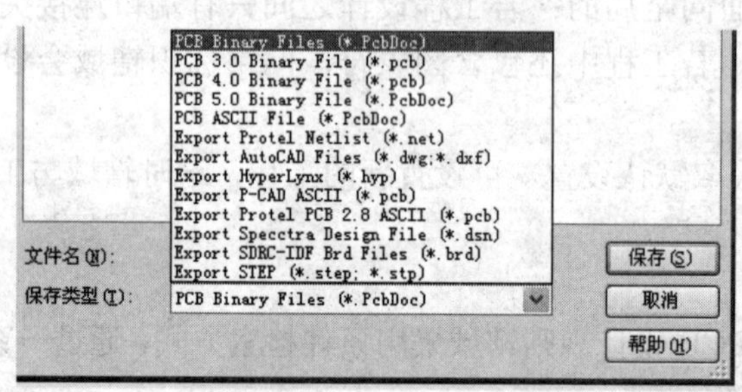

图 11.26 保存文件格式转换

11.4 Altium Designer 资源定制

11.4.1 定制的作用

Altium Designer 编辑器的资源包括菜单、工具栏及快捷键表等，根据用户需要对其进行重新配置、添加或更改等操作称为资源定制。

每个资源条，如菜单栏或工具栏都有一个预封装进程，该进程在相应资源被选中时会激活。当用户执行某条命令时，预封装执行器会整合进程，添加参数、位图（图标）、说明（显示的图标名）、描述及快捷方式。定制的资源存放在...\Altium Designer\System\Resources\1028\dxp.rcs 中。资源定制操作由主窗口菜单选择 DXP（X）→“用户定义”（Customize）命令，在打开的“用户编辑”（Customizing...Editor）面板中进行，针对相应的编辑菜单或工具栏执行定制配置操作。

11.4.2　创建新菜单

1. 创建菜单项

由 DXP→“用户定义”命令，打开“用户编辑”面板，在“命令”选项卡中，选择 View 项。

右击任一项，在下拉菜单中选择“插入下拉菜单”（Insert Drop Down）命令，如图 11.27 所示。在打开的“编辑绘制下拉菜单”（Edit Drop Down Menu）对话框中的“标题”（Caption）选项区域输入“新功能”字样，再适当设置“弹出键”（Popup Key）个数和“位图”（Bitmap）（如果有必要），如图 11.28 所示。确定后在“查看”菜单中就会添加一个名为“新功能”的子菜单项，并有下拉菜单弹出标志“▸”，如图 11.29 所示。右击添加的菜单项，可进行“编辑”、“分组”（Begin Group）、“删除”等操作。选择分组操作，则在该菜单项上增加分隔线；若要删除某菜单项，还可以选中后直接拖出框外。若重新编排菜单项的排列顺序，可以选中该项（黑框选定）将其拖曳到新的位置，再放开鼠标。

依此方法可以再添加、编辑、删除其他下拉菜单。

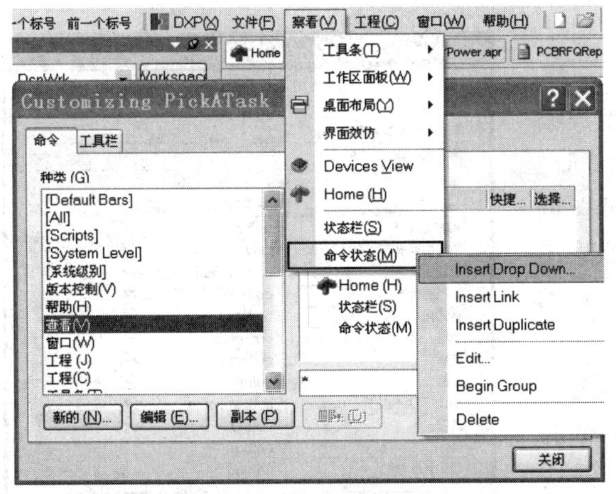

图 11.27　创建查看菜单项

图 11.28　定制新的菜单项

2. 菜单项添加命令

在图 11.29 用户编辑面板右部“命令”选项区域中，双击“新功能”，打开“编辑命令”（Edit Command）面板，在其中进行设置，如图 11.30 所示。其中“标题”是菜单项的名称，“描述”栏选择菜单项的功能。单击“确定”按钮后菜单项才能有执行功能。

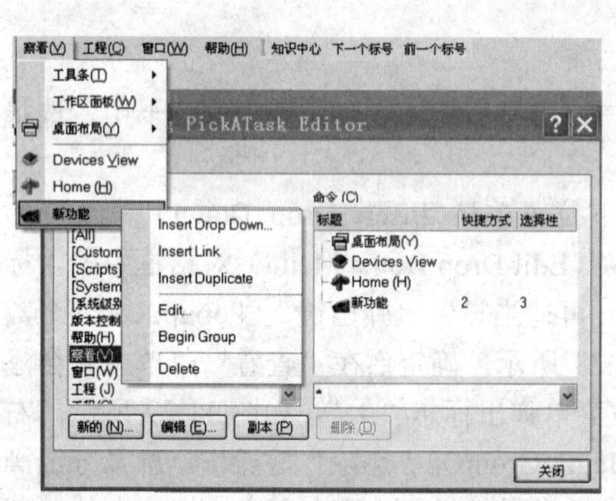

图 11.29 添加新的菜单项

图 11.30 编辑菜单项的执行命令

注意：上述操作必须在“用户编辑”面板打开的情况下方可进行。菜单项要添加“命令”才能被激活。一旦关闭“用户定义”面板，单击菜单将运行其内部设定的进程。

3. 选择主菜单

在不同的文件编辑器中打开的“用户编辑”（Customizing…Editor）面板有所不同，分别针对相应的编辑窗定制，如：原理图编辑器中 Customizing Sch Editor 是定制原理图编辑菜单的；PCB 编辑器中 Customizing PCB Editor 是定制 PCB 编辑菜单的。

本例以原理图编辑器菜单定制为例，如图 11.31 所示。在“用户定义”对话框的“工具栏”（Toolbars）选项卡中，在“滑块作为主菜单使用”（Bar to use as Main Menu）栏中选择要激活的对象为“原理图菜单”（Schematic Menu），其中各个功能分

图 11.31 工具栏创建方法

别是：“工具栏”、“菜单”（Menu）、“快捷键”（Shortcut Table）等形式。对其勾选激活，表示这些项正在使用状态中。

11.4.3　创建新工具栏

在众多的工具中，有时设计者常用的只有几种，为便于快速选用自己常用的工具，可以自行定义一个工具栏。

1. 创建新工具栏

鼠标在编辑窗双击工具栏，或右击工具栏在弹出的快捷菜单中选择 Customize 命令，也可打开 Customizing Sch Editor 对话框，单击“工具栏”标签。

单击“新的…”按钮创建一个新的工具栏 New ToolBar，并可在此更名。若在原有工具栏基础上创建一个新的工具栏则更为便捷。本例选择“导航”，再单击“副本”（Duplicate）按钮创建这个工具栏的新实例，出现“Copy of 导航”，同时在屏幕上菜单区会出现一个空的工具栏。单击“重新命名…”按钮为工具栏选择一个恰当的名字，如图 11.31 所示。

单击“关闭”按钮后在主菜单栏上出现一个空白工具栏，将其拖到主编辑窗口中，再将所选择的工具图标拖放在该符号中，就生成一个属于自己的工具栏。

2. 激活工具栏

勾选“已经激活”复选框，则该工具栏为激活状态，同时显示在窗口屏幕上方。关闭 Customizing Sch Editor 对话框后，用鼠标单击菜单栏区域，可看到激活的工具栏并可以即时勾选是否激活，如图 11.32 所示。

在 PCB 编辑窗定制新菜单或工具栏的方法与此相似。

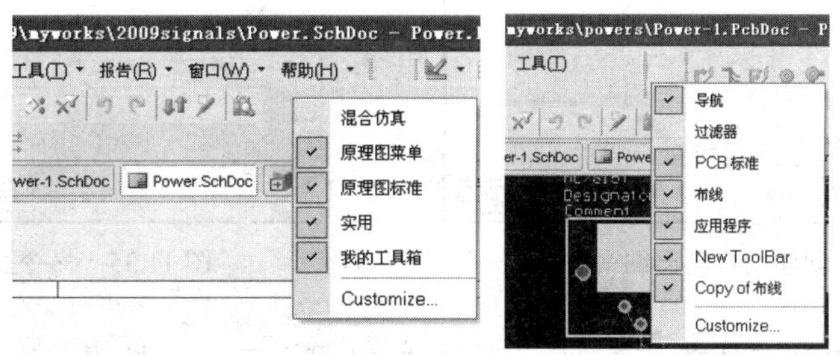

图 11.32　工具栏在窗口激活状态

11.4.4　创建新命令

在 Customizing Sch Editor 对话框中打开“命令”选项卡，单击“新的”（New）按钮可创建一个新的命令。若选中某个命令“种类”（Categories）的标题，如图 11.33 所示，再单击“副本”按钮，就可在[Custom]命令右边窗口的“标题”栏添加这个命令的新实例，如图 11.34 所示。双击新命令的“标题”或按下方“编辑”按钮，打开该命令的“命令编辑”面板，可编辑新命令的作用、标题、位图文件和快捷键等，如图 11.35 所示。单击“浏览”按钮，在“处理浏览”对话框中可寻找命令的进程。

图 11.33 选择已有命令的标题

图 11.34 创建用户自己的命令栏

图 11.35 命令操作编辑

将新命令拖曳到工具栏或菜单中，单击“关闭”（Close）按钮，就会更新所有使用这个命令的资源。

11.4.5 恢复默认菜单和工具栏

用户如果想重新恢复默认菜单和工具栏，并删除定制资源，可在 Customizing Sch Edit 对话框的“工具栏”选项卡中勾选已改变配置的项，并单击“恢复”按钮。若没有定制的项目，“恢复”按钮为灰色。最后单击“关闭”按钮，在确认对话框中单击 OK 按钮，由此删除所有定制资源，恢复安装时的默认状态，如图 11.31 所示。

11.5　Altium 资源及帮助中心

通过“知识中心”（Knowledge Center）用户可以访问随产品提供并被安装的在线知识库，访问 Altium 网站（www.altium.com）的“社区”（Community）页面，用户可以了解培训计划、用户论坛及问题答案等信息。

11.5.1　帮助工具

使用软件的“帮助”（Help）工具，可以得到更多的帮助，如图 11.36 所示。

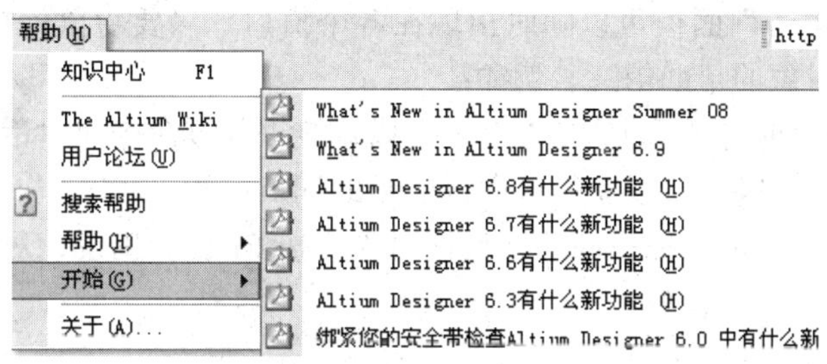

图 11.36　罗列 PDF 帮助文件

1. 知识中心

知识中心库的信息分为应用信息和参考信息。应用信息帮助用户如何创建组件、如何编写 FPGA 程序、如何完成特定的设计步骤；参考信息则描述系统命令的运行及设计对象的状况。

单击 Altium Designer 菜单栏或窗口右下角的“帮助”按钮，也可打开“知识中心”面板，如图 11.37 所示。面板上半部分显示当前帮助的主题、工具栏按钮及选择的对象等；下半部分是文件库导航区域，在这里用户可查看到关于软件的应用笔记、导航和其他相关的 PDF 文章。

在“查找”（Search Wiki）栏输入相关字符后，可在当前库查找到所需的 PDF 文档库。

注意：查找范围只在当前所在库的区域，若要在整个库查找信息，需从库的顶端进入。

如果“知识中心”面板右上角的 Autoupdate current help topic 按钮使能，帮助文档可自动加载到“知识中心”面板的上部区域，如果不是使能的话，可以按 F1 键加载帮助菜单。

知识库中文档采用*.PDF 格式，便于浏览和打印。双

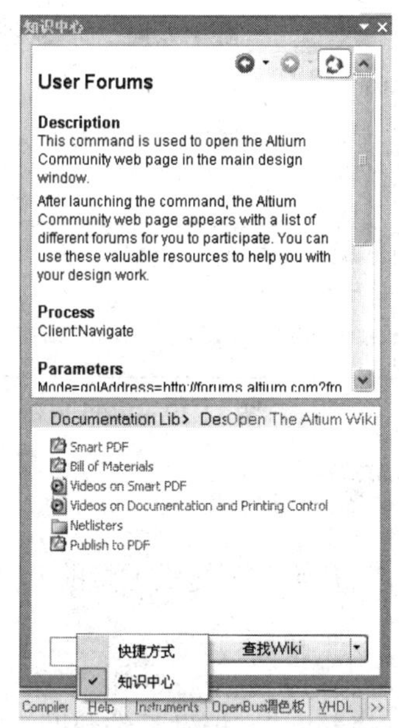

图 11.37　“知识中心”面板

击打开知识库文件，在左侧窗口的知识主题可更快获取详细的相关信息，如图 11.38 所示。

图 11.38 打开知识库文件

实际上“知识中心”面板可以随时出现在各个窗口，只要将鼠标指向某一对象按 F1 键，就可以进入该对象的帮助信息。例如：

- 在工具栏按钮或对话框上按 F1 键，可以直接进入该命令或对话框的帮助主题；
- 在面板上按 F1 键，可以获得该面板的帮助细节；
- 在编辑环境下，用鼠标指向某一设计对象，按 F1 键会出现该对象的帮助信息。

2. Wiki 工具

The Altium Wiki 是一种多人协作的工具。可选择所用语言文本，如图 11.39 所示。图 11.40 是打开的中文主页。

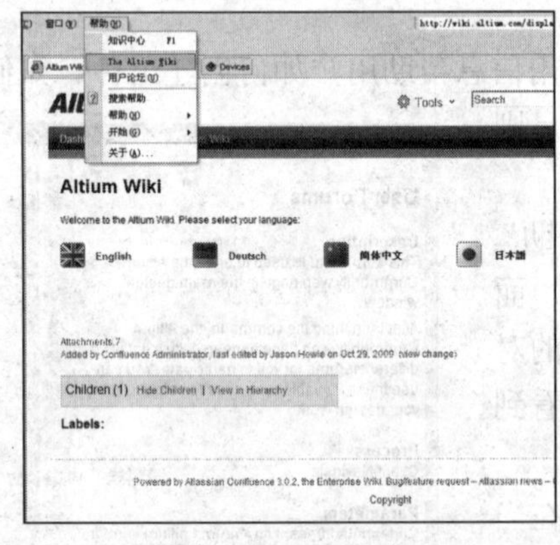

图 11.39 Wiki 窗口

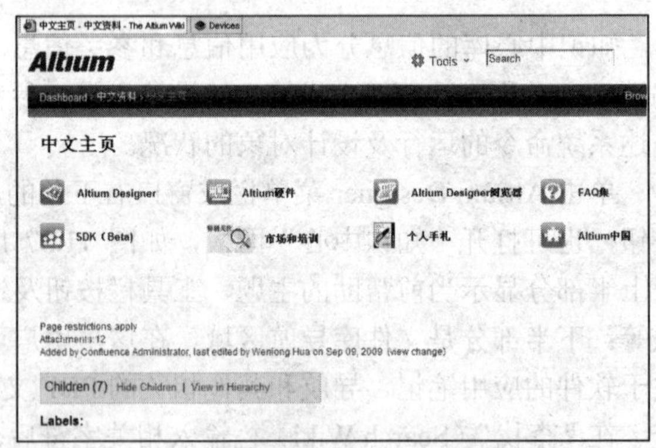

图 11.40 打开中文主页

3. 开始

“开始”可提供大量的 PDF 格式的学习资料，如图 11.36 所示。

4. 帮助

“帮助”：提供系统帮助，在某些对话框右上角的?标志也能开启帮助功能。帮助文件可在…\Altium Designer\Help 目录下查找，如图 11.41 所示。

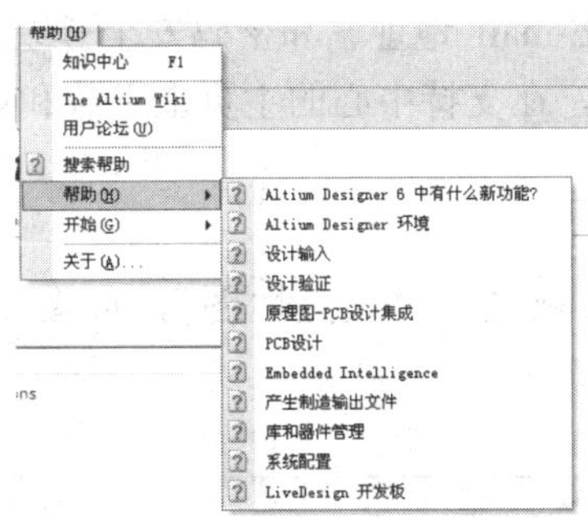

图 11.41　提供系统帮助

11.5.2　网络支持

Altium 的网站（http://www.altium.com）包括很多关于软件产品和服务的信息，同时还包括技术信息和服务模块。经常查看网站也是一个提高学习的好方法。

针对 Altium Designer 中的功能，每周公司都有一个主题的定期免费网络培训。在网络培训时可以针对这个主题进行详细的演示以及问题解答。

1. 公用资源

单击“主页”（Home Page）图标，在网络地址栏输入 http://www.altium.com，进入 Altium 的网站主页，如图 11.42 所示。公司网站提供各种学习资料、培训内容、最新产品，开展各种互动活动。

图 11.42　Altium 公司网站

2. 支持中心

选择首页上方的 SUPPORTcenter Login 选项可以登录“支持中心”，支持中心是用户获得高质量的产品支持和使用最新产品更新的一种途径。

支持中心需使用用户名（E-mail 地址）和密码安全登录。一旦进入，便允许记录、跟踪和搜索数据库中的解决方案，在支持中心的主页上下载和更新信息显示。

3. 站点地图

选择首页上方 Sitemap 选项进入“站点地图”，如图 11.43 所示。可方便查找各类信息。

图 11.43 站点地图总略

4. 资源中心

“资源中心”（Recourse Center）提供各种问题的解决方案，采用视频，白皮书和文章等方式，以帮助用户寻找走向新一代的电子产品设计的道路，如图 11.44 所示。

5. 社区

在“社区”（Community）中有各种各样的服务内容，如图 11.45 所示。其中各项的详细信息如下。

（1）“学习指南”（Learning Guides）：有 PDF 格式的教程、文章和白皮书等学习向导，用户可查找或下载资料寻求技术支持。

（2）“论坛”（Forums）：专门有为中文用户开通的论坛，是为 Altium 社区的点对点讨论而设的，进入论坛就像一个可以交流建议和信息的会议室，可以在此提问和分享有关使用 Altium 过程中的解决办法或意见。进入论坛需要用户名和密码安全登录，用户有权使用唯一的资源进行研发。论坛服务有：

● 用户或 Altium 的全体员工（包括 CEO）可发贴回复；
● 全球用户每天 24 小时解答疑难。

图 11.44　资源中心的资源

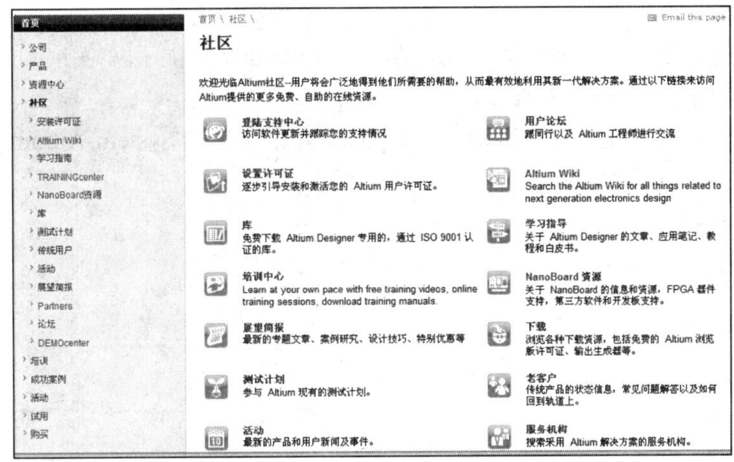

图 11.45　社区服务一览

（3）“演示中心”（DEMOcenter）：可观看软件新功能和怎样使用软件的视频资料，同时会不断推出一些新版本和新视频，让用户去了解产品的新功能，当有新功能添加时会对视频及时进行更新，如图 11.46 所示。

6. 培训

Altium 的“培训中心”（TRAININGcenter）提供了全面的培训，帮助初学者和专家不断跟进技术的发展，完善自己的技能并进行新一代设计。在培训中心可以进行在线培训、面对面培训，观看在线培训视频，参加现场在线培训会议。

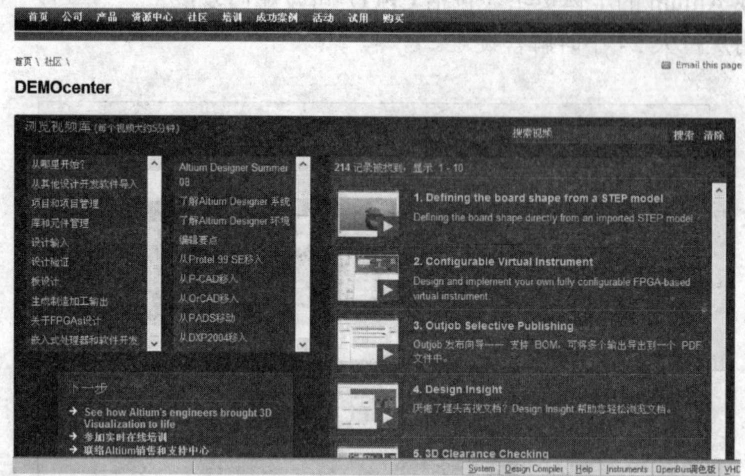

图 11.46 演示中心的视频资料

11.5.3 网络更新

为使用户的软件、元件库不断更新，Altium Designer 提供了网络更新的功能。但需要有 Altium 公司的技术支持和中心账户。

选择 DXP→“检查更新”（Check For Updates）命令打开 System-Altium Web Update 面板，利用自动更新检查功能，实现网络版本升级。

中英文技术词汇对照

A			
accept	接受	access	存取，通道，接近
accuracy	精确度，准确度	action	行动，作用
activate	激活，活动，启动	active	积极的，活泼的
add	添加	adder	加法器
address	地址	administrator	管理员，管理器
advance	高级	aggressor	干扰源，入侵者
aide	助手，辅助	alias	别名，化名，混淆
align	排列，对齐	allow	允许，认可
alpha	开端字母	always	总是，永远
analog	模拟的，类似的	analysis	分析，研究
analyzer	分析器，测定仪	animation	动画
angle	角度，观点	any	任意的
annotate	注解	applicable	可应用的，适用的
aperture	孔径，光圈	apply	应用
application	应用程序	arbiter	仲裁器
approximation	接近，近似值	architect	设计者，制造者
arc	圆弧，弧度	area	面积，范围
architecture	结构体，构造	arrange	安排，排列，调整
arithmetic	数学，算术	arrow	箭形
array	阵列，数组	assembler	装配器，汇编
ascend	登高，上升	assign	分配，分派，指定
assembly	集合、装配	astable	非稳态的，多谐振荡的
associate	关联的，辅助的	attempt	尝试
asynchronous	异步的	available	有效的，有用的
automatical	自动的		

B			
backup	备用	bar	标签
base	基极，基础，基地	batch	批处理，批量
begin	开始，创建	behavior	行为，举止，态度
bell	铃，钟	between	两者之间

bidir	允许双向	bidirectional	双向性
bill	清单	binary	二进制，二元的
bistable	双稳	bit	位
bitmap	位图	black	黑色，黑色的
blind	盲孔	blip	标志，信号
block	框，栏，阻隔	board	板子，牌子，委员会
body	物体，主干，主体	boolean	布尔值
border	边线	bottom	底部
bounce	反弹，抖动	breakpoint	中断点，断点
broken	破裂的，损坏的	browse	浏览
buffer	缓冲器	build	构建
bullet	锥形体	bury	埋藏
bus	总线，母线	butterfly	蝶形
button	按钮	bypass	省略
byte	字节		

C

cable	电缆	calculation	计算，估计
CAM（Computer Aided Manufacturing）	计算机辅助制造	cancel	作废，删除
capacitor	电容	caption	标题
capture	捕获，收集，记录	case	实情，案例
category	类目，范畴，部属	cathode	阴极
center	中心	centimeter	厘米
chain	链	change	改变
channel	通道	charge	充电，指责，指示
check	检测	chart	制成图表
child	子女	chip	集成芯片
circuit	电路	circular	圆，环，弧形
class	阶层，等级	cleanup	清扫工作
clear	清除，清零	clearance	清除，余地，间隙
click	单击，点击	clipboard	剪贴板
clock	时钟	close	关闭，结束
closure	关闭，闭幕	code	编码，代码
collector	集电极	color	色彩，着色
colour	颜色	column	圆柱，纵列，栏目
combination	组合	comma	逗号

command	命令	comparator	比较器
community	社区，群落	compilation	编辑物
compatible	兼容的，和谐的	component	元器件，组成，成分
compile	编辑，收集，汇编	computer	计算机
composite	合成的，复合的，综合的	condition	条件
concurrent	并发事件，同行	configure	配置
confidence	置信度，自信，信赖	conflict	冲突
confirm	确认，证实	connector	连接端
connectivity	连线	constraint	约束，限制因素
console	主控台，表盘，托架	consumer	用户，使用者
construction	构造	continue	继续，延伸
contract	缩短	control	控制
convert	转化，转变	coordinate	坐标
copper	铜	copy	拷贝，复制
core	核	cord	细绳，线，索
corner	角落，拐角	corporation	公司，企业，法人
counter	计数器	courtyard	天井，庭院
create	创建	cross	十字符号，混合
crosspoint	插入测试点	crosstalk	串扰
CRT（Cathode Ray Tube）	阴极射线显示管	crystal	晶体
current	电流，当前的，流行	cursor	光标，游标，指示器
custom	惯例	customer	用户，客户
cutout	切出，划出，挖空	cycle	周期
comment	注释、发表评论、说明书		
D			
dashed	点划线	data	数字，数据
database	数据库，资料库	date	日期
daughtrer	子系，子插件，派生	debug	排错，调试
dead	死的，已废的	decimal	十进制，小数
decade	十进制，十年	default	违约，弃权，内定值，默认值，缺省值
decoder	译码器	definition	定义式，限定，分辨率
define	定义，下定义	delay	延迟

degree	度，等级	demo	演绎，演示板
delete	删除	demote	降级，降低
deny	否认	description	描述
designator	标识，指示者	designer	设计师
destination	目标，目的	detail	细节，零件
device	装置，设备，图样，器件	diagram	示意图
dialog	对话	diagonal	对角线
difference	差异，差分，差额	diamond	菱形，钻石
digital	数字的	different	不同的
dimension	尺度	dim	朦胧，暗淡
direct	指示，指令	diode	二极管
disable	无能，无效，无用	directory	指南，指导，咨询
disk	圆盘	discharge	放电，排出，释放
distribution	分配，分布，分发	display	显示
dock	停放，连接，接驳	divider	分配，分割
dot	小点，虚线，点缀	donut	环形
download	下载	down	下降
draw	绘制，描写，冲压成型	drag	拖曳
drop	下拉，滴落，遗漏	drill	钻
duplicate	复制、副本	dual	双数的，两倍
		duty	占空比

E

edge	边缘	edit	编辑
efficient	高效的，有能力的	electrical	电气的，电学的，电力的
ellipse	椭圆	embed	嵌入，插入
emitter	射极	emulate	效法
enable	使能，激活，有效	encoder	编码器
end	结束	engineer	设计，建造，工程师
enter	进入，参加	entity	实体
entry	入口	enum	列举型别
error	错误	evaluation	评价，评估，鉴定
example	例子	excel	胜过，优秀，突出
execute	执行，实施，签署	exist	存在的，现有的

expand	扩大，推广，展开	expansion	扩大，扩展，扩张
expiry	终止，期满	explode	爆炸，分解
exponent	指数	export	输出，出品
explore	探究，查询	extra	额外的，附加的
external	外部的，外面的，外形	extrude	压制，突出
extract	提取、摘录		

F

fabrication	制造	frequency	频率
failure	无效，毁坏	function	函数，功能
false	虚假的，伪造的	fail	失败，不足
fanout	扇出	fall	下降，降落，落差
favorite	最爱的（人或物）	famale	凹的，阴的
figure	图形	fatal	致命的
fill	填充	field	现场，域，范围
filter	过滤器	file	文件
find	建立，发现	film	胶片
first	首先，第一	finally	最终的
flash	闪光，闪烁，曝光	finish	完成，结束
flatten	弄平，弄直	fit	适合，相配
flip-flop	触发器	flat	平的，平坦的
floorplan	层平面图	flip	倒转
focus	集中，聚焦	float	发行
footprint	封装	flow	流动，源自
format	格式	folder	文件夹，折叠
formula	公式	force	强制
FPGA（Field Programmable Gate Array）	现场可编程门阵列	forum	论坛，讨论会
		frame	框图，塑造
		free	自由
framework	架构，结构	from	从……起，由于

G

gate	门	generate	产生、导致，造成
graphic	图形	green	绿色
grid	栅格	ground	地面，基础
group	组，类，集聚	guide	引导，指南，手册

H			
hard	坚硬的，困难的	hardware	硬件，设备，五金
harmonic	谐波，谐振	harness	束
hatch	策划，画影线，舱口	hazard	冒险
hazy	模糊的，混浊的	height	高度
help	帮助	hexadecimal	十六进制
hide	隐藏	hierarchy	体系，分层，系列
high	高的，高级的，高尚的	hint	暗示
history	历史记录	horizontal	水平，横向
hug	拥抱，紧靠		
I			
ideal	理想的	identical	相同的，相等的，恒等的
identifier	识别符	identify	识别，标记
IDF（Integrated Data File）	综合资料文件	IEEE（）	电气电子工程师协会
impedance	阻抗	ignore	忽略
import	输入，导入	imperial	英制的
include	包含	incident	事变，入射
index	索引	increment	增量
inductor	电感	indication	指示，表示
information	信息	industry	工业，企业，产业，行业
innovation	创新	initial	最初的，开始的
insert	插入，嵌入，添	input	输入
insight	洞察，顿悟	inside	内部的，里面的
install	安装	inspector	检查，视察
instrument	仪器	instance	实例
integrate	积分的，集成，使完整，使结合	integer	整数
interactive	互动的，交互的	integrity	完整性
interface	接口，界面	interconnect	互联器
internet	因特网，互联网	internal	内部的
IPC（Industry Process Control）	工业过程控制	interrupt	打断，中断

isolate	隔离	island	孤岛，岛屿
item	项目，条款	ISP（In-System Programmable）	在线编程
J			
JTAG（Joint Test Action Group）	联合测试行为组	job	工作，职业
joint	联合的，共同的，接头	jump	跳跃
junctions	结点，接点		
K			
keep	保持	key	关键，钥匙
kind	种类	knowledge	知识
L			
label	标签，商标	lattice	晶格，点阵
landscape	横向	layer	层
latch	锁存器，锁扣	LCD（Liquid Crystal Display）	液晶显示器
launch	发射，投掷，出版	LED（Light Emitting Diode）	发光二极管
layout	布置，布局	legacy	老化，遗留下
learn	学习，学会，认知	length	长度
left	左边，向左	less	较少的
legend	图例，图注	library	库，图书馆
lens	镜	line	线条，线路
level	水平	link	链接，连接
license	注册	linear	线性的，直线的，一次的
liquid	液体，流体，不稳的	live	激活
localize	本地，局部，本土化，定位	locate	把……设置在，位置，场所
lock	锁定	log	记录
logarithmic	对数的	logic	逻辑，逻辑学
logical	逻辑的，合理的	login	登录
lookup	查找，查阅	loop	循环，环状物
low	低的，矮的	lot	地段，许多

laboratory	实验室	LPM（Library of Parameter Modules）	参数化模块库
language	语言，用语，术语		
M			
machine	机器，机械	multivibrator	多谐振荡器
maker	制造者	magnitude	幅值，强度，量值
manage	管理，操纵	male	阳的
manual	手册，手动的	manager	管理者，经理，主任
map	图	manufacture	制作，制造，加工
match	匹配，比赛	mask	表面，掩膜，屏蔽
matrix	矩阵，混合物	material	材料，物质
maximum	最大值，最大量	maximize	增加，扩大
measure	测量	meal	粉状物，膳食
medium	中间的，媒介	mechanical	机械的
membership	会员资格	mega	许多，非常，强大
memory	存储器，内存	menu	菜单
merge	合并	message	信息
meter	米（长度单位）	metric	公制的
microsoft	微软	millimeter	毫米
minimum	最小值，最少量	miscellaneous	混合，杂项，多样
miser	钻探机	miss	损失，差错，遗漏
miter	斜接，斜角	mix	混合，结合，杂交
mode	形状，方式，风格	model	模型，模特，型号
modify	更改，修饰	module	模块，组件，单元
moire	网纹，波纹，龟纹	mold	模块，模型
monitor	监控	monostable	单稳状态
moor	固定，系住	mount	安装
move	移动	mult	多种，多元，多路
magnify	放大		
N			
name	名称	nano	十亿分之一，纳（诺）
navigator	领航，导航（装置）	neck	领口，瓶颈
negative	负的	net	网络
netlabel	网络标号	netlist	网络表
new	新的	next	下一步，再

nexus	关系	node	结点，波峰
noise	噪声	none	忽略，一个也没
normal	正常的，常规的	number	数字，号码，数量
O			
object	物体，目标	octagon	八边形
octal	八进制	octave	八行，八度，八位
ODBC（Open Database Connectivity）	开放数据库互连	ohm	欧姆（电阻值单位）
OLE DB（Object Lin king and Embedding Database）	目标链接及嵌入数据库	online	在线
opcode	运算码	openbus	开放总线，公共总线
open	开放的，公开的	operate	工作，运转，营业
operand	操作数，运算域	optimizer	优化程序，优化器
operator	运算符	orange	橙色，桔子
option	选择，选项	orientation	取向
order	顺序	original	原本的，最初的
origin	起源，原点	outline	外形，略述，概括
orthogonal	直角的，正交的	outside	外部的，外观
output	输出	overlay	覆盖层
overall	全部的	owner	物主，所有者
overshoot	过冲		
P			
package	封装，包装	pad	焊盘，基座，垫料
page	页码，翻阅	pair	成对，成双
palette	调色板，选盘，控制板	panel	面板，画板，嵌镶板
parallel	并行，并联	parameter	参数，系数，因数
parent	父系	parsing	剖析
part	部件	passive	无源的，被动的
paste	助焊、贴、敷铜	path	路径，轨迹
PCB（Printed Circuit Board）	印刷电路板	peak	峰值

peripheral	周边的，外围的	permission	同意
persistent	坚持不懈，固执的	physical	物理的
pickbox	点选框，取景框	pickup	拾取，收集
pin	引脚，管脚	place	放置
placement	布局	plane	平板，平面，飞机
plugin	插件，栓	point	点
plus	十字记号，加号	polygon	多边形，多角形
pole	极，极地	popup	弹出
polyline	折线	portable	可移植的，移动的
port	端口	position	位置
portrait	竖向，纵向	postpone	延时，搁置
positive	正的	power	电源，功率
pour	倾泻，倒灌	preference	偏好，优先
predefined	预先定义	preliminary	预备的，初步序言的
prefix	前缀，字首	preserve	保护，保藏，维护
prepreg	预浸料，半固化片	preview	预览，预习，排练
preset	置数	primary	主要的
previous	以前的，早先的	print	打印
primitive	原始的，纯朴的	priority	优先级，优先权
printout	打印输出	process	进程，步骤
probe	探测，调查	profile	外形，轮廓，剖面
processor	处理器，加工者	program	程序设计
programmable	可编程的	project	工程，项目
proper	适当的，恰当的	promote	促进，创办
provider	提供者，供应商	property	性质，特性
pull	拉，牵，拖	PSD（Programmable System Device）	可编程的系统器件
pulse	脉冲，跳动	pullback	障碍，阻扰，拉回
		push	推挤，推进，扩展
Q			
quality	质量，特性	query	疑问，质问，问号
quiet	静态的，安静的		
R			
radix	根，基数	RAM（Random Access Memory）	随机存储器

range	级别，排行，类别	raster	光栅，屏面
ray	射线，光线，闪现	rebuild	重建，重构
recent	最近的	record	记录，经历
rectangle	矩形，长方形	rectangular	矩形的，成直角的
red	红色的	reference	参考，基准
reflect	反射	region	区域，地带
register	寄存器	remove	删除，移除
repeat	重复	report	报告
require	需要，需求	reserve	储备，保存
reset	复位，置零	reshape	改造，矫形，变形
resistance	电阻值	resistor	电阻
resource	资源	restore	恢复，还原，返回
restrict	限制，约束	result	结果，导致
retrieve	取回，恢复	revision	修订本，校正版
right	右的，右方	ring	铃声，环形物
rise	上升，起立，增强	ROM（Read Only Memory）	只读存储器
room	房屋，空间，位置	root	根，根源，本质
rotation	旋转，自转	round	圆的
routing	走线，布线	row	成行，排列
rule	规则	run	运转，流行的，趋势
S			
server	服务，服务器	same	相同的，同样的
sans	没有，无	save	保存
scalar	标量，数量	scale	刻度，调节
schematic	图表，示意图	scope	范围，域
score	成绩，计分	script	脚本
scroll	卷动	search	搜索
secondary	次要的，从属的	section	部分，片断
seed	原因，种子	select	挑选，选拔
separate	分离，区分，识别	sequential	有顺序的，相继的
serial	串行的，系列的，序列的	serif	细体字，加线
series	串联，连贯成套	session	学期，期间
service	服务，检修，劳务	shader	材质
set	设置，置位	shadow	阴影，着色

shape	造型，形状	share	共享
sheet	图纸，方块	shelve	搁置，暂缓考虑
shift	移动，变换	shortcut	快捷方式
show	显示，展示	signal	信号
sign	签署，有符号的，征兆，标志	silent	沉默的
silkscreen	丝印层	similar	相似的，类似的
simple	简单的，朴实的	simulation	仿真
sitemap	网站地图，网站导航	situs	地点，位置
slice	切片，薄片	slider	滑块，滑动
slot	槽	small	小的，细的，微的
smart	智慧，灵巧	snap	跳转，突然折断
snippet	片断，摘录	software	软件
solder	焊接	solid	实心的，固体的,坚固的
sort	分类	source	电源，根源
space	间隔，空隙	speaker	扬声器
special	特殊的	specification	说明书，明细表
specify	具体指定，详细指明，列入清单	speed	速度
split	分离	spreadsheet	电子表格，试算表
square	方形，正直的	stack	堆积，层叠
standalone	单板机	standard	标准，规范
standoff	支架，平淡	start	起始
starve	不足，饥饿	state	状态，形势，州
static	静止的	station	平台，地位
status	地位，资格，身份	step	步进，踏步，步骤
stimulus	激励，促进，刺激	stop	停止
storage	存储器	strategy	策略，方案，战略
string	字符串，串，条，弦	structure	构成，结构，组织
style	风格，文体，作风	subversion	颠覆
summary	摘要，概括，总结	support	支持
suppress	压制，抑制，阻止	surface	表面
suspend	暂停，挂起，终止	swap	交换
sweep	扫描，环视	switch	开关
symbol	符号	synchronous	同步的
syntax	语法	synthesis	综合，合成

system	系统		
T			
table	表格	true	真实
target	目标，对象，指标	tail	末尾，尾部
technology	技术，工艺	teardrop	泪滴
template	样板	temperature	温度，气温
terminal	极限的，末端的，端子	tenting	掩蔽，遮盖
terminator	终端负载	terminate	结束，终止
text	文本，正本	test	测试
themselves	他们自己	TFT	触摸屏显示器
thruhole	通孔	thermal	热的，热量的
time	时间	tile	铺，排
timer	定时器	timebase	时基
toggle	切换，开关，双稳	timing	时序，定时
tool	工具	tolerance	公差，容限，容差
top	顶部	toolbar	工具栏，工具条
total	总体的，合计为	topic	题目，主题
track	轨迹	touchscreen	触摸屏
train	培训，培养	trail	拖
transfer	传递	trance	恍惚
transistor	三极管，晶体管	transient	暂态，瞬态
transparency	透明度	translate	转变，翻译
triangle	三角	transport	传输
trigonometry	三角法	trigger	触发器，启动，引起
tube	真空管，电子管，试管	tune	调谐，曲调，协调
tutorial	指导，导师	type	类型
U			
unassign	未定义	uncouple	解耦，松开
undershoot	下冲，负尖峰	undo	取消，还原
uniform	相同的，一致的，单调的	unique	独特的，唯一的
unit	单位	universal	普遍的，全体的，宇宙的

unspecified	不规定的，不确定的	up	向上
update	更新	usage	用法，习惯处理
utility	实用的，通用的	use	使用
V			
valid	有效的，确实的，合法的	validate	使生效
validation	确认，验证	value	数值，价值，价格，评价
variant	变化，派生	vector	矢量，向量
vendor	供应商，卖主	version	版本，翻译
vertical	垂直，纵向	vertex	顶点，制高点，极点
very	很，非常，甚至	VHDL（Very high speed integrated circuit Hardware Description Language）	超高速集成电路硬件描述语言
via	经由，过孔	victim	被干扰，受害者
video	视频，录像	view	查看，检视
violation	违犯，冲突	virtual	实质上的，虚拟的
visible	可视的	voltage	电压
W			
wait	等待，延缓	walkaround	环绕，步行栈桥
warn	警告，提醒，预告	wave	波动，起伏，挥动
waveform	波形图	where	地点，在哪里
wide	宽的，广泛的	window	窗口
width	宽度，幅宽，带宽	wizard	向导，精灵
wire	导线	workspace	工作区，工作空间
worksheet	工作表单	WOSA（Windows Open Services Architecture）	开放服务结构
worst	最差的，最坏的		
Z			
zero	零	zone	地段，区域
zoom	缩放，陡升		

参 考 文 献

［1］徐向明，等．Altium Designer 快速入门[M]．北京：航空航天大学出版社，2008．

［2］宋贤法，等．Protel Altium Designer 6.x 入门与实用——电路设计实例指导教程[M]．北京：机械工业出版社，2009．

［3］臧春华，等．电子设计自动化技术[M]．北京：机械工业出版社，2004．

［4］高歌．现代数字电子技术[M]．北京：中国电力出版社，2008．

［5］高歌，林魁明，马聪．电子技术 EDA 仿真设计[M]．北京：中国电力出版社，2007．